# De la science ésotérique des druides aux sciences modernes

D/2017/4910/9 ISBN : 978-2-8061-0285-0


Grand'Place, 29
B-1348 Louvain-la-Neuve



**www.editions-academia.be**

Mathieu Halford

# De la science ésotérique des druides aux sciences modernes

## Regard contemporain sur la spiritualité des Celtes

academia
L'Harmattan

« Ce qu'un être humain peut expérimenter de plus beau et de plus profond, c'est le sens du mystère. C'est le principe qui sous-tend la religion et toute entreprise artistique et scientifique sérieuse. Celui qui n'a pas expérimenté cela, s'il n'est pas mort, est au moins aveugle. Saisir que, derrière chaque expérience de la vie, il y a quelque chose qui échappe à notre entendement, dont la beauté et le sublime ne nous atteignent qu'indirectement, c'est ça la religiosité. Dans ce sens, je suis religieux. Pour moi, il suffit de s'émerveiller devant ces secrets et de tenter, humblement, de saisir par l'esprit ne serait-ce qu'une image de la structure grandiose de tout ce qui est ».

*Mon Credo*, par Albert Einstein [1879-1955]
Texte adressé en 1932 à la Ligue des Droits de l'Homme

# Introduction

L'étude de la philosophie des druides nous mène à un questionnement plus large : « Quel est le rôle des sagesses indigènes dans la construction du savoir ? ».

Question soulevée par Jean-Louis Brunaux
Archéologue et chercheur au CNRS[1]

En quoi les anciennes spiritualités sont-elles essentielles ? Peut-être parce qu'elles sont le socle de la plupart des identités culturelles et des connaissances traditionnelles. Des philosophes grecs aux prêtres de l'Égypte antique, des moines bouddhistes aux brahmanes de l'Inde védique, des guérisseurs de l'Amazonie aux chamanes de Sibérie, les sages des anciennes traditions sont dépositaires d'un savoir et d'une éthique sur lesquels se sont construites les diverses cultures humaines. Mais peut-être aussi les spiritualités sont-elles essentielles parce qu'elles abordent des énigmes existentielles qui ont depuis toujours fasciné les hommes. *Homo sapiens*, l'homme « sage », est avant tout un être conscient et pensant qui, de tout temps, se pose des questions métaphysiques. Quel est le sens de la vie ? Quelle est la nature véritable des êtres et des choses ? Est-elle matérielle ou spirituelle ? Y a-t-il une vie après la mort ? Quelle est l'origine de l'univers ? Depuis que l'homme est à même de raisonner, il s'interroge sur lui-même et le monde qui se manifeste à lui. Ces réflexions sont des idées innées, ancrées au plus profond de notre intellect. Elles n'ont pas d'âge et resurgissent à travers les millénaires. Les diverses cosmologies et théogonies, « comme tant d'autres idées et croyances religieuses représentent, partout dans le monde ancien, un héritage transmis depuis la préhistoire », explique ce grand historien des religions que fut Mircea Eliade (1976). Toutes les philosophies et toutes les spiritualités du monde sont, au gré des peuples et des croyances, autant de voies empruntées par l'humanité pour tenter de répondre à ces interrogations. C'est ainsi qu'*Homo sapiens* est devenu *Homo religiosus*, selon l'appellation consacrée, c'est-à-dire un homme religieux ayant le sentiment que son existence est connectée à un principe supérieur, à « quelque chose » de plus grand, de plus profond, de plus sacré, qui relie tous les êtres et toutes les choses à un ensemble sans nom. Pour qui s'intéresse à ses propres racines, ces savoirs traditionnels sont un patrimoine d'une valeur inestimable, un héritage qui peut nous éclairer sur ces questions existentielles qui se posent toujours et encore…

En Europe, la culture celtique s'est pleinement développée au cours du premier millénaire avant notre ère. Elle appartient à ces anciennes traditions

[1] Brunaux (2006), *Les druides, des philosophes chez les barbares*, Éditions Seuil, Paris, 381 p.

indigènes ayant développé un courant de pensée élaboré, enseigné jadis par les druides. Elle présente la particularité de constituer, après l'âge de pierre caractéristique de la période néolithique, l'un de nos plus anciens héritages connus, avant que les influences romaines, chrétiennes puis germaniques ne marquent profondément l'histoire et les mœurs de notre société occidentale. En quelque sorte, la civilisation celtique est à l'Europe centro-occidentale ce que la civilisation maya (ou olmèque, si l'on veut remonter plus loin dans les cultures précolombiennes) est à l'Amérique centrale, avant que cette dernière ne soit colonisée et christianisée. Les croyances celtiques nous font ainsi découvrir les bases d'une philosophie archaïque (dans le sens ancestral du terme), préchrétienne, native de l'Ancien Monde, riche de tout un corpus de connaissances portant sur diverses thématiques telles que les sciences de la nature, l'astronomie, la divination, la médecine, la magie, l'éthique et bien d'autres encore. La classe des druides était dépositaire de ce savoir. À la fois sages, prêtres, philosophes, voyants, instructeurs, médecins, ces personnages aux multiples facettes transmettaient l'enseignement spirituel des Celtes.

Nous avons failli perdre entièrement ce patrimoine car, issu d'une tradition essentiellement orale, aucun ouvrage, aucune archive n'a jamais été rédigée par un authentique Celte à l'apogée de sa civilisation. Aucune doctrine druidique n'a directement été transmise de bouche de druide à oreille de druide depuis l'âge du fer jusqu'à nos jours. Mais fort heureusement, certains éléments ont pu être sauvegardés, grâce aux différentes sources que constituent les descriptions des auteurs gréco-latins contemporains des Celtes, l'analyse des textes mythologiques des Celtes insulaires retranscrits par les moines copistes et, bien sûr, les apports des philologues, archéologues et historiens des religions compilés dans d'innombrables ouvrages développés principalement entre les XIX^e^ et XXI^e^ siècles. Par ailleurs, la tradition a bénéficié d'une relative et fragile continuité (entrecoupée de périodes plus obscures où elle semble avoir sombré dans l'oubli) de sorte que l'héritage a pu être en partie reconstitué. Si bien qu'aujourd'hui, l'état de l'art sur les Celtes et leur « religion « (s'il nous est permis d'utiliser ce terme) comportent une vaste littérature. Les connaissances actuelles ont même permis de dresser les principaux traits de leurs croyances. On ne compte plus aujourd'hui les références bibliographiques traitant des druides ou des croyances celtiques. Malheureusement il faut bien reconnaître que la qualité et la pertinence de ces ouvrages sont tout aussi variables.

Ces croyances, quelles sont-elles ? Quelles formes de spiritualité et de philosophie avaient développé les Celtes ? Pour le savoir, il est nécessaire de rassembler les quelques concepts dont nous disposons et, lorsque les données sont manquantes, de comparer, avec toute la circonspection que cela exige, avec d'autres courants de pensée dont la similitude avec la tradition celtique est attestée. Il nous a également semblé intéressant – c'est l'apport original de notre travail – d'analyser ces concepts et ces croyances sous la lumière des sciences modernes, afin de tirer un trait d'union entre le passé et le présent, entre une pensée traditionnelle et les connaissances actuelles. Cette approche cherche à comprendre, selon des critères plus rationnels propres à notre époque, la signification de certaines théories théologiques, spirites ou animistes des anciennes traditions. Elle nous montre que les conceptions des temps passés ne correspondent pas toujours au tissu de superstitions naïves que nos esprits cartésiens se plaisent à critiquer, mais qu'elles se fondent souvent sur des bases raisonnées qui reflètent une facette méconnue, mais néanmoins objective du réel. Nous pouvons même affirmer, à propos des grandes questions évoquées plus haut, que la science actuelle a tendance à redécouvrir ce que les anciens soupçonnaient déjà.

Ce serait certainement une erreur de sous-estimer ou de rejeter aveuglément les savoirs traditionnels (dont la spiritualité fait partie) car, à y réfléchir, la science et la religion ont un objectif commun : donner à l'homme un peu plus de sens à la vie. Tandis que la science se pose la question du « comment », la religion s'interroge davantage sur le « pourquoi ». Plus récemment, un astrophysicien de renom disait : « La science et la spiritualité sont deux fenêtres complémentaires qui permettent à l'homme d'appréhender le réel » (Thuan, in Staune, 2007)[2]. Nous partageons cette ouverture d'esprit, considérant que ces deux grands domaines du savoir sont, au fond, compatibles, partant du principe que la plupart des questions spirituelles peuvent être appréhendées avec la raison, même si elles relèvent de phénomènes énigmatiques dont nous n'avons pas toujours la clé et qui, en tout état de cause, dépassent notre condition humaine et matérielle. Cette approche de la spiritualité par le raisonnement est même une caractéristique de la philosophie européenne, comme le fait remarquer le philosophe et logicien Bertrand Russel [1872-1970] dans son *Histoire de la philosophie occidentale* :

> « La combinaison des mathématiques et de la théologie, qui a commencé avec Pythagore [et les druides ajoutons-nous], caractérise la philosophie religieuse en Grèce, au Moyen Âge, et à notre époque jusqu'à Kant. Chez Platon, Saint Augustin, Saint Thomas d'Aquin, Descartes, Spinoza et Leibniz, il existe une union intime de la religion et du raisonnement, de l'aspiration morale et de l'admiration logique de ce qui est éternel, qui provient de Pythagore et distingue la théologie européenne de la spiritualité orientale » (Russel, in Capra, 1985)[3].

---

2 Trinh Xuan Thuan est astrophysicien et professeur à l'Université d'état de Virginie (États-Unis).

3 En effet la philosophie orientale adopte une approche de la spiritualité qui sort du cadre de la logique pure et du raisonnement. La philosophie orientale est davantage axée sur la méditation, l'introspection subjective et la contemplation. Selon cette approche, le recours à la raison a des limites en matière de spiritualité, car la raison et la réflexion intellectuelle ont tendance à négliger la compréhension intuitive des choses qui peut parfois surgir par une sorte de révélation intérieure, bien connue des mystiques orientaux. Les sages d'Orient considèrent que la connaissance véritable des choses, la « connaissance absolue », est au contraire une approche entièrement non intellectuelle de la réalité, une expérience surgissant dans un état de conscience non ordinaire qui peut être appelé état méditatif ou mystique (Capra, 1985). Nous soulignons ici les limites

Plus récemment, Albert Einstein lui-même soutenait que le « sentiment religieux cosmique » était pour lui la base de sa démarche scientifique. Sans être pour autant croyant, il affirmait : « Je crois au Dieu de Spinoza[4] qui se révèle lui-même dans l'ordre harmonieux de ce qui existe, et non en un Dieu qui se soucie du destin et des actions des êtres humains »[5]. Ceci pour dire que la foi et la raison sont parfaitement conciliables.

Pourtant, depuis le postulat d'objectivité de Descartes[6] et le Siècle des Lumières, notre culture occidentale s'est résolument axée vers le rationalisme, tournant pour ainsi dire le dos à toute forme de mysticisme. C'est, hélas, une caractéristique du monde moderne, comme le rappelle Mircea Eliade (1959) lorsqu'il évoque « la quasi disparition de l'initiation mystique dans nos sociétés occidentales, alors qu'elle est d'une importance capitale dans les sociétés traditionnelles ». Il n'en a pas toujours été ainsi puisque, à l'origine de certaines sciences, la réflexion métaphysique, voire mystique, accompagnait la démarche scientifique. Dans un numéro des *Cahiers de Science et Vie*, un historien des sciences pose le constat suivant : « La science et les disciplines que nous appelons aujourd'hui occultes, ont pendant longtemps cohabité,

---

d'une approche rationnelle et « scientifique » de la spiritualité. En effet, si le point de vue de la science peut nous aider à comprendre certains phénomènes, les critères scientifiques modernes ne sont pas systématiquement les plus adéquats pour analyser la pertinence de telle ou telle doctrine métaphysique, dont l'objet d'étude est souvent inaccessible à la science elle-même. La science, au sens moderne du mot, ne peut que se limiter à l'étude des phénomènes matériels de la spiritualité, à tout ce qui relève du mesurable et de l'expérimentable, alors qu'elle est incompétente pour tout ce qui n'est pas accessible par ses propres moyens, eux-mêmes limités par les progrès technologiques. C'est le cas pour tout ce qui relève de la métaphysique pure qui, par définition, se situe au-delà du physique et donc en dehors du champ de la science. L'approche scientifique a tendance à accorder plus d'importance aux faits qu'aux idées, alors que certaines idées peuvent être parfaitement justes sans pour autant savoir les prouver par des faits matériels.

4 Baruch Spinoza [1632-1677] est un philosophe néerlandais dont la pensée eut une influence considérable. Selon Spinoza, Dieu est identifié à la nature, au monde naturel, entier et infini, et non à une entité personnifiée qui règne sur l'univers. Il s'oppose ainsi radicalement à l'école chrétienne présentant un dieu créateur. Le système de Spinoza considère que les idées appartiennent à la nature au même titre que les corps. Il admet l'existence d'un univers mental aussi réel que l'univers physique. Cette conception du divin se retrouve dans la philosophie des druides.

5 Télégramme envoyé par Albert Einstein en 1929 au rabbin Herbert S. Goldstein.

6 Le philosophe et physicien René Descartes [1596-1650] est le fondateur du cartésianisme, une philosophie rationaliste, mécaniste et métaphysique où la raison est un principe premier. Selon Descartes, l'homme a une double nature : il possède un esprit, immatériel et indivisible, et un corps matériel, physique et divisible. Il considère l'homme comme une substance pensante (c'est à lui que l'on doit la célèbre maxime *Cogito ergo sum* : « je pense donc je suis »). En 1644, il formula le postulat d'objectivité, qui tend à séparer les champs d'investigation propres à la science ou à la religion. Ce postulat exprime, d'une part, que la science doit se poser la question du « comment » des choses (et non celle du « pourquoi », qui relève davantage de la religion) et, d'autre part, il implique de ne plus penser la science en termes de causes finales, c'est-à-dire en fonction de buts définis à l'avance (comme c'est souvent le cas en théologie). Néanmoins ce postulat est aujourd'hui remis en question par certaines découvertes scientifiques en biologie de l'évolution et en cosmologie, qui plaident en faveur d'une forme de finalisme dans la nature.

se nourrissant les unes des autres »[7]. Ce constat est entièrement juste, car ces deux disciplines faisaient autrefois partie d'une seule et même culture. Par exemple, l'astronomie (l'observation des astres et de leurs cycles) et l'astrologie (l'étude de l'influence des astres sur les êtres, leur psychologie et leur destinée) étaient intimement liées. Ptolémée [90-168], savant grec influant de son époque, écrivit au IIe siècle de notre ère un traité d'astronomie, l'*Almageste*, mais aussi un traité célèbre d'astrologie, le *Tetrabilbos*. Johannes Kepler [1571-1630], un autre astronome plus connu pour ses équations mathématiques (les lois dites « de Kepler »), était également astrologue. Dans un autre registre, l'alchimie a donné naissance à la chimie, lui léguant ses techniques et ses instruments. Anecdote méconnue, Isaac Newton [1643-1727], célèbre physicien fondateur de la science moderne, père de la théorie de la gravitation universelle, s'est intéressé une grande partie de sa vie à l'occultisme en étudiant l'alchimie[8]. Alors que la postérité le considère comme un scientifique pur et dur, voici ce qu'il disait à propos de son ouvrage majeur, *Philosophiæ Naturalis Principia Mathematica* :

> « Lorsque j'ai entrepris d'écrire mon traité au sujet de notre système, j'avais en vue des principes qui pourraient aider les hommes à croire en Dieu, et rien ne me satisfait plus que de constater son utilité à ce propos. Mais si j'ai rendu ainsi quelque service au public, c'est seulement le fruit du labeur et d'une patiente réflexion ».

À la même époque, Gottfried Wilhelm Leibniz [1646-1716], savant polyvalent versé dans la philosophie, les mathématiques (il a découvert le calcul infinitésimal parallèlement à Newton), la logique, la physique, la géologie, etc. a développé des théories innovantes en métaphysique et en théologie, spéculant sur la nature spirituelle des êtres et de l'univers à travers le concept des monades.

Dans la société celtique de l'Antiquité, les savants – les druides – conciliaient également la science et ce qui relève de la spiritualité, du « divin », du « sacré ». Pratiquant la magie et la divination, ils étaient versés dans ce que nous appellerions aujourd'hui les sciences occultes. Ils enseignaient à la fois le savoir positif, tout en cultivant une forme de mysticisme, de paganisme et de spiritualisme ésotérique, avec toutes les implications qu'une telle conciliation sous-entend sur la manière dont nos ancêtres considéraient les êtres, les choses et l'évolution de la vie. En effet, ces considérations sont importantes car elles influencent profondément les relations que tisse l'homme avec son

---

7 Propos recueillis par Laura Lallement (2008) dans *Les Cahiers de Science et Vie*, « La sorcellerie et les sciences occultes », Numéro 105, Mondadori Magazines France, Montrouge, 114 p.

8 Cette face cachée de la vie de Newton ne fut dévoilée au monde qu'au cours des années 1930, lorsque fut vendue une centaine de manuscrits écrits de sa propre main, témoignant incontestablement son intérêt pour l'alchimie et la quête du grand œuvre. Voir l'article de Lionel Crooson (2008) dans *Les Cahiers de Science et Vie*, « La sorcellerie et les sciences occultes », Numéro 105, Mondadori Magazines France, Montrouge, 114 p.

environnement. Le gouffre est énorme avec notre société moderne (en particulier le monde occidental) qui s'est littéralement déconnectée de la nature ; société caractérisée par deux courants de pensée en quelque sorte contradictoires. Le premier consiste en la domination des grandes religions monothéistes, les « religions du livre », qui présentent toutes un caractère anthropocentrique assez marqué, en établissant une ligne de démarcation très nette entre l'homme et le reste de la création. Le deuxième courant se caractérise par une adhésion de plus en plus marquée à l'athéisme et au matérialisme, conduisant tous deux à une sorte de vide philosophique, une absence de réflexion métaphysique sur l'homme, les êtres et les choses. Nous pensons qu'il existe une relation étroite entre la domination des courants de pensée précités (idéologies monothéistes ou matérialistes) et la rupture que nous constatons aujourd'hui entre l'homme et la nature. Il ne faut pas s'étonner d'une telle déconnexion puisque le matérialisme a tendance à « désacraliser » la nature et à « chosifier » ses composantes, tandis que l'hégémonie des grandes religions a entraîné la disparition de la plupart des anciennes spiritualités qui, elles, avaient un caractère panthéiste nettement plus marqué, prônant au contraire une interdépendance « écologique » entre la nature humaine et non-humaine. Le rejet ou l'oubli de ces valeurs au fil des siècles a bien évidemment eu de lourdes conséquences sur nos mentalités et nos attitudes de vie. Les implications sont devenues capitales aujourd'hui, comme le souligne Ian G. Barbour, professeur émérite de physique et de religion au *Carleton College* de Northfiled (Minnesota), quand il affirme que « la formulation d'une théologie de la nature qui encourage un profond respect de l'environnement est un enjeu crucial de nos jours » (Barbour, 2005).

Un regain d'intérêt se fait d'ailleurs sentir pour les anciennes spiritualités proches de la nature, comme en témoignent le bourgeonnement de mouvements liés au néo-paganisme, le récent courant *New Age*, ainsi que la multitude de pratiques puisant leur inspiration dans les traditions orientales (bouddhistes et hindouistes principalement) telles que le *yoga*, la méditation, le *feng shui*, le *tai-chi*, etc., qui rencontrent un certain succès dans une culture occidentale ayant manifestement de plus en plus d'affinités pour ces pratiques orientées vers le bien-être et l'éveil. Sans oublier toutes les médecines traditionnelles (herboristerie, acupuncture, réflexologie, hypnose, etc.) vers lesquelles nous nous tournons de plus en plus fréquemment, sans pour autant adhérer ou comprendre pleinement le système spirituel dans lequel beaucoup de ces pratiques s'inscrivent. Cette tendance, somme toute assez nouvelle, est symptomatique d'une aspiration, chez l'homme moderne, à renouer avec lui-même, avec la nature et, dans une certaine mesure, avec le « sacré ». Dans notre course effrénée vers la consommation, le confort et le profit, nous nous sommes quelque peu égarés et avons perdu des repères essentiels. Nous avons maintenant besoin de nous ressourcer avec nous-mêmes, mais aussi avec la nature à proprement parler, c'est-à-dire cette nature sauvage qui nous environne et qui nous fascine. Car, quoique l'on en dise et quels que soient nos efforts pour nous en isoler, telle est notre berceau, telle est notre origine. Toutes les anciennes traditions païennes ont entretenu cette « conscience écologique », en attachant une importance particulière aux relations métaphysiques entre l'homme et la nature.

Les questions d'ordre spirituel sont tout aussi importantes d'un point de vue ontologique lié à cette éternelle quête de vérité et de transcendance que l'homme cherche à atteindre à travers la spiritualité. En effet, l'esprit (au sens spirite du terme), il existe ou il n'existe pas ; de même que « Dieu « (ou quel que soit le nom qu'on lui donne), il existe ou il n'existe pas. De ces deux alternatives, une seule est correcte ; de l'athée ou du croyant, un seul a raison. Ces préoccupations demeurent entièrement d'actualité. Une enquête publiée dans *Les Dossiers de la Recherche* donne un aperçu de la position des habitants de différents pays : 51 % des personnes interrogées croient en Dieu ou en une divinité suprême, et qu'il existe quelque chose après la mort[9]. Ces idées sont donc encore bien ancrées dans l'esprit des hommes. Les réponses à ces questions nous mènent à des implications philosophiques fondamentalement différentes. La thèse purement matérialiste et mécaniste conclut à un réductionnisme, couplé à une sorte de non-sens par rapport à notre existence. C'est l'univers considéré comme une gigantesque machine gouvernée par des forces aveugles ; c'est la vie considérée comme un « simple » agencement d'atomes ; comme un accident fortuit résultant des aléas impondérables d'une nature chaotique qui, par une chance extraordinaire, est parvenue à générer des structures complexes comme les êtres vivants qui évoluent, naissent et meurent sans aucune finalité, si ce n'est le hasard et le néant. La thèse théologique et spiritualiste penche plutôt pour une téléonomie de la nature, ainsi que la reconnaissance d'une forme d'intelligence dans l'univers qui se manifeste dans l'ordre harmonieux des êtres et du monde, lui-même perçu comme une unité vivante et cyclique dont toutes les formes de vie font partie intégrante. C'est également la conscience perçue comme une force psychique qui perdure et se perpétue dans l'univers, au-delà de la physique, dans d'autres niveaux de la réalité. La philosophie druidique s'intègre indubitablement dans cette deuxième conception de la vie. Pour certains, ces spéculations sont vaines et sans issues, car elles constituent des questionnements au sujet desquels nous n'aurons jamais la réponse. Mais pour d'autres, elles sont capitales car elles bouleversent notre perception du monde ainsi que notre manière d'être et de penser. En effet, si l'esprit existe, perdure et se perpétue, comme le pensent la plupart des spiritualités, notre existence sur cette Terre prend une tout autre tournure…

---

9 Sondage conduit en 2012 dans vingt-quatre pays par l'institut Ipsos Canada, auprès de 18 531 adultes âgés de dix-huit à soixante-quatre ans. Dans *Les Dossiers de la Recherche*, « Dieu et la science », Numéro 48, Sophia Publications, Paris, 98 p.

## Entre science, tradition et religion

Pourquoi vouloir réinterpréter une ancienne spiritualité telle que le druidisme sous la lumière des sciences modernes ? Pourquoi faire ce grand écart entre deux modes de pensée séparés de près de 3 000 ans ? Du reste, y a-t-il quoi que ce soit de rationnel dans les croyances religieuses ? Comment la science peut-elle se positionner sur les grands thèmes récurrents de la religion ? Voilà quelques interrogations qui émergent d'une telle approche. Autant d'interrogations qui reviennent à l'ordre du jour, comme semblent l'indiquer les sujets développés dans les revues de vulgarisation scientifique (par exemple *Pour la Science*, *Les Dossiers de la Recherche* ou encore *Les Cahiers de Science et Vie*, pour citer quelques périodiques francophones) dont les numéros récents sont consacrés aux thèmes de Dieu, de la science et de la religion. À la lecture de ces articles, nous nous rendons compte à quel point nous nous posons les mêmes questions métaphysiques que dans le passé, à la différence que nous avons la chance, grâce aux progrès de nos connaissances, de poser un autre regard pour tenter de dégager une meilleure compréhension des choses. Le sujet pénètre également la communauté universitaire, puisque des centres de sciences et de religions ont été créés au sein d'universités comme Harvard, Oxford, Cambridge ou Columbia.

La religion et les expériences mystiques qui lui sont associées sont, du reste, passionnantes. Elles méritent une analyse, pour ne pas dire une psychanalyse poussée. Comme disait Sigmund Freud dans son essai *Psychanalyse et télépathie* (1921) : « Il ne paraît pas possible de mettre de côté l'étude des faits dits occultes ». Elles ouvrent la porte sur des phénomènes psychiques inexpliqués comme la transe et les états modifiés de la conscience, les relations entre l'esprit et la matière ou encore la perception extrasensorielle (clairvoyance, télépathie, influence à distance, etc.). Si les recherches récentes en parapsychologie semblent bien démontrer la réalité de ces phénomènes, force est de reconnaître qu'ils demeurent tout aussi mystérieux et énigmatiques. Derrière ces recherches, tout indique qu'il se passe quelque chose. Nous sommes convaincus – c'est une opinion personnelle – qu'il y a des réalités à saisir derrière les spiritualités dont les doctrines ésotériques sont compatibles avec les lois de la nature et les faits connus de la science, discipline pouvant nous éclairer de manière objective pour séparer le vrai du faux, le réel de l'imaginaire : « Lisez les Anciens, mais aussi tous les essais sur les avancées scientifiques de votre temps. Si la science contredit fermement votre croyance, alors quittez votre croyance et suivez la science qui est une des formes de philosophie appliquée dans le monde » (Blanchet et Danlot, 1996). Tel était le message de John Toland, cofondateur du *Druid Order* en 1717. Nous approuvons cette démarche et sommes également convaincus que les anciennes sagesses détiennent une part de vérité qu'il faut comparer, mettre en parallèle, voire même confronter à la science actuelle pour éliminer les résidus qui appartiennent au domaine de l'imaginaire et conserver les éléments tangibles d'une réalité invisible. Il nous paraît dès lors essentiel de rétablir un lien entre ces deux champs du savoir.

Dans son livre intitulé *Quand la science rencontre la religion*, Ian Barbour (2005) propose une classification en quatre catégories pour définir les relations entre la science et la religion : conflit, indépendance, dialogue et intégration. De prime abord, ce sont les relations de conflit et d'indépendance qui nous viennent à l'esprit car nous pourrions croire que la science et la religion sont inconciliables. En effet, l'attitude obscurantiste de l'Église à l'égard des découvertes scientifiques est restée gravée dans la mémoire collective. Il s'agit d'un terrain miné sur lequel la culture occidentale a traversé de nombreux conflits. Ce n'est ni Copernic[10], ni Galilée[11], ni Darwin, pour ne citer qu'eux, qui nous contrediront. À ce titre, l'astronomie et les sciences de l'évolution ont été (et sont toujours) de véritables champs de bataille intellectuels. Les questions et les découvertes dans ces deux disciplines ont donné naissance au grand courant de scepticisme qui a prévalu ces quatre derniers siècles. Ce courant a creusé le gouffre entre la science et la religion. Dans le modèle actuel de pensée prédominant, les considérations religieuses ou spirituelles sont exclues de la démarche scientifique. Aucun article scientifique en biologie ou en cosmologie ne ferait sérieusement d'hypothèses basées sur l'existence de Dieu, de l'Âme ou d'une quelconque énergie vitale, cosmique ou psychique. Ces hypothèses sont aujourd'hui cantonnées en dehors du champ de la science, même si certains scientifiques sont des croyants[12]. Il en résulte que la spiritualité demeure « en baisse dans les sondages » dans la société occidentale. C'est pourquoi la séparation entre la science et la religion reste aujourd'hui de principe au sein des académies scientifiques. Elle est ouvertement exprimée par certains scientifiques de renom, comme le célèbre académicien britannique Richard Dawkins, fervent défenseur de l'athéisme[13] ou

---

[10] Nicolas Copernic [1473-1543] est le célèbre astronome polonais ayant développé le modèle héliocentrique selon lequel la Terre tourne autour du Soleil. En 1616, l'Église publia un décret condamnant officiellement l'ouvrage de Copernic, *De revolutionibus*, datant de 1543. L'Église défendait en effet le modèle géocentrique et anthropocentrique selon lequel la Terre (et l'homme) était au centre de l'univers qui gravitait tout entier autour d'elle.

[11] Galileo Galilei [1564-1642], dit Galilée, est un astronome italien défenseur du modèle copernicien, ce qui lui valut des attaques virulentes de la part des autorités chrétiennes, ainsi qu'une condamnation officielle en 1633. C'est à Galilée que l'on attribue la fameuse réplique : « Et pourtant elle tourne », qui serait toutefois apocryphe.

[12] L'historien des sciences Gérard Simon disait ceci : « Vous pouvez très bien être un excellent spécialiste de l'évolution et croire que Dieu a créé le monde. Ce qui distingue le scientifique, c'est d'être un travailleur de la preuve. Il peut certes être influencé par ses croyances, mais pour lui elles doivent rester en dehors de ce qu'il estime établir à partir de ce qui est acquis de son temps et des travaux qu'il poursuit ». Dans *Les Cahiers de Science et Vie* (2008), « La sorcellerie et les sciences occultes », Mondadori Magazines France, Montrouge, 114 p.

[13] Le biologiste Richard Dawkins est ouvertement opposé à la religion, comme en témoigne son essai à succès explicitement intitulé *Pour en finir avec Dieu*, vendu à plus de deux millions d'exemplaires et

encore l'américain Stephen Jay Gould, partisan de l'indépendance avec son principe du « Non-Recouvrement des Magistères »[14].

Dans la voie du dialogue et de l'intégration proposée par Barbour, un point de conciliation semble toutefois possible entre science et religion. Ce serait une erreur de rester cantonné au strict point de vue du conflit et de conclure systématiquement à l'ineptie de toutes les formes de spiritualités, en affirmant aveuglément que toutes leurs idées sont fausses, que toutes leurs hypothèses sont infondées. Il y a des spiritualités ou des théologies de la nature qui sont compatibles avec la science. Cette approche de conciliation a du sens puisque dans le passé (et encore aujourd'hui dans une certaine mesure), c'étaient les sages, les prêtres et les chamanes qui étaient dépositaires du savoir. La démarche revient en quelque sorte à renouer les savoirs traditionnels avec la science actuelle. Comme l'a dit très justement Gérard Simon, professeur émérite à l'Université de Lille (France) : « Séparer pensée moderne et pensée archaïque est tout simplement une pensée archaïque des Modernes »[15]. Il est temps de dépasser les clivages et de réinterpréter certains concepts philosophico-religieux par rapport aux connaissances actuelles.

Une voie ouverte par plusieurs personnalités comme l'essayiste Jean Staune, le biochimiste et généticien Michael Denton, les physiciens Bernard d'Espagnat, Olivier Costa de Beauregard et Fritjof Capra, l'astrophysicien Trinh Xuan Thuan, les médecins Jean-Jacques Charbonnier et Pim Van Lommel, et bien d'autres encore. Nous insisterons par moments sur les idées de Jean Staune[16] qui pose un certain nombre de questions dans un livre captivant intitulé *Notre existence a-t-elle un sens ?* Fruit de vingt années de recherche et de rencontres avec des dizaines de personnalités représentant les grands domaines du savoir, ce livre fait le point sur les dernières découvertes dans quatre disciplines (la physique quantique, l'astrophysique, les sciences de l'évolution et les neurosciences). Partant du monde de l'infiniment petit à l'infiniment grand, en passant par l'évolution du vivant jusqu'à l'émergence de la conscience, l'ouvrage nous emmène dans un univers – notre univers – rempli d'énigmes scientifiques, de problèmes complexes et d'équations réversibles, à la frontière entre le connu et l'inconnu, ce *no*

traduit en plus de trente langues.

14 Le paléontologue Stephen Jay Gould [1941-2002], spécialiste de la théorie de l'évolution, était pour sa part plus modéré à propos des relations entre la science et la religion. Il énonça son célèbre principe du « NOMA » (*non-overlapping magisteria*, en anglais), c'est-à-dire de « non-recouvrement des magistères », affirmant que science et religion sont des domaines séparés et indépendants qui peuvent coexister tant qu'elles n'interfèrent pas l'une avec l'autre.

15 Dans *Les Cahiers de Science et Vie* (2008), « La sorcellerie et les sciences occultes », Mondadori Magazines France, Montrouge, 114 p.

16 Diplômé en paléontologie, mathématique, informatique, gestion, sciences politique et économique, il est fondateur et secrétaire général de l'université interdisciplinaire de Paris où il enseigne la philosophie des sciences.

*man's land* qui marque précisément le terrain d'entente entre la science et la religion. Pour résumer en quelques lignes, disons que ce livre apporte de nouvelles lumières, preuves scientifiques à l'appui, à la question de savoir si l'évolution de la matière dans l'univers, de sa création jusqu'à la genèse de la vie sous ses multiples formes, est entièrement le fruit du hasard ou bien si cette manifestation est la finalité d'un processus gouverné par une forme d'intelligence supérieure dans la nature (en d'autres mots, un « Dieu »), impliquant l'existence d'autres plans de la réalité où l'essence des choses (y compris des êtres vivants) pourrait bien être immatérielle, située en dehors de l'espace et du temps dans une dimension cachée régie par d'autres lois que celles actuellement connues !

Quelle importance, me direz-vous ? La réponse à cette interrogation ne va pas changer la face du monde, ni notre vie au quotidien. Certes, elle n'a aucune espèce d'importance pour les personnes qui ne s'interrogent pas sur le sens de la vie. Mais détrompez-vous pour les autres, amateurs de sciences et de philosophies, car s'il y a bien des questions métaphysiques essentielles pour l'homme, au gré des cultures et des traditions, c'est bien de savoir si une cause intelligente est à l'origine du monde ; si la finalité de notre existence est matérielle ou non et, enfin, si la réalité d'un monde spirituel ou intelligible (au sens platonicien du terme) est une possibilité envisageable. Toutes ces sous-questions découlent de la grande interrogation posée ci-dessus. Si la science parvient un jour à y répondre, notre perception cartésienne de la vie sera définitivement ébranlée. Elle se fissure déjà, car les découvertes scientifiques énoncées plus haut sont autant de brèches fragilisant progressivement le pilier de nos connaissances, laissant une place privilégiée à cette possibilité. Ces découvertes sont stupéfiantes car elles bouleversent nos conceptions matérielles, laissant place à de nouveaux paradigmes qui remettent en cause ce que nous tenions pour des vérités acquises. Elles tendent à indiquer (1) qu'il existerait un autre plan d'existence au-delà du monde physique ; (2) que les particules de matière qui nous composent sont interconnectées de manière à pouvoir interagir entre elles, à distance et de façon instantanée (la non-localité, qui rejoint la notion d'interdépendance des choses dans l'univers, un concept commun à diverses spiritualités) ; (3) qu'il est probable qu'une intelligence soit responsable de l'architecture de l'univers ; (4) que l'apparition de la vie n'est peut-être pas le fruit du hasard, etc. Autant de thèmes qui nous font réfléchir à la fameuse question « pourquoi sommes-nous là ? ».

Ces avancées sont capitales car les implications métaphysiques ont des conséquences inédites : elles nous ouvrent les portes vers d'autres niveaux de réalité, enfin admis pour la première fois dans les sciences académiques, qui les considéraient jusqu'alors comme une fantaisie de notre imagination, avide de rêves et de superstitions. Il existe un rapprochement évident entre ces nouvelles théories et certaines conceptions issues des anciennes traditions. C'est ce que nous verrons dans la deuxième partie de ce travail.

***

Le présent essai se définit comme un travail de synthèse et de réflexion d'un celtisant amateur ayant examiné une ancienne spiritualité occidentale au regard de nos connaissances actuelles. Pour structurer cette approche, nous avons subdivisé le contenu de cet essai en deux grandes parties.

Dans la première partie, nous plongerons dans le passé à la découverte des Celtes et de leur ancienne spiritualité enseignée par les druides. Nous ne nous focaliserons pas sur les éléments matériels de la culture celtique, qui est davantage l'objet de l'archéologie. Toutefois nous en esquisserons quelques traits et résumerons quelques aspects historiques nécessaires à la compréhension de notre sujet, à savoir les Celtes. Nous concentrerons nos propos sur les druides, personnages incontournables de la société celtique, afin de développer davantage les aspects philosophiques et religieux qu'ils professaient, en se basant sur des sources qui nous paraissent pertinentes, loin des théories farfelues qui foisonnent aujourd'hui dans la littérature. En ce sens, il nous semble important de réhabiliter cette spiritualité qui constitue, rappelons-le, un des rares héritages philosophico-religieux préchrétiens d'une grande partie des peuples d'Europe occidentale et centrale. La religion constituait le pilier de la culture celtique et les druides font indéniablement partie des premiers grands sages que notre histoire a connus. Ce sont également les précurseurs d'un mode de pensée que nous pourrions qualifier de rationnel (d'ailleurs trop souvent exclusivement attribué – à tort – aux philosophes grecs de l'Antiquité), car leur philosophie était centrée sur l'instruction, le savoir et l'acquisition de connaissances dans de nombreuses sciences. En ce sens, ils étaient pionniers d'une certaine approche scientifique en Occident. C'est pourquoi nous pouvons qualifier les disciplines qu'ils enseignaient de « sciences druidiques ». De plus, nous l'avons dit, les Celtes étaient profondément religieux (Jules César disait même que les Gaulois s'adonnaient « de façon immodérée aux choses de la religion »), et c'est précisément l'originalité de cette spiritualité méconnue de l'histoire des religions qui mérite d'être développée.

La première partie consistera en un travail de reconstitution qui exposera ce que nous savons des doctrines celto-druidiques, sur base de différentes sources bibliographiques. C'est donc une synthèse que nous proposons au lecteur. Nous disposons également de l'enseignement d'un mouvement néo-druidique dont le contenu complètera nos propos. C'est pourquoi nous nous permettrons également quelques interprétations des doctrines druidiques. Dans ce sens, notre exposé doit être considéré comme un essai dans sa double acception, à savoir comme un essai proprement dit (une œuvre de réflexion), mais aussi comme une tentative d'interprétation, sans pour autant prétendre, bien entendu, détenir le véritable sens de la doctrine qui n'a pas été transmis à la postérité. Nous devrons nous contenter de suppositions que nous nous efforcerons de corroborer par des études plus érudites. Nous faisons ici l'aveu de nos propres limites face à une tradition qui a presque entièrement disparu. En effet nous devons reconnaître, à propos des doctrines druidiques, qu'il n'existe plus d'autorité qualifiée, c'est-à-dire un *corpus* traditionnel détenteur de l'enseignement oral et ésotérique, qui permettrait d'évaluer la justesse des interprétations modernes. Il existe bien, aujourd'hui, des mouvements néo-druidiques, mais ces derniers ne sont que des corporations reconstituées dont l'enseignement n'a pas de filiation directe avec celui les druides de l'Antiquité. Nous en reparlerons dans les pages qui suivent.

Dans la deuxième partie nous tenterons de comprendre, sous le prisme des sciences actuelles, quelques concepts liés aux anciennes spiritualités, et plus particulièrement aux systèmes religieux des Celtes. Nous établirons des parallèles entre les croyances celtiques et des théories scientifiques plus récentes. Certaines de ces croyances (comme celle en l'immortalité de l'Âme) ou de ces pratiques (comme la divination) sont indissociables de la magie et des sciences occultes. Nous établirons les faits et tenterons d'apporter une interprétation scientifique de certaines manifestations. Pour ce faire, nous comparerons d'anciens écrits issus de croyances traditionnelles avec des publications plus récentes. Les découvertes scientifiques sur ces questions de frontière (entre science et religion) sont captivantes, car la réalité dépasse parfois la fiction des vieilles superstitions. C'est ce que nous souhaitons partager avec le lecteur.

À titre d'exemple, pour comprendre le concept d'Autre Monde chez les Celtes, nous explorerons les niveaux psychiques et les états mentaux que la parapsychologie a mis en évidence. Nous comparerons ces autres niveaux de la réalité avec les découvertes de la physique quantique qui apporte elle aussi des preuves que le monde matériel que nous percevons au quotidien ne serait pas le seul monde « réel » envisageable. Les découvertes de la « révolution quantique », comme il est coutume de l'appeler, ont de nombreuses conséquences en métaphysique et en philosophie des sciences. Elles nous dévoilent quelques principes qui gouvernent une dimension invisible au-delà du visible, prouvant ainsi la nature immatérielle des choses, au-delà du temps et de l'espace, comme le soupçonnaient les anciens sages. Ensuite, pour appréhender le panthéon et la cosmogonie celtique, fondés en grande partie sur l'observation des astres et de leurs cycles, nous examinerons les progrès de la cosmologie et de l'astronomie actuelle abordant les questions de l'origine et de la structure de l'univers, avec des implications théologiques envisagées par la science elle-même. Pour analyser la doctrine de l'immortalité de l'Âme prônée par les druides, nous examinerons les énigmes de l'après-vie à travers les expériences médiumniques et spirites conduites par la communauté scientifique lors de l'essor des sciences psychiques. Nous intégrerons également les leçons qu'il faut tirer des expériences proches de la mort (ou « expériences de mort provisoire », selon une terminologie plus récente) et des expériences hors du corps (ou décorporations) qui sont de plus en plus prises au sérieux à travers le monde dans les milieux cliniques. Autant de phénomènes qui conduisent à des théories innovantes en neurobiologie selon lesquelles la conscience pourrait exister indépendamment du cerveau et du corps.

Les avancées scientifiques dans tous ces domaines permettront d'éclairer – au moins partiellement – quelques pratiques qui appartiennent au registre de la magie comme la voyance, la télépathie, les sorties dites « en corps astral » ou les communications présumées avec les défunts. Tous ces faits ont été étudiés et constatés, mais ils demeurent en grande partie inexpliqués. Ils appartiennent aux « résidus non-classés » de la nature, pour reprendre l'expression du célèbre philosophe et psychologue américain William James qui les étudia pendant vingt-cinq ans. Autrefois qualifiés de surnaturels, ils sont aujourd'hui réinterprétés selon les théories de la métapsychique[17] et de la parapsychologie[18], intégrant la phénoménologie du magnétisme animal, du somnambulisme, de l'hypnotisme et de la médiumnité. La nouvelle psychologie, disait l'anthropologue Evans Wentz en 1911, nous a forcé d'admettre – au moins comme hypothèse de travail – l'éventualité que des intelligences ou des entités invisibles soient capables d'influencer l'homme et la nature (Wentz, 1911). Voilà une hypothèse de travail audacieuse de la part d'un anthropologue ! Nous sommes d'ailleurs convaincus que c'est cette voie initiée par les « psychistes » (les chercheurs en sciences psychiques) qu'il faut arpenter pour comprendre rationnellement, scientifiquement, certains mystères de l'occultisme. C'est pourquoi nous nous intéresserons aux recherches *psi* qui, curieusement, sont assez rarement mentionnées dans la littérature consacrée aux anciennes spiritualités, alors qu'elles apportent tant de lumière sur des phénomènes qui lui sont propres.

Toutefois, notre exposé sera essentiellement théorique. Si nous disposons d'archives, de comptes rendus et d'études critiques, nous n'avons pas eu la

---

17 La métapsychique concerne l'étude des phénomènes mécaniques ou psychologiques dus à des forces qui semblent intelligentes ou à des puissances inconnues latentes dans l'intelligence humaine (définition proposée en 1905 par le professeur Charles Richet – médecin et prix Nobel de physiologie en 1913 – pour désigner les choses qui dépassent le psychisme normal, par analogie avec le terme « métaphysique » utilisé par Aristote pour désigner les choses qui dépassent la physique). Le terme métapsychique a été unanimement accepté pour adopter une terminologie plus scientifique qui se substitue aux termes « supranormal », « surnaturel » ou encore « occulte », jugés inadéquats car ayant une connotation naïve, voire miraculeuse. La métapsychique est devenue la parapsychologie, qui est un terme mieux connu et plus usité.

18 D'après Marmin (2001), le terme « parapsychologie » remonte à 1889. Il est attribué au philosophe et psychologue allemand Max Dessoir [1867-1947]. Bien qu'antérieur au terme « métapsychique », le terme prévaut en France depuis seulement une quarantaine d'années.

chance de participer à ces expériences. Nous nous contenterons de les rapporter, en étant conscient qu'il est difficile de trancher définitivement sur de tels faits à partir d'éléments purement bibliographiques. Il appartiendra au lecteur de tirer ses propres conclusions. Nous verrons que l'évolution des connaissances dans les recherches psychiques a tendance à redonner du crédit aux anciennes conceptions pythagoriciennes, platoniciennes et, dans une certaine mesure, celtiques. La synthèse de cette approche nous mènera vers la perspective qu'une conception entièrement matérialiste de la vie ne correspond plus à la réalité ultime qui se devine à nous…

# PARTIE I :
# LES CROYANCES BARDO-DRUIDIQUES DANS LA CULTURE CELTIQUE

« Pour mesurer le génie religieux celtique, il faut tenir compte à la fois de la persistance avec laquelle ont été conservés certains éléments archaïques – en premier lieu les coutumes et les croyances en relation avec les "mystères" de la féminité, du destin, de la mort et de l'Autre Monde – et de leur revalorisation continuelle depuis l'Antiquité jusqu'à l'époque prémoderne ».

Mircea Eliade [1907-1986], historien des religions
Extrait de *Histoire des croyances et des idées religieuses*

# Comment appréhender la spiritualité chez les Celtes ?

Nous l'avons signalé dans l'introduction, les Celtes ne nous ont directement légué aucun manuscrit, aucun texte explicatif sur leurs croyances et leurs principales doctrines spirituelles. Étant donné la nature orale de l'enseignement, René Guénon (1921), entre autres auteurs, parle d'une disparition à peu près totale de la doctrine druidique. Mais alors, quelles sont les données objectives dont nous disposons ? Il y a effectivement un paradoxe derrière ce manque de données et l'abondante littérature consacrée aux druides et à la spiritualité des Celtes. En vérité, malgré l'absence de manuscrits anciens, nous avons des preuves du savoir des druides et de leur système religieux. Barry Cunliffe, professeur d'archéologie à l'Université de Southampton, reconnaît d'ailleurs que les données concernant la religion celtique sont plus nombreuses et plus variées que celles traitant d'autres domaines de la vie de ces peuples (Cunliffe, 2006). L'ensemble de ces données, dit-il, permet de reconstruire un modèle probable des systèmes religieux des Celtes. Brunaux (2008) dit même, à propos de l'univers spirituel des Gaulois, que cette spiritualité fut le « vecteur le plus puissant de la diffusion de la civilisation celtique en direction de ses voisins ».

Nous disposons principalement de deux types de documentation. Premièrement les travaux des historiens grecs et latins plus ou moins contemporains aux Celtes comme Jules César [100 ACN-44 ACN] a qui nous devons beaucoup grâce à ses fameux *Commentaires sur la guerre des Gaules (Commentarii de Bello Gallico),* l'historien grec Diodiore de Sicile [90 ACN-20 ACN], le géographe grec Strabon [64 ACN-21 PCN], le géographe romain Pomponius Mela [milieu du I^er^ siècle PCN], Timagène d'Alexandrie [I^er^ siècle ACN] ou encore Ammien Marcellin, Pline l'Ancien, Tite-Live, etc. Tous ces auteurs nous délivrent des textes qui, une fois analysés et comparés par les philologues, fournissent des informations de première qualité, avec toutefois des réserves puisque les points de vue de ces chroniqueurs ne sont pas toujours impartiaux, loin de là (les Romains étaient parfois ennemis des Celtes et n'étaient dès lors pas toujours à même de bien comprendre leurs coutumes). Ces descriptions autorisent des déductions sur certains traits relatifs à la religion et aux croyances. Celle de la société gauloise rédigée par Jules César dans la *Guerre des Gaules* (directement recopiée de l'œuvre d'un savant grec du I^er^ siècle ACN, Poseidonios d'Apamée, qui fut le premier écrivain à visiter la Gaule) fait partie des plus importantes contributions historiques, malgré le fait qu'elle a été rédigée à une époque où le système religieux des Celtes a vraisemblablement commencé à décliner. Une partie est consacrée à la religion et aux druides (même si César n'en cite aucun au cours de ses campagnes, preuve qu'il n'en a probablement pas rencontré), expliquant leur position et leurs fonctions dans la société, ainsi que leurs principaux dieux, quelques rites et coutumes (dont les sacrifices humains). Mis à part cette importante contribution, il faut admettre la portée limitée de ces descriptions, puisque les textes des auteurs grecs et latins demeurent anecdotiques et dépourvus d'analyses. Il s'agit essentiellement de simples commentaires ou de courtes citations.

Deuxièmement il y a la littérature celtique médiévale, qui est spécifique aux Celtes insulaires (Irlande et pays de Galles notamment). C'est une documentation précieuse, car il s'agit d'un des rares héritages de la tradition orale consigné par écrit. Toutefois leur retranscription est tardive. Les premières retranscriptions remontent au VII^e^ siècle et se prolongent jusqu'au XV^e^ siècle[19]. Les manuscrits irlandais les plus importants ont été rédigés vers les XI^e^ (pour le *Livre de la Vache Brune*) et XII^e^ siècles (pour le *Livre de Leinster*). Elle a été faite par des scribes, des moines chrétiens, que certains historiens considèrent comme les descendants des *filid* (les bardes irlandais)[20], une des classes de l'ordre de druides qui, convertis au christianisme et devenus moines ou évêques, ont mis l'enseignement oral par écrit. L'archéologue et historien français Venceslas Kruta confirme le soin que l'Église d'Irlande accorda à la récupération de la tradition antérieure pour asseoir solidement son pouvoir, notamment en formant un clergé à partir de l'élite intellectuelle constituée par les druides (Kruta, 2000). Cette période a donné lieu aux chrétientés celtiques et au monachisme celtique qui se définissent comme « la forme prise par le christianisme du haut Moyen Âge dans les pays celtiques » (Guyonvarc'h et Leroux, 1990).

Cependant le phénomène d'évangélisation reste mal connu et entaché de mystères. Des historiens ou écrivains ont vu dans certains monastères celtiques un ordre succédant aux anciens collèges druidiques, « sous la direction de prêtres celtes qui ont gardé la philosophie antique des druides » (Darcheville, 1995). C'est ainsi que les Celtes ont laissé des racines dans la chrétienté du Moyen Âge. L'évangélisation de l'Irlande, par exemple, a généré une forme de syncrétisme entre christianisme et druidisme, avec à la

---

19 S'il est facile de dater les manuscrits, il est par contre plus difficile de donner une date aux faits relatés qui, dans certains cas, sont purement mythologiques, et dès lors situés en dehors des limites du temps et de l'espace. Certains écrivains, comme Jean Markale, les situent dans une période allant du VI^e^ siècle ACN jusqu'aux invasions normandes du IX^e^ siècle PCN, alors que d'autres, comme Guyonvarc'h et Leroux, se refusent à en donner la chronologie.

20 Un *file* (pluriel *filid*) est un barde irlandais. Étymologiquement, le mot signifie « voyant », mais il est également synonyme de poète, tout en recouvrant d'autres fonctions. C'est le nom irlandais du druide spécialisé dans les pratiques magiques et divinatoires, ainsi que dans tous les domaines de l'activité intellectuelle, comme la poésie et la littérature traditionnelle (Guyonvarc'h et Leroux, 1986). À l'époque des chrétientés celtiques, les *filid* font référence aux héritiers des druides, à des intellectuels convertis au christianisme qui auraient conservé en partie les enseignements druidiques.

tête de ce mouvement quelques figures emblématiques du christianisme celtique comme Saint Patrick, Saint Colomba d'Iona (*Colum Cill*, en irlandais, qui aurait bénéficié, paraît-il, de l'enseignement d'un *file* christianisé) ou encore Columbanus (ou Saint Colomban, qui était un barde issu de la noblesse irlandaise)[21]. Suite à la christianisation, les druides disparaissent progressivement des îles. Ne subsistent plus alors que les moines initiés à l'écriture. La littérature celtique médiévale traite principalement de la mythologie. Elle présente l'intérêt de dépeindre une société irlandaise beaucoup plus ancienne au sein de laquelle les druides occupaient une fonction prééminente. Cependant, cette source de documentation est sujette à caution.

Premièrement, leur retranscription est tardive et fut réalisée par des chrétiens (les moines copistes, fussent-ils ou non descendants des *filid*), ce qui jette un doute quant à la nature purement celtique de son contenu, ou plutôt doit nous mettre en garde sur d'éventuels faux archaïsmes. En effet, les moines ont probablement été tentés, dans les retranscriptions, d'insérer des influences chrétiennes, grecques ou romaines dont ils avaient une connaissance profonde. Par ailleurs, il faut être conscient que les choses avaient considérablement changé au X^e^ siècle PCN par rapport à l'apogée de la civilisation celtique et que, lors de ces retranscriptions, des éléments ont certainement été oubliés ou tout simplement filtrés. Les transcriptions sont donc parfois incomplètes ou même tronquées.

Deuxièmement, cette littérature relate des récits mythologiques, autrement dit des faits qui relèvent des contes et légendes, dont il est toujours difficile d'analyser l'objectivité du contenu. Ces textes sont-ils le reflet d'un imaginaire où se mêlent le merveilleux et le fantastique ou bien cachent-ils des rites et coutumes qui avaient réellement leur place au sein de la société celtique ? Probablement un peu des deux à la fois.

Toujours est-il que le cas de l'Irlande demeure unique en son genre. Elle est le dernier « État » celte : elle n'a pas connu la romanisation et a été christianisée vers le V^e^ siècle PCN. Jusqu'à cette date, la société celtique a perduré dans son organisation, ses institutions et ses traditions. Les druides y étaient toujours présents alors qu'ils avaient disparu du continent depuis déjà plusieurs siècles. C'est précisément cette exception irlandaise qui fait toute la richesse de cette littérature qui est parvenue jusqu'à nous. C'est une source

21 Information provenant du moine Jonas de Suse, biographe de Colomban et secrétaire des abbés qui lui ont succédé au monastère de Bobbio (Italie). Il mentionne d'autres traits de la vie ou de la pensée de Colomban, comme par exemple le fait qu'il allait se promener dans les bois, se plongeant dans l'observation de la nature. On y trouve une anecdote curieuse relatant son affrontement avec des loups et des ours qui prolongerait, de façon symbolique, des rites druidiques pratiqués par Colomban. Darcheville (1995) va plus loin en soutenant que les monastères colombaniens ont été implantés selon un schéma en rapport avec les constellations, conformément avec la tradition druidique. Ces mêmes monastères seraient également situés en lieu et place d'anciens sanctuaires druidiques autrefois caractérisés par un mégalithe ou un dolmen.

d'information difficilement contournable, qui du reste délivre des éléments véridiques. Cunliffe (2006) explique par exemple que ces récits mythologiques décrivent de nombreuses scènes de fêtes et de batailles où s'affichent des comportements et des pratiques que les travaux ethnographes de Poseidonios et César ont eux-mêmes décrits sur le continent, comme par exemple les réjouissances tribales et l'attribution au héros du meilleur morceau de viande, l'utilisation de chars de combat, les combats singuliers, l'exhibition de têtes coupées, ainsi que d'autres traits de caractère celtique liés à l'éthique, le sens de l'honneur et les motivations des guerriers. Pour toutes ces raisons, les anciennes littératures celtiques représentent un des éléments les plus précieux dont nous disposons pour l'étude du monde spirituel et de la pensée des Celtes (Venceslas Kruta, 2001). À propos des mythes, Mircea Eliade (1959) ajoute : « Ils sont souvent plus précieux que les rites pour l'intelligence d'un comportement religieux. Car c'est le mythe qui révèle le plus complètement le désir profond, souvent inconscient, de l'homme religieux ».

Quels sont ces textes mythologiques ? Il y en a beaucoup. En Irlande, les mythes sont classés en quatre groupes, ou quatre grands cycles : (1) le cycle mythologique, contenant les récits sur les anciens dieux de l'Irlande. Ce cycle comprend, entre autres, la *Bataille de Mag Tured* (*Cath maighe tuireadh*)[22], la *Coutrise d'Etaine* (*Toch marc Etaine*) et les *Navigations* (*Immrama*) ; (2) le cycle d'Ulster, ou de la Branche Rouge, le plus considérable, le plus riche avec 80 histoires isolées dont la *Razzia des vaches de Cooley* (*Tain Bo Cuailnge*), centrée sur le héros *Cûchulainn*, le plus grand des guerriers mythiques (l'équivalent du légendaire Achille dans la mythologie grecque ou de Thor dans la mythologie nordique) ; (3) le cycle de Leinster, ou cycle de Finn ou cycle Ossianique, qui rassemble des récits d'origines très diverses et (4) le cycle historique, ou cycle des Rois, qui contient le *Livre des Conquêtes* (*Lebor gabala Erenn*), traitant principalement des rapports entre le roi et son peuple. Il existe en réalité près d'un millier de manuscrits irlandais[23]. Au pays de Galles, il y a deux textes plus récents : (1) les *Quatre branches du Mabinogi* et (2) le cycle Arthurien, ou le roman de la Table ronde, qui est une adaptation du cycle irlandais d'Ulster.

L'analyse de cette littérature est la spécialité de quelques auteurs. Nous ferons régulièrement référence à Christian Guyonvarc'h et Françoise Leroux, ayant légué à la postérité plusieurs livres d'une qualité remarquable (rédigés en français, ce qui nous facilite la tâche). Ces ouvrages ont grandement contribué

[22] En matière de calendrier, l'ère celtique dont il est fait mention dans les milieux néo-druidiques est celle de la *Seconde Bataille de Mag Tured*, un récit mythologique irlandais opposant le peuple des *Tuatha de Danann* aux *Fomoire*. D'après les *Annales des quatre Maîtres*, l'an 1 du christ correspond à l'an 1871 de *Mag Tured*.

[23] Les manuscrits les plus importants sont conservés dans divers endroits : le *Livre de Leinster* (datant de 1150) est conservé au *Trinity College* de Dublin ; le *Livre Jaune de Lecan* et le *Livre de Ballymote* (tous deux du XIV$^{e}$-XV$^{e}$ siècle) sont conservés à la *Royal Academy* de Dublin. Pour en savoir plus, nous renvoyons le lecteur vers l'ouvrage de Markale (1971).

à l'amélioration des connaissances sur les druides et la culture celtique. Ils ont analysé en détail la plupart des manuscrits irlandais et gallois, en prenant soin de consulter au préalable les textes originaux dans des éditions sûres. Néanmoins leurs analyses, toutes érudites soient-elles, souffrent à nos yeux d'un inconvénient majeur. Elles se basent essentiellement sur des textes mythologiques et nous laissent l'impression de dépeindre les druides tels qu'ils étaient réellement, alors que les épopées irlandaises nous décrivent les druides tels qu'ils étaient mythologiquement, « légendairement » pourrait-on dire. L'esprit critique doit rester de rigueur pour séparer le mythe de l'histoire et ne pas interpréter au pied de la lettre tous les faits relatés dans les légendes. Il appartient au lecteur de faire la part des choses.

Sur le continent, nous disposons de très peu de sources écrites autochtones datant de la civilisation celtique à proprement parler, ni d'aucune retranscription comme ce fut le cas en Irlande. La mythologie gauloise, nous dit Brunaux (2008), a presque totalement sombré dans l'oubli car elle n' pas été recopiée par les historiens et géographes grecs. L'archéologie vient ici compléter les travaux des auteurs gréco-latins. Elle permet de s'en tenir aux faits concrets. Les fouilles archéologiques ont révélé d'innombrables pièces (sépultures, bijoux, armes, poteries, fibules, pièces de monnaie, statues, etc.) qui sont autant de témoins matériels de la vie des Celtes. Les quantités d'objets sont inégales à travers l'Europe. Elles sont très importantes dans les îles Britanniques, la France, la Belgique – trois régions où les druides étaient maîtres –, les Pays-Bas, l'Italie du Nord, l'Allemagne et l'Autriche ; importantes dans certains pays de l'Est (p. ex. République tchèque, Hongrie, Roumanie) ; moyennes dans le nord de l'Espagne. Certains objets sont uniques en leur genre, comme le calendrier de Coligny, le chaudron de Gundestrup ou la cruche de Brno. L'analyse détaillée de ces objets mériterait certainement un ouvrage entier. Ils divulguent des informations précieuses sur différents aspects relatifs à la vie spirituelle, aux divinités ou encore aux connaissances astronomiques, elles-mêmes intimement liées, chez les Celtes, à la théologie. L'iconographie, les statuaires et la manière dont tous ces objets sont décorés témoignent de la richesse de l'art celtique dont les motifs originaux donnent également des indices sur la spiritualité et l'inspiration artistique, elle-même associée à l'inspiration divine. Venceslas Kruta considère que : « Le témoignage le plus direct qui nous soit parvenu de l'univers spirituel des Celtes indépendants est constitué par leurs œuvres d'art » (Kruta, in Moscati *et al.*, 2001). À propos de l'art celtique, Anne Ross parle d'une « gloire du monde barbare, une grande, bien que limitée contribution des Celtes à la culture européenne » (Ross, citée par Eliade, 1978). Les Celtes ont développé une forme originale d'expression artistique tout en courbes, en entrelacs, en motifs végétaux et animaliers. Cet art indigène constituait un véritable langage pour toucher l'inconscient qui dans l'Antiquité, selon Brunaux (2008), était interprété comme une émanation divine. L'art celtique s'est prolongé jusqu'aux chrétientés du Moyen Âge irlandais. Il se distingue nettement de celui de Rome ou de la Grèce antique.

Par ailleurs, l'archéologie constitue la principale source de nouvelles découvertes, comme les sanctuaires et les nécropoles, qui nous apprennent un peu plus chaque jour sur les pratiques religieuses et le culte des morts en particulier, remettant parfois en cause des idées reçues. Jean-Louis Brunaux, un autre archéologue français, explique que la Gaule, à partir du IVe siècle ACN, se couvre de sanctuaires monumentaux dont on ignorait l'existence voici quarante ans. Toutefois la prudence est également de mise face aux découvertes archéologiques, dont il est toujours délicat de déduire des certitudes à propos des pratiques religieuses. De plus la démarche archéologique est essentiellement basée sur des éléments historiques et matériels. Elle contient relativement peu d'informations sur les aspects métaphysiques et se limite à ce qui a pu être archivé. Il y a d'ailleurs deux grandes écoles dans le domaine de l'archéologie : celle qui privilégie la description et le classement, puis celle qui s'intéresse davantage à l'interprétation. Kruta explique que la deuxième école a été négligée au profit de la première, si bien que les ouvrages des archéologues « puristes », pourtant riches d'enseignement, sont souvent ennuyeux à lire – c'est nous qui le disons (et non Kruta) – car chaque objet y est minutieusement décrit avec force de détails qui rendent la lecture difficile, tandis qu'il y a peu d'informations sur le sens et la symbolique des éléments figuratifs. Dans ce champ d'investigation (l'archéologie), Jean-Louis Brunaux et Venceslas Kruta sont des archéologues de renom que nous citerons abondamment, respectivement spécialiste des études gauloises et directeur d'études de la protohistoire de l'Europe. Il y a bien entendu les œuvres monumentales des précurseurs des études celtiques – tous ne sont pas des archéologues – du XIXe siècle, tels Amédée Thierry, Henry d'Arbois de Jubainville, Camille Jullian, puis ceux de la première moitié du XXe siècle comme Joseph Déchelette, Henry Hubert, Joseph Vendryes et bien d'autres qui, par leurs premiers travaux de recherche et de synthèse, ont permis l'intégration des matières celtiques dans l'enseignement universitaire[24]. Ceci pour dire qu'en l'absence de textes rédigés par les Celtes, il y a tout de même matière à réflexion.

Enfin il y a les données controversées (principalement des textes et des rituels) issues de la tradition néo-druidique, elle-même inspirée en partie du courant des chrétientés celtiques et de la franc-maçonnerie. C'est au sein de ce type de chrétientés que se serait conservé l'enseignement des druides. Sous l'impulsion d'un certain nombre d'érudits (comme le savant britannique John Aubrey), ce savoir réapparut au XVIIIe siècle avec la renaissance druidique

---

[24] Nous ne disposons malheureusement pas d'exemplaires des œuvres de référence de ces anciens auteurs régulièrement cités dans la littérature. Nous nous référerons à des auteurs plus récents dont les recherches et les analyses ont intégré, voire corrigé les travaux des spécialistes plus anciens.

qui, ces 300 dernières années, s'est considérablement ramifiée, diversifiée (certains diraient dénaturée) en une multitude d'assemblées. Mais ce dernier courant fait-il véritablement partie de la culture celtique ? Comment y déceler les éléments objectifs de la tradition druidique ? Y a-t-il d'ailleurs encore « quelque chose » de celtique dans leur contenu ? Rien n'est moins sûr... Venceslas Kruta voit dans les associations néo-druidiques une sorte de variante celtique du mouvement maçonnique, qui réinventa à son idée des traditions et des cérémonies ordonnées autour des grandes fêtes solaires de l'année (Kruta, 2000). La renaissance druidique demeure la dernière contribution des Celtes et des celtisants, cristallisée dans des folklores toujours vivants de nos jours. C'est également celle qu'il faut appréhender avec le plus de circonspection, car force est de constater que l'on trouve aujourd'hui tout et n'importe quoi dans les mouvements néo-druidiques. Il existe néanmoins quelques assemblées sérieuses orientées vers une forme d'initiation spirituelle basée sur l'étude des matières celtiques et la pratique de sciences druidiques attestée par l'histoire. C'est une source d'information dans laquelle il est possible de retrouver quelques traits qui prolongent la tradition celtique. C'est pourquoi nous puiserons également dans cette littérature, avec bien sûr certaines réserves. Sur ce point, osons déjà dire que tous ceux qui se réclameraient d'une filiation directe avec les druides de l'âge du fer – dont ils auraient perpétué l'enseignement au fil des siècles à travers une chaîne continue de relations de maîtres à disciples – ne sont que des celtomanes un peu trop illuminés, des affabulateurs ou bien des charlatans. Certains historiens considèrent d'ailleurs qu'il est plus sage d'écarter des études celtiques les éléments de la renaissance druidique, considérant que les seules données fiables sont de nature philologique, historique (ce compris l'histoire des religions) et archéologique, tout en intégrant la littérature celtique médiévale.

Le lecteur aura compris la difficulté de l'exercice. Elle réside à la fois – et de manière paradoxale – dans le manque d'informations authentiques (c'est-à-dire des informations provenant directement d'un druide antique) et dans la multitude des sources actuelles, où une affirmation fermement soutenue par un auteur se voit parfois contredite par un autre. Dans les matières celtiques, comme partout en sciences, différentes écoles se confrontent, en particulier celles de l'archéologie et de la philologie (nous regroupons dans cette appellation les approches linguistiques et littéraires), avec des querelles de chercheurs défendant chacun la pertinence de son approche. La nôtre se bornera à fournir une synthèse visant à exprimer ces différentes théories pour y dégager une vue d'ensemble qui, nous l'espérons, paraîtra cohérente. Bien entendu, notre analyse ne sera que partielle car, en tant que « celtisant amateur », nous n'avons pas l'érudition, ni la prétention de détenir toute la matière nécessaire à un examen complet. Terminons en avouant également que toutes les sources évoquées plus haut, même si elles sont nombreuses, ne sont malheureusement que des bribes de la tradition. Elles ne représentent qu'une infime portion du savoir des druides, qui était encyclopédique. Mais d'encyclopédies des druides, il n'y en a point… Du moins aucune rédigée par eux. En l'absence de manuscrits ou de témoins directs, nous devons nous en tenir, sur les questions religieuses, à des traits généraux. Ce sont ces traits que nous allons esquisser…

# Quelques mots d'histoire

## L'origine des Celtes

Pourquoi s'intéresser à la civilisation celtique ? Tout simplement parce que : « L'Europe occidentale et centrale commence son histoire par et avec les Celtes ».

Christian Guyonvarc'h [1926-2012] et Françoise Leroux [1927-2004]
Professeur de celtique et historienne des religions

Avant d'entrer dans le vif du sujet, il est utile de resituer brièvement les Celtes dans leur contexte historique. Qui étaient les Celtes ? D'où viennent-ils et à partir de quand ont-ils surgi dans l'histoire ? Certes ces questions ont déjà été abordées maintes fois dans divers ouvrages, mais les théories avancées ne coïncident pas toujours. Certaines découvertes récentes ont également bousculé les modèles traitant de l'histoire des peuples celtiques. Si bien qu'il demeure une confusion sur le sujet. D'autant plus que ces questions, pourtant simples, n'ont pas de réponses claires. Le concept même de « Celtes » (qui auraient été précédé de « proto-Celtes ») fait l'objet de débats entre chercheurs. Quant à la question de leur origine, Christian Goudineau, pourtant professeur au Collège de France et titulaire de la chaire des Antiquités nationales, formula la réponse suivante lors d'une conférence : « Madame, monsieur, j'aimerais le savoir moi aussi, et malheureusement je ne le sais pas » (Goudineau, 2007). Cela résume bien toute l'incertitude sur le sujet ! Certaines théories sont même plutôt fantaisistes, comme celles qui font remonter l'origine des Celtes à des continents légendaires ou des régions hypothétiques, tels l'Atlantide ou l'Hyperborée. Dans ce chapitre, nous compilerons certains éléments d'histoire, sans pour autant aller dans les détails. Rassurons de suite le lecteur : l'objectif n'est pas de réécrire l'histoire de la civilisation celtique, mais de poser certaines balises afin de bien définir notre sujet dans le temps et dans l'espace géographique.

Commençons par quelques grands repères de la culture humaine. Des formes archaïques du genre *Homo* remontent à environ deux millions d'années et l'homme actuel (*Homo sapiens*) à 180 000-200 000 ans, pour ce qui est des premières origines africaines. Les Néandertaliens (*Homo neanderthalensis*) occupaient l'Europe et l'Asie occidentale il y a 250 000-300 000 ans. L'homme de Cro-Magnon (un des premiers représentants d'*Homo sapiens* en Europe) apparaît ensuite il y a *grosso modo* 30 000 ans. L'agriculture s'est développée il y a 10 000 ans. L'écriture la plus ancienne, le Sumérien, remonte à 6 000 ans, en

Mésopotamie (située au niveau de l'Irak). À cette même époque de la préhistoire, en Europe, la « révolution néolithique » est en cours. Elle dure de 9 000 à environ 3 300 ACN, avec des mutations techniques, économiques et sociales qui marquent le début de la protohistoire. Après les peuples du néolithique, les Celtes font partie de nos plus lointains ancêtres dont nous avons des témoignages écrits. C'est pour ainsi dire avec eux que notre histoire commence. Mais, ironie du sort, les peuples celtiques demeurent relativement méconnus de l'opinion publique alors que leur diaspora en Europe fut des plus étendue et que l'ancienneté de leur civilisation en fait probablement notre patrimoine culturel le plus authentique. La plupart des manuels scolaires, tels qu'ils sont utilisés dans les cours d'histoire, ont souvent gommé cet héritage, considérant que notre culture occidentale est essentiellement d'influence gréco-latine, ne débutant pour ainsi dire qu'à partir de l'Empire romain :

> « En évacuant du champ historique officiel les cinq siècles du second âge du fer, l'institution scolaire laisse entendre tacitement que la civilisation occidentale est presque entièrement l'héritière de la Grèce et de Rome, sources de la culture. Cela revient à nier tout génie propre aux peuples autochtones » (Brunaux, 2008).

C'est le célèbre « préjugé classique » expliqué par René Guénon (1921), c'est-à-dire le parti d'attribuer aux Grecs et aux Romains l'origine de toute civilisation. Fort heureusement les choses évoluent. Raphaël Zander, auteur de plusieurs publications sur les druides et professeur en langues germaniques dans un collège de Stavelot (Belgique), nous dit que l'histoire des Celtes est maintenant devenue depuis une dizaine d'années un chapitre obligatoire dans les classes de secondaire.

Il y a cependant quelque chose d'assez révoltant dans ce déni qui a prévalu pendant tant d'années et qui a pour conséquence, aujourd'hui, une sorte d'amnésie collective à propos des racines de notre culture occidentale. Nos origines celtiques demeurent peu connues, alors que nous devrions revendiquer ce lointain patrimoine avec fierté. Il fait partie intégrante de l'histoire de nos peuples. Alors que nous reconnaissons tous les contributions des cultures romaine, grecque ou chrétienne dans le progrès de nos sociétés, nous faisons preuve d'une étonnante ingratitude à l'égard de cette brillante civilisation celtique qui les a précédés et dont nous descendons, certes indirectement, à travers une lointaine filiation oubliée. Oui, nous avons une identité culturelle bien antérieure au christianisme et à la civilisation romaine, mais nous l'avons oubliée. Il ne serait pas opportun d'énumérer, dans le cadre de cet essai, toutes les raisons de cette « bavure de l'histoire », puisque certains auteurs se sont attelés à cette tâche de manière détaillée. Pour en savoir plus, renvoyons le lecteur aux ouvrages de Jean-Louis Brunaux (2006) ou de Christian Goudineau (2007), qui argumentent très bien l'évolution des connaissances ayant abouti à cet état de fait. Mentionnons toutefois une de ces raisons : les Celtes ont longtemps été considérés, à tort, comme des peuples barbares et primitifs, aux mœurs étranges et aux rites sanguinaires. Cette image simpliste et erronée, véhiculée à la fois par des auteurs classiques de l'Antiquité (grecs ou latins) et par des historiens des temps modernes (inspirés de ces mêmes auteurs classiques), n'a guère valorisé la culture celtique. Si bien que les Celtes ont été oubliés pendant longtemps de l'histoire des civilisations, n'ayant pas été perçus comme des peuples organisés en sociétés civilisées dignes d'intérêt. Nous savons maintenant que ces idées préconçues sont incorrectes. La société celtique était hautement organisée selon ses différentes couches sociales, elles-mêmes caractérisées par des techniques et des arts élaborés, complétés par un sens élevé de la spiritualité. C'est ce qui fait l'intérêt de l'étude de la civilisation celtique, nous dit Brunaux (2008) : « C'est l'histoire naissante des premières sociétés humaines identifiables qui ont habité des terres que nous foulons ».

Aujourd'hui nous en savons bien plus sur la société celtique que par le passé, notamment grâce aux progrès de l'archéologie, qui nous révèle une civilisation remarquable ayant régné sur l'Europe pendant de nombreux siècles. Si nous remontons l'origine des Celtes jusqu'à l'âge du bronze, comme l'indiquent certains historiens et les datations linguistiques, nous pouvons considérer, en terme temporel, que notre héritage celtique (de la protohistoire jusqu'à l'Antiquité, sans oublier la période de transition gallo-romaine) est tout aussi important que notre culture gréco-latine. Toutefois la question de l'origine des Celtes demeure un sujet controversé, où les données de l'archéologie et de la philologie ne convergent pas vers une même datation. D'après Goudineau (2007), il y aurait quasi-unanimité du milieu scientifique pour convenir qu'il n'y avait pas de Celtes avant l'âge du fer. Mais il précise bien qu'il s'agit d'une « convention nullement argumentée, donc nullement justifiée », selon ses propres termes.

### *Au commencement étaient les Indo-européens...*

Concernant l'origine des Celtes, Guyonvarc'h et Le Roux (1990) nous rappelle d'abord que :

> « Les événements les plus lourds de conséquences pour l'histoire de l'humanité se sont produits en dehors des limites accessibles de l'histoire elle-même, il y a quatre ou cinq millénaires peut-être, quand des masses conquérantes parlant des langues apparentées quittèrent, pour des raisons inconnues, une région du nord de l'Eurasie. Ce sont les grandes migrations (ou invasions) indo-européennes. Au fur et à mesure de leurs conquêtes, étagées sur des siècles, les arrivants firent disparaître ou assimilèrent les populations antérieures, qui ne subsistèrent que dans les refuges les plus reculés (Caucase, Pyrénées, Laponie) ».

Ces migrations, étalées sur plusieurs millénaires, ont touché la Grèce, l'Asie Mineure, la Mésopotamie, l'Inde, l'Europe centrale, septentrionale et occidentale. Mircea Eliade (1976) précise :

> « On ne connaît pas un autre exemple semblable d'expansion linguistique et culturelle. Depuis plus d'un siècle, les savants se sont évertués à identifier la patrie originaire des Indo-Européens, à déchiffrer leur protohistoire et à éclairer les phases de leurs migrations. On s'accorde aujourd'hui à localiser le foyer des Indo-Européens dans les régions au nord de la mer Noire, entre les Carpates et le Caucase. Quoi qu'il en soit, il est certain que les origines de la culture indo-européenne plongent dans le néolithique, peut-être même dans le mésolithique ».

La « néolithisation » de l'Europe est d'ailleurs liée à ces migrations qui, parties du Proche-Orient, se seraient effectuées en deux vagues, l'une passant par les Balkans (le courant danubien), l'autre par les côtes maritimes (le courant méditerranéen)[25]. En ce qui concerne la colonisation danubienne, Venceslas Kruta évoque lui aussi un phénomène migratoire très ancien, en deux étapes, avec une « vague d'avancée » en Europe par des agriculteurs venus d'Asie Mineure dans le courant du sixième ou septième millénaire ACN, amplifiée par l'action d'une deuxième vague, particulièrement dynamique, au troisième millénaire ACN. Il s'agirait par conséquent d'une indo-européanisation cumulative de l'Europe (Kruta, 2000). Guyonvarc'h et Le Roux (1990) poursuivent :

> « Les Celtes ont été la vague occidentale des nouveaux arrivants. L'origine des Celtes se perd ainsi dans la nuit des temps (...). Les Celtes participent à part entière au phénomène indo-européen, lequel est, aux origines, le mur extrême contre lequel bute l'histoire. Après, nous savons quelque chose, avant nous ne savons rien, hormis la vie matérielle rudimentaire des peuples néolithiques [dont les civilisations sont caractérisées par l'érection de monuments mégalithiques comme les dolmens, les menhirs et autres cromlechs]. Nous n'avons aucun moyen de savoir comment les Celtes se sont comportés à l'égard du substrat néolithique qui les a précédés. Le plus simple est de supposer que les Celtes n'ont pas agi autrement que les Romains : ils auraient imposé leurs conceptions politiques et religieuses, leur langue, puis par voie de conséquence, toutes leurs formes d'activités intellectuelles. Toutefois, l'étude de cette période de la protohistoire et du début de l'histoire laisse une impression curieuse : l'extension des cultures laisse penser à une mode qui se serait transmise par vagues, sans avoir été imposée par voie de conquête brutale (un exemple est la pratique de l'incinération, caractéristique de la période de Hallstatt, qui fait suite à l'inhumation généralisée de la période de la Tène sans que l'on décèle le moindre changement de population). (...) Mais toutes ces spéculations ne présentent finalement qu'un intérêt secondaire ».

## ... Puis vinrent les Celtes

Revenons à quelques repères objectifs. C'est aux historiens grecs que nous devons les premières descriptions des Celtes. Les plus anciennes mentions

---

[25] Mayo (2012), Le Néolithique investit dans la culture, dans *Les Cahiers de Science et Vie*, « Les origines du sacré », Numéro hors-série, Mondadori Magazines France, Montrouge, 146 p.

des Celtes sont attribuées aux écrits d'Hécatée de Milet [550-475 ACN] et d'Hérodote d'Halicarnasse [480-425 ACN]. Les mentions d'Hécatée de Milet seraient toutefois incertaines, car elles sont issues de fragments repris bien plus tard par un autre auteur (Étienne de Byzance) qui a peut-être déformé le texte initial. Il évoque les peuples celtiques du sud de la Gaule (les Ligures) et serait le premier à mentionner le nom de *Massalia* (Marseille) ainsi que le recrutement de mercenaires en provenance de la Gaule. Avant cette date, nul ne parle des peuples celtiques. Mansuelli (2001) confirme que le plus ancien témoignage chronologique certain des peuples celtes est effectivement fourni dans les *Histoires* d'Hérodote d'Halicarnasse, un savant considéré comme le « père de l'histoire », qui indiqua les frontières du monde celtique vers 450 ACN, tout en évoquant l'établissement des Celtes en Europe occidentale près des sources du Danube. C'est également à cet historien grec que l'on doit le mot « Celte », terme qui dérive du latin « *Celtae* » et du grec « *Keltoï* » employé par Hérodote pour désigner les peuples installés dans cette région. Toujours selon Mansuelli, il semblerait qu'une réalité celtique existait toutefois avant l'époque mentionnée par Hérodote, puisant ses racines dans la protohistoire du continent (Mansuelli, in Moscati *et al.*, 2001).

Certains historiens admettent que ceux qu'on appelait les Celtes n'étaient, à l'origine, qu'une petite élite guerrière et intellectuelle qui a submergé, à un moment donné, les peuples qui habitaient la partie occidentale de l'Europe. Cette élite a celtisé les populations aborigènes et les a entraînées dans sa mouvance politique, culturelle et religieuse. Ainsi serait née la civilisation celtique (Markale, 1998). D'après Venceslas Kruta, il existe un modèle de peuplement celtique en Europe qui se serait effectué par expansion progressive, aux alentours du VI^e siècle ACN (à l'âge du fer), à partir d'un noyau central situé dans l'aire « hallstattienne » (par référence à la civilisation celtique dite de Hallsatt), couvrant le nord-est et l'est de la France actuelle, le sud de la Belgique, l'Allemagne méridionale, la Suisse, la partie occidentale de l'Autriche et la Bohême (Kruta, 2000). Mais cette hypothèse du « berceau hallstattien » – qui a pourtant prévalu pendant près de cinquante ans – n'est plus retenue aujourd'hui[26]. Il semblerait qu'il faille concevoir plusieurs noyaux et plusieurs vagues d'expansion à des dates antérieures au modèle hallstattien pour expliquer correctement la présence des Celtes dans les diverses régions d'Europe. Les histo-

---

[26] La découverte de la culture de Golasecca (au nord de l'Italie) a bousculé le modèle du noyau hallstattien. Il a été démontré que la langue associée à cette culture, le lépontique (ou celto-étrusque), appartient à la famille des langues celtiques. C'est la localisation et l'ancienneté de cette culture celtique qui posent question. Raffaele Carlo De Marinis (in Moscati *et al.*, 2001) souligne que « le fait que les populations de Golasecca du IV^e et V^e siècle ACN parlaient un dialecte de type celtique, on peut s'interroger sur la date d'introduction dans l'Italie nord-occidentale de ce dialecte. A-t-elle eu lieu vers l'an 600 av. J.-C. ou à une époque plus ancienne ? ». Kruta (2000) explique ensuite : « L'attribution de la culture de Golasecca à des populations de langues celtiques (…) a rompu le lien exclusif que l'ont croyait pouvoir établir pour la période du VII^e au VI^e siècle ACN entre les Celtes et le faciès centre-occidental de la culture hallstattienne ».

riens considèrent l'expansion des Celtes comme un phénomène plus général d'acculturation progressive des populations locales. En vérité, avoue Christian Goudineau, nous ne disposons d'aucune théorie convaincante concernant l'origine et l'expansion des Celtes car il est impossible de dater avec précision tous les déplacements des Celtes[27]. Nous avons bien quelques repères certains à partir des V^e^ et VI^e^ siècles ACN, mais sans doute les Celtes étaient-ils déjà présents dès l'âge du bronze. En tenant compte des éléments relatifs à l'indo-européanisation, Kruta (2000) commente :

> « Les fondements de l'Europe des Celtes seraient donc, dans leur ensemble nettement, plus anciens qu'il ne ressort de la présentation traditionnelle qui se limite en fait à illustrer l'expansion des Celtes dits historiques du groupe centre-occidental, supposé être à l'origine du peuplement celtique de toutes les régions d'Europe où est attestée la présence de celtophones. Il apparaît de plus en plus clairement que (...) l'extension et l'enracinement des langues celtiques ne permettent pas de la considérer comme pouvant être le résultat d'une diffusion tardive, réalisée à la fin du deuxième millénaire ACN, depuis un seul noyau centre-européen ».

En ce qui concerne les racines du peuplement celtique de l'Irlande, l'archéologue repousse même la date jusqu'aux derniers siècles du troisième millénaire ACN et à l'arrivée dans la région de populations de souche indo-européenne qui imposèrent progressivement leur langue au substrat indigène néolithique. Quant à savoir précisément quand et comment les Celtes ont formé un groupe ethnique bien identifiable à partir de ce substrat indo-européen sans nom, c'est une question bien difficile à laquelle les historiens modernes ne savent toujours pas répondre. Toujours selon Kruta (2000), c'est à partir du V^e^ siècle ACN qu'il est possible de parler d'une identité culturelle bien distincte. Quant aux premières traces archéologiques, elles remontent au monde des « princes celtes » situé aux VII^e^ et VI^e^ siècles ACN, caractérisé par de remarquables sépultures individuelles. C'est à partir de cette période que nous pouvons commencer à délimiter la diaspora des Celtes en Europe qui, à terme, s'étendit à une vaste région correspondant globalement au territoire couvert par la communauté européenne actuelle, avec une expansion jusqu'en Asie Mineure.

---

27 Propos recueillis par Brillaud (2011) dans *Les Cahiers de Science et Vie*, « Les Gaulois, qui étaient-ils vraiment ? », Mondadori Magazines France, Montrouge, 114 p.

**Quelques jalons historiques de la civilisation celtique**

Il est difficile de trouver un consensus sur la question de l'origine des anciens Celtes. Les spécialistes ne semblent pas toujours d'accord. L'histoire des Celtes se divise en plusieurs périodes :

- L'âge du bronze (2 300-800 ACN) : début des migrations des peuples de l'Est entre 1 800 et 1 200 ACN et vague occidentale des migrations indo-européennes. L'âge du bronze comprend la période dite « des Champs d'Urnes » (1 200-800 ACN), où l'archéologie observe plusieurs vagues d'invasions jusque dans le sud de la Gaule et en Espagne. C'est une période caractérisée par une uniformité culturelle, avec une généralisation de la pratique de l'incinération (urnes enterrées dans des nécropoles). Les découvertes archéologiques retrouvent des traces de la civilisation celtique dans certaines régions de l'Europe entre 900 et 700 ACN (Markale, 1998). Pour Cunliffe (2006), l'origine des Celtes remonte également à l'âge du bronze puisqu'il affirme que ce serait entre 1300 ACN et 400 PCN qu'apparurent des communautés parlant des langues celtiques. Guyonvarc'h et Leroux (1990) semblent du même avis, affirmant que la présence des Celtes est désormais certaine aux alentours de 1000 ACN et elle est très probable pendant le demi-millénaire précédant (soit 1 500 ACN). Pour eux, les Celtes sont un peuple de l'âge des métaux :

  > « Toutefois, il est hautement probable que les Celtes formaient déjà un groupe cohérent et organisé à une époque très antérieure de la protohistoire, dès l'âge du bronze, au second millénaire. Les Celtes eux-mêmes auraient été précédés de "proto-celtes", dont nous savons peu de choses puisqu'il y a 4 000 ou 5 000 ans, les seules archives connues sont chinoises, égyptiennes ou mésopotamiennes ».

Ces propos sont confirmés par Venceslas Kruta (2001), pour qui : « l'accord est général pour faire remonter la formation des langues celtiques au plus tard à l'âge du bronze, donc au deuxième millénaire ACN ». Certains font même remonter l'origine des Celtes à une époque antérieure, expliquant que : « les datations linguistiques laisseraient à penser que les Celtes étaient déjà présents en Europe à la fin du troisième millénaire avant notre ère ». Ces datations ne seraient toutefois pas conformes à d'autres données de l'archéologie et à des témoignages anciens, qui ont tendance à attribuer une origine plus récente, à l'âge du fer. Goudineau (2007) pose d'ailleurs la question : « comment verrions-nous les Celtes apparaître à la date de 3 000, 2 500, 1 500 ou telle autre ? ».

- L'âge du fer (de 800 ACN à notre ère) : période cruciale pour l'histoire de l'Europe. Certains archéologues considèrent les Celtes comme des populations de l'Europe occidentale de l'âge du fer (Brunaux, 2006), elle-même subdivisée en plusieurs sous-périodes :
  - Premier âge du fer (800-500 ACN) : Civilisation de Hallstatt (du nom d'un site en Autriche) : implantation des Celtes en Europe occidentale et progrès culturel et commercial. Échanges avec les Grecs et les Étrusques. Rites mortuaires de l'incinération et de l'inhumation (tertres et tumuli).
  - Deuxième âge du fer (500-50 ACN) : Civilisation de la Tène (du nom d'un site en Suisse), qui marque l'apogée de la civilisation celtique. Les Gaulois sont les Celtes de cette civilisation vivant dans la région dénommée Gaule. On distingue la Tène I (500-200 ACN), la Tène II (250-120 ACN) et la Tène III (120-58 ACN). La période suivante sonne la fin de la civilisation celtique, avec la guerre des Gaules de 58 à 52 ACN.

## L'origine des druides

Avant d'aller plus loin, le lecteur est également en droit de se poser une autre question : d'où viennent les druides ? Les premières mentions historiques du mot druide sont assez tardives. D'après Brunaux (2006), elles remontent à la fin du III^e^ siècle ACN, dans deux textes de la littérature grecque : un traité intitulé le *Magikos* (attribué à Aristote ou Antisthène) et une des premières histoires de la philosophie rédigée par Sotion d'Alexandrie, où ils sont présentés comme les pères de la philosophie avec d'autres sages orientaux. Toutefois, les spécialistes s'accordent à situer le développement du druidisme à une époque bien antérieure, entre le VI^e^ et le IV^e^ siècle ACN, avec un apogée des druides en Gaule entre les II^e^ et I^er^ siècles avant notre ère[28]. Une des premières descriptions authentiques de la société celtique et des druides vient de Poseidonios d'Apamée (I^er^ siècle ACN), qui par la suite a été copié par des auteurs latins comme Strabon et Diodore de Sicile. L'origine des druides est un sujet controversé – un de plus – qui oppose deux grandes hypothèses. La première hypothèse se fonde sur une origine étrangère (extérieure) ; hypothèse sur laquelle les propositions les plus fantaisistes ont été faites, nous dit Brunaux (2006), qui en remonte l'origine à Poseidonios d'Apamée selon lequel :

> « Les Celtes seraient constitués de deux branches : les Celtes ou *Galls*, des populations aborigènes de la Gaule, et les *Kimris*, peuples descendants des très antiques Cimmériens [qui sont eux-mêmes un peuple indo-européen apparenté à la culture iranienne], (...) chassés par les Scythes à la fin du VIII^e^ siècle ACN. Une partie des Cimmériens auraient gagné les territoires celtiques d'Europe centrale et surtout les rivages de la mer du Nord, (...), d'où ils seraient descendus à la fin du II^e^ siècle pour envahir la Gaule et l'Italie ».

Selon cette hypothèse, reprise au XIX^e^ siècle par Amédée Thierry, les *Kimris* auraient apporté avec eux en Occident l'institution des druides et de nouvelles conceptions religieuses (influencées par des idées orientales). Mais, selon Brunaux (2006), cette proposition ne serait plus recevable de nos jours par rapport aux jalons chronologiques connus. Henri Hubert (1914) situe l'origine des druides dans le plus lointain passé des sociétés indo-européennes. Un passé qui se situerait à l'âge du bronze et en Europe centrale, sur les bords du Danube d'où seraient également issues les autres grandes confréries religieuses indo-européennes, celles des Thraces, des Doriens, parmi lesquels les écoles pythagoriciennes et orphiques.

[28] Si l'on considère, d'une part, que les origines de la culture celtique sont antérieures à l'âge du fer (comme certains historiens l'ont fait remarquer dans les pages précédentes), et, d'autre part, que la société celtique n'a pas existé sans druides, il est également envisageable de postuler une origine encore plus ancienne des druides.

Toujours d'après Brunaux, ces théories « révolutionnaires » du début du XX$^e$ siècle sont aujourd'hui totalement abandonnées. C'est pourquoi une deuxième hypothèse est privilégiée. Elle repose sur une origine autochtone, tout en intégrant l'influence des sagesses grecques et orientales :

> « Théorie plus raisonnable selon laquelle le druide est le descendant ou plus exactement le dernier avatar d'une caste d'hommes hors du commun qui s'étaient détachés de leurs congénères depuis plusieurs siècles déjà. (...) Les druides sont probablement issus de la stratification sociale dont l'origine est à situer avant même l'âge du fer, où des hommes se sont dédiés aux choses de la religion, de l'art et aux premières pratiques scientifiques. Il est en tout cas improbable que l'origine des druides soit de nature individuelle, c'est-à-dire issue d'une personnalité – à l'instar d'un Pythagore – avec suffisamment de charisme que pour enseigner et diffuser des doctrines sur un vaste territoire » (Brunaux, 2006).

L'archéologue résume la situation :

> « On est en droit de postuler une époque antérieure aux VI$^e$-V$^e$ siècles où les ancêtres des druides cumulaient toutes les compétences exigées pour chaque acte qui se différenciait de la vie quotidienne : prises de décisions politiques et juridiques, rites religieux et divinatoires, magie et incantation. Ces hommes n'étaient pas encore des druides, au sens étymologique du mot. C'est ainsi dans cet âge du bronze, aux limites chronologiques imprécises, qu'il faut situer l'origine lointaine des druides. (...) Mais à l'âge du bronze, aucun historien antique, aucun poète même ne nous guide. On ne peut se raccrocher qu'à des découvertes archéologiques généralement peu disertes sur le sens qu'il faut leur accorder. (...) Les druides auraient réformé l'ancienne religion issue d'un passé préhistorique (...). Les devins du premier âge du fer n'étaient pas encore les grands sages auxquels l'appellation de druides s'est peu à peu imposée. Tout laisse à penser qu'ils auraient dû seulement demeurer des mages, voire des sorciers. Les sociétés indigènes fermées, qui ne connaissent pas l'écriture et qui ne développent pas les pratiques intellectuelles, produisent généralement de tels personnages (...). Or, le contraire s'est produit. Rapidement les druides ont conquis leur autonomie. Ils se sont séparés tout autant de la pure religion que du pouvoir politique, se plaçant quasi à mi-chemin entre les deux. Cette position exceptionnelle dans une société "barbare", ils l'ont conquise par leur savoir, par la pratique de disciplines intellectuelles, totalement inconnues auparavant. Mais ils n'ont pas inventé ce savoir nouveau ni ne l'ont tiré de quelconques traditions autochtones. À l'âge du bronze et au début de l'âge du fer, on ne relève aucune trace d'un développement particulier des mathématiques, de l'astronomie et encore moins des réflexions métaphysiques et morales. L'apparition de ces nouveaux champs de la pensée est relativement soudaine, entre la fin du VII$^e$ et celle du V$^e$ siècle. Or, c'est précisément à ce moment que les Celtes nouent des relations privilégiées avec le monde grec occidental » (Brunaux, 2006).

Certains linguistes et historiens des religions, comme Guyonvarc'h et Leroux, excluent l'hypothèse d'une origine préceltique des druides (c'est-à-dire une hypothèse selon laquelle les druides auraient existé avant l'apparition des Celtes). Ils font remonter la présence des Celtes en société organisée à 1000-1500 ACN. D'après eux, la société celtique, caractérisée par la tripartition fonctionnelle (que nous aborderons dans le chapitre suivant), est indissociable de l'harmonie du druide et du roi (si tant est, ajoutons-nous, qu'un « roi » ait existé partout dans les territoires celtiques). La présence d'une société celtique implique donc nécessairement la présence des druides (ou de prêtres). Selon leur raisonnement, il est inconcevable qu'un groupe celtique cohérent ait existé sans druides. Selon cette opinion, rien n'autorise à penser que les Celtes auraient trouvé des druides déjà installés à leur arrivée en Europe occidentale. En Gaule, Brunaux (2008) distingue assez clairement trois périodes d'expression religieuse :

> « La plus ancienne est une sorte de préhistoire, un page obscur où cohabitent deux formes de religiosité, les pratiques magico-religieuses populaires que l'on rencontre dans tous les milieux ruraux traditionnels (vénération des forces naturelles, cultes de la fertilité, etc.) et une première forme de culte organisé, aux mains des chefs politiques (princes, roitelets, chefs de communauté), exaltant les vertus des dynasties auxquels ils appartiennent par des rites funéraires ostentatoires [l'auteur n'évoque pas encore les druides pour cette époque]. La deuxième période peut être située entre le V$^{e}$ siècle ACN et le début du II$^{e}$ siècle. Elle est marquée par le développement puis l'hégémonie du druidisme qui unifie les cultes, les moralise et leur donne une expression publique généralisée. La dernière époque, qui commence au II$^{e}$ siècle ACN (...) se poursuit jusque dans les premières décennies de la romanisation. Elle voit d'une part le déclin du druidisme, d'autre part les effets de la religion romaine et de son panthéon ».

## Les grands traits de la société celtique

De nombreux ouvrages ont décrit la société celtique. Nous nous contenterons d'en résumer quelques spécificités afin de mettre en évidence l'originalité de cette société par rapport à notre modèle actuel qui, par la romanisation et la christianisation, demeure fortement influencé par la conception romaine de l'État et les valeurs judéo-chrétiennes. Il faut avant tout reconnaître que nous avons relativement peu de traces remarquables de la civilisation celtique. Mis à part quelques tumulus, *oppida* et nécropoles, les Celtes n'ont pas érigé de monuments spectaculaires à proprement parler, tels le cromlech de Stonehenge, la pyramide de Khéops ou le temple du Jaguar. Les Celtes privilégiaient la spiritualité à la matérialité, et cela se ressent dans le peu de traces durables qu'ils ont légué à la postérité. Mais avant tout, Guyonvarc'h et Le Roux (1990) nous disent que :

> « L'empreinte des Celtes a été suffisamment forte que pour réussir à structurer une société originale à partir de populations préexistantes. Faut-il rappeler qu'un élément allogène, même le plus inassimilable, quand il ne maintient pas son autonomie politique et culturelle, se désagrège, se fond dans l'ethnie majoritaire au bout de deux ou trois générations et, d'une ma-

nière générale, perd sa propre langue. C'est ainsi que les Anglo-Normands implantés en Irlande ont appris le gaélique et sont devenus plus irlandais que les Irlandais. Le norrois des Normands installés en Normandie n'a pas survécu plus de 200 ans ».

Les Celtes sont donc parvenus à constituer et organiser une société à part entière. Pour esquisser quelques caractéristiques générales, commençons par dire qu'il s'agit d'une des rares sociétés à être restée tribale. La civilisation celtique était constituée d'un morcellement de peuples, sans unité politique stable, mais avec des traits communs au niveau linguistique (les langues celtiques), au niveau de la fonction royale, de la guerre, de la religion ou encore de l'économie (Hily, 2010). Chaque peuple tenait à son autonomie territoriale et, en Gaule, les tribus s'alliaient ou se faisaient la guerre en fonction des intérêts de chacun. Ce qui unissait les Celtes, c'était une communauté de langues, de « religions », de structures socioculturelles et, au dernier ressort, d'état d'esprit. Il ne faut donc certainement pas s'imaginer la civilisation celtique comme un ensemble de peuples unis et solidaires, vivants tous en paix les uns avec les autres. Elle était plutôt constituée d'une multitude de petits « royaumes » indépendants. Ce manque de cohésion et d'unité politique fut probablement un de ses principaux défauts, puisqu'il conduisit les Celtes à leur perte face à l'envahisseur romain, bien mieux organisé. Il n'existait donc pas de race celtique à part entière, mais un grand nombre de peuples celtiques. De même, il n'y a jamais eu d'empire celtique.

Au sein de ces peuples, la société était composée d'une élite guerrière et sacerdotale, avec une multitude de corps de métiers spécialisés. Les Celtes étaient non seulement de redoutables guerriers (voir encart plus loin), mais aussi des agronomes éclairés (la société celtique était avant tout agricole) et d'excellents forgerons travaillant divers métaux (or, cuivre, bronze, fer, le laiton – alliage de cuivre et de zinc, etc.). Sans oublier l'orfèvrerie, la poterie, la charpenterie, la boissellerie (fabrication d'objets en bois) et bien d'autres artisanats qu'ils maîtrisaient. C'est aux Celtes que l'on attribue l'invention du tonneau. Ils étaient également passés maîtres dans la fabrication des chars. Dès le II^e^ siècle ACN, ils ont construit les premières ébauches des aménagements proto-urbains, les *oppida*, ces places fortes qu'il faut considérer, nous dit Alain Duval, comme les premières villes : « Ces sites fortifiés s'étendaient sur plusieurs dizaines d'hectares, avec des rues, des quartiers, des commerces, des résidences pour les nobles, des canalisations pour l'évacuation des eaux usées, etc. » (Duval, in Moscati *et al.*, 2001). Toute comparaison gardée avec les grandes villes romaines ou grecques, la construction de tels sites atteste de la qualité des Celtes en maçonnerie et en architecture. Des sanctuaires élaborés étaient érigés à l'intérieur de ces *oppida*, témoignant d'une intense vie spirituelle. Toujours selon Duval, l'existence de telle ville suppose une organisation bien précise de la société, avec des fonctions politiques, religieuses et économiques. Toutefois la construction d'*oppidum* est arrivée tardivement en Gaule, vers le II$^{e}$ siècle ACN. Avant cela, nous dit Brunaux (2008) : « Les Gaulois n'avaient aucune aspiration à la vie urbaine. Leur idéal, comme celui des Germains, était de vivre à la campagne dans de vastes villas, au milieu de leurs gens, de leurs terres et de leurs troupeaux ».

### La fin du mythe de la société gauloise vivant dans une forêt sauvage

Si le respect de la nature et le panthéisme sont décrits comme des traits caractéristiques de la philosophie des druides, il ne faut toutefois pas sombrer dans les clichés romantiques en croyant que les Celtes vivaient en osmose absolue avec une nature sauvage et préservée. Cette vision appartient au « mythe » des anciennes civilisations que notre société actuelle considère parfois comme des modèles de culture « proche de la nature ». Dans le cas de la civilisation celtique, ce mythe puise son origine dans la celtomanie de l'époque contemporaine, qui avait tendance à glorifier nos ancêtres et leur mode de vie de manière quelque peu exagérée.

Il ne faut pas se leurrer, partout où de grandes sociétés humaines se sont installées, elles ont transformé les paysages et exploité les ressources naturelles, avec pour conséquence, dans certains cas, une dégradation de l'environnement. Partout où l'homme s'est introduit, une grande vague d'extinction s'en est suivie, en particulier les grands mammifères. Parfois même, la dégradation de l'environnement fut à ce point irréversible qu'elle conduisit à l'effondrement de certaines civilisations par « suicide écologique ». Cela s'est vu dans l'histoire de nos sociétés. L'effondrement de la civilisation maya ou de la civilisation de l'île de Pâques en sont des exemples emblématiques, admirablement décrits dans un essai de Jared Diamond. Pourtant ces civilisations avaient une culture avancée, avec une spiritualité que nous pourrions certainement qualifier de « *pro natura* ». Diamond (2006) évoque le cas de l'Australie où, il y a 46 000 ans, l'installation des premières colonies humaines (ayant par la suite donné naissance à la culture aborigène) a eu pour conséquence la rapide extinction de la plupart des marsupiaux géants et des autres grands animaux vivant sur ces terres. Ensuite il développe :

> « Il me paraît aberrant, voire dangereux d'invoquer des hypothèses historiques portant sur des pratiques environnementales des peuples autochtones afin de justifier une vision positive de ces peuples. Dans bon nombre de cas, pour ne pas dire dans la plupart d'entre eux, les historiens et les archéologues ont découvert des preuves irréfutables que cette hypothèse (celle d'un écologisme proche du Jardin d'Éden) est erronée » (Diamond, 2006).

C'est le fameux « choc archéologique » des anciennes civilisations et/ou peuplades mis en évidence par les recherches scientifiques, pour aboutir au constat suivant, exprimé en ces termes par l'astrophysicien et environnementaliste Hubert Reeves (2013) : « depuis 100 000 ans, l'homme saccage la planète. Partout où il passe, une multitude d'espèces, grands mammifères, oiseaux variés, plantes endémiques, qui existaient depuis des millions d'années, sont exterminées jusqu'à la dernière ». Par conséquent :

> « Ce serait une erreur de raisonnement de considérer les peuples indigènes anciens comme fondamentalement différents des peuples du monde industrialisé, les jugeant soit inférieurs, soit supérieurs. Gérer les ressources naturelles de façon durable a toujours été difficile, depuis que l'*Homo sapiens*, il y a environ cinquante mille ans, a commencé à faire preuve d'une inventivité, d'une efficacité et de techniques de chasse nouvelles » (Diamond, 2006).

Fort heureusement il n'y a pas eu de suicide écologique chez les Celtes. La civilisation celtique s'est éteinte pour d'autres raisons que nous évoquerons plus loin. Il nous faut toutefois casser l'image d'Épinal ancrée dans l'inconscient collectif : celle des Gaulois vivant dans une immense forêt primaire, parsemée de sociétés tribales installées dans un territoire presque entièrement boisé. Les textes d'historiens comme César, Pline l'Ancien et Lucain ont contribué à léguer cette image en nous décrivant une Gaule couverte de forêts et de marécages; image qui a par la suite influencé des générations d'autres historiens. Dans son livre *Nos Ancêtres les Gaulois*, Brunaux (2008) nous dépeint une réalité toute différente. Le cadre naturel de l'âge du fer et des premiers siècles de notre ère n'aurait pas été excessivement différent de celui qui s'offre à nos yeux aujourd'hui, à l'exception bien sûr des aménagements urbains et routiers qui caractérisent le paysage actuel. En France, par exemple, le paysage des premiers siècles de notre ère aurait fait l'objet d'une large déforestation suite au développement de l'agriculture. Dans un autre ouvrage, Brunaux (2008) explique même que, dès le IIIe siècle ACN, le nord de la France était plus déboisé qu'il ne l'est aujourd'hui! En effet, il ne faut pas oublier que les Celtes, même s'ils étaient de redoutables guerriers, constituaient avant tout un peuple vivant au quotidien de l'agriculture et de l'élevage.

Jusque dans les années 1980, les historiens pensaient que c'était l'intégration des techniques romaines qui avait bouleversé la structure du paysage. Mais l'abondance de récentes fouilles archéologiques en milieu rural propose une vision tout autre, quasi révolutionnaire par rapport à ce qu'on croyait : ce ne sont pas les Romains qui ont mis en culture le territoire de la Gaule, mais les Gaulois eux-mêmes! Lorsque les premiers peuples-États celtes s'installent en Gaule, le territoire se couvre de fermes gauloises. Les photographies aériennes ont révélé une densité stupéfiante, avec une villa tous les six cents à sept cents mètres. Dans un article publié en 2011 dans les *Cahiers de Science et Vie*, François Malrain, archéologue à l'INRAP Nord Picardie, évalue qu'en moyenne un établissement agricole gaulois s'étendait sur soixante hectares et faisait travailler une trentaine de personnes, avec des espaces cultivables, des pâturages, des parcelles boisées et des zones humides. Peu de place était laissée aux véritables forêts. Cette expansion sans précédent de l'agriculture s'explique par plusieurs causes : l'augmentation très sensible de la population, l'aptitude de cette dernière pour les travaux agricoles et une profonde modification des techniques et des outils (Brunaux, 2008). Toutefois, à l'époque ancienne, Brunaux affirme que les villages restent rares. C'est seulement après que les oppida sont apparues, en réaction des premières invasions germaines.

Les études palynologiques ont montré un développement remarquable des plantes cultivées et des herbes utilisées pour le fourrage. Le recul des forêts était très net dans toutes les régions agricoles d'aujourd'hui. Mais les bois (bosquets, taillis) demeurent abondants. Il ne faut donc pas conclure que la forêt avait entièrement disparu. Elle était trop indispensable puisque les Gaulois excellaient dans les métiers du bois. Si l'on considère l'utilisation du bois comme matière première pour la construction, la navigation, le bois de chauffe nécessaire à la métallurgie ou aux usages domestiques, on s'imagine aisément que la consommation de ce matériau devait être considérable. Brunaux explique ensuite que cela suppose une gestion, une exploitation rationnelle de la forêt qui diminuait progressivement, avec même un entretien qui visait à sélectionner les essences et à favoriser la croissance d'arbres propres aux différentes utilisations.

> « La forêt n'était-elle plus un espace naturel laissé à son propre développement, dernier vestige d'une nature préhistorique non maîtrisée, mais une véritable richesse soignée et régulée, au même titre que les champs et les pâturages. Elle faisait l'objet de droits de propriétés, soit de l'État, soit de particuliers qui lui accordaient au moins la même valeur que d'autres couverts végétaux. D'autant plus qu'elle-même pouvait abriter deux autres types de richesse : les minerais dont regorgeait le sous-sol de quelques régions (fer, argent et or pour l'essentiel) et surtout les animaux sauvages qui eux, se rencontraient partout. La chasse était en effet une activité prisée de la noblesse, surtout de ceux qui s'étaient destinés au métier de la guerre. Hors des campagnes militaires, elle était, comme les autres exercices physiques, quasi quotidienne. Il fallait donc gérer le gibier, comme le milieu qui le protégeait, en favorisant sa multiplication et sa croissance, en ne procédant qu'à des prélèvements mesurés. (...) Les forêts gauloises étaient certainement beaucoup plus proches des belles forêts du XVIII<sup>e</sup> siècle, conçues pour les chasses du Roi-Soleil et l'élevage d'arbres destinés à la construction de sa flotte que cette sorte de forêt primitive, chère aux gravures du XIX<sup>e</sup> siècle, que ce soit celles des artistes romantiques ou celles des premiers manuels d'histoire » (Brunaux, 2008).

La pratique répandue de la chasse (au sanglier notamment) est également un cliché puisque, chez les Gaulois, la viande de chasse représente moins de 1 % des restes osseux, voire exceptionnellement 5 à 10 % dans quelques sites. Elle cible surtout le lièvre et le cerf, et non le sanglier. Autrement dit, ce sont les Celtes qui ont modelé nos campagnes et « inventé » le paysage agricole, pratiquant avant l'heure la cynégétique et une forme de sylviculture raisonnée.

Brunaux (2006) ajoute que la société celtique nous révèle une structure d'organisation sociale fondamentalement différente de celle que nous connaissons aujourd'hui. La principale caractéristique consiste en l'organisation tripartite de la société celtique, comportant :

- La classe sacerdotale : les druides (symbole de l'esprit) ;
- La classe guerrière (et royale) : les chevaliers, les guerriers et le roi (symbole de force) ;
- La classe productrice : les agriculteurs-éleveurs et les artisans (symbole de matière).

C'est la tripartition fonctionnelle propre à toute culture de racine indo-européenne, où la société est divisée en trois classes : prêtres, guerriers, éleveurs-agriculteurs[29]. Eliade (1976) confirme que cette idéologie tripartite est fondamentalement religieuse, reflétant les grandes classes du panthéon : la fonction de la souveraineté magique et juridique, la fonction des dieux et de la force guerrière, et enfin celle des divinités de la fécondité et de la prospérité

[29] Il pouvait aussi avoir un certain recouvrement des fonctions, notamment avec les druides guerriers. Contrairement à une interprétation erronée qui aurait été transmise par d'Arbois de Jubainville, les druides n'étaient pas systématiquement exemptés du service militaire. D'après Guyonvarc'h et Le Roux (1997), ils étaient libres de combattre car ils n'étaient soumis à aucune contrainte ni à quelque interdiction que ce soit.

économique. On retrouve cette tripartition dans l'Inde ancienne, avec ses trois classes sociales des *brâhmanas* (les prêtres et sacrificateurs), des *ksatriya* (les militaires et protecteurs du peuple) et les *vaisya* (les producteurs). Chez les Celtes, la hiérarchisation serait basée sur le savoir et non sur le pouvoir. Celui qui ne possède aucune technique, aucun savoir ni savoir-faire, celui-là est exclu de la société (Le Roux et Guyonvarc'h, 1991)[30].

De ces trois classes, ce sont les druides qui sont les plus respectés. L'autorité de la classe sacerdotale est similaire à celle d'actualité en Inde, à la différence que la société celtique n'était pas divisée en castes figées[31]. Il ne s'agissait pas non plus d'une dictature aveugle, même « si on doit cependant croire que longtemps la qualité de druide fut héréditaire, même si elle exigeait de surcroît un long apprentissage » (Brunaux, 2008).

Les Celtes ont voulu calquer la société humaine en regard de la société divine dont ils concevaient aussi une organisation ternaire. En effet la tripartition fonctionnelle reflète cette volonté, chez les Celtes, de calquer la structure de la société selon leur propre perception de la structure de l'univers. Un univers dont l'arbre cosmique constitue un modèle, lui-même divisé en trois plans (comme nous le verrons lorsque nous aborderons la tripartition des mondes). Comme le disent Le Roux et Guyonvarc'h (1991) : « On retrouve chez les Celtes une grande tendance à tout penser par trois. (...) Le symbolisme numérique (de l'unité à la dualité et la triplicité, puis à la multiplicité) n'est pas étranger à l'explication globale des fonctions dans la société celtique ». Ce principe ternaire détermine « toute l'organisation, toute la construction cosmique, aussi bien l'agencement de la société, humaine et divine, que les ressorts, les mécanismes qui en déterminent et en règlent le fonctionnement ». Cette transposition se ressent encore plus dans l'Irlande ancienne dont la structure pentarchique (quatre provinces autour d'un centre) est interprétée

---

30 Les auteurs précisent, par comparaison avec les castes hindoues, que la plèbe inférieure des *shudra* ne sait rien faire de précis et se voit attribuer de ce fait les travaux les plus rebutants. Dans sa description de la société celtique, Jules César fait allusion à la « plèbe », qu'il désigne comme une classe « populaire » quasi réduite en servitude (des esclaves en quelque sorte). Le Roux et Guyonvarc'h expliquent que le mot « plèbe » ne désigne pas des esclaves, mais les « citoyens non nobles », c'est-à-dire la troisième classe productrice et artisanale. La plèbe de César désigne donc le peuple des hommes libres n'appartenant à aucune grande et ancienne famille (Brunaux, 2008). Il est toutefois admis par l'archéologue qu'en Gaule, comme à Rome ou dans la Grèce, la société celtique comptait des esclaves (comme par exemple les prisonniers de guerre). Il affirme d'ailleurs que « les individus se divisent deux catégories : les hommes libres et les esclaves ». Il y a également, en Irlande, des individus « libres » ou « non libres », mais cette notion est liée à l'endettement et non à la servitude telle qu'on l'entend dans le système féodal.

31 Le système d'institution des castes, tel qu'il est mis en place en Inde, est souvent mal compris en Occident. Il a une signification cosmologique basée sur les rapports hiérarchiques qui existent naturellement entre les êtres et les choses dans tout système, cycle et/ou collectivité. Appliqué à une société humaine, ce mode d'organisation attribue une fonction à chaque individu selon ses propres dispositions.

comme une réplique microcosmique du macrocosme (le monde représenté par quatre points cardinaux autour d'un centre).

Il faut surtout mentionner que c'est la présence des druides qui constitue une originalité de la civilisation celtique. Nous l'avons dit, parmi les trois classes de la société, c'est le druide qui détenait l'autorité suprême. À l'inverse, dans la conception romaine de l'État, le pouvoir spirituel est subordonné au pouvoir temporel – une conception qui a progressivement conduit à la séparation entre ces deux pouvoirs (pour finalement aboutir au principe de laïcité aujourd'hui d'application dans nos sociétés occidentales). C'était précisément l'inverse dans la société celtique : le pouvoir spirituel avait la primauté sur le temporel. Tout l'équilibre de la société celtique résidait dans l'harmonie souveraine du druide et du roi (Guyonvarc'h et Le Roux, 1990)[32], avec le roi pour seule institution politique et le druide pour seule institution religieuse. Mais c'est bien le druide qui avait le dernier mot, et même le premier, pourrions-nous dire, puisque nul roi ne pouvait prendre la parole avant son druide. Dans cette société archaïque, l'une des premières préoccupations des druides, d'après Brunaux, fut de traduire une forme de sagesse en terme politique. Les druides furent des individus qui ont cherché à développer le sens moral de leurs congénères et à le traduire dans la politique. Nous verrons plus loin quelques éléments de cette éthique prônée par les druides. La société celtique nous fait donc remonter à un autre âge où le pouvoir était entre les mains de sages hautement instruits ayant un sens élevé de l'éthique.

Terminons par un trait de la société celtique qui nous paraît remarquable, à savoir le rôle et le statut important accordé aux femmes qui, d'après Eliade (1978) : « jouissaient d'une liberté et d'un prestige religieux et social considérables ». La société celtique était profondément égalitaire dans ses considérations entre les hommes et les femmes. À l'inverse de certaines sociétés polygames, les femmes celtiques sont loin d'être confinées au foyer familial ou tenues en servitude :

32 Il convient de préciser ici une différence entre les Celtes insulaires (Irlande) et les Celtes continentaux (p. ex. en Gaule). Chez les insulaires, la souveraineté était exercée par un roi, alors qu'il n'y avait pas de roi celte à proprement parler sur le continent, mais plutôt des chefs. En Gaule, Jules César fait mention d'un magistrat, le vergobret, élu pour un an afin de gouverner la tribu sous l'autorité des druides. Ce magistrat exerce pourtant un véritable pouvoir royal qui lui donne droit de vie et de mort sur les siens. Mais un doute subsiste sur ce point puisque le terme « roi » existe en langue gauloise (« *rix* »). D'ailleurs, Venceslas Kruta (2000) indique qu'à la période de Halstatt, les princes celtes étaient apparemment l'équivalent du roi tribal décrit dans les textes irlandais. L'existence d'une royauté à proprement parler ne va pourtant pas de soi. Brunaux (2008) nous dit que : « le mot *rix* (…) n'est jamais rencontré seul comme désignant un personnage mais toujours comme le suffixe d'un mot composé, auquel il donne une valeur intensive. Si on suppose, comme le font les linguistes, que le mot est le vestige d'une fonction de chef spirituel (…), il faut reconnaître que celle-ci remonte à des temps fort anciens et qu'elle n'avait qu'une réalité très affaiblie dans la Gaule des cinq siècles précédant la conquête romaine ». Les noms qui portent ce substantif « *rix* » (Vercingétorix, Dumnorix, etc.) sont en fait des chefs de guerre dont le nom est associé à la symbolique du roi.

> « Les femmes celtiques possèdent un statut bien défini, lequel est strictement le même que celui de l'homme : elle peut tester, hériter, jouir de ses biens, exercer une profession, avoir sa propre domesticité. Elle a même accès au sacerdoce [fonction de grande valeur chez les Celtes] pour y exercer l'art de la prophétie. En contrepartie ou en conséquence de ces libertés, en Irlande, jusqu'au VII<sup>e</sup> siècle, la femme propriétaire de biens fonciers est astreinte au service militaire » (Guyonvarc'h et Leroux, 1990).

Des textes grecs ou latins livrent des témoignages étonnants de femmes celtes au combat. Il y a le très cité exemple de la reine *Boudicca* dans les îles britanniques, qui, en 61 PCN, conduisit la révolte du peuple des *Brittons* contre l'envahisseur romain. À une telle époque, il faut souligner « combien cet état de droit où la femme est libre de son corps et de ses biens, capable de tenir le même rôle que l'homme, est une originalité », commente l'auteur et conférencière Claudine Glot (2013). Elle poursuit : « On ne le trouve nulle part ailleurs et on ne le verra revenir que de nos jours, dans des sociétés limitées, non sans luttes ». L'importance de la femme se retrouve dans le panthéon celtique, qui compte un grand nombre de divinités féminines à la fois magiciennes, guerrières, souveraines, maternelles et nourricières. On réalise alors à quel point notre société « post-celtique » a régressé durant ces nombreux siècles où la femme était moins considérée. Encore aujourd'hui, ces inégalités existent et c'est d'autant plus regrettable que ce n'était pas le cas à l'époque préchrétienne.

**L'art de la guerre chez les Celtes : une pratique à finalité spirituelle**

La guerre est un sujet incontournable dans une description – si brève soit-elle – de la société celtique. Nous l'avons signalé à plusieurs reprises, les Celtes étaient de redoutables guerriers. Vers 390 ACN, ils occupèrent la ville de Rome – à l'époque déjà considérée comme une des cités les plus puissantes d'Italie centrale – après avoir écrasé une armée romaine de quarante mille hommes (c'est le célèbre épisode du « sac de Rome »). En 280 ACN, ils menèrent une grande expédition vers Delphes, en Grèce (la légende dit qu'ils auraient pillé le temple d'Apollon, un des plus importants sanctuaires du monde grec)[33]. À partir du IV<sup>e</sup> siècle ACN, ils offraient leur service comme mercenaires dans des corps d'armée à l'étranger. D'après Goudineau (2007), ce sont des centaines de milliers de guerriers, cavaliers et fantassins qui ont été offerts aux royaumes hellénistiques. Il est même dit par un historien de l'Antiquité qu'aucun des monarques orientaux n'aurait engagé une guerre sans des mercenaires gaulois. Il est d'autant plus important d'évoquer la guerre dans un ouvrage traitant de la spiritualité des Celtes, puisque la mort et la guerre revêtaient un caractère sacré dans la culture celtique : « La guerre est une grande passion pour les Gaulois, mais c'est une passion religieuse », explique Brunaux (2008) : « À l'inverse des guerres barbares, le champ de bataille de Ribemont[34] a été

---

[33] Kruta (2000) explique que cet épisode correspond à une expédition d'une armée celte de 65 000 hommes. En vérité, ils entrèrent à Delphes mais échouèrent devant le sanctuaire. L'expédition est donc bien attestée, mais pas le pillage du temple.

[34] Le sanctuaire de Ribemont-sur-Ancre (situé dans la Somme, dans le nord de la France) constitue le plus grand lieu de culte actuellement connu en Gaule. Il fut érigé sur le lieu d'un champ de bataille qui a opposé des Armoricains et des Belges au III<sup>e</sup> siècle ACN. La bataille se solda par une victoire des Belges.

totalement nettoyé : tous les restes et le butin ont été rapportés aux divinités, et la guerre a été réinterprétée comme un immense sacrifice ». Les actes de guerre avaient donc de fortes connotations spirituelles chez les peuples celtiques. Brunaux (2008) nous confirme que les guerriers gaulois (que César nomme *equites*, ou chevaliers) étaient effectivement terribles. Ils pratiquaient le culte des têtes coupées : une fois l'ennemi vaincu, le guerrier emportait sa tête en trophée, harnachée à l'encolure de son cheval ou fichée à la pointe de sa lance ou de son épée. Après le combat, les armes et le reste de la dépouille étaient emportés dans un sanctuaire comme offrande aux dieux. Au combat, ils étaient pris d'une véritable frénésie (dénommée *hybris* par les Grecs ; *ferg* par les Irlandais) où, après avoir causé la mort de leur ennemi, ils continuaient de le frapper, comme en témoignent des traces de coups découvertes sur des ossements de victimes. C'est l'équivalent de la fureur du *berserkir* décrite à propos des guerriers dans les sagas germaniques. Le plus étonnant, poursuit-il, est la force physique et musculaire dont les os des guerriers celtes témoignent. Celle-ci suppose une sélection des individus les plus aptes physiquement et un entraînement constant à longueur d'années, en temps de guerre comme en temps de paix (en pratiquant la chasse). Les guerriers d'élite n'hésitaient pas à combattre nus – fait exceptionnel dans l'histoire de l'humanité[35] – afin d'intimider l'ennemi en leur montrant qu'il ne redoutait pas le mort. L'éducation au combat devait commencer au plus jeune âge. Les états guerriers du nord de la Gaule aux IV^e^ et III^e^ siècles ACN devaient donc ressembler quelque peu à la Sparte archaïque, nous fait remarquer Brunaux. La civilisation celtique cultivait le culte du héros, du champion motivé par un sens élevé de l'honneur au combat et par la gloire de l'exploit guerrier. Nous avons l'exemple, dans la mythologie irlandaise, du guerrier *Cûchulainn* (*Setanta*, de son « vrai » nom).

D'après Mircea Eliade (1959), on devient guerrier à la suite d'une initiation dans les sociétés de type indo-européennes; initiation durant laquelle le jeune homme devient un guerrier. Nous en avons une fois de plus une illustration, chez les Celtes, à travers le récit de l'initiation de *Cûchulainn* qui, d'après l'historien des religions, est un excellent document sur les initiations militaires indo-européennes. Il précise qu'au combat, la *ferg* du jeune champion, qui se manifeste par une chaleur extrême, est elle-même une expérience magico-religieuse associée à une forme de transe. Elle est aussi le syndrome de la prise de conscience d'une sacralité (Eliade, 1959). Cela confirme une fois de plus le caractère religieux associé à la guerre.

La classe guerrière occupait une place importante dans la société celtique. Après les druides, les guerriers constituaient le deuxième niveau de pouvoir. Dès le début du V^e^ siècle ACN, la société était passée d'une société d'aristocrates à une société de guerriers, voire même à une économie basée sur la guerre. Cette classe était constituée de guerriers professionnels, des guerriers dits « réguliers », dont le métier consistait à se battre. Toujours d'après Brunaux (2008), ils étaient entretenus par le reste de la population qui leur procurait nourriture,

Des dizaines de milliers d'ossements et d'armes ont été retrouvés. Après trois siècles d'utilisation, il fut remplacé par un temple gallo-romain dédié à Mercure.

35 Dans son article sur l'art de la guerre et la culture du héros, Philippe Testard-Vaillant (2011) précise que tous les Celtes ne combattaient pas systématiquement nus. D'après l'historien grec Polybe, cela ne concernait que la première ligne d'infanterie et non pas la totalité des forces engagées.

confort, chevaux, armes et tout ce qui nécessite l'intendance d'une armée. Ils utilisaient une panoplie d'armes. L'épée à lame droite et à double tranchant était l'arme du corps à corps. La lance ou le javelot servait comme arme de jet ou pour frapper d'estoc. Des poignards, des arcs, des frondes et des boucliers venaient compléter l'attirail de guerre. Ils maîtrisaient différentes manœuvres militaires telles que le combat de cavalerie, la technique de la « phalange » (formation épaule contre épaule pour constituer une ligne continue) ou de la « tortue » (bouclier au-dessus de la tête). L'armée était principalement constituée de fantassins et de cavaliers. Ils excellaient dans l'usage du char, où Brunaux (2008) évoque un équipage d'une redoutable efficacité, constitué d'un guerrier qui se tient à l'arrière muni d'une lance, et un cocher qui dirige les chevaux. Il est également fait mention d'une formation à trois (la trimarkisia) : le guerrier (ou maître) et deux serviteurs d'armes (un conducteur de char et un porteur de bouclier qui suit le char à pied, parfois à cheval). Parfois les trois étaient à cheval. Il s'agissait d'un trio extrêmement soudé.

Sur le champ de bataille, les troupes ennemies s'alignaient en ordre face à face et commençaient à s'invectiver. Les Gaulois se livraient à des danses guerrières, ils poussaient des cris, tiraient la langue. Il arrivait souvent qu'un duel entre champions permette d'éviter la mêlée générale. Quand ce n'était pas le cas, l'affrontement qui suivait se muait rapidement en une bataille confuse où toute règle était oubliée (Brunaux, 2008). Les Celtes étaient particulièrement redoutés pour leur courage au combat. Leur conception religieuse leur faisait mépriser la mort et les poussait presque à mourir sur le champ de bataille. En effet, le guerrier mort au combat échappait au cycle des réincarnations et gagnait directement l'Autre Monde auprès des dieux, à la manière des valeureux guerriers vikings qui accédaient directement au *Valhalla.* Les dépouilles étaient laissées sur place pour être dévorées par les charognards, notamment les oiseaux, considérés comme des animaux psychopompes qui transportaient les âmes vers les cieux.

Vers le début du II^e^ siècle ACN, cette puissance guerrière déclina. Les activités de mercenariat diminuèrent et l'influence des guerriers dans le jeu politique s'estompa progressivement pour laisser place au commerce. Seuls les peuples belges, arrivés plus tard en Gaule et possédant encore des traditions archaïques, s'opposèrent à ce mouvement (Brunaux, 2008).

## Déclin, survivance et renaissance druidique

La civilisation celtique s'est éteinte consécutivement à la romanisation et à la christianisation qui ont entraîné la perte progressive des langues celtiques, du mode d'organisation de la société et de ses traditions. L'ordre des druides a lui aussi disparu, même en Irlande qui n'a pourtant pas connu la romanisation et où les institutions celtiques ont perduré jusqu'au V^e^ siècle PCN. Sur le continent, l'invasion romaine a accéléré la chute de la civilisation celtique, mais c'est surtout la romanisation des esprits ayant précédé l'invasion qui a entraîné la disparition des druides, ce qui sous-entend, comme le laisse penser Brunaux (2006), des causes internes de déclin de la société gauloise :

> « Les druides étaient un pur produit de la civilisation celtique (...). Ils étaient avant tout des intermédiaires entre les hommes et des domaines de l'esprit où ceux-ci n'avaient aucun accès direct : la divinité, la connaissance, la philosophie et ses applications à la société. Dans un monde où, tout à coup, les hommes pouvaient utiliser l'écriture, les nombres, les calendriers et honorer eux-mêmes les divinités et où ils pouvaient, même à une petite échelle, exercer un droit civique direct, les druides n'avaient plus leur place, celle qui les rendait uniques dans le monde antique, celle de philosophe proche des hommes et des dieux, absolument nécessaires à leurs échanges. S'il y eut donc des druides quelque part en Gaule, puis dans les îles Britanniques pendant l'Empire romain, ceux qui prétendaient l'être n'en avaient que le nom, un nom qui restait porteur de sens chez beaucoup de Gaulois jusque dans les derniers temps du Bas-Empire ».

Ces causes internes furent assurément accentuées par des causes externes, en tout cas sur le continent, dont l'invasion romaine à proprement dit. À ce titre, Eliade (1978) ajoute que la répression des druides sous les empereurs Auguste, Tibère et Claude visait l'annihilation du nationalisme gaulois. Auguste interdit la « *religio druidarum* » à tous ceux qui désiraient obtenir le titre de citoyen romain. Pline l'Ancien évoque le principat de Tibère qui visait, peut-on lire, la suppression des druides et de « cette race de prophètes et de médecins ». D'après Suétone, en l'an 43, l'Empereur Claude « abolit complètement en Gaule la religion atroce et barbare des druides, qui, sous Auguste, avait été interdite aux seuls citoyens » [sous-entendu les Gaulois qui avaient obtenu la citoyenneté romaine]. Il est donc établi que les premiers empereurs romains désapprouvèrent le druidisme, sans toutefois parvenir à le supprimer totalement.

Les druides, leurs rites et leurs institutions furent effectivement frappés d'interdits pour asseoir la domination romaine, mais c'était aussi un moyen d'accélérer l'intégration de la société gauloise dans la société romaine. Toutefois, Brunaux nous dit qu'il n'existerait pas de lois officielles confirmant ces interdictions. Il est du reste peu probable que les druides aient totalement disparu à cette époque. L'assimilation a été progressive et l'Empire romain a pris soin de conserver ou d'associer certains éléments de l'ancienne tradition avec la nouvelle. En témoignent les statuaires gallo-romains où les divinités romaines sont accompagnées de divinités celtiques. Sur base des éléments matériels, la romanisation est d'ailleurs souvent présentée comme un exemple d'assimilation réussie, sans toutefois savoir ce qu'il en était véritablement au niveau de la psychologie des individus (Goudineau, in Moscati *et al.*, 2001)[36]. Guyonvarc'h et Leroux (1990) pensent que : « les druides du Ier siècle avant notre ère devaient se comporter envers l'armée romaine à peu près comme

[36] L'auteur donne l'exemple marquant d'une généalogie inscrite sur un arc de triomphe érigé à Saintes (dans le sud-ouest de la France) où, en seulement trois générations (de 60-50 ACN à 10-20 PCN), une famille gauloise aux noms celtiques se trouve complètement romanisée au niveau du petit-fils qui perd son nom celtique.

l'ont fait les brahmanes confrontés aux officiers des armées des Indes ». La situation a dû être d'autant plus difficile à vivre sur le continent que les druides et leurs descendants ont traversé deux chocs culturels, à savoir l'invasion romaine puis l'arrivée d'une nouvelle religion lorsque le christianisme fut adopté par l'Empire romain en 313.

D'après Brunaux, il faut situer la fin des druides [en Gaule, précisons-nous] aux alentours de l'an 70 de notre ère, dans un mouvement progressif qui s'est étalé sur des décennies. Guyonvarc'h et Leroux (1990) mentionnent Pomponius Mela qui : « nous apprend que les druides, vers la fin du I^er^ siècle de notre ère, retirés dans les forêts, instruisaient en cachette les enfants des nobles ». Les auteurs affirment que « le druidisme continuait donc en principe, envers et contre tout. Mais rares sont les institutions qui survivent quand elles n'ont plus de raison d'être (…) ». Ils soutiennent ensuite que les druides, à cette même époque, « avaient cessé d'être des personnages officiels ».

De prime abord, il peut paraître surprenant que des druides se soient facilement convertis à la religion chrétienne étant donné les nombreuses incompatibilités de doctrines entre ces deux systèmes de pensée. Il ne faut pas perdre de vue que nous sommes face à deux courants théosophiques *a priori* opposés[37]. Il ne serait donc pas étonnant que certains druides, bardes ou vates aient refusé la nouvelle religion. Agissant de la sorte, ils se condamnèrent à la clandestinité, vécurent en ermites et auraient été taxés de sorciers pas l'Église.

En réalité, il faut distinguer le phénomène de christianisation tel qu'il s'est produit sur le continent, par rapport à celui opéré en Irlande qui, nous l'avons dit, n'a pas connu la romanisation. Selon l'un ou l'autre cas, un mouvement de syncrétisme ou d'opposition a eu lieu. Guyonvarc'h et Leroux (1990) distinguent bien la disparition des druides de Gaule, de celle des druides en Bretagne insulaire et en Irlande. Sur le continent, le culte impérial, la religion romaine et la fondation d'écoles latines basées sur un enseignement écrit (et non plus oral) ont entraîné la disparition de la tradition gauloise. Mais nous n'avons pas de détail sur la manière dont ce phénomène s'est produit durant la période gallo-romaine. Les auteurs considèrent comme :

---

[37] Le christianisme est une religion exclusivement monothéiste, de tradition écrite, avec un enseignement de nature prophétique. C'est une religion basée sur l'existence d'un dieu personnel jugeant les actes des hommes. Il n'y a pas de doctrine réincarnationiste, mais des notions de jugement dernier, de péchés, de paradis et d'enfer. La pensée chrétienne est anthropocentrique et manichéenne. À l'inverse, le druidisme est une philosophie panthéiste qui s'intègre dans un système religieux à la fois moniste et polythéiste (avec toutefois une tendance au monothéisme). C'est une tradition orale dont l'enseignement est basé sur des connaissances acquises et transmises de générations en générations, et non basées sur les dires d'un prophète considérés comme des dogmes consignés par écrit. Il n'y a pas de dieu personnel, ni de notion de péchés ou d'enfer. Il existe une doctrine celtique de la transmigration des âmes. La pensée druidique est d'ordre holistique et naturaliste.

> « Très improbable que, vers le tournant su IVe siècle, les druides aient eu la force de lutter efficacement contre l'envahissement du christianisme qui entamait largement, puis achevait la romanisation de la Gaule en vulgarisant le latin dans les couches populaires. L'agonie a dû être longue. C'est probablement à partir de la fin du VIe siècle que les derniers *pagani* rescapés des multiples campagnes missionnaires ont progressivement renoncé à la lutte et que les rares survivances se sont figées dans ce qui devait devenir le "folklore". À la clandestinité, à l'illégalité s'ajoutait désormais, pire encore, le crime d'hérésie » (Guyonvarc'h et Leroux, 1990).

Ils précisent ensuite que, pour un druide gaulois :

> « Il est matériellement impossible qu'un seul d'entre eux ait été en mesure de fondre dans l'ésotérisme chrétien le dépôt traditionnel dont il avait la garde. La raison simple en est que, dans tout l'Empire romain, le christianisme s'est toujours opposé au paganisme dont la résistance avait été trop opiniâtre pour qu'il n'en exigeât pas l'interdiction totale et immédiate à l'heure de son triomphe » (Guyonvarc'h et Leroux, 1990).

De plus, une forme de persécution fut poursuivie par les chrétiens durant le haut Moyen Âge si l'on tient compte de l'intolérance de l'Église ayant abouti, dès le XIIe siècle, à la sombre période de l'inquisition médiévale. Déjà à leurs époques respectives, Saint Éloi (VIe-VIIe siècle PCN) et Saint Martin (IVe siècle PCN)[38] furent, paraît-il, de vrais pourfendeurs des cultes païens. Cette lutte acharnée contre l'hérésie va dans le sens d'un rejet du druidisme par le christianisme, pour finalement aboutir à sa disparition.

À l'inverse, en Bretagne insulaire et en Irlande, les druides (ou tout au moins les bardes), ainsi que les principales structures religieuses, auraient survécu jusqu'au Moyen Âge. La littérature relate un phénomène de conversion, où les druides seraient devenus moines ou évêques, parvenant ainsi à concilier les deux inconciliables.

> « Les druides se sont effacés devant le clergé chrétien mais les bardes ont subsisté. Pendant tout le Moyen Âge, du Ve siècle à l'annexion anglaise définitive, au XVIe siècle, des cours princières se sont maintenues, entretenant une poésie officielle dans une langue savante restée celle de l'aristocratie et les anciens bardes ont pu, sans perdre leur emploi ni leur nom, se convertir et adopter l'usage de l'écriture » (Guyonvarc'h et Leroux, 1990).

La christianisation opérée par Saint Patrick en 432 fut une conversion « par le haut » (pour reprendre les termes Guyonvarc'h et Leroux), puisque Patrick s'est rendu directement à la cour de Tara (la capitale de l'Irlande) pour convertir le Roi Loegaire, ses filles, ses guerriers et ses druides. Quelques an-

---

[38] Né en Hongrie en 316, Saint Martin s'installa ensuite en France pour se retrouver à la tête de toute une communauté. Il fut un farouche adversaire des druides. Darcheville (1995) explique que « durant toute sa vie, il détruisit les cultes antérieurs en les remplaçant par des églises sur les lieux mêmes afin d'amener les habitants à changer de religion ».

nées plus tard, disent-ils, « toute l'Irlande était chrétienne, sans heurts et sans martyrs ».

> « La conversion par le haut a mis à la disposition immédiate de l'Église d'Irlande un personnel de très haut niveau intellectuel (les *filid* ou "poètes", en fait des druides) (...). Pendant trois siècles et demi, jusqu'aux invasions scandinaves qui briseront l'essor à la fin du VIII^e^ siècle, la chrétienté irlandaise sera une pépinière de missionnaires et d'intellectuels au sens le plus élevé du terme. (...) La conversion faite par le haut rend compte à elle seule de l'absence d'inimitié et d'hostilité dont la tradition préchrétienne a bénéficié après sa disparition » (Guyonvarc'h et Leroux, 1990).

L'évangélisation s'est donc réalisée différemment selon les pays celtiques. En tous les cas, elle fut progressive, avec une phase de christianisation partielle suivie d'une phase de christianisation profonde. D'après Raphaël Zander[39], il se produisit, du III^e^ au V^e^ siècle, une renaissance de la religion celtique lorsque la présence romaine diminua. Sur le continent, sous la pression exercée par les langues romanes et germaniques, les langues celtiques avaient complètement disparu au VII^e^ siècle PCN, même si certains dialectes ont subsisté (Mac Eoin, in Moscati *et al.*, 2001). En Irlande, la présence des druides (ou plutôt des *filid*) serait attestée jusqu'au X^e^ siècle, voire au-delà selon Darcheville (1995) qui précise : « Dans l'Irlande chrétienne et jusqu'au XIV^e^ siècle, chaque royaume avait son évêque, son maître en science profane et son *fili* ou *ollam* qui est l'égal de l'évêque en dignité ». En regroupant les informations disparates issues de plusieurs sources bibliographiques, nous retrouvons des traces de la survivance du druidisme et/ou de la culture celtique à divers moments de l'histoire de notre ère :

| Date | Événement |
|---|---|
| 37 | Édit de l'empereur romain Tibère contre les druides gaulois. |
| 54 | Édit de Claude visant à abolir la religion des druides de Gaule. |
| 57 | Destruction du sanctuaire de l'île de Mona (au Pays de Galle du nord), le plus important sanctuaire druidique de Grande-Bretagne, et massacre de la communauté druidique de l'île par les cohortes romaines d'Agricola, un général de l'empire romain connu pour la conquête de la Bretagne insulaire. |
| 62 | Révolte des Bretons, menée par la reine guerrière Boudicca, contre l'autorité romaine en Grande-Bretagne. |
| 200-300 | Rédaction du calendrier de Coligny vers la fin du II^e^ siècle PCN, attestant des connaissances astronomiques des druides (malgré l'usage de l'écriture qui témoignerait plutôt du déclin des traditions druidiques). |
| 300-400 | Ausone (un poète bordelais) mentionne dans un recueil l'existence de l'un de ses contemporains, un certain Delphidius, décrit comme un descendant d'une famille druidique de Bayeux, dans le nord de la Gaule. |

39 Zander, *Les druides : sources et cheminements*, données non publiées.

| | |
|---|---|
| 412 | Naissance et formation des chrétientés celtiques en Grande-Bretagne. Retour des valeurs celtiques en Bretagne insulaire suite au retrait des légions romaines (Édit d'Honorius). Apparition des personnages historiques et mythiques d'Arthur, Merlin et *Taliesin* (au pays de Galles et en Bretagne). |
| 432 | Christianisation de l'Irlande par Saint Patrick. Reprise du flambeau de la tradition druidique par les *filid* qui se seraient convertis au christianisme pour devenir moines ou évêques. Disparition progressive des assemblées druidiques et apparition des organisations monastiques dont la mouvance était considérée comme procédant des anciens collèges druidiques. |
| 512 | Naissance de Saint Colomba. Descendant royal, il prit sous sa tutelle l'ordre des *filid*. Fondation du monastère d'Iona en 563. À partir du VI^e^ siècle, des compétitions bardiques s'organisent annuellement au Pays de Galles. Les bardes resteront attachés à la cour des rois jusqu'au XV^e^ siècle. |
| 820-830 | Rédaction du *Livre de Kells* par les moines irlandais. Ce livre est considéré comme un chef d'œuvre du christianisme celtique. Son contenu est fondamentalement chrétien (il contient quatre évangiles du Nouveau Testament), mais il est décoré de nombreuses enluminures caractéristiques de l'art celtique. |
| 900-1000 | Vers l'an 900, attestation de l'existence de druides authentiques en Irlande, sous le Roi Domnall Hhtua Neill. Existence de tribus britanniques au nord de la Grande-Bretagne, dont le royaume de Srathclyde qui a gardé son identité celtique jusqu'au X^e^ siècle. |
| 1150 | Retranscription du *Livre de Leinster*, le plus important de tous les manuscrits irlandais médiévaux, par le transcripteur Aed mac Crimthainn. Ce livre contient notamment la *Razzia des vaches de Cooley*. La transcription implique l'existence, à cette époque, de descendants des bardes ou d'individus qui détenaient encore cette tradition orale. |
| 1176 | Tenue de l'*Eisteddfod* (« Assemblée ") de Cardigan (au Pays de Galles), où les bardes s'affrontaient dans une compétition de compositions poétiques et musicales. |
| 1245 | Existence d'un hypothétique collègue druidique à Oxford : le *Mount Haemus*[40]. |
| 1295 | Le Roi d'Angleterre Édouard I^er^ s'oppose au renouveau culturel bardique en interdisant toute manifestation druidique en Grande-Bretagne. Des druides sont assassinés comme Mordred et Urien. |
| 1300-1400 | Retranscription du *Livre Jaune de Lecan* et du *Livre de Ballymote* contenant des versions du « rudiment du poète », une compilation qui englobe la science des *filid*, y compris l'écriture oghamique. En 1344, Édouard III organise une réunion des bardes où un collège druidique élit un archidruide nommé Trahaiarn Mor. |
| 1560 | Transcription supposée des triades et sentences druidiques par Llewelyn Sion de Glamorgan, poète et historien gallois, copiste professionnel de manuscrits. |

40 Nous disons hypothétique car il y a des doutes sur la nature druidique de ce collège, comme nous le verrons dans les lignes qui suivent.

| | |
|---|---|
| 1649 | Restauration d'un bosquet druidique se réclamant issu du *Mount Haemus* par John Aubrey [1626-1697], érudit et archéologue écossais, membre de la *Royal Society* passionné de culture celtique, qui aurait retrouvé l'enseignement de cet ancien collège dont il se disait le filiateur. |
| 1717-1792 | Début de la renaissance druidique avec la fondation du *Druid Order* par John Toland, de la *Ancient Order of Druids* par Henri Hurle et la *Gorsedd* par Edward Williams (voir plus bas). |
| 1852-1870 | Napoléon III se passionne pour la culture celtique et lance des fouilles archéologiques qui entraînent la redécouverte de Vercingétorix et de la Gaule. L'identité nationale française se cristallise autour du mythe historique des Gaulois en tant que premiers occupants légitimes de la France et peuples à la source de son histoire. |

Malgré ces quelques jalons, il existe de nombreuses zones d'ombre autour de la survivance druidique. D'une part il faut remarquer que la filiation entre certains événements est douteuse, comme ceux de 1245 et de 1649. D'autre part il faut observer de longues durées, s'étalant parfois sur plusieurs siècles, sans aucune trace flagrante de survivance, en particulier sur le continent. De plus, il existe un contraste assez frappant dans la littérature. Les sources néo-druidiques ont tendance à « forcer la dose » en voyant partout une survivance de la tradition (chez les moines bénédictins, les bâtisseurs de cathédrales, les mystiques du Moyen Âge, les francs-maçons, etc.), alors que les historiens et les archéologues académiciens admettent plus facilement une rupture quasi définitive de la filiation entre l'Antiquité et la Renaissance. En vérité, il y a un imbroglio historique pour démêler le vrai du faux quant à la filiation supposée des mouvements néo-druidiques avec le druidisme antique.

À titre d'exemple, d'après Ronald Hutton, professeur d'histoire à l'Université de Bristol, il semblerait que la filiation entre le fameux *Mount Haemus* et les anciens druides relève davantage de la légende que de l'histoire. Le professeur explique que le *Mount Haemus* serait en réalité issu d'un réseau d'alchimistes appelé *Cor Emrys*, dont l'origine remonte à l'an 800. Il s'agissait d'un groupe principalement basé au pays de Galles. Le *Cor Emrys* a été supprimé vers le XI^e^ siècle, mais son enseignement aurait été ravivé par une cellule composée d'alchimistes gallois et de poètes qui auraient fondé le *Mount Haemus* en 1245[41]. Ensuite il y a un véritable « trou » historique entre cette date et la reprise du mouvement par John Aubrey en 1694. Difficile d'établir avec certitude une quelconque filiation sur base de tels éléments. La seule connexion historique entre le druidisme et ce *Mount Haemus* se trouve dans les lettres de William Stukeley, co-fondateur du *Druid Order* (voir ci-dessous), rédigées au XVIII^e^ siècle, où il s'autoproclame « Druide du

41 Hutton (2005), *The origins of modern Druidry* (document publié par l'Ordre des Bardes, Ovates et des Druides). L'historien explique que la source initiale de toute cette histoire est le livre de Ross Nichols publié en 1990 (*The book of Druidry*). Fondateur de l'OBOD, Nichols ne précise pas ses propres sources quant à la filiation qu'il soutient entre le *Mount Heamus* et le *Druid Order*. Il se contente de dire que c'est un secret qui lui a été dévoilé.

bosquet du *Mount Heamus* ». Encore aujourd'hui, certains collèges néo-druidiques vont même jusqu'à affirmer descendre directement de la lignée du *Mount Heamus* dont ils perdurent l'enseignement. Nous doutons de la véracité de telles assertions.

Un autre exemple se rapporte à la nature des triades bardiques retranscrites par Edward Williams qui sont présentées comme un enseignement néo-druidique authentique alors que nous sommes certains qu'elles sont issues de contrefaçons, comme nous le verrons ci-dessous. Il y aurait bien des investigations intéressantes à mener pour déceler les traces authentiques de survivance druidique à travers les siècles. Quoi qu'il en soit, à l'aube du XVIIIe siècle, le druidisme va connaître un regain d'intérêt à travers une « celtomanie » qui va lui permettre de renaître progressivement de ses cendres dans les îles Britanniques, suite à l'impulsion de quelques personnalités voulant restaurer l'ordre druidique. C'est sur ces bases que vont naître les trois lignées-mères de la tradition néo-druidique, toutes liées à la franc-maçonnerie.

| Date | Événement |
|---|---|
| 1717 | Fondation de « l'Ordre des Druides ». (*Druid Order* ou DO) par John Toland, philosophe irlandais assez radical, élève de Spinoza, libre penseur et franc-maçon (quoique Miranda Green le décrit comme un chrétien, mais de ceux qui se rebellaient contre l'Église). Il décide de faire revivre les druides en fondant le *Druid Order* à l'*Appel Tree Tavern*, avec William Stukeley et Pierre Desmaiseaux, sous l'impulsion de John Aubrey[42] (à son tour considéré comme le « grand-père » de l'ordre). Pour ce faire, il décide de regrouper les « survivants » de la tradition druidique en réunissant à Londres les délégués des dix contés du Royaume-Uni de Grande-Bretagne, d'Irlande et de Bretagne Armoricaine pour constituer une fédération de « Bosquets »[43]. C'est Toland qui a réhabilité certains aspects de la rituélie et de la terminologie néo-druidique[44]. Le savant William Stukeley a succédé à la mort de Toland en 1722.<br><br>Toland n'a pas légué d'ouvrage spécifiquement tourné vers le druidisme. Il commença un livre, *L'histoire des druides*, que sa mort interrompit. En 1720, il rédigea son *Pantheisticon*, qui est un manuscrit définissant un cadre théologique et métaphysique à ses propositions philosophiques, essentiellement tournées |

[42] John Aubrey fit une étude remarquable sur les sites mégalithiques de Avebury et de Stonehenge, dont la seule erreur fut d'attribuer aux druides l'origine de ces sites.

[43] Un bosquet (ou une clairière) est une assemblée de celtisants désirant perdurer la tradition, l'initiation ou l'enseignement druidique (on parle également de groupe, cercle ou collège druidique). À l'époque de Toland, il existait encore des groupuscules claniques qui se transmettaient des bribes de la tradition celtique.

[44] Par exemple les rites se célébrant toujours à l'extérieur près de structures mégalithiques ; l'initiation selon trois degrés : Mabinogi, Barde ou Ovate et Druide ; les loges appelées « bosquets » ou « clairières » ; l'utilisation d'une saie et d'une coiffe blanches comme vêtements rituels.

| | |
|---|---|
| | vers le panthéisme[45] (dont il invente le mot en 1705) et la religion naturelle, tout en intégrant des héritages de la pensée pythagoricienne et platonicienne (la philosophie de Toland semble fortement influencée par les philosophes grecs qu'il cite fréquemment, tels que Socrate, Platon, Pythagore ou encore Diogène Laërce). Il disserte abondamment sur les sociétés savantes, anciennes et modernes, au sein desquelles doivent s'organiser la réflexion spirituelle et le partage des connaissances. Il considère les druides comme les précurseurs de cette religion naturelle, eux aussi organisés en confréries. Il rejette le christianisme, l'idée d'un dieu personnel, la divinisation de Jésus et la théologie de la trinité, ainsi que toute forme de dogmatisme, d'obscurantisme et de superstitions. Il soutient qu'il ne faut pas avoir une foi aveugle dans les croyances populaires au risque de véhiculer des erreurs fondamentales. Il préconise de se séparer de la pensée populaire et de travailler par soi-même en utilisant la raison (Blanchet et Danlot, 1996).<br><br>Sa pensée est profondément rationnelle, scientifique et réhabilite un mysticisme basé sur un savoir autocritique faisant appel au discernement, à l'initiation et, pour reprendre l'expression de Blanchet, au « libre développement d'un espace spirituel personnel par le simple examen de la nature ». Curieusement, il ne dévoile même pas dans le *Pantheisticion* qu'il est fondateur du *Druid Order*[46]. Du reste, l'histoire de la fondation du *Druid Order* demeure assez nébuleuse. Elle semble intimement imbriquée dans la fondation de la franc-maçonnerie, de la *Royal Society* et de la *Society of Antiquarians*. L'Ordre des Druides est toujours actif aujourd'hui et connaît encore un certain succès en Angleterre. Un autre groupe moderne s'en est détaché : *the Order of Bards, Ovates and Druids* (OBOD), crée en 1964. Ce groupe prendra par la suite une forte orientation chamaniste, qu'il vaudrait mieux qualifier de pseudo-chamaniste. C'est pourtant le plus actif des ordres aujourd'hui. Il compte plus de 4 000 membres. |
| 1781 | Fondation d'une société secrète appelée « Ancien Ordre des Druides » (*Ancient Order of Druids* ou AOD) par Henri Hurle. Charpentier, chrétien convaincu et franc-maçon, il crée sa propre lignée druidique dans une taverne de Londres lui aussi. Celle-ci marque une différence très nette avec le *Druid Order* de Toland car son organisation aura une forte influence judéo-chrétienne dont l'origine remonte peut-être aux chrétientés celtiques. Raphaël Zander explique que le mouvement de Hurle est surtout basé sur l'entraide mutuelle, le soutien familial et la morale bienveillante. Il ne se soucie guère de la tradition celtique à proprement parler, ce qui, selon nous, éloigne indubitablement cette lignée de l'ancienne initiation druidique, puisque la dogmatique chrétienne nous semble particulièrement incompatible avec le druidisme. Green décrit cet ordre comme étant organisé selon les principes de la franc-maçonnerie, c'est- |

45 Du grec *pan* (« tout ») et *theos* (« dieu »), le panthéisme est une philosophie considérant que Dieu est dans tout et que tout est en Dieu (c'est le principe du « Tout dans le Un »). Autrement dit, c'est une métaphysique qui reconnaît Dieu dans la nature tout entière et qui voit un principe d'unité dans l'univers.

46 D'après Blanchet et Danlot (1996), son nom de druide était *Janus Junius Eoganesius*, ce qui pourrait se traduire par « *Eoganesius*, le Gardien des Portes du mois de juin ».

| | |
|---|---|
| | à-dire qu'il est secret, exclusif et masculin. Les premiers membres étaient des gentlemen cultivés. Zander fournit d'autres détails à propos de l'AOD :<br><br>« Entièrement d'inspiration maçonnique, cet ordre druidique se soucie peu des traditions celtiques et n'exploite que l'aspect fraternel des druides antiques. Ici, l'obédience s'inscrit plutôt dans le cadre des sociétés de bienfaisance, d'entraide mutuelle, d'actions charitables et de morale vertueuse. *The Ancient Order of Druids* constituera l'une des premières mutualités organisées au monde, allant jusqu'à financer la construction d'une école dans les quartiers pauvres de Datford et autres petits hôpitaux dans les régions défavorisées. Comme en maçonnerie, les rites se tiennent à couvert, dans un temple décoré de branches de chênes et de gui. Les groupes ne s'appellent pas ici "bosquets" ou "clairières", mais "loges" (...) »[47].<br><br>En 1810, certaines loges de l'AOD ont décidé d'admettre des membres issus des classes sociales plus modestes, si bien qu'une scission s'opéra avec la création d'une autre confrérie : *The United Ancient Order of Druids* qui se consacra davantage à l'action mutualiste. L'AOD est toujours actif de nos jours. En 1908, Winston Churchill y fut initié (plus précisément à la loge *Albion* de l'AOD). |
| 1792 | Alors qu'en France la révolution gronde sous le régime de la Terreur, la première *Gorsedd* (« assemblée ») druidique moderne est célébrée en Grande-Bretagne, sur la colline de *Primrose Hill* (à Londres), sous l'impulsion d'Edward Williams (alias *Iolo Morganwg*, pseudonyme bardique signifiant « Édouard de Glamorgan »). Ouvrier gallois, poète, antiquaire et collectionneur passionné de littérature médiévale galloise, il a réalisé de nombreux travaux de reconstitution de la tradition galloise et, dans une certaine mesure, du druidisme. À l'instar de Toland, il rassemble les survivants de la tradition, notamment quelques bardes et druidisants (dont Toland lui-même). Il a retranscrit nombre de contes populaires, chants et poésies de la tradition orale dans ses *Iolo manuscrits* qui seraient parus plus tard, en 1848. Une partie de ses travaux – au demeurant très critiqués – serait basée sur des triades qu'il attribue à des auteurs plus anciens (dont l'historien gallois Llewelyn Sion du XVI^e^ siècle). C'est Williams qui a écrit les fameuses triades bardiques maintes fois mentionnées dans les enseignements néo-druidiques.<br><br>À sa mort, l'histoire révéla qu'il a contrefait un grand nombre de manuscrits et que les célèbres triades sont en fait de sa propre composition ! Il falsifia des documents pour prouver une filiation entre les anciens druides celtiques et les bardes de Glamorgan[48]. Les cérémonies du *Gorsedd* qu'il réinvente sont qualifiées de farfelues par Cunliffe (2006), avec, selon ses mots, « un rituel pompeux chargé d'un symbolisme pesant ayant pour décor un autel et un cercle de pierre ». C'est lui qui est responsable d'une grande partie du cérémonial des assemblées modernes. Zander détaille les falsifications du personnage : |

47 Zander, *Maçons et Druides, les jumeaux de 1717*, données non publiées.

48 Certaines triades, voire toutes, sont en fait de pures inventions de Williams. La supercherie aurait été découverte dans les années 1970, après qu'un chercheur ait mis la main sur les brouillons de Williams directement écrits de sa propre main.

« Il [Williams] se mit à réinventer avec frénésie une mythologie et une généalogie à la tradition bardique galloise, dans laquelle les bardes de son Glamorganshire seraient les descendants directs des druides brittoniques. Dans cette entreprise, il falsifia des documents, mit au point des rituels, des odes, des récits mythologiques, des chroniques, des devises, des triades et visions de l'univers qu'il présenta comme véridiques. Aucun historien ne décela la supercherie avant le XX^e^ siècle ! Il faut dire que le climat scientifique de l'époque était peu rigoureux et qu'il existait très peu de spécialistes en la matière. Quant à *Iolo Morganwg*, barde de formation, il était terriblement doué et préparé pour imiter des œuvres originales. Son génie n'avait d'égal que ses fantasmes, arrosés de laudanum, qu'il consommait à excès pour soigner ses crises d'asthme » (Zander, données non publiées).

Pourtant basée sur des contrefaçons, cette troisième branche va constituer la tradition néo-druidique régulière, qui va elle-même tenter de se rattacher au mieux au druidisme traditionnel, paganisant et polythéiste.

Zander explique que la *Gorsedd* galloise d'Edward Williams va ensuite se ramifier en *Gorsedd* armoricaine par l'initiative de Thomas Price [1787-1848]. C'est ainsi que la tradition druidique regagna le continent européen. En 1900 fut créé le *Gorsedd* breton, dont les activités furent suspendues durant les deux guerres mondiales. La reprise des activités du *Gorsedd* s'opéra en 1950, et conjointement, un groupe indépendant du *Gorsedd* officiel fut initié : le Grand Collège Celtique de la Forêt des Chênes de Brocéliande, avec à sa tête le druide Yan Sukellos (Jean Thos). Ce mouvement appartient à la quatrième lignée néo-druidique : les collèges claniques et spontanés. Raphaël Zander explique que le souci majeur de ces nouveaux collèges druidiques était de dépasser les activités folkloriques et culturelles du *Gorsedd* breton. Ils désiraient renouer avec les enseignements spirituels et développer à nouveau le caractère initiatique et sacerdotal de la tradition druidique.

Aujourd'hui les cercles néo-druidiques abondent dans plusieurs pays (France, Belgique, Grande-Bretagne, Allemagne, Canada, etc.), eux-mêmes subdivisés en de multiples clairières indépendantes. Des ordres se sont formés en Amérique (les deux principaux sont l'ADF – *A Druid Fellowship* – et *Keltria*) et même en Australie. D'après Zander, le mouvement néo-druidique compterait près de deux millions d'adhérents regroupés dans cinq cents clairières déclarées dans le monde. En Grande-Bretagne, le druidisme a récemment (en 2010) obtenu le statut de religion officielle. Il existe également de nombreuses assemblées en France, où la tradition celtique reste particulièrement vivante, en Bretagne surtout. En Belgique, le mouvement néo-druidique est plus discret, voire méconnu, avec, selon nos sources, deux ou trois groupes peut-être en Wallonie. D'autre part, des initiatives ont vu le jour sur Internet, comme le *Druid Network*, créé vers la fin des années 1990 par Emma Restall Orr, une druidesse dissidente de l'OBOD. Ce réseau constitue un listing international des collèges druidiques déclarés. Le *Druid Network* est mentionné dans le rapport sur l'état des mouvements interreligieux[49]. Cette mention n'est pas anodine, puisqu'elle témoigne de la reconnaissance du paganisme et du néo-druidisme parmi les autres religions du monde. Il existe également des sortes de fédérations comme l'Ordre druidique mondial (maintenant appelé Ordre des Druides, ce qui prête à confusion avec le *Druid Order* de John Toland), regroupant plusieurs associations druidiques de différents pays. En France, le Conseil des Clairières Druidiques Continentales a lui aussi pour vocation de rapprocher les clairières druidiques. On y compte une dizaine de clairières.

Malgré tous ces développements, le mouvement néo-druidique continue de susciter la polémique étant donné les nombreuses approximations idéologiques dont il a fait l'objet. Zander distingue trois tendances dans cette nébuleuse :

> « (1) Une tendance maçonnique bien représentée dans les pays anglo-saxons, mais en légère régression. Cette mouvance est peu impliquée dans les études celtiques. Ses enjeux sont la culture, la convivialité, la fraternité, l'entraide et la morale vertueuse ; (2) une tendance *New Age* mondialisée, plus accessible, mystico-écologiste, aux pratiques plus fantaisistes, animée de spiritualités hétéroclites. Elle prône un retour au sacre de la Terre-Mère, une perception plus intuitive de la vie, une symbiose avec les esprits, par le biais d'ateliers spécifiques et d'expériences parapsychologiques ; (3) une tendance plus traditionnelle et conservatrice, procédurière, studieuse et soucieuse de la réalité historique. Elle est en forte régression et ne représente plus les 10 % du paysage druidique. Elle suggère la restauration et le maintien d'une philosophie druidique même altérée, basée sur l'étude, la réflexion et l'interprétation. Cette tendance développe souvent en parallèle un volet opératif dans diverses disciplines druidiques : sciences naturelles, astronomie, versification, musique celtique, et autres »[50].

L'auteur, bien informé puisque lui-même fondateur d'une clairière néo-druidique en Wallonie (l'Assemblée universelle des Druides d'Arduina – *Albitatla Druidion Arduina* – qui a aujourd'hui cessé ses activités), issue de la quatrième lignée des collèges spontanés, exprime son pessimisme quant à l'avenir du néo-druidisme. Il craint que la filière *New Age*, la plus fantaisiste, ne devienne la filiation représentative du druidisme de demain.

## *Le mouvement néo-druidique : tradition morte ou (sur)vivante ?*

Il convient de distinguer le druidisme des temps passés, tel qu'il était pratiqué à l'époque de la civilisation celtique, du druidisme actuel ou néo-druidisme (littéralement « nouveau druidisme »), qui réapparut à partir du XVIII^e^ siècle.

---

49 Rapport publié en 2008 suite à la tenue d'un congrès international de rencontres interreligieuses tenu au Mexique et réunissant trente-cinq chefs religieux et experts de par le monde. Disponible sur Internet : http://www.parliamentofreligions.org/

50 Zander, *Maçons et Druides, les jumeaux de 1717*, données non publiées.

Entre ces deux périodes, la filiation a été rompue, quoiqu'en disent certains. Le néo-druidisme se définit comme un druidisme reconstitué, issu de la renaissance druidique. Dans les collèges se réclamant de la quatrième lignée, il revendique une certaine authenticité par rapport à l'ancienne tradition, tout en intégrant des adaptations inévitables suite à l'évolution de notre mode de vie, de nos mentalités et de nos connaissances. Le néo-druidisme se caractérise également par des emprunts d'éléments provenant d'autres spiritualités (en particulier l'hindouisme), dont il fait une synthèse. Il semblerait même que certains « druides » actuels vont en Inde, où ils entretiennent des contacts réguliers avec des brahmanes (Glot, 2013), à l'instar de la voie initiée par le métaphysicien René Guénon[51] ou l'anthropologue Evans Wentz[52] qui, dans un autre registre, sont allés à la rencontre des sages d'Orient pour parfaire leur initiation.

Autant le dire d'emblée, la légitimité des mouvements néo-druidiques est un sujet controversé. Certains détracteurs pensent que ce mouvement n'a plus de raison d'être aujourd'hui car il n'existe plus d'authentiques druides depuis bien longtemps ; car les druides actuels ressemblent davantage à des « parodies » ou des pastiches de druide ; car le druidisme n'est actuellement plus que l'ombre de ce qu'il était autrefois et que sa philosophie originelle, sous l'influence consécutive de la romanisation, de la christianisation et des innombrables amalgames qui ont été faits avec d'autres éléments (franc-maçonnerie, hindouisme, chamanisme, sorcellerie, folklores et idéologies en tous genres, etc.), est irrémédiablement dénaturée. En effet, nombre d'éléments exogènes à la culture celtique sont aujourd'hui intégrés dans la plupart des mouvements néo-druidiques qui, à l'heure de la mondialisation et des échanges interculturels, mélangent souvent des éléments hétéroclites provenant de diverses traditions et/ou spiritualités. Ces développements s'inscrivent dans la mouvance du néo-paganisme qui répond, nous l'avons dit au début de cet ouvrage, à une aspiration, chez l'homme moderne, à renouer avec des anciennes croyances païennes jugées plus proches de la nature. Cette aspiration, couplée à un attrait pour l'occulte, répond aussi à une certaine forme de rejet des religions monothéistes, en particulier le christianisme. À ce sujet, Michael Dietler, professeur d'anthropologie à l'Université de Chicago, explique que :

> « Les mouvements néo-druidiques affichent un dynamisme certain. Les sociétés druidiques ont une longue tradition, les premières étant créées dès le XVIIIe siècle. Elles s'inscrivaient alors dans un cadre chrétien. À partir des années 1960-1970, ces associations druidiques rejettent le christia-

51 René Guénon [1886-1951] est un métaphysicien français qui a profondément étudié l'ésotérisme. Il a publié pas moins dix-sept ouvrages de son vivant. Initié à l'ésotérisme islamique, il fut naturalisé égyptien et vécut au Caire jusqu'à sa mort.

52 Evans Wentz [1878-1965] est un anthropologue américain qui a étudié la mythologie celte. Passionné de théosophie, il devint bouddhiste après avoir voyagé en Inde et étudié les textes bouddhistes anciens. Il est surtout connu pour avoir traduit, à l'aide d'un *Lama*, des textes du *Bardo Thodol* (le *Livre des Morts tibétain*), dont nous reparlerons.

> nisme et se réfèrent aux valeurs du paganisme. On trouve des mouvements druidiques "purs" mais aussi beaucoup d'autres associant des pratiques et des idéologies différentes : druides hassidiques ouverts aux valeurs du judaïsme, druides intégrant les pratiques des Indiens d'Amérique : c'est un univers particulièrement foisonnant. (...) Le druidisme exerce un attrait sur certains groupes féministes car, dans la civilisation celte, certaines femmes pouvaient devenir druides. Féminisme, écologie, néo-paganisme, anticapitalisme, rejet d'un grand nombre de valeurs du monde moderne : telles sont les valeurs que l'on retrouve dans la plupart des mouvements druidiques »[53].

Mais le bourgeonnement d'idéologies que ces mouvements concentrent ne donne guère de crédibilité au néo-druidisme qui compte malheureusement plus d'illuminés fantaisistes que d'individus sérieux regroupés dans des collèges dignes d'intérêt. Il suffit de regarder les rassemblements néo-druidiques à Stonehenge au solstice d'été – un événement souvent médiatisé – pour se forger une opinion sur ce point. On y trouve un étrange mélange de celtisants, de hippies mélancoliques et d'illuminés déambulant avec un bâton de mage ou un balai de sorcière (certes, nous caricaturons un peu). Certains auteurs, comme Guyonvarc'h et Le Roux, pensent d'ailleurs que le néo-druidisme ne contient plus que des résidus dénaturés et déformés de la tradition, des éléments de folklores dont nous n'avons aucune certitude quant à leur origine celtique, et qui dès lors n'ont plus rien avoir avec l'enseignement oral des druides. Il est vrai qu'il faut conserver un esprit critique face à ces mouvements. Mircea Eliade (1959) pose d'ailleurs le constat suivant :

> « Il existe aujourd'hui un nombre considérable de sectes occultes, de sociétés secrètes, de groupements pseudo-initiatiques, de mouvements hermétistes, néo-spiritualistes, etc. La société théosophique, l'anthroposophie, le néo-védantisme ou le néo-bouddhisme [et nous ajoutons le néo-druidisme], ne sont que les expressions les plus connues d'un phénomène culturel attesté un peu partout dans le monde occidental. Ce phénomène n'est pas nouveau. L'intérêt pour l'occultisme, accompagné de la tendance à se grouper en sociétés secrètes plus ou moins initiatiques, se fait jour, en Europe, déjà au XVIe siècle, pour atteindre son point culminant au XVIIIe siècle [qui est précisément le siècle où apparaissent les trois lignées principales du néo-druidisme]. (...) Leur intérêt est surtout d'ordre sociologique et psychologique : elles illustrent la désorientation du monde moderne, le désir de trouver un substitut à la foi religieuse. Elles illustrent l'irréductible attraction pour les "mystères", pour l'occulte, pour l'au-delà, qui fait partie intégrante de l'être humain (...). Toutes les initiations secrètes et ésotériques du monde moderne ne comportent pas des rites d'entrée ou des cérémonies initiatiques. L'"initiation" se réduit dans la plupart du temps à une instruction livresque (...). Quant aux groupements occultes pratiquant une initiation, le peu qu'on sait, c'est qu'il s'agit de "rites" inventés ou inspirés par certains livres qui passent pour conserver des révélations précieuses sur les initiations an-

---

[53] Interview de Michael Diethler par Jean-François Mondot (2011) dans *Les Cahiers de Science et Vie*, « Les Gaulois, qui étaient-ils vraiment ? », Numéro 125, Mondadori Magazines France, Montrouge, 114 p.

> tiques. Les rituels "initiatiques" dénotent souvent une déplorable pauvreté spirituelle ».

Et l'historien des religions conclut à l'irrémédiable stérilité de la plupart des groupements pseudo-occultes. Il faut effectivement reconnaître qu'au cours de la renaissance druidique de la fin du XVIIIe siècle, le druidisme a été reconstitué (voire falsifié) et qu'une partie du patrimoine a été perdue. Il est tout aussi indéniable que notre monde occidental a considérablement évolué depuis l'Antiquité et que les druides actuels (ou plutôt ceux qui se prétendent comme tels) n'ont plus rien à voir avec les druides antiques. Ceci à plusieurs niveaux : premièrement ils ne jouissent plus de l'autorité suprême dont disposaient jadis leurs illustres ancêtres dans la société celtique. Les druides antiques occupaient une place éminente dans la société de par leurs nombreuses fonctions, non seulement sacerdotale, mais également politique, sociale, judiciaire, etc. Aujourd'hui, les druides ne peuvent avoir la prétention de recouvrer un tel statut dans la société moderne étant donné, d'une part la séparation profonde entre le pouvoir temporel et le pouvoir spirituel et, d'autre part, l'oubli de la tradition celtique au sein de la population.

Deuxièmement, les druides modernes ont un mode de vie complètement différent de celui de leurs ancêtres, qui étaient certainement plus proches de la nature que nous ne le serons jamais. Les anciens druides étaient de purs Celtes totalement immergé dans une mentalité et une culture celtique bien vivante. Par conséquent, il y a là une sensibilité, une perception des choses que l'homme moderne ne peut prétendre cultiver de manière aussi forte que les anciens le faisaient. Selon nous, l'attribution du titre de druide, de vate ou de barde s'apparente davantage, aujourd'hui, à un état d'esprit présentant des affinités avec la spiritualité celtique, mêlé à l'étude et/ou la mise en pratique de connaissances traditionnelles, plutôt qu'à la haute fonction que ce titre représentait dans le passé. La rituélie a tout autant perdu de sa puissance et de sa splendeur puisque, mis à part quelques grands rassemblements celtiques (davantage culturels ou folkloriques que spirituels), quasiment plus personne ne pratique aujourd'hui les cultes druidiques qui, au demeurant, ont été réinventés. Il y a bien des milliers d'adeptes du néo-druidisme à travers le monde, mais cela reste très marginal par rapport aux autres religions.

Toutefois, à y réfléchir, est-ce une raison suffisante pour considérer la philosophie druidique, dans son message, comme dépassée, voire morte ? L'histoire des religions nous montre que le contenu des spiritualités n'a pas d'âge. Car ce n'est pas tant le mode de vie des civilisations qui ont vu naître les religions qui importent, mais bien les valeurs éthiques, le message philosophique et l'enseignement spirituel qu'elles contiennent. Ce contenu, quant à lui, a été en partie sauvegardé. Nous avons accumulé suffisamment de connaissances aujourd'hui pour reconstituer une partie significative des croyances celtiques. Force est de constater que le sentiment religieux panthéiste n'est pas définitivement mort chez l'homme occidental moderne. De même, le rapport à la nature, la « conscience écologique » autrefois entretenue par les druides, sont toujours vivants de nos jours. C'est un trait essentiel du néo-druidisme. Ce sentiment inspire toujours les hommes d'aujourd'hui et constitue pour eux une source d'éveil. C'est probablement ce même sentiment qui animait les druides d'autrefois. De plus, l'homme moderne n'a pas totalement oublié l'ancienne foi de ses ancêtres en un monde invisible, pour reprendre l'expression d'Evans Wentz (1911). Mircea Eliade reconnaît d'ailleurs que les thèmes initiatiques sont toujours vivants dans l'inconscient de l'homme moderne :

> « Ceci est confirmé par le symbolisme initiatique de certaines créations artistiques – poésies, romans, œuvres plastiques, films – mais aussi par leur résonance dans le public. Une telle adhésion massive et spontanée prouve que dans la profondeur de son être, l'homme moderne est encore sensible à des scénarios ou des messages initiatiques » (Eliade, 1959).

Nous sommes d'accord avec cette interprétation qui est certainement partagée par d'autres druidisants actuels. C'est pourquoi il existe toujours des collèges druidiques – certes en nombre limité – dont la vocation est de prolonger la pensée, la sagesse et le savoir des anciens druides dans une démarche visant à renouer avec une ancienne spiritualité qui, quelles que soient les critiques à l'égard de son remaniement, fait partie de notre patrimoine. En quoi les valeurs véhiculées par le druidisme seraient-elles moins légitimes que celles d'autres courants philosophico-religieux ? Pourquoi ne pourrions-nous plus célébrer les grandes fêtes solaires, comme le faisaient les anciens et comme le font encore aujourd'hui d'autres peuples dans le monde pour perpétuer leurs propres traditions ?[54] Pourquoi de telles célébrations seraient-elles dénuées de sens sous prétexte que la civilisation celtique s'est éteinte ? C'est plutôt notre sens du sacré qui s'est éteint… et il ne tient qu'à nous de le raviver. En ce sens, les druidisants modernes considèrent que le néo-druidisme, du moins celui qui prône une démarche cohérente par rapport aux connaissances dont nous disposons, a toujours sa place parmi les autres formes de spiritualité à travers le monde. Ils ne partagent pas l'opinion de Guyonvarc'h et Le Roux qui plaident catégoriquement contre le néo-druidisme, en proclamant qu'il « est incapable de la moindre cohérence de pensée ou de doctrine, voire d'exactitude ». Au contraire, il semble qu'il y a aujourd'hui une réouverture possible vers les croyances druidiques, même s'il n'y a plus de filiation directe entre les druides antiques et les collèges néo-druidiques. Quelle religion pourrait d'ailleurs encore prétendre, aujourd'hui, détenir un enseignement qui serait demeuré totalement intact depuis son origine, avec une doctrine « pure » restée hermétique à toute influence extérieure ? Nous n'en connais-

[54] Fêtes celtiques que nous célébrons d'ailleurs toujours aujourd'hui, bien qu'indirectement et inconsciemment, puisqu'elles ont été reprises dans les fêtes chrétiennes sur lesquelles le calendrier occidental est organisé.

sons pas… Elles ont toutes, inévitablement, fait l'objet d'apports, d'adaptations, de modifications à un moment donné de leur histoire. Il va de même pour le druidisme. La société occidentale aurait peut-être même beaucoup à gagner en partageant à nouveau certaines valeurs autrefois professées par les druides. Cultiver le savoir et l'instruction, entretenir le sens du sacré et le respect de la nature, philosopher sur les relations entre les êtres, les choses et le sens de notre existence, développer notre mental et les forces latentes en nous, poursuivre cette quête vers plus de sagesse… Autant de valeurs que les druides préconisaient et qui nous semblent toujours d'actualité. Ces valeurs sont immuables et constituent pour l'homme une voie vers l'éveil et l'élévation spirituelle.

# Les druides et la philosophie druidique

## Druides, vates et bardes

« Les Perses ont chez eux, je pense, les hommes qu'ils appellent Mages (...), les Égyptiens ont leurs prêtres (...), les Indiens leurs brahmanes (...). Et les Celtes ont ceux qu'ils nomment Druides, ils sont versés dans l'art divinatoire et dans toute science. Il n'était pas permis aux rois de rien faire, de rien décider sans eux. Aussi est-il vrai de dire que ce sont eux qui commandent et que les rois sont leurs ministres, les serviteurs de leur sagesse, assis sur des trônes d'or, habitant de magnifiques demeures et faisant de somptueux festins ».

Dion de Pruse, dit Dion Chrysostome, philosophe grec
Texte écrit à la seconde moitié du Ier siècle PCN

« Ils [les druides] discutent aussi beaucoup des astres et de leurs mouvements, de la grandeur du monde et de la Terre, de la nature des choses, de la puissance et des pouvoirs des dieux immortels, et ils transmettent ces spéculations à la jeunesse ».

Jules César, Ier siècle ACN
Extrait de *Commentaires sur la Guerre des Gaules*

Ces quelques extraits montrent le type de descriptions que nous ont transmis les auteurs gréco-latins contemporains des Celtes. Elles nous dépeignent les druides comme des sages (Pomponius Mela les nommait « Maîtres de la Sagesse »), au même titre que les mages chez les Perses, les Chaldéens chez les Babyloniens et les Assyriens (en Mésopotamie) ou les gymnosophistes (les ancêtres des *sâdhus* actuels) chez les Indiens. Pour notre propos, il faut retenir que les druides étaient des intellectuels de haut niveau qui s'intéressaient à divers domaines du savoir : philosophie, morale, magie, sciences de la nature, mathématique, astronomie, médecine et herboristerie, histoire, généalogie, poésie, etc. Ce sont eux qui détenaient l'autorité suprême et qui tranchaient tous les différends, publics et privés. Ils occupaient de nombreuses fonctions, tant sur le plan politique que social ou religieux. Leur formation, d'une grande polyvalence, durait de nombreuses années (une vingtaine, selon César).

Quant à l'étymologie du mot « druide », c'est également un sujet maintes fois abordé dans la littérature, avec des interprétations souvent différentes telles « homme savant », « homme du chêne », « savant par le chêne », « prophète du chêne » ou encore « celui qui est savant grâce au bois, à l'arbre ». En fait, le mot druide dériverait, d'après les linguistes, d'un prototype celtique commun, dans lequel on distingue l'adjectif *dru*, signifiant « fort », et la racine verbale *wid* (ou *vid*), signifiant « savoir ». Ainsi le mot *druwid* se traduirait par « fort savant » ou « très savant » (Reznikov, 1998). Tout le monde ne s'accorde pas sur cette interprétation car en langue celtique, le terme *vidu* signifie à la fois « la science » et « le bois, la forêt ». C'est pourquoi il existe une seconde interprétation du mot druide signifiant « celui qui est savant grâce au bois, à l'arbre » (Sergent, 2013). Il y a enfin une dernière interprétation qualifiant les druides comme des « hommes du chêne » ou « prophète du chêne ». Celle-ci serait due à une association entre le mot « druide » et le mot « chêne » qui présente une certaine analogie en gaélique (où « chêne » se dit *duir*) et en gaulois (où « chêne » se dit *deru* ou *dervo*). Remarquons que les linguistes admettent comme peu probable la parenté entre « druide » et *dervo* ou *deru*.

Nous avons quelques exemples de druides mythiques dont les noms figurent dans la littérature irlandaise, comme le poète et juge *Amorgen Glungel* (signifiant littéralement « naissance du chant »), le druide guerrier *Cathbad* (« qui tue en combat » ou « qui menace »), l'historien *Sencha* (« antiquité »), le druide primordial *Fintan* ou encore le druide aveugle *Mog Ruith* (« serviteur de la roue »). Par contre, nous disposons d'une seule mention historique d'un druide chez les Celtes continentaux : *Diviac* (également nommé *Diviciac* ou *Diviacus*), décrit par Cicéron en 44 ACN comme un sénateur et chef de guerre éduen. Hébergé par l'homme d'État romain, il révèle sa formation intellectuelle et scientifique en tant que druide. Miranda Green (2000) ajoute que *Dumnorix*, le frère *Diviciac*, était peut-être également druide, mais sans grande précision supplémentaire. Nous ne savons donc presque rien des druides historiques : pas de noms (hormis *Diviac*), pas de textes écrits par eux, pas ou peu de restes matériels (dépouilles, sépultures ou autres) que l'on pourrait directement attribuer à un druide… rien à part les descriptifs des auteurs grecs et latins. Ce manque de traces archéologiques et historiques est d'ailleurs étonnant lorsqu'on sait l'importance que les druides occupaient dans la société.

À vrai dire l'image du druide a beaucoup varié à travers les siècles, tour à tour qualifié de sage, de prêtre sanguinaire, de magicien enchanteur, voire même de sorcier ou d'ermite vivant reclus dans les forêts. Il nous semble utile de rétablir un peu d'ordre sur ces personnages mystérieux et les disciplines qu'ils exerçaient. D'après Brunaux (2006), ils exploraient préférentiellement un vaste domaine de sciences (que les Grecs anciens appelaient « *physiologia* »), qui correspond à un ensemble de sciences bien différenciées, que nous appellerions aujourd'hui les sciences exactes, à savoir la physique, la chimie, la géologie, la botanique, la zoologie, pour ne citer que les principales. Les druides étaient organisés en collèges dépositaires de ces savoirs.

Il y a un domaine de la nature où les connaissances des druides ont laissé des traces significatives, c'est celui de la botanique, dont on retrouve des mentions dans l'*Histoire naturelle* de Pline l'Ancien. On y apprend que les druides avaient procédé à une détermination d'un grand nombre d'espèces, à leur nomenclature et à leur intégration dans une pharmacopée qui s'accompagnait de rites de cueillette solidement établis. Beaucoup de noms gaulois de plantes médicinales sont d'ailleurs connus (par exemple *beliokandos* pour l'achillée millefeuille, *rhodora* ou *rodarum* pour la reine-des-prés, *vettonica* pour la bétoine). Les druides avaient donc certainement une grande érudition en herboristerie, connaissant les vertus médicinales des plantes. En ce sens, ils se rattachent, dans une certaine mesure, à la tradition des guérisseurs et des chamanes qui puisent dans la nature les remèdes nécessaires pour soigner maux et maladies.

Cette forme d'herboristerie s'est prolongée durant tout le Moyen Âge[55] avec la culture et la cueillette des « simples » (c'est-à-dire les herbes médicinales), encore pratiquée de nos jours. Elle appartient à la médecine de nos campagnes, mélangeant l'herboristerie à des folklores anciens et à des croyances populaires. Nous renvoyons le lecteur vers les livres de Raphaël Zander, dont la pratique de l'herboristerie s'inscrit dans une démarche qui vise à perpétuer les anciens gestes. Certains de ces gestes ont probablement une racine celtique mais il nous semble difficile de dire précisément lesquels. Même les recettes mentionnées par Pline l'Ancien ne seraient pas nécessairement un héritage de la médecine druidique. En effet, les grands auteurs médicaux de l'Antiquité ont généralement puisé ailleurs que dans le domaine celtique pour rédiger leurs ouvrages. Il en résulte que l'herboristerie actuelle est une pratique ayant accumulé des connaissances en provenance de diverses traditions, celtiques ou non, qui se perdent dans la nuit des temps. Quoi qu'il en soit, comme le dit Zander (2000) : « C'est en partie par l'intermédiaire des druides que nous est parvenue la connaissance des herbes médicinales et l'usage des herbes sacrées ».

Ils étaient également devenus des maîtres de la géométrie et de l'astronomie. Goudineau (1998) affirme même que : « la religion celtique est une théologie fondée sur les mouvements des astres, ces puissances qui nous gouvernent et qui semblent éternelles ». D'après lui, les analyses récentes de pièces archéologiques comme le calendrier de Coligny et le chaudron de Gundestrup illustrent une conception et un savoir liés à la recherche astronomique. Le calendrier de Coligny (voir encart) est d'ailleurs probablement le meilleur témoin des connaissances des druides en astronomie et en mathématique :

> « C'est un système complet, de loin l'exemple le plus savant, le plus précis et le plus sûrement utilisable des calendriers demi-lunaire employés en Europe jusqu'à la création du système solaire imposé par César. Sa mise au point presque parfaite avait dû demander de très nombreuses années, peut-être plusieurs siècles, de travail scientifique effectué par les druides » (Duval, 2001).

---

55 Après la chute de l'Empire romain, les jardins des monastères ont continué cette tradition. Les jardins des simples (*Horti simplicium*) ont été fondés à partir du XVI^e siècle (les plus anciens sont ceux de Florence et de Pise). Mais bien avant cette date, il est certain que les druides étaient les précurseurs de toute cette tradition de pharmacopée.

### Le calendrier de Coligny : un témoin des connaissances druidiques en astronomie

Une des preuves les plus remarquables du savoir des druides en matière d'astronomie est sans conteste le calendrier gaulois de Coligny, qui constitue une découverte archéologique fondamentale. Ce calendrier démontre que les druides avaient pu calculer précisément les cycles lunaire et solaire en vue de déterminer les saisons au fil de l'année. C'est en 1897 que les pièces de ce calendrier furent mises à jour en France (à Coligny, dans la région Rhône-Alpes), sous la forme de fragments d'une plaque ou d'une table de bronze d'environ 1,5 m sur 90 cm. La plaque, datée de la fin du II^e^ siècle PCN, est écrite en caractères gaulois répartis en 16 colonnes et 2 200 lignes. La longueur du texte en fait même le plus long écrit de celtique ancien connu à ce jour. Le fait que la plaque soit écrite (alors que les druides répugnaient à consigner leur savoir par écrit) dénote un contexte gallo-romain, et non un contexte purement celtique.

Il s'agit en réalité d'un calendrier gaulois luni-solaire qui présente une période de 5 années (appelée lustre) de 12 mois, équivalent à 12 lunaisons de 29 ou 30 jours (le cycle lunaire étant précisément de 29.5 jours). On parle de calendrier luni-solaire car il repose d'abord sur le cycle de la lune qui est ensuite ajusté sur celui du soleil. Comme l'année lunaire est plus courte d'environ 11 jours que l'année solaire, il a fallu corriger cet écart par l'insertion de deux mois intercalaires. C'est bien ce que les druides ont fait en insérant le premier mois avant le premier mois de l'année 1 et le second après le sixième mois de l'année 3. L'année celtique comportait donc soit 355, soit 385 jours à la suite de l'intercalation de 30 jours tous les 30 mois. Le nom de chaque mois est indiqué en terme gaulois (*Samonios, Dumanios, Riuros, Anagantios*, etc.). Des signes indiquent les fêtes de Beltaine (*Belotenios*) le 1^er^ mai, et de Lugnasad (*Lugonasatis*) le 1^er^ août.

Ce calendrier présente la particularité de faire commencer l'année (ainsi que le lustre) le 1^er^ novembre lors de la fête des Morts de *Samonios*. Autre particularité : la journée gauloise se compose d'une nuit suivie d'un jour[56]. Le changement de date intervient au coucher du soleil (il y a un trou près de chaque ligne pour y mettre une cheville et marquer le jour en cours). Chacun des douze mois est suivi du mot « *Matu* » (pour les mois de 30 jours), signifiant « faste », « complet », ou du mot « *Anmatu* » (pour les mois de 29 jours), signifiant « défavorable », « incomplet ». La plupart des spécialistes s'accordent sur le fait que ces mots indiquent très probablement les périodes les plus propices pour se livrer à la divination, ce qui confère un caractère religieux au calendrier. Chaque mois est également subdivisé en une partie claire et une partie sombre, la frontière étant indiquée par le mot « Atenoux », signifiant « le retour de la nuit ».

C'est donc un système très élaboré qui témoigne d'une connaissance séculaire des mouvements des astres ainsi que la capacité de construire des modèles mathématiques qui en décrivent les règles. S'il est possible que ses racines remontent jusqu'aux populations préceltiques de l'Europe non méditerranéenne, il constitue une illustration remarquable de la science des « astres

---

56 Cette organisation du temps a une signification métaphysique plus profonde. En faisant commencer l'année par la période sombre (la fête des Morts, en novembre, marque le début de l'hiver), et le jour par la nuit, Sterckx (2009) explique que les anciens Celtes appliquaient, dans leur vie quotidienne, le principe selon lequel l'être procède du non-être, et non l'inverse. Autrement dit, la lumière jaillit de l'obscurité, la matière et la vie émergent du « néant ». Chronologiquement, selon cette logique, c'est d'abord le côté sombre qui laisse place au côté clair.

et de leur mouvement » que César reconnaît aux druides (Kruta, 2001). Que le temps soit ainsi rigoureusement organisé ne doit bien sûr pas surprendre dans le cas d'une société dont les fondements économiques étaient d'essence agraire et pastorale (Cunliffe, 2006). Ce même auteur poursuit : « au cœur de l'existence quotidienne se trouvait la nécessité d'évaluer le passage du temps et de savoir précisément quand il était temps de mettre en œuvre des pratiques essentielles comme les semailles ou la transhumance des animaux ».

Les connaissances astronomiques sont confirmées par Brunaux (2008), qui rappelle que « l'une des principales fonctions des druides (...) sera précisément l'acquisition d'un savoir encyclopédique où l'astronomie occupait la plus grande place ». Malheureusement les druides n'ont pas légué de traité d'astronomie à la postérité, tel un *Almageste* (écrit par Ptolémée) ou un *Traité du ciel* (écrit par Aristote). Dès lors nous ne savons pas quel niveau de connaissances ils avaient acquis au cours de leurs observations et de leurs calculs. Nous supposons qu'il était élevé étant donné la précision du calendrier de Coligny.

La cruche de Brno (en République tchèque) constitue une autre pièce archéologique attestant des connaissances astronomiques des druides. Il s'agit d'une cruche à bec en bois décorée de garnitures en bronze de diverses formes (couvercle en forme de griffon, décorations avec des masques humains et animaux). Elle remonte au III^e^ siècle ACN (civilisation de la Tène). Découverte en 1941, cette cruche fut récemment analysée par Venceslas Kruta pour tenter d'élucider les motifs zoomorphes et anthropomorphes. Il a eu recours à l'astrophysique pour reconstituer la carte du ciel de l'époque, c'est-à-dire celle d'il y a 2 300 ans, partant de l'hypothèse que les motifs renvoyaient peut-être à la configuration des constellations. Il a ainsi pu démontrer que les yeux des figurines représentaient les étoiles de l'époque; étoiles qui, dans la tradition indo-européenne, sont considérées comme les « yeux du ciel ». Par exemple, explique Claudine Glot (2013), les appliques en bronze qui portent une paire d'yeux représentent les étoiles de Castor et Pollux, les deux principales étoiles de la constellation du Gémeaux. Kruta conclut : « on ne peut qu'admirer la remarquable précision des observations astronomiques faites par les sociétés celtiques ou préceltiques, si l'on tient compte de l'absence de moyen technique »[57].

Les druides pratiquaient certainement une forme d'astrologie puisque leur divination était fondée sur l'observation des astres[58]. Cette supposition est validée par Guyonvarc'h et Le Roux (1997), qui soutiennent que : « Les

---

57 Interview de Venceslas Kruta par Claudine Glot (2013) dans *Bretagne Magazine*, « La grande histoire des Celtes », Numéro spécial 100 % Celtes, Bretagne Publications, Brest, 98 p.

58 Nous ne savons pas quelle forme d'astrologie pratiquaient les druides. Il est par conséquent difficile d'établir si elle était proche de l'astrologie occidentale moderne, qui est fondée sur les configurations planétaires et les signes du zodiaque à partir desquels sont déduits les thèmes astrologiques dont les versions populaires sont les horoscopes.

témoignages irlandais, les quelques traces celtiques continentales d'emploi de la magie, la pratique irlandaise de la prédiction et de la divination en particulier, fournissent la preuve indirecte de connaissances très élevées, surtout dans le domaine de l'astrologie et de l'astronomie » (voir encart). Ces mêmes auteurs affirment que les druides traitaient de ces disciplines, de même que la cosmologie et la géographie. Mais, disent-ils, nous n'avons aucun renseignement sur ce qu'ils enseignaient ou professaient à ce sujet. Ils pratiquaient aussi une divination par les chiffres et les nombres, comme les pythagoriciens, sans que nous sachions exactement en quoi elle consistait. Les druides spéculaient aussi abondamment sur la composition de la matière. Brunaux (2008) commente :

> « Les druides diffusent auprès de la population et de leurs élèves d'authentiques doctrines sur la nature de l'univers, sa composition, sa nature et l'immortalité de l'âme, l'au-delà. D'après eux la matière est constituée d'éléments premiers dont les principaux sont l'eau et le feu. L'univers n'est ni fixe ni figé mais connaît des cycles ».

Les druides étaient également des théologiens. Ils ont élaboré une « religion » intellectuelle en utilisant des éléments anciens tout en les retravaillant à leur façon pour moraliser la société et lui donner un fonctionnement plus harmonieux[59]. En ce sens, ils étaient les premiers artisans connus de la démocratie. Ils s'intéressaient à la morale, à la vie en société, à la politique, et prônaient une philosophie de l'action, non spéculative. Et ce dans le but précis de rendre le fonctionnement de la collectivité plus harmonieux et les hommes meilleurs, en leur imposant une morale et une éthique. Leur maxime est : « Il faut honorer les dieux, ne pas faire le mal et s'exercer à la bravoure » (Brunaux, 2011).

La diversité des disciplines druidiques engendra une spécialisation des membres au sein même de la classe sacerdotale. Elle était subdivisée en trois ordres ou trois fonctions bien distinctes : (1) les druides ; (2) les bardes et (3) les vates. D'après Bernard Sergent (chercheur au CNRS) et Gaël Hily (docteur en littératures celtiques médiévales), les textes irlandais font référence à une hiérarchie druidique en sept grades dont l'accès était fondé sur un progrès en connaissances. Le plus haut de ces grades était celui d'*ollam* ou « docteur », qui devait être capable de répondre à toutes les questions et connaître toutes les histoires du peuple ou de la tribu. Certains auteurs contemporains aux Celtes ont décrit sommairement les trois fonctions dont voici quelques extraits :

Selon Strabon :

> « Dans tous les peuples gaulois, généralement parlant, trois classes jouissent d'honneurs exceptionnels, les bardes, les vates et les druides. Les bardes

---

59 Citation de Brunaux dans un article de Marie Amélie Carpio (2011) publié dans *Les Cahiers de Science & Vie,* « Les Gaulois, qui étaient-ils vraiment? », Numéro 125, Mondadori Magazines France, Montrouge, 114 p.

sont des chantres sacrés et des poètes, les vates assument les offices sacrés et pratiquent les sciences de la nature, se consacrent à la partie morale de la philosophie. Ces derniers sont considérés comme les plus justes des hommes et on leur confie à ce titre le soin de juger les différents privés et publics. Ils avaient même autrefois à arbitrer des guerres et pouvaient arrêter les combattants au moment où ceux-ci se préparaient à former la ligne de bataille, mais on leur confiait surtout le jugement des affaires de meurtre. Lorsqu'il y a abondance de ces dernières, c'est, estiment-ils, que l'abondance est promise à leur pays [nous nous étonnons de cette phrase]. Ils affirment, et d'autres avec eux, que les âmes et l'univers sont indestructibles, mais qu'un jour l'eau et le feu prévaudront sur eux ».

D'après Timagène (chez Ammien Marcellin) :

> « Cependant, l'étude des sciences dignes d'estime commencée chez les bardes, les vates et les druides, a été menée par des hommes cultivés. Les bardes ont chanté aux doux accents de la lyre, composant des vers héroïques sur les exploits des plus braves ; les vates se sont efforcés par leur recherche d'accéder aux événements et aux secrets les plus hauts de la nature ; parmi eux les druides l'emportent par leur génie, ainsi que l'autorité de Pythagore en a décidé ».

Résumons en quelques lignes ces trois personnages, en empruntant les propos de Raphaël Zander[60] (eux-mêmes inspirés de Guyonvarc'h et Leroux) :

> « Le druide (*druis* en gaulois ; *druî* en irlandais ; *derwydd* en gallois, *drouiz* en breton) correspond à un terme général appliqué indistinctement à tous les membres de la classe sacerdotale. Néanmoins, parmi les druides, certains semblent occuper une position particulière dans l'enseignement de la morale, de la philosophie et de la théologie. Ce sont alors ceux-ci que l'on regroupe sous le vocable de druide. Étymologiquement, selon Guyonvarc'h et Leroux, il est "le druide qui sait".
>
> Le barde (*bardos* en gaulois ; *bârd* en irlandais ; *bardd* en gallois ; *barzh* en breton) est un "poète" spécialisé dans la poésie chantée et parlée. Il a été supplanté au Moyen Âge par le *file*, ou "voyant", à l'origine un devin intellectualisé qui avait accès à l'écriture, qui s'est attribué la satire et la magie. Étymologiquement, il est "le druide qui voit".
>
> Le vate ou ovate[61] (*vatis* en gaulois ; *faith* en irlandais ; *gwawd* en gallois) est un "devin" ayant la charge de toutes les applications pratiques du culte, en particulier la prédiction, la divination, la magie. La médecine est encore l'apanage des vates. Le vate exerce les activités pratiques du rituel. Étymologiquement, il est "le druide qui agit" ».

---

60 Zander, *Les druides : sources et cheminements*, données non publiées.

61 D'après Guyonvarc'h et Le Roux F. (1986), le terme « ovate » est une fantaisie néo-druidique, à savoir un emprunt celtique médiéval du nom d'Ovide. La littérature mentionne également le terme « eubage » dont on ne trouve pas la correspondance en langue celtique. Selon ces mêmes auteurs, cette appellation résulterait d'une erreur cacographique (c'est-à-dire due à une mauvaise écriture du point de vue du style, de l'orthographe ou de la graphie) tardive.

Jean-Louis Brunaux (2008) précise que la religion s'articulait autour de ces trois porte-paroles :

> « Les druides se situaient au niveau supérieur qui s'exprimait par la philosophie et la science. Les vates avaient en charge la matérialité du culte, dans ce qu'il y a de plus terre à terre : le sacrifice des victimes, l'entretien des offrandes, la divination sacrificielle. Les bardes trouvaient une place entre les deux et, dans une certaine mesure, à côté d'eux. Ils s'adressaient à l'ensemble de la population et surtout à son imaginaire ».

Au-delà du côté un peu « réducteur » évoqué ci-dessus (lorsque Brunaux parle du côté « terre à terre » de la fonction), le vate était vraisemblablement spécialisé dans plusieurs disciplines comme les techniques divinatoires (prédiction, art augural, sacrifice, etc.), la rituélie, la médecine (dont l'herboristerie et la magie végétale) et les sciences de la nature. Strabon les évoque en tant que « sacrificateurs et interprètes de la nature », alors qu'Ammien Marcellin écrit qu'ils étudiaient les mystères de la nature. C'étaient donc également des mystiques intellectuels. Certaines fonctions en rapport avec la magie et la divination semblent toutefois se recouper avec celles du *bardos* gaulois ou du *file* irlandais, également associé à un devin ou un voyant. Brunaux (2008) désignent ces personnages comme « les descendants des premiers prêtres qui officiaient auprès des rois quand ceux-ci, à une date très haute, perdirent leurs prérogatives cultuelles ». Leur origine, dit-il, est aussi ancienne que celle des bardes. Quant à leur rôle de devin, il précise : « Les propos de Diodore de Sicile sur les vates laissent penser que, avant l'organisation du corps sacerdotal sous l'égide des druides, les devins n'avaient probablement pas de place institutionnelle, ils agissaient de manière privée, certains auprès des rois et des nobles, d'autres eu milieu de la plèbe ».

Après le déclin de la civilisation celtique, durant cette période de chaos religieux qui a succédé à la conquête romaine, les derniers vates sont probablement devenus des guérisseurs, des devins puis associés par déviance à des rebouteux, voire peut-être à des sorciers. Il serait d'ailleurs intéressant de relever les traces de la tradition druidique dans le paganisme ou la sorcellerie du Moyen Âge et de l'Époque contemporaine qui a prolongé des rites et coutumes païens plus anciens[62]. La magie par les plantes, la divination, les charmes et les incantations, la vénération des esprits ou des forces de la nature, etc., toutes ces pratiques connues en sorcellerie (ancienne ou moderne) étaient auparavant déjà exercées par les druides de l'Antiquité, à la grande

---

62 Au niveau des divinités, la déesse-mère et le dieu cornu évoqués dans les rituels de sorcellerie moderne sont associés respectivement à *Ceridwen* et à *Cernunnos* du panthéon celtique (Holzer, 1975). Ce dernier a été à son tour associé par le christianisme, dans sa guerre contre l'hérésie et les cultes païens, au bouc du sabbat, et donc au diable lui-même ! Ce genre d'association à la « faune diabolique » n'a évidemment aucun fondement. Elle est l'œuvre des démonomanes fanatiques du Moyen Âge.

différence que ces derniers étaient des mages initiés et organisés en une classe sacerdotale bien structurée, et non des sorciers isolés de bas-étage.

Attardons-nous un instant sur la fonction de barde qui, on s'en doute, va bien au-delà du simple chantre dont le cliché nous a été transmis à travers la célèbre bande dessinée de Goscinny et Uderzo. En effet, loin de cette caricature, le barde était un druide hautement respecté dans la société celtique. Dans le *Barzhaz Breizh*, Hersart de La Villemarqué (1867) dit :

> « Le devoir des bardes est de répandre et de maintenir toutes les connaissances de nature à étendre l'amour de la vertu et de la sagesse. Ils doivent tenir un registre de chaque action mémorable, soit de l'individu, soit de la tribu ; de tous les événements du temps, de tous les phénomènes de la nature, de toutes les guerres, de toutes les victoires ; ils sont chargés de l'éducation de la jeunesse ; ils ont des franchises particulières. Ils sont mis de niveau avec le chef et l'agriculture, et regardés comme un des trois piliers de l'existence sociale ».

La parole du barde était donc sacrée. Le blâme par exemple, exprimé de manière poétique, n'était pas une parole « en l'air », mais de la poésie incantatoire, magique, porteuse de malédiction sur le personnage visé. Nous le verrons lorsque nous aborderons la divination. Chez les druides, la poésie, le chant et la musique étaient considérés comme des techniques d'inspiration qui connectent l'Âme avec le sacré, voire même comme des pratiques psychopompes qui transportent les âmes. Encore aujourd'hui, si l'on peut se permettre un tel parallèle, ces pratiques se retrouvent dans le chamanisme, où la musique et le chant sont des moyens d'entrer en transe et de communiquer avec le monde des esprits.

À l'apogée de la civilisation celtique, explique Brunaux (2008) : « La corporation des bardes était devenue une véritable institution sociale. Ils étaient honorés de façon exceptionnelle par leurs concitoyens. Ils étaient d'ailleurs, comme les druides et les vates, entretenus par la communauté et ils n'avaient pas à assurer eux-mêmes leur subsistance ». Pour comprendre le statut considérable des bardes dans la société, il suffit de s'imaginer l'effet de la musique, du chant et de la poésie – des arts dans lesquels ils excellaient – sur l'esprit des gens de l'époque, qui ne disposaient pas de tous les divertissements culturels que nous connaissons aujourd'hui. Les bardes qui savaient jouer de la lyre faisaient figure d'êtres divins, nous dit Brunaux. C'est, poursuit-il, le règne de la théologie poétique. Sur le plan musical, la mythologie relate qu'un barde maîtrisant son art doit être capable de jouer trois rythmes fondamentaux, exprimant trois émotions principales : la tristesse, la joie et le sommeil. Encore aujourd'hui d'ailleurs, la musique et la poésie exercent un effet fascinant sur les hommes. Toute comparaison gardée, certains artistes modernes (musiciens ou chanteurs) sont quasi vénérés comme des dieux. La musique a toujours ce pouvoir hypnotisant, pour ainsi dire « magique », sur les hommes.

C'est le cas à notre époque, tout comme c'était très certainement le cas dans les temps passés.

Les bardes avaient d'autres fonctions. Ils étaient la mémoire vivante du peuple et du roi, ayant à charge de narrer la généalogie des chefs et leurs exploits guerriers sur lesquels reposait leur réputation. La richesse de cette tradition orale se retrouve également dans l'abondance des contes et légendes celtiques qui sont parvenus jusqu'à nos jours. Comme le souligne Jean Markale (2000), ancien professeur de lettres et de philosophie : « C'est une tradition orale qui a traversé les siècles, transmise de génération en génération, et qui se retrouve encore actuellement dans l'immense domaine des contes populaires, cela dans toute l'Europe, et plus particulièrement dans les régions où l'implantation celtique a été la plus forte » (Bretagne, Cornwall – Cornouailles du sud-ouest de la Grande-Bretagne, Écosse, Galice, Pays de Galles, Irlande et Wallonie).

Nous allons retranscrire ici un extrait de poème que nous considérons comme un bel exemple de l'art poétique des Celtes. Le poème s'intitule *Le Chaudron de Poésie*[63]. D'après Zander, ce poème est, avec le *Dialogues des Deux Sages*, une des reliques les plus importantes transmise sur la quête philosophique et la formation des druides antiques. Il date du VII^e^ siècle PCN, recueilli dans des glossaires du XI^e^ siècle, inclus dans un manuscrit du XVI^e^ siècle. Le mythique druide *Amorgen Glungel* (« Genou Brillant » ou « Genou Blanc ») est au centre de ce poème :

Mon Chaudron d'Incubation
Est le véritable Chaudron de Goiriath
Il a été enlevé par les dieux
De l'abîme mystérieux des éléments
Un juste privilège
Qui ennoblit la poitrine
Qui déverse de terribles flots de paroles

Je suis Amorgen Genou-Blanc
À l'aspect clair, aux cheveux gris
Accomplissant mon incubation poétique
Selon les formes appropriées
Dans les tonalités variées

Les dieux ne favorisent pas tout homme
De la même manière
Renversé, inversé ou droit
Absence de Savoir, Savoir partiel, plein Savoir
Pour Eber et Donn
Créateurs de poésies terrifiantes
Jeteurs de vastes et puissants charmes de mort
Par la voix active, par le silence passif, en équilibre
En rythmes, en forme, et en rimes

---

[63] Chez les Celtes, le chaudron est un symbole de connaissance.

C'est ainsi que s'exprime
L'usage de mon Chaudron

Je chante le Chaudron de Sagesse
Qui donne mérite à tout art
Qui agrandit le trésor
Qui magnifie tout artisan
Qui grandit tout homme par ses propres talents

Où se situe la racine de Poésie chez l'Homme ?
Dans le corps ou dans l'Âme ?
Certains pensent dans l'Âme
Car sans l'Âme, le corps n'est rien
D'autres pensent dans le corps
Car les arts se transmettent
Par l'apprentissage et les ancêtres
Il est dit que tel est le siège de l'Art poétique
Et qu'ainsi il peut réapparaître
Mais la sagesse des ancêtres
Ne vient pas en tout homme
Certains en héritent, d'autres pas

Alors, quelle est la source de la Poésie
Et de tout autre Sagesse ?
Ce n'est pas difficile
Trois chaudrons sont nés en toute personne
Goiriath, le Chaudron d'Incubation
Ermae, le Chaudron d'Acquisition
Sofis, le Chaudron de Sagesse

Le Chaudron d'Incubation naît à l'endroit
En tout homme, dès le commencement
Il dispense le Savoir du jeune âge
Le Chaudron d'Acquisition
Croît en tout homme, après s'être retourné
Renversé sur son côté
Le Chaudron de Sagesse
Naît à l'envers
Il distribue la Sagesse en Poésie
Comme dans tous les arts

Lorsque le Chaudron d'Acquisition
Est couché sur son flanc
Dans le peuple peu instruit
Il est parfaitement droit
Parmi les poètes de hauts rangs
Qui sont grands flots de Sagesse
Pour cette raison
Le Chaudron d'Acquisition est renversé
Chez les gens de faible niveau
Il ne peut être redressé
Que par la joie et la tristesse (...).

Ces quelques vers évoquent toute la puissance accordée par les druides à la connaissance, à l'inspiration poétique et à l'éloquence, qui sont les qualités premières des bardes. Une triade d'origine celtique affirme que :

Trois choses constituent un bon poète
La connaissance qui illumine
L'incantation
L'improvisation.

Il y a quelques exemples de bardes relatés dans la littérature et/ou dans l'histoire. Citons par exemple les légendaires bardes *Taliesin* et *Myrddin* (ou Merlin). Ces personnages sont à la fois historiques et mythiques : d'une part nous en retrouvons des traces qui attestent de leur existence aux côtés des rois, et d'autre part leurs récits sont exaltés dans la mythologie. *Taliesin*, à qui l'on donne le titre de « prince des bardes » ou « chef des bardes de Bretagne », est à la fois un poète historique du VI$^{e}$ siècle qui aurait séjourné en Bretagne insulaire et continentale (l'Armorique), mais également un barde mythique de la littérature galloise qui a été incorporé dans la légende arthurienne (c'est le barde du Roi Arthur)[64]. La célèbre légende de *Taliesin* est un incontournable des contes celtiques (voir encart plus loin). Merlin était pour sa part le célèbre magicien de la cour du Roi Arthur. Le nom originel remonterait soit à un poète gallois ou au nom d'un lieu.

Diodore de Sicile évoque les bardes comme des compositeurs de mélodies qui, accompagnés de lyres, chantent des panégyriques (discours de louange) ou des invectives. On peut lire qu'ils étaient tenus en si grand respect que, lorsque deux armées prêtes à s'affronter avaient déjà tiré leurs épées, celles-ci s'arrêtaient immédiatement dès l'arrivée et l'interposition des bardes. Le professeur irlandais Patrick K. Ford expose ainsi les principaux aspects de l'art poétique dans la culture celtique : louer ses dirigeants, faire la satire de ses ennemis et réciter les généalogies pour préserver l'unité de la tribu. Jules César écrit lui-même qu'ils apprenaient par cœur un nombre considérable de vers. Dans l'ordre des *filid* (les bardes irlandais), neuf catégories sont mentionnées, avec des poètes de premier rang, de deuxième rang, etc. Cette classification est basée sur le nombre d'années d'étude, le degré de spécialisation et d'excellence atteint. En se basant sur le *Livre de Ballymote*, Guyonvarc'h et Leroux font référence à une hiérarchie de bardes irlandais en huit degrés pour les bardes « libres » (allant du « barde royal », docteur – ou *ollam* – en composition bardique, au « barde de noblesse », simple titre honorifique et héréditaire), et un nombre équivalent de degrés pour les bardes « non libres ». Dans un docu-

64 D'après Kruta (2000), la légende du Roi Arthur serait construite sur le modèle historique d'un certain *Artorius*, un chef de guerre du nord de l'île de Bretagne tué vers l'an 537 ou 539 à la bataille de Camlann, un lieu situé quelque part près du mur d'Hadrien. On associe également au nom d'Arthur une grande bataille contre les envahisseurs Saxons. Il devint l'exemple du héros celtique par excellence, exalté plus tard par Geoffroi de Monmouth qui rédigea vers 1130 les contes du cycle arthurien.

ment plus récent relatant l'activité bardique, un philologue irlandais, Eugene O'Curry, décrit le détail des douze années d'apprentissage pour acquérir les techniques bardiques. Au terme des douze années, l'étudiant devait maîtriser pas moins de 150 *ogams*, 580 contes, 240 poèmes de différentes formes de versification, ainsi que la grammaire, l'histoire, les coutumes, des discours solennels, l'art de la voyance et des lois dites bardiques. Il était versé dans l'art de la métrique (système de versification codé par un ensemble complexe de règles) afin de produire un enchaînement rythmique de sons dans chaque vers en ajustant la distribution des syllabes. Mais avec la christianisation, les moines ont repris la codification bardique en introduisant leur croyance dans le système poétique. La position des bardes va être fortement affaiblie au cours du Moyen Âge. Deux écoles vont alors se développer : celle des bardes et celle des ménestrels, moins considérés[65]. Les « descendants » des bardes sont devenus de « simples » musiciens et des conteurs de cours.

Quant à la dernière (et non moins importante) classe des druides à proprement parler, il est difficile de la caractériser car elle comprend des disciplines partagées à la fois par les vates et les bardes. Brunaux (2008) précise toutefois qu'ils avaient la responsabilité de toutes les charges afférant aux cultes [qui sont également attribuées aux vates], mais aussi de toutes les activités intellectuelles. On peut également lire que « le droit et la justice sont leur domaine exclusif. Ils y exercent une sagesse reconnue de tous et sont soucieux de l'équité (…). (…) Les connaissances en général, et plus particulièrement les sciences et les mathématiques, sont également leur apanage. Mais ils disputent aux bardes le contrôle des connaissances historiques (…). Ils ont cependant un avantage sur les bardes, celui d'une pratique de l'écriture qu'ils se sont appropriées et qu'ils refusent de divulguer. (…) Ce large éventail de savoir leur permet également de prendre le contrôle de l'éducation de la jeunesse qui autrefois était du seul ressort des bardes » (Brunaux, 2008). La lecture de ce commentaire laisse même sous-entendre qu'il y avait peut-être une sorte de « compétition » entre druides, bardes et vates. À qui exactement revenait le droit ou la légitimité d'enseigner (ou de pratiquer) telle ou telle matière ? Vu le recoupement des disciplines exercées par ces trois personnages, la question reste posée…

## Religion, philosophie ou métaphysique ?

« Les druides n'enseignent pas une religion, mais une métaphysique de la nature », nous dit Raimonde Reznikov (1998), une spécialiste des traditions indo-européennes. Derrière cette affirmation bien tranchée se cache la question de savoir si le druidisme doit être qualifié comme une religion, une philosophie, voire une métaphysique plus élevée. Certains ouvrages définissent

---

65 Anonyme, *Les bardes : histoire, formation et compositions*, données non publiées.

clairement le druidisme comme la religion antique des Celtes, enseignée jadis par les druides, alors que d'autres auteurs préfèrent le qualifier comme une philosophie à proprement parler. D'autres enfin, comme Reznikov, caractérisent le druidisme comme une métaphysique. Comme nous allons le voir dans les extraits qui suivent, les spécialistes eux-mêmes ne s'accordent pas sur la catégorie – prêtre, philosophe ou métaphysicien – à laquelle il faut associer les druides. Pour tenter de répondre à la question, nous définirons d'abord ces termes pour ensuite les discuter à l'aide d'arguments complémentaires.

Une religion se définit comme un ensemble déterminé de croyances et de dogmes qui établissent le rapport de l'homme avec le sacré (définition du Petit Larousse, 2013). Le terme provient du latin *religio* auquel on attribue, étymologiquement, le sens de « relier » (*religare* en latin) ou de « ce qui relie ». En ce sens, la religion est ce qui relie l'homme à un principe supérieur ou à un être suprême (bref, à un dieu dans le cas des religions monothéistes ou à des dieux dans le cas des religions polythéistes). René Guénon complète la définition en ajoutant que la religion comporte essentiellement la réunion de trois éléments : un dogme, une morale et un culte. Il précise que là où l'un de ces trois éléments viendra à manquer, on n'aura plus affaire à une religion au sens propre du mot.

Si l'on se réfère à ces définitions, nous pouvons effectivement définir le druidisme comme une religion. Nous y retrouvons les trois éléments évoqués par Guénon. Les dogmes se retrouvent d'une certaine manière dans les quelques doctrines druidiques dont nous avons connaissance (par exemple la croyance en l'Autre Monde ou en l'immortalité de l'Âme)[66]. La morale et le culte sont connus respectivement dans l'éthique des druides et les rites celtiques. Les druides sont d'ailleurs décrits par certains auteurs comme des prêtres qui administrent un culte associé à un panthéon bien spécifique constitué d'une multitude de divinités. Les cultes étaient d'ailleurs bien organisés, avec des sanctuaires sacrés et aménagés pour des pratiques rituelles qui s'apparentent indéniablement à une forme de religion. Nous avons, en effet, bien des preuves de la foi religieuse des Celtes à travers les nombreux sanctuaires qui ont été érigés[67]. Eliade (1978) affirme lui aussi que les druides,

---

66 Nous les considérons ici comme des dogmes, mais nous ne savons pas si les druides les enseignaient comme des vérités établies ou comme des possibilités sujettes à caution.

67 Les fouilles ont révélé deux types de sanctuaires : (1) des sanctuaires aménagés et (2) des sanctuaires naturels. Ces lieux sacrés, appelés *nemeton* (en gaulois), couvrent l'ensemble du monde celtique. Les sanctuaires naturels sont des lieux sauvages peu aménagés. Ils se présentent sous la forme de clairières sacrées (que l'on retrouve dans les forêts, les bois ou les bosquets), mais aussi sous la forme d'autres lieux naturels comme des grottes, des rochers, des rivières. Les lacs et les marais revêtaient également un caractère sacré. En témoignent les nombreuses offrandes retrouvées dans les lieux humides. Plus tard, les pratiques cultuelles évoluent et des sanctuaires aménagés font leur apparition. Il s'agit d'enclos quadrangulaires ou circulaires. Parfois, on y laisse se développer la végétation naturelle pour former un bosquet sacré au sein de l'enclos. Ce sont également des lieux de culte communautaire.

tout comme des brahmanes, sont des prêtres, tout en précisant qu'ils sont également des instructeurs, des savants et des philosophes.

Mais si religion il y a, ce n'est certainement pas une religion prophétique issue d'une personnalité individuelle qui aurait été le centre d'une révélation mystique directement dictée par une divinité, comme c'est le cas des principales religions monothéistes – christianisme, islam et judaïsme – qui ont toutes leur(s) prophète(s) respectif(s). Au sein du Collège International d'Etude Celto-Druidiques, Bouchet *et al.* (1997) décrivent le druidisme en ces termes :

> « Le druidisme ne se définit pas comme étant révélé par une entité supra terrestre, une divinité, mais comme étant le fruit de millénaires d'observations des phénomènes physiques et cosmiques et de leurs interprétations dans les domaines psychiques et métaphysiques (...). Il a pour objet de rendre perceptible au Celte l'existence d'un monde invisible, omniprésent, et de le lui rendre sensible malgré l'obstacle de sens imparfaits (...). Il propose des méthodes réfléchies pour rendre intelligible à l'homme la conception de ces mondes parallèles ».

Malgré les objections que l'on peut avancer à certaines idées formulées par ce collège néo-druidique (par exemple lorsqu'il affirme que la doctrine druidique n'a jamais varié en 4 349 ans d'existence, ce qui est totalement faux lorsqu'on regarde l'histoire du druidisme, de son déclin jusqu'à la renaissance néo-druidique), nous sommes d'accord avec cette définition. Si le druidisme doit être associé à une religion, c'est à une spiritualité savante basée sur l'observation, la recherche et l'interprétation, sans prophète ou livre sacré dictant un enseignement qui devrait être assimilé aveuglément.

C'est pourquoi les druides sont également qualifiés de philosophes – et non de prêtres – par d'autres auteurs de l'Antiquité. Citons par exemple Clément d'Alexandrie, qui les considère parmi les philosophes « de premier rang » :

> « La philosophie, qui est une science de la plus haute utilité, a été florissante dans l'Antiquité chez les barbares, répandant la lumière chez les nations. Elle arriva ensuite en Grèce. Au premier rang sont les prophètes des Égyptiens, les Chaldéens chez les Assyriens, et les druides chez les Gaulois, les Samanéens chez les Bactriens, les philosophes des Celtes et les mages des Perses ».

La philosophie se définit pour sa part comme un ensemble de conceptions portant sur les principes des êtres et des choses, sur le rôle de l'homme dans l'univers, sur Dieu[68], sur l'histoire et, de façon plus générale, sur tous les grands problèmes de la métaphysique (Petit Larousse, 2013). En tant que

---

[68] Pour distinguer le philosophe du prêtre, disons que le premier a des conceptions et des points de vue sur la notion de Dieu, alors que le second croit en Dieu (ce qui est sensiblement différent), en complément d'avoir, sans doute, des conceptions à son sujet.

philosophes, les druides sont considérés comme des intellectuels qui aiment à spéculer, n'ayant pas de dogmes établis consignés dans des écrits. C'est un point qui les démarque de la plupart des grandes religions monothéistes qui possèdent toutes des écritures sacrées. Pour Brunaux (1996) :

> « Les premiers étrangers cultivés qui ont rencontré les druides les ont naturellement désignés comme des philosophes et jamais comme des prêtres. (...) Que les druides soient qualifiés de philosophes, détail descriptif si souvent mentionné qu'il passe inaperçu, est une étrangeté qui mérite toute notre attention : il est très rare dans l'Antiquité, et même de nos jours, que des prêtres [pourtant ici Brunaux parle de prêtre] soient présentés de cette façon, parce qu'il y a en fait une contradiction entre philosophie et religion, la première délivrant un dogme, la seconde des théories soumises à corrections, négations, approfondissements. Si les druides passaient une part importante de leur temps à des spéculations que les Grecs pouvaient appeler philosophiques, cela signifie donc que ces prêtres ne croyaient pas en un dogme établi. Il faut croire au contraire qu'ils plaçaient leur foi dans le pouvoir infini d'un savoir qui pouvait fort bien être de nature divine. Autrement dit, les druides se présentent avant tout comme des réformateurs. Ils cherchent à connaître les lois de la nature, ce qu'il suppose qu'ils ne les croient pas expliquées par la foi aveugle en une mythologie forcément irrationnelle. L'observation astronomique, les calculs savants remplacent progressivement la cosmogonie mythique par la conception d'un univers soumis à des mouvements réguliers que les mathématiques et l'observation des astres peuvent expliquer ».

Nous sommes partiellement d'accord avec les arguments de l'archéologue français. Si les druides philosophaient et spéculaient (ce dont nous ne doutons pas), il n'empêche que leur enseignement devait probablement comporter certains « dogmes » ou « principes » divulgués durant l'initiation ésotérique (en effet, toute initiation repose sur la transmission d'un enseignement comportant des « lois », des règles ou des doctrines magico-religieuses qui peuvent être associées, dans une certaine mesure, à des dogmes). D'ailleurs, dans un autre ouvrage, Brunaux (2008) rejoint notre interprétation lorsqu'il dit :

> « Malgré l'absence de livres sacrés ou de notations profanes, ce système de croyance [celui des druides] prend la forme d'un dogme au cours des trois derniers siècles qui précèdent la conquête romaine. Il faut y voir l'œuvre des druides, seule puissance spirituelle capable de l'imposer par l'unique moyen du discours oral ».

Plutôt que de qualifier les druides de prêtres à proprement parler, Brunaux (1996) préfère les évoquer comme des théologiens :

> « Parce qu'ils [les druides] se présentent sur le plan de la religion comme des théologiens et sur le plan politique comme des philosophes, ils peuvent pratiquer eux-mêmes les formes matérielles du culte qu'ils préconisent. C'est pourquoi il est abusif de parler de "religion druidique", si l'on veut dire par là qu'ils étaient les ministres du Culte ».

Guyonvarc'h et Le Roux (1990) précisent pour leur part que « la religion celtique a ceci de particulier qu'elle ne possède pas seulement des prêtres comme les religions grecque, romaine et germanique, mais une classe sacerdotale hiérarchisée et organisée, profondément structurée et comparable en de nombreux points à celles des Brahmanes de l'Inde ». Cependant, disent-ils : « nulle part dans les textes antiques, il n'est spécifié que les druides étaient des prêtres ». Ils considèrent les druides autrement que comme un simple clergé, tout en indiquant, d'une part, que l'essentiel de leurs fonctions était d'ordre religieux et que, d'autre part, ce serait une erreur de ne voir en eux que des philosophes. Nous avons effectivement vu qu'ils occupaient de nombreuses autres fonctions.

Quant à l'association des druides à des métaphysiciens, elle est nettement moins fréquente dans la littérature, même si certains auteurs (comme Sterckx, Brunaux ou Reznikov) font clairement référence à une métaphysique druidique. D'après les descriptions de quelques auteurs grecs et latins, le druidisme pourrait toutefois être assimilé à de la métaphysique étant donné qu'ils spéculaient sur la nature des choses et des êtres, comme l'atteste par exemple Jules César. La métaphysique se définit comme la science de l'être en tant qu'être, la recherche et l'étude des premiers principes et des causes premières, la connaissance rationnelle des réalités transcendantes et des choses en elles-mêmes (Petit Larousse, 2013). La métaphysique porte sur l'étude de tout ce qui est « au-delà de la physique », selon le sens attribué par Aristote (qui inventa ce mot). Par sa nature même, nous dit Guénon (1921), la métaphysique échappe à l'atteinte des sciences. Elle vise la connaissance de l'universel ou plutôt des principes d'ordre universel. Contrairement à la religion (qui a un caractère sentimental marqué) et à la philosophie (fortement influencé par la logique et la raison), la métaphysique est exclusivement transcendantale (qui dépasse le monde sensible), voire subjective dans le sens où elle peut également s'appréhender sous la forme de révélations intérieures inaccessibles à l'expérimentation ou au raisonnement logique. Cette approche est bien connue de la tradition orientale à laquelle se rattache la tradition celtique.

À la lumière de ces différents points de vue, il semblerait que le druidisme soit à la fois une science, une religion, une philosophie et une métaphysique, sans toutefois se réduire uniquement à l'une ou l'autre de ces catégories. C'est pourquoi nous nous refusons de le classer dans un seul de ces domaines et préférons une définition pluridisciplinaire du druidisme.

Un autre débat porte sur l'aspect monothéiste ou polythéiste de cette spiritualité. Là encore, il semblerait que l'on retrouve les deux courants à la fois. Une telle structure théologique est possible en envisageant le concept de la multiplicité dans l'unité ; concept qui se définit par une divinité ou un principe supérieur décliné en plusieurs divinités secondaires (bien souvent deux ou trois chez les Celtes), qui sont autant de facettes d'un dieu principal. On retrouve des exemples de telles divinités aussi bien chez les Celtes insulaires que chez les Celtes continentaux. Comme nous dit Proinsias MacCana (in Cunliffe, 1997) :

> « On ne peut s'empêcher de penser que, si les Celtes étaient profondément monothéistes, ils ont remarquablement réussi à cacher cette préférence, car non seulement ont-ils divisé leur dieu unique en une multitude d'identités, mais ils ont réussi à donner à certaines de celles-ci une individualité plutôt convaincante ».

Cet aspect sera abordé plus en détail dans la partie consacrée au panthéon celtique. Notons que malgré la grande diversité de divinités au sein des tribus celtiques, il faut supposer une certaine unité des idées religieuses. En témoignent les rassemblements des druides relatés par César au pays des Carnutes (en France). De tels rassemblements indiquent qu'il y avait un partage et une mise en commun des idées, des doctrines, des connaissances. Il faudrait donc plutôt considérer, comme le pensent Guyonvarc'h et Le Roux, une religion celtique et non des religions celtiques. Cette interprétation semble confirmée par Venceslas Kruta (in Moscati *et al.*, 2001) qui estime que :

> « La conviction que les anciens Celtes possédaient une religion commune est donc fondée d'une part sur des déductions comparatives, établies à partir de l'examen de l'ensemble des témoignages que nous possédons sur les religions indo-européennes, d'autre part sur les traits unitaires, aussi bien dans le temps et dans l'espace, que dévoile l'étude iconographique de l'art celtique laténien ».

Un constat qui n'est visiblement pas partagé par Brunaux qui préfère parler des religions gauloises (et non d'une religion gauloise) sur base de la grande diversité des dieux tribaux. Il semblerait toutefois qu'il existe, selon nous, une unité, un idiome commun derrière cette diversité.

## Éthique et préceptes philosophiques

Quel est le contenu philosophique du druidisme ? C'est une question difficile. Nous n'en connaissons pas la nature exacte, mais seulement les grandes lignes. De plus, comme le souligne très justement Brunaux (2008) : « La reconstitution d'une pensée tient toujours d'un idéal théorique qui a pu ne jamais s'incarner dans une époque particulière ». L'interdiction rituelle de l'écriture nous prive de texte sur la spiritualité des Celtes continentaux rédigé par un authentique druide. Par contre les Celtes insulaires ont produit une abondante littérature épique prolongeant la tradition mythologique préchrétienne (Eliade, 1978). À travers ces textes nous savons que les druides se sont efforcés de mettre une forme d'éthique dans la société. Brunaux nous dit qu'ils pratiquaient une philosophie de l'action profondément ancrée dans la vie sociale, même si leur savoir était inaccessible à une grande part de la population. L'archéologue précise que « la philosophie druidique, comme celle des présocratiques, a la forme d'un savoir universel ».

Nous avons déjà cité un exemple de précepte philosophique : « Honorer les dieux, ne pas faire le mal, s'entraîner à la bravoure ». Notons cette tendance des Celtes à tout penser par trois, en triades ; tendance liée à leur volonté de calquer la société humaine à la société divine, elle-même organisée selon une conception ternaire. Cet enseignement dispensé sous forme de triades avait également pour but de faciliter la mémorisation de cette tradition orale. Il existe de nombreuses triades qui nous donnent une idée de la pensée des druides. Certaines sont indiquées dans les textes mythologiques irlandais. Par exemple, les trois tares relatives aux fonctions des élites dans la société celtique :

Un druide qui ignore ou qui ment,
Un guerrier lâche ou traître,
Un roi avare, injuste ou mesquin.

Les trois interdits du druide :

Prononcer une satire injuste,
Usurper ses droits,
Être complice d'une trahison.

Les trois ruines de la sagesse :

L'ignorance,
L'inexactitude du savoir,
Le manque de mémoire.

Ces textes nous dépeignent l'honnêteté, la loyauté, la bravoure, la justice et la connaissance comme des vertus à développer chez l'individu. La notion de « savoir » occupe une position première dans les qualités d'un druide. S'instruire et apprendre à connaître chaque chose sont certainement des valeurs centrales en *druidecht* (terme irlandais désignant le druidisme ou la science des druides). Dans le *Livre des Conquêtes de l'Irlande (Lebor Gabala Erenn)*, un texte mythologique irlandais, les noms des trois druides primordiaux sont *Fiss*, *Fochmarc* et *Eolas*, c'est-à-dire « Savoir, Recherche, Connaissance ». Il apparaît clairement que pour les druides, le savoir et la connaissance étaient les clés de la sagesse, tandis que l'ignorance était incompatible avec la fonction druidique. À vrai dire, il n'y a pas de notion de péché, d'enfer ou de purgatoire dans le druidisme (concepts liés à la morale chrétienne et à l'existence d'un dieu jugeant les actes des hommes), mais plutôt la notion du vrai ou du faux, elle-même liée au savoir. Un autre extrait significatif figure dans le *Dialogue des Deux Sages (Immacallam in da thuarad)*, un autre récit mythologique, où le *file Nede* dit explicitement :

Je suis fils de Poésie
Poésie, fille de Réflexion
Réflexion, fille de Méditation
Méditation, fille de Science
Science, fille de Recherche
Recherche, fille de Grande Science
Grande Science, fille de Grande Intelligence
Grande Intelligence, fille de Compréhension
Compréhension, fille de Sagesse
Sagesse, fille des trois dieux de *Dana*.

Il existe une multitude de triades. Kuno Meyer, un philologue allemand spécialisé dans la littérature celtique, a publié en 1906 une compilation *The Triads of Ireland* (*Trecheng Breth Fène*) à partir de six anciens manuscrits, reprenant pas moins de 256 triades qui sont considérées comme crédibles. Raphaël Zander les a synthétisés et propose une sélection de triades fiables, qui, selon lui, sont issues de sources sûres car se référant aux textes mythologiques irlandais et gallois, ainsi qu'aux témoignages historiques. Elles ont fait l'objet d'un tri minutieux, avec le soin d'écarter les triades incomplètes, redondantes, déformées ou incompréhensibles. Elles traitent de sujets très variés. En voici quelques exemples, sélectionnés sur le tas, qui témoignent de la sagesse des druides :

Trois choses que la justice exige :
Le jugement,
La mesure,
La conscience.

Trois choses que le jugement exige :
La sagesse,
L'introspection,
La connaissance.

Trois silences prévalent sur la parole :
Le silence durant l'instruction,
Le silence durant la musique,
Le silence durant le rite.

Trois paroles prévalent sur le silence :
L'incitation au combat,
Les rimes du poète,
Les éloges.

Trois choses pour lesquelles un ennemi est apprécié :
Sa force,
Sa beauté,
Sa distinction.

Les Celtes avaient vraisemblablement un sens élevé de l'honneur. Le droit celtique évoque, pour chaque homme, un « prix de son honneur », désigné par le terme de « valeur de son visage », représentant la somme qu'on aurait dû verser à cet homme ou à ses parents en cas d'une offense à son honneur. Le prix de l'honneur était relié au rang social. Il augmentait si de nouvelles capacités professionnelles ou de nouvelles richesses étaient acquises. Il diminuait si la personne se comportait de manière indigne en rapport à son rang (Kelly, in Moscati *et al.*, 2001).

Plus récemment, les triades bardiques ou théologiques, régulièrement mentionnées dans les milieux néo-druidiques, font référence à des thèmes qui rejoignent en certains points l'éthique des druides antiques. Rappelons le doute quant à l'authenticité historique de ces triades qui ont fait l'objet de divers remaniements. On y retrouve nombre de références à Dieu, au bien et au mal, à l'amour du prochain, etc., ayant toutes une forte connotation judéo-chrétienne. On distingue deux principaux textes, tous deux controversés car issus du faussaire Edward Williams : d'une part les 81 triades bardiques de l'île de Bretagne (*Trioedd Barddas Ynys Prydain*) et d'autre part, les 46 triades galloises dites théologiques[69]. Les textes intégraux de ces triades font référence aux modalités de l'être et aux lois qui gouverneraient l'évolution de l'esprit dans l'au-delà. On y retrouve aussi une série de valeurs morales, comme les trois vertus de l'homme : aimer, créer et apprendre. De ces vertus découle la célèbre triade qui constitue le *credo* de la plupart des mouvements néo-druidiques, exprimé en terme gaulois : *Nertos* (la force), *Uidia* (la connaissance), *Carantia* (l'amour). Nous ne développerons pas davantage ces triades soi-disant bardiques puisqu'il s'agit pour la plupart d'inventions et/ou de contrefaçons de textes anciens. Nous renvoyons le lecteur vers les livres des Bouchet ou de Marc Questin qui ont retranscrit l'intégralité de ces textes.

Dans le registre des préceptes philosophiques, il nous faut mentionner une autre valeur essentielle de la tradition druidique, d'ailleurs commune à toutes les spiritualités à caractère naturaliste, à savoir le profond respect que les druides avaient pour la nature. À la lecture des descriptifs des auteurs gréco-latins, il est clair que les druides étaient des contemplatifs de la nature et de l'univers. Cette valeur est toujours bien ancrée dans la tradition néo-druidique. La vénération de la nature est en relation étroite avec la culture du savoir puisque, chez les Celtes, la forêt (symbole de la nature par excellence) était considérée comme une source d'inspiration et de science. C'est probablement dans les forêts profondes que les druides transmettaient leur savoir à leurs disciples, en complément de l'enseignement dispensé dans les sanctuaires aménagés. Chez les Celtes, tout ce qui est sacré s'exprime par le bois. En langue celtique, le terme *fedha* signifie à la fois le bois et la science. L'adoration des forces primitives de la nature se manifeste également à travers le panthéon et les figurations animales. La mythologie abonde de créa-

---

[69] Certains auteurs (comme Marc Questin) mentionnent ces triades théologiques comme étant également issues de Williams, alors que d'autres (comme Bouchet *et al.*) indiquent qu'elles proviennent d'un recueil du XIIIe siècle, recomposées par Philéas Lebesque sur base de la traduction en français par Adolphe Pictet entre 1853 (puis retranscrites en 1906 par Jean le Fustec et Yves Berthou), sans mentionner Edward Williams.

tures zoomorphes ayant une forte charge symbolique : le cygne et le corbeau (animaux psychopompes symboles de l'Autre Monde), le sanglier et le roitelet (symboles sacerdotaux), le cerf (symbole de la nature, dans son principe mâle), le saumon (symbole de connaissance), l'ours et le taureau (symboles royaux), etc.

Dès lors, nous pouvons raisonnablement penser que les druides cultivaient une certaine forme de contemplation face à la nature où ils associaient des valeurs et des charges symboliques aux éléments naturels. Le fait que l'initiation druidique était elle-même centrée sur les sciences de la nature va dans le sens d'une sensibilité aux « choses naturelles ». La poésie irlandaise contient d'ailleurs des chants de louange reflétant cet état d'esprit : « rechercher, observer et aimer la nature dans ses moindres manifestations, comme dans les plus grandioses, cela n'a été donné à aucun peuple aussitôt et aussi pleinement qu'aux Celtes »[70]. Plus récemment, une autre forme de triade caractérise les qualités essentielles du vate. Elle est attribuée à Philéas Lebesgue [1869-1958], écrivain et poète français proclamé « Grand Druide des Gaules » du Collège bardique des Gaules : « Trois conditions sont reconnues nécessaires pour recevoir l'*Awen*[71] : Un œil qui sache voir la nature, un cœur capable de la sentir, un esprit qui sache la suivre ». Cette triade est maintenant régulièrement reprise dans les cercles néo-druidiques. Pour conclure, nous pourrions dire que la philosophie druidique s'efforce de traduire les lois d'équilibre de la nature et de l'univers en une manière d'être, d'agir et de penser. Un point de vue partagé par les spécialistes, puisque Venceslas Kruta affirme que chez les Celtes, tout devait être fait pour assurer la bonne marche et l'équilibre de l'univers (Kruta, in Moscati *et al.*, 2001).

---

70 Citation du philologue Kuno Meyer.

71 Mot gallois et breton signifiant l'inspiration poétique et spirituelle.

# Les croyances celtiques et l'enseignement ésotérique des druides

« Détenteurs du savoir fondamental, les druides perpétuaient une conception de l'Homme et de l'Univers contenue dans une doctrine ésotérique qui nous reste à peu près inconnue ».

Venceslas Kruta
Archéologue et historien spécialisé dans la culture celtique

## Initiation ésotérique et magie chez les druides

L'enseignement druidique reposait sur une initiation ésotérique qui, comme toute initiation traditionnelle, revêtait un caractère secret. Eliade (1978) précise que :

> « Toutes les sources insistent sur l'importance considérable des druides dans l'instruction de la jeunesse. Vraisemblablement seuls les disciples qui se préparaient pour le druidat, et qui devaient étudier à fond la théologie et les sciences, suivaient pendant vingt ans l'enseignement de leurs maîtres. Le refus de l'écriture et l'importance accordée à la mémoire et à la transmission orale de l'enseignement prolongent la tradition indo-européenne. L'enseignement était secret parce qu'il était ésotérique, c'est-à-dire inaccessible aux non-initiés ; conception qui rappelle l'ésotérisme des *Upanishad*[72] et des *Tantras* ».

Dans les pages qui suivent, nous allons survoler quelques aspects de cette initiation, sans bien sûr prétendre détenir le contenu de cet enseignement secret qui a malheureusement été oublié. Nous avons précédemment passé en revue les différentes disciplines qui étaient enseignées. En plus des sciences « classiques », nous savons que les druides pratiquaient la magie, qui occupait certainement une place centrale dans l'initiation. Dans *L'histoire naturelle* (publiée durant la seconde moitié du 1er siècle PCN), Pline l'Ancien dit même que « les Gaules ont été possédées par la magie, et même jusqu'à nos jours ». Les druides, et plus particulièrement les vates, utilisaient diverses techniques magico-religieuses que nous pourrions apparenter aujourd'hui à des pratiques occultes ou chamaniques toujours exercées dans d'autres cultures. Gardons-nous toutefois de considérer les druides comme des sorciers ou des chamanes à proprement parler. Pour les Celtes, nous sommes confrontés à une difficulté majeure, soulignée par Guyonvarc'h et Le Roux (1997) :

---

[72] Les *Upanishad* sont des textes anciens qui constituent la base de l'hindouisme.

> « Nous sommes tout à fait incapables d'esquisser une histoire de la magie celtique. (...) Nous n'avons pas, dans notre répertoire, de descriptions d'envoûtements, de récits de sabbats ; nous n'avons ni cas de lycanthropie ni exemple d'empoisonnement ; nous n'avons aucune énumération de matériel de magicien, hormis la baguette du druide ; nous n'avons aucune localisation d'*occultum*, aucune mention d'initiation magique ».

Autrement dit, nous n'avons pas de texte de référence ou de grimoire magique comme *La Table d'émeraude* d'Hermès Trismégiste[73], *La philosophie occulte* de Cornelius Agrippa [1486-1535][74] ou encore *Le Grand Albert*, faussement attribué au théologien Albert le Grand [1193-1280][75]. Guyonvarc'h et Le Roux (1997) continuent : « La magie n'apparaît chez les Celtes insulaires, indirectement, voire en filigrane, que dans des récits mythiques ou épiques, dans des textes hagiographiques qui, cela se devine aisément, ont toujours tendance à forcer la dose, ou au hasard de textes didactiques consacrés à toute autre chose ». De même, il n'y a pas de mot celtique spécifique pour désigner la magie. Nous connaissons toutefois les grandes lignes de leur doctrine ésotérique axée sur le savoir en de nombreuses sciences, la divination, ainsi que la croyance en un monde des esprits (l'Autre Monde) et en l'immortalité de l'Âme. Cette dernière est à son tour intégrée dans un panthéon celtique représentant l'univers dans ses multiples manifestations.

---

73 Hermès Trismégiste, le « trois fois grand », est un personnage mythique de l'Antiquité gréco-égyptienne, assimilé à la fois au dieu grec Hermès et au dieu Thot égyptien. C'est à lui que l'on attribue l'origine de l'hermétisme, de la magie, de l'alchimie et des sciences occultes. Sa légende se mêle à l'histoire puisqu'Hermès aurait écrit plusieurs textes, dont la célèbre *Table d'émeraude*, considérée comme un joyau de l'ésotérisme antique. Cette tablette, qui aurait été retrouvée dans son tombeau, contient l'enseignement d'Hermès, dont le fameux dogme de l'analogie universelle (ou loi d'analogie hermétique) qui établit la correspondance entre le microcosme et le macrocosme (« Ce qui est en haut, comme ce qui est en bas, et inversement »). Il existe plusieurs versions de cette table dont le contenu a influencé des générations d'occultistes et d'alchimistes, du Moyen Âge jusqu'à nos jours. Nous avons sous les yeux une version traduite en français (à partir du latin), dont Stanislas de Guaïta propose une exégèse poussée dans son deuxième volet du *Serpent de la Genèse*. Le texte fait référence, en termes voilés de mysticisme, à de grands axiomes de magie, tels que la conception moniste de l'univers et des êtres, la bipolarité universelle des forces, la grande loi d'analogie des contraires ou encore la tripartition du monde. Curieusement, plusieurs de ces notions se retrouvent dans l'enseignement des druides, ce qui témoigne une fois de plus de l'universalité des traditions ésotériques à travers les cultures.

74 Né à Cologne, Henri Corneille Agrippa de Nettesheim enseigna la théologie et fut tour à tour professeur, avocat, médecin, historiographe. Il est surtout connu comme un occultiste savant qui se passionna pour la cabale et la magie. Son ouvrage majeur est *De occulta philosophia*, dont le contenu est influencé par les doctrines hermétiques.

75 *Le Grand Albert* (ou *Les admirables secrets d'Albert le Grand*) est un autre ouvrage classique dans le registre de la magie populaire, paru vers 1580. Il est souvent complété par le *Petit Albert*, paru plus tardivement. Si le personnage d'Albert le Grand était vraisemblablement un théologien érudit, le contenu de ces grimoires qu'on lui attribue est rempli de recettes stupides, de formules tordues et de superstitions absurdes.

Mais avant d'aller plus loin, définissons la magie. Nous emprunterons ici la définition d'Alphonse Louis Constant, un occultiste du XIXe siècle connu sous le pseudonyme d'Éliphas Levi (1854) : « La magie est la science traditionnelle des secrets de la nature, qui nous vient des mages ». Par « secrets de la nature », il faut entendre certaines manifestations extraordinaires de la nature qui s'objectivent par l'intermédiaire de forces invisibles et de facultés méconnues du psychisme humain que certains individus sont capables de maîtriser.

La magie est en réalité indissociable de la religion, du moins sous son aspect ésotérique. Dans son acception habituelle, elle repose sur une conception animique du monde, où tout ce qui existe est une manifestation de forces invisibles, d'esprits peuplant une autre dimension qui coexiste avec la nôtre ; esprits qui seraient eux-mêmes hiérarchisés en entités « supérieures » et « inférieures ». Tout l'art de la magie résiderait dans la connaissance et le contrôle de ces forces occultes. Selon l'utilisation de ces forces, une distinction est faite entre la magie « blanche » (la haute magie ou théurgie) et la magie « noire » (la sorcellerie ou goétie). La première étant orientée vers le bien commun et l'intérêt général ; la seconde au service d'intérêt personnel, égoïste et maléfique. Magie blanche et noire diffèrent essentiellement dans l'intention de l'opérateur, selon qu'il soit tourné vers le « bien » ou vers le « mal ». Les moyens utilisés reposent sur les mêmes principes. L'opérateur est qualifié de mage dans le premier cas et de sorcier dans le second[76]. Pour le profane, la magie est irrationnelle et ne suit aucune logique. Mais pour l'initié, si la magie relève d'autres lois, certes moins connues et moins ordinaires, elle n'appartient pas moins à l'ordre naturel des choses, malgré les circonstances particulières dans lesquelles elle se manifeste. Dans *La sorcellerie renaissante*, Hans Holzer (1975) définit justement la magie comme « l'application de la connaissance, des techniques et de l'art des lois naturelles dont la plupart des hommes ne soupçonnent pas l'existence, ou dont ils ne savent pas ordinairement se servir à leur profit ».

Nous ne sommes pas entièrement d'accord avec Guyonvarc'h et Le Roux lorsqu'ils affirment que la magie, quelle qu'elle soit, représente la partie inférieure ou vulgaire de la tradition. C'est à notre avis une confusion entre la haute magie et la sorcellerie. Les druides pratiquaient la magie et cela ne doit avoir aucune connotation péjorative. Au contraire, dans la plupart des traditions, la magie représente la science suprême, le savoir ultime qui ne peut s'acquérir qu'au travers

---

[76] L'appellation de sorcier (ou de sorcière) peut prendre différentes fonctions ou significations selon les cultures, tour à tour associée à un guérisseur, un rebouteux, un chamane ou un ensorceleur à proprement parler. En Occident, la sorcellerie prit son essor durant le Moyen Âge (avec un apogée du XVe au XVIIe siècle), à une période de rejet du christianisme et de ses valeurs. Associée par l'Église au culte du Diable, elle se caractérise par des pratiques obscures (comme le sabbat des sorcières, les messes noires, les sortilèges et les envoûtements, etc.) dont le principe était d'inverser le culte chrétien. Le personnage du sorcier y est entaché de mauvaises intentions et des pires vices. Toutefois, la sorcellerie moderne (comme par exemple le mouvement Wicca) a aujourd'hui une tout autre connotation. Elle se rattache davantage au paganisme, au chamanisme et à la magie naturelle.

d'une longue initiation. D'après Lionel Obalia, professeur d'anthropologie sociale et culturelle à l'Université de Lyon, toutes les sociétés humaines ont pratiqué à un moment donné de leur histoire des formes de magie[77]. Guyonvarc'h et Le Roux (1997) voient « simplement » dans la magie un moyen de contrôle de la société. La magie est considérée, selon eux, « dans les faits comme dans son principe, [comme] un moyen à la disposition des membres de la classe sacerdotale celtique pour contraindre les rois, les guerriers, et parfois même les artisans et les producteurs, à respecter un certain nombre de règles de vie ». À nos yeux, c'est une considération trop réductrice de la magie qui, selon nous, est bien plus qu'un simple moyen de coercition.

### L'initiation druidique : un enseignement de tradition orale

Pouvez-vous imaginer un cours d'école sans cahier, un cursus universitaire sans syllabus ou encore un professeur qui dispense un enseignement de manière exclusivement orale, interdisant l'usage de l'écriture ? Cela nous paraît inconcevable de nos jours. C'est pourtant ainsi que les choses se passaient à « l'école des druides ». Les druides interdisaient l'usage de l'écriture au sein de la société, bien qu'ils en maîtrisaient l'usage pour les procédures administratives ou juridiques (par exemple la tenue de comptes publics ou privés, la tenue d'archives cadastrales, l'utilisation du grec pour le recensement des populations). Ces documents écrits ont totalement disparu car ils étaient rédigés sur des supports périssables (souvent du bois enduit de cire).

En vérité, l'écriture était interdite pour tout ce qui touche au domaine religieux (à l'exception de notations pour les phénomènes astronomiques et pour les calculs mathématiques ou encore l'utilisation des *oghams* – voir encart plus loin – pour la divination[78]). À l'inverse de la plupart des autres traditions religieuses, les druides n'ont pas reposé leur savoir sur des textes sacrés. Ce refus de recourir à l'écriture peut paraître étonnant pour des savants et des instructeurs. Aujourd'hui nous ne pouvons pas nous passer de ce mode de communication pour transmettre notre savoir. Mais les druides, eux, ont pu s'en passer durant plusieurs siècles pour perpétuer leur tradition. C'est un trait remarquable de leur mode d'instruction, comme l'indique Mansuelli (2001) : « Le fait que la civilisation celtique ait été une civilisation dépourvue de toute tradition écrite, et ce pendant une très longue période, confère à l'affirmation d'Hérodote une valeur extraordinaire »[79]. Il est effectivement remarquable que le savoir encyclopédique des druides se soit si longtemps transmis de manière orale, en ayant uniquement recours à la mémoire à laquelle les druides, forcément, accordaient une importance particulière.

---

77 Propos recueillis par Philippe Testard-Vaillant (2008) dans *Les Cahiers de Science et Vie*, « La sorcellerie et les sciences occultes », Numéro 105, Mondadori Magazines France, Montrouge, 114 p.

78 Il existe néanmoins quelques inscriptions celtiques à caractère religieux (noms de divinités ou inscriptions magiques), mais elles sont tardives et proviennent d'influences du monde méditerranéen, à l'exception peut-être de l'écriture lépontique attribuée à la culture celtique de Golasecca en Italie septentrionale. Cette dernière remonte au VIe-Ve siècle ACN et constitue la première utilisation de l'écriture en langue celtique (Kruta, in Moscati *et al.*, 2001).

79 Hérodote a fourni le premier témoignage certain des peuples celtes, qu'il situe aux alentours du Ve siècle ACN (Mansuelli, in Moscati *et al.*, 2001). Cette date marque le caractère ancien de la tradition celtique.

Pourquoi ce refus de l'écriture ? Ou plus exactement, pour reprendre les propos de Guyonvarc'h et Leroux (1986), « pourquoi ce refus du procédé le plus commode que les hommes aient imaginé pour soulager leur mémoire ? » Les raisons sont multiples. Elles s'inscrivent dans la tradition indo-européenne où le savoir se transmet uniquement de manière orale. Dans cette tradition, il existe une incompatibilité religieuse à utiliser l'écriture pour traiter des choses sacrées. C'est encore Guyonvarc'h et Leroux (1986) qui en formulent l'explication :

> « Alors que l'écriture sert à la fixation d'un moment religieux et rend éternellement, statiquement durable les effets d'une formule magique, d'une mention funéraire, d'une obligation ou d'une malédiction, *defixio* ou *geis*, la pensée réelle, active, dynamique, évoluant comme la vie dont elle est la part la plus subtile et la plus précieuse, ne peut, ne doit pas se plier à de telles contingences ».

Chez les Celtes, disent-ils, l'écriture ne prévaut jamais contre la parole (alors que c'est pour ainsi dire l'inverse dans nos sociétés modernes, où nous suivons plutôt le principe selon lequel « les paroles s'envolent et seuls les écrits restent »). La tradition celtique a été orale tant qu'elle a été vivante. L'usage tardif de l'écriture chez les Celtes est d'ailleurs perçu par les historiens actuels comme un témoignage du déclin de leur civilisation.

D'après Jules César, les druides ont refusé l'écriture pour deux raisons : d'une part parce qu'ils ne voulaient pas que leurs doctrines soient divulguées ; d'autre part pour que leurs élèves ne négligent pas leur mémoire en se fiant uniquement à l'écriture. La classe des bardes occupait une fonction prépondérante dans cette tradition orale, transmettant l'histoire, la mythologie, la généalogie des chefs et les exploits guerriers sous la forme de récits épiques. La littérature celtique médiévale d'Irlande est une retranscription de cette tradition narrative. L'épopée irlandaise, explique Markale (1971), « devait être constituée par une série de poèmes, appris par cœur et transmis oralement de fili en fili, (…), selon un système connu en France sous le nom de chante-fable ». Georges Dumézil nous resitue cette tradition dans le contexte indo-européen :

> « (…) Les *gâthâ* bouddhiques de l'Inde et les *gâthâ* avestiques de l'Iran, toute l'épopée irlandaise enfin, permettent d'entrevoir un même prototype : des morceaux en vers, relativement fixés, pour des passages pathétiques ou expressifs, ou simplement importants (discours, dialogues, parfois descriptions) ; mais pour le reste, c'est-à-dire pour l'ensemble du récit, une prose à l'état fluide que chaque récitant traitait à sa manière, l'allongeant ou la comprimant, l'enjolivant, la modernisant, l'adaptant… Il est probable que les nombreux vers que les apprentis-druides, d'après César, chargeaient leur mémoire étaient des vers de ce type : non pas poèmes se suffisant à eux-mêmes, mais articulations, repères rythmiques dans des développements en prose dont le sens, seul, était traditionnel » (Dumézil, in Guyonvarc'h et Le Roux, 1986).

Dumézil poursuit ses explications en soulignant l'importance de la tradition orale : « à chaque génération, en chaque étudiant, le savoir se réincarne, il n'est pas reçu comme un dépôt, il revêt une forme qui, tout en lui laissant tout son sens et ses traits essentiels, le rajeunit et dans une certaine mesure l'actualise ».

Brunaux (2008) nous donne une autre interprétation de l'interdiction de l'écriture, qui, selon lui, était un moyen de contrôler le savoir, et par conséquent, le pouvoir sur la noblesse et la population :

> « Le strict contrôle de la connaissance leur permettait de choisir ceux qui deviendraient les cadres politiques et administratifs et surtout ceux qui seraient appelés à prendre plus tard leur suite. (...) De cette manière, les théories, les doctrines ne pouvaient se développer au gré des individualités, des modes et des influences étrangères, et seuls les brillants élèves pouvaient être élus pour jouer un rôle dans la société ».

Il y a, selon nous, une autre raison, qui rejoint l'argument évoqué par César à propos du caractère secret des doctrines druidiques. Cela concerne en particulier l'enseignement ésotérique des druides, qui pratiquaient la magie dont les arcanes ne doivent pas être divulgués, sous peine de basculer dans la « sorcellerie » si des personnes mal intentionnées se les approprient. Le fait de consigner un enseignement spirituel par écrit le rend accessible au profane, au « vulgaire » comme il est coutume de dire, ce qui présente un risque de mauvaise interprétation ou de mauvais usage. L'écriture soulage la mémoire, certes, mais c'est un moyen d'apprentissage moins vivant que la parole. Aucun livre, aussi clair soit-il, ne peut répondre à des doutes ou à des interrogations posées par le néophyte ; alors que les doutes peuvent être dissipés lorsque l'apprenti bénéficie des explications délivrées par un maître, comme c'est le cas dans les traditions orales. Ceci est particulièrement vrai dans le domaine religieux. Les interprétations abusives dont font l'objet les « religions du livre » sont autant de preuves de dérive des traditions écrites. Une opinion partagée par Reiznikov (1998) qui dit explicitement : « Tradition écrite vaut tradition morte et définitivement fixée ». Elle argumente : « Lorsqu'on pense aux querelles d'interprétations de textes sacrés qu'ensanglantèrent les religions du livre, on ne peut qu'admirer la prudente sagesse des druides ; même si, en raison de leur silence, leur doctrine aurait pu disparaître à tout jamais avec eux ».

Nous ne savons pas exactement comment les druides exerçaient leur magie. Durant les vingt années que durait l'initiation druidique, nous ne savons pas non plus quels secrets étaient enseignés aux néophytes. Étaient-ils initiés aux mystères de la mort et de la transmigration des âmes ? Apprenaient-ils les techniques de divination ? Pratiquaient-ils la méditation, des sorties en corps astral ou des voyages mentaux, comme le font encore aujourd'hui les *yogis* ou les chamanes en état de transe ? Leur médecine reposait-elle sur des principes de physiologie occulte faisant référence au magnétisme animal ou à l'énergie vitale ? Pratiquaient-ils les envoûtements ou d'autres formes d'influence à distance ? De nombreuses interrogations subsistent. Nous sommes toutefois certains que les druides étaient de grands mystiques qui pratiquaient la magie. Brunaux (2008) ne doute d'ailleurs pas que « cette activité, intimement mêlée à la religion officielle mais se situant sur ses marges, règne dans la Gaule protohistorique ». L'anthropologue et docteur en lettres Evans Wentz (1911) considère que l'initiation druidique, comme celle d'autres traditions ésotériques, était centrée sur la magie : « Il existe suffisamment de données pour admettre l'évidence que la formation fondamentale des prêtres égyptiens, indiens, assyriens, grecs, romains et des druides portait sur les sciences occultes et magiques ». Il soutient l'idée plus générale que la magie celtique s'inscrit dans une conception animiste du monde telle qu'on la retrouve dans d'autres traditions ésotériques indo-européennes[80]. Selon l'anthropologue, il ne faut donc pas chercher à reconstruire un modèle de la magie qui serait spécifique aux druides. Les druides ont prolongé la tradition indo-européenne, tout en ayant intégré des éléments archaïques issus d'un fond préceltique. Cette hypothèse est soutenue par Mircea Eliade (1978) lorsqu'il dit :

> « En somme, les découvertes archéologiques font ressortir, d'une part, l'archaïsme de la culture celtique et, d'autre part, la continuité de certaines idées religieuses centrales de la protohistoire au Moyen Âge. Nombre de ces idées et coutumes appartenaient au vieux fonds religieux du néolithique, mais elles furent assimilées de bonne heure par les Celtes et partiellement intégrées dans le système théorique hérité de leurs ancêtres indo-européens ».

En ce sens, la magie celtique ne diffère probablement pas, dans ses grands principes, de celle d'autres traditions initiatiques de nature indo-européenne.

## Quelques pratiques de magie celtique

La magie incantatoire fait indéniablement partie des pratiques magiques exercées par les druides. Elle relève de l'importance accordée à la parole du druide. Les textes mythologiques font référence à des *geis* (des interdits) formulés par les druides qui, s'ils sont transgressés, aboutissent inéluctablement à la mort de l'individu qui passerait outre ces interdits. Ils se présentent sous la forme d'interdictions (religieuses ou légales), d'injonctions ou d'exigences, de satires ou encore de charmes et d'incantations. D'après Guyonvarc'h et Le Roux (1997) : « La *geis* est avant tout un lien, une contrainte magique que quiconque n'est pas druide n'a le pouvoir de rompre ni de vaincre ». Bernard Sergent (2013) explique que : « les anciens Irlandais croyaient en effet qu'une satire faite par un spécialiste – un druide donc – portait physiquement atteinte à celui qui en avait fait l'objet ».

Ce type de magie doit vraisemblablement être mis en relation avec le pouvoir des mots attribués aux sorts et aux incantations. Un phénomène plus récemment analysé dans les années 1970 par l'agrégée de philosophie Jeanne Favret-Saada. Dans son étude ethnographique de référence *Les mots, la mort, les sorts*, elle relate que, dans le bocage de l'ouest de la France (en Normandie), les mots de sorcellerie sont des mots qui peuvent tuer. Dans un hôpital psychiatrique, elle assista, avec stupéfaction, à la mort d'une femme désignée comme ensorceleuse qui, dans un état de panique constant, était sujette à de

---

80 Qui, rappelons-le, constitue le fond commun à de nombreuses cultures d'Eurasie aussi diverses et variées que les Indiens, les Celtes, les Germains, les Grecs, les Romains, les Baltes et les Slaves, les Iraniens, les Thraces et les Scythes.

violentes crises d'angoisse. D'après cette ethnographe, la parole joue un rôle de premier plan dans la phénoménologie des sorts, des incantations et des envoûtements. Après avoir enquêté durant plusieurs années dans des affaires de sorcellerie des campagnes, elle affirme que les sorts : « c'est de la parole, mais une parole qui est pouvoir et non savoir ou information ». Dans le premier chapitre de son essai, elle dit explicitement : « en sorcellerie, l'acte, c'est le verbe ». Plus loin elle précise : « c'est une parole (et seulement une parole) qui noue et dénoue le sort » (Favret-Saada, 1977). Un constat partagé par le docteur en sciences biologiques Rémy Chauvin (également scientifique spécialisé dans les phénomènes paranormaux), lorsqu'il affirme :

> « Il existe des influences interpersonnelles parfois désastreuses qu'on trouve dans les sectes, comme le vaudou, ou même dans la sorcellerie européenne. Quand le patient est informé qu'on lui a jeté un sort, cela suffit souvent, surtout chez les primitifs, à le faire mourir et, chez les Européens de certaines régions reculées, de les incommoder sérieusement » (Chauvin, 2002).

Les textes irlandais évoquent le *glam dicinn* (« cri, malédiction impromptue ou extrême »), qui est une satire chantée ou parlée ayant l'effet d'un châtiment sur la personne visée. C'est, dans les cas extrêmes, une incantation de destruction et de mort. La mythologie relate également des faits de magie dite « divine », où les dieux jettent des sorts ou des malédictions pouvant provoquer la mort. Mais, bien évidemment, gardons-nous de prendre tous ces récits légendaires pour des vérités acquises puisqu'il est difficile de déceler la part de réalité qui se cache derrière les mythes. Il ne faut pas accorder une crédibilité aveugle à ces contes. Il est encore plus difficile d'évaluer, à travers ces textes, l'efficacité avérée ou supposée d'une telle magie incantatoire sur les individus. Une chose est certaine : la parole du druide était sacrée. Le nom gaulois *gutuater* désigne le nom du druide dans sa fonction d'incantateur ou « père de la prière ». C'est surtout la parole chantée qui serait incantatoire[81].

L'exercice de la prière et le pouvoir « magique » attribué à la parole présupposent que les druides accordaient une force à la pensée exprimée, concrétisée dans le verbe. L'incantation druidique, commente Raphaël Zander (2000), « dénote un rapport direct avec l'événement en cours et résulte de l'inspiration du moment. Cette faculté à donner libre cours spontanément à son inspiration sous forme d'incantations, est l'apanage admirable des bardes en particulier, des druides en général, et nécessite un travail d'introspection clair et concis ». Il poursuit :

> « Toute oraison, incantation, prière, récitée ou spontanée, prononcée ou chantée, n'a de valeur que si elle est exprimée avec cœur et volonté agissante ! La concentration intense, la tonalité et le volume de la voix, le ton et la cadence des paroles prononcées favorisent le succès de l'opération. L'incantation agit dans la sphère astrale et a un caractère magique ».

[81] En magie, un axiome dit que « tout verbe crée ce qu'il affirme ». Cela signifie que nous avons le pouvoir de concrétiser, de réaliser en acte toute pensée exprimée avec conviction.

Ces pratiques relèvent des forces de la pensée et de la prière exercées vers autrui (ou vers soi-même), dont les effets ont été démontrés par des études cliniques plus récentes[82]. Dans ce registre de la magie incantatoire, nous pouvons nous poser la question de savoir si les druides pratiquaient des charmes ou des envoûtements. L'archéologie a effectivement révélé des traces d'écriture magique, plus précisément des malédictions écrites. En août 1983, des fouilles pratiquées sur la nécropole gallo-romaine de l'Hospitalet-du-Larzac (dans l'Aveyron) ont mis à jour deux fragments d'une plaquette de plomb qui formait le couvercle d'une urne[83]. Cette plaquette, datée aux environs de la seconde moitié du I$^{er}$ siècle PCN, révèle un des plus longs textes en langue gauloise qui nous soit parvenu (plus précisément une inscription gauloise en cursive latine[84]). Il s'agirait d'un texte magique, une *defixio* (c'est-à-dire une malédiction écrite), qui évoque un contre-envoûtement d'une magicienne (nous pourrions même dire une « sorcière » étant donné la nature de l'opération) envers d'autres magiciennes, dont voici un extrait traduit :

> « Envoie le charme de ces femmes contre leurs noms [qui sont] ci-dessous ; cela [est] un charme de sorcières ensorcelant des sorcières. Ô Adsagsona, regarde deux fois Severa Tertionicna, leur sorcière de fil et leur sorcière d'écriture, qu'elle relâche celui qu'elles auront frappé de defixio ; avec un mauvais sort contre leurs noms, effectue l'ensorcellement du groupe ci-dessous. (...) Que ces femmes ci-dessus nommées, enchantées, soient pour lui réduites à l'impuissance. (...) Tout homme en fonction de juge, qu'elles auraient frappés de *defixio*, qu'elle [Severa Tertionicna] annule la defixio de cet homme qu'il ne puisse y avoir de sorcière par l'écriture, de sorcière par le fil, de sorcière donneuse, parmi ces femmes, qui sollicite Severa, la sorcière par l'écriture, la sorcière par le fil, l'étrangère. (...) Aia, Cicena, qu'elle n'échappe pas au mal de l'ensorcelée ».

C'est un cas de magie de femmes, qui est considéré comme une antique tradition celtique. Ces tablettes contenaient des sortilèges visant des parties ou des organes bien spécifiques du corps, ce qui atteste l'existence de pratiques d'influences à distance. Toutefois, l'analyse de ces tablettes porte à les interpréter comme des cas de sorcellerie populaire gallo-romaine et non comme des cas de magie celtique. C'est le recours à l'écriture qui jette un doute quant

---

82 Un article de Anne Harrington (professeur d'histoire des sciences à l'Université de Harvard), publié en 2004 dans *La Recherche*, relate une des premières études scientifiques sur l'effet de la prière, avec protocole en double aveugle, randomisé et contrôlé par placebo. Cette étude a été réalisée dans les années 1980 par le cardiologue Randolph Byrd sur 393 patients admis dans une unité de soins du cœur. Elle a montré que les patients pour lesquels on avait prié s'en sortaient mieux que les patients contrôlés. Chauvin (2002) confirme que l'étude la plus intéressante sur l'action à distance de la prière a été réalisée sur des malades souffrant de maladie coronarienne. L'amélioration a été nette, avec diminution des doses de médicaments et de l'aide à la ventilation, par rapport aux sujets témoins.

83 Cette découverte archéologique a fait l'objet d'un travail collectif de Lejeune *et al.* (1985), *Le plomb magique du Larzac et les sorcières gauloises*, publié en tirage à part par les éditions du CNRS.

84 Forme d'écriture manuelle pratiquée dans la Rome antique.

à la nature purement druidique de ces malédictions. Guyonvarc'h et Le Roux (1997) commentent :

> « Il faudrait savoir aussi de quelle magie véritable il s'agit : magie d'un opérateur conscient et capable, ou sorcellerie paysanne routinière pratiquée par un personnage inculte ? Jusqu'à plus ample informé, il s'agit bien plutôt de sorcellerie que de magie et, s'il y a des sorcières gauloises au Larzac, ce sont à proprement parler de simples jeteuses de sort, et nullement des magiciennes de haut vol ».

Quant à Brunaux (2008), il pense que :

> « La magie maléfique a certainement une existence parallèle et clandestine. Elle est le fait d'individus qui se tiennent en marge de la société et de ses institutions. Aussi n'apparaît-elle en plein jour que plusieurs décennies après la conquête romaine, quand toute la structure religieuse gauloise s'est effondrée et que le corps sacerdotal a totalement disparu. De prétendus vates ou druides, en tous cas des hommes suffisamment cultivés pour transcrire la langue gauloise à l'aide de l'écriture cursive latine, rédigent des formules d'envoûtement ainsi que d'autres destinées au contraire à désenvoûter. (...) Le fait que ces objets [les tablettes de *defixio*] soient trouvés sur des lieux de culte et demandent souvent l'aide de dieux gaulois laisse supposer que les pratiques de sorcellerie existaient depuis longtemps dans la mentalité gauloise ».

Si les druides connaissaient des rituels magiques d'envoûtement, comme le pense Evans Wentz (1911), cela doit se comprendre selon les modèles de charmes et d'enchantements utilisés dans d'autres cultures. La force occulte utilisée par les druides était certainement la même que celle dont il est question dans les théories classiques de magie qui prolongent les croyances religieuses des Indo-européens. Wentz associe cette force magique avec les théories des mystiques médiévaux et celles du magnétisme animal développées plus tardivement par Mesmer vers 1766 (théories faisant intervenir le fluide vital, les forces de la volonté et les suggestions). Un tel parallèle peut sembler hautement spéculatif, mais de telles pratiques relèvent effectivement du mesmérisme et/ou des rapports « magnétiques » qui peuvent être établis à distance entre deux individus. Du moins est-ce un des modèles probables. Nous aborderons ces aspects dans la deuxième partie de ce travail. Néanmoins nous nuançons les propos de l'anthropologue en précisant que les druides n'avaient peut-être pas connaissance des théories du magnétisme animal, même si nous admettons que les passes magnétiques et les techniques d'influence à distance remontent certainement à des temps plus anciens que l'époque de Mesmer, qui fut un des premiers à en donner un cadre théorique plus ou moins scientifique.

Les druides pratiquaient-ils la méditation ? Nous sommes en droit de nous poser la question puisque les druides étaient qualifiés de « brahmanes de l'Occident ». Plusieurs découvertes archéologiques sont venues alimenter cette interrogation : dans les années 1995-1996, des momies éviscérées ont été découvertes dans des nécropoles gauloises en Ardennes et en Champagne. Elles étaient inhumées verticalement en posture du lotus, face au soleil levant. Ces momies seraient les premiers druides découverts archéologiquement[85]. C'est la posture dans laquelle elles ont été retrouvées qui suggère une position méditative. D'autres pièces d'art montrent également des divinités ou des héros celtiques dans cette même position, dite « bouddhique ». La plus connue est certainement celle du dieu à bois de cerf *Cernunos* figurant sur le chaudron de Gundestrup. Mais tout le monde ne s'accorde pas sur l'interprétation de cette posture. Pourtant la pratique de la méditation par les druides n'aurait rien d'étonnant puisque, d'une part, il est établi qu'ils excellaient dans l'art de la voyance (qui nécessite une aptitude à la visualisation mentale). Or la méditation est un des meilleurs moyens d'exercer cette aptitude. D'autre part, les druides étaient comparés aux brahmanes de l'Inde qui, comme chacun le sait, étaient passés maîtres de ces techniques. Sur ce thème il y a aujourd'hui amalgame avec la tradition orientale, où les techniques sont parfaitement décrites, alors que nous ne savons rien sur la manière dont les druides méditaient.

La magie végétale est une autre pratique de magie, qui fait notamment référence à la médecine par les plantes. De manière plus générale, la médecine, chez les Celtes, était indissociable de la magie, expliquent Guyonvarc'h et Le Roux (1997). Elle comprenait aussi la médecine incantatoire et la médecine sanglante (ou chirurgie). Dans son *Histoire naturelle*, Pline l'Ancien nous raconte le rituel magico-médical de la cueillette du gui (*Viscum album*) et du lycopode sélagine (*Huperzia selago*), dont les formalités de cueillette relèvent plus de la magie que de la médecine à proprement parler[86]. La médecine par les plantes s'inscrit dans la doctrine médicale des Indo-européens. Mais nous ne connaissons ni les gestes précis qu'ils opéraient, ni les recettes qu'ils utilisaient car nous n'avons aucune trace de la médecine des druides. C'est pourquoi il est difficile d'en dire davantage ou de faire un quelconque parallèle avec les techniques thérapeutiques traditionnelles toujours exercées de nos jours. Ce parallèle nous mènerait vers des conjectures dont on ne peut distinguer l'origine celtique par rapport aux autres influences, qu'elles soient préceltiques, romaines, chrétiennes ou autres. Nous pouvons toutefois affirmer qu'une forme d'herboristerie était pratiquée par les druides. Les propriétés hallucinogènes des plantes étaient utilisées lors de pratiques magiques comme la voyance. Il est certain que les plantes étaient utilisées pour la divination. Pline l'ancien disait que « les Gaulois utilisaient la verveine dans un but divinatoire », sans préciser toutefois le mode opératoire. Plus étrange est la mention de Lucain qui soutenait que « les druides étaient accoutumés à exercer la divination sous l'effet de la consommation de glands ». Brunaux (2008) conclut : « Il est sûr en tout cas que les Gaulois, et plus précisément

---

85 Zander, *Ambiratea*, données non publiées.

86 Par exemple avoir les pieds lavés et nus, avoir fait au préalable une oblation de pain et une libation de vin, emporter la plante cueillie dans un linge neuf.

les druides, mettent à profit toutes les vertus des plantes non seulement pour guérir, mais encore pour s'échapper de leur enveloppe corporelle et gagner des domaines où errent esprits et divinités ». Cette mention n'est pas anodine car l'archéologue sous-entend que les druides pratiquaient ce qu'on appelle des « sorties en corps astral ».

Nous sommes également sûrs que certaines plantes étaient considérées comme sacrées pour les druides. Ils leur attribuaient des vertus particulières, à la fois symboliques, médicinales et magiques. Bouleau, chêne, if, pommier; la plupart des essences indigènes avaient un caractère sacré et occupaient une place dans les croyances celtiques. Le caractère sacré des arbres se retrouve dans une autre technique de divination typiquement celtique : les *ogham* ou alphabet des arbres (voir encart plus loin). Paul-Marie Duval, historien français spécialiste de la Gaule celtique, va même jusqu'à dire que les Celtes avaient développé une symbolique des plantes qui leur est propre et qu'elles avaient une « valeur quasi religieuse dans la vie des hommes » (Duval, in Moscati *et al.*, 2001). Mais il ne faudrait pas aller trop loin dans les interprétations. Par exemple, le soi-disant « zodiac végétal » associé à une astrologie celtique, tel qu'il en est fait mention dans certaines sources néo-druidiques, ne semble fondé sur aucune base solide. Il n'y a aucun document, aucune mention, aucune doctrine qui évoque ou décrive une telle astrologie basée sur les végétaux chez les Celtes.

La notion d'arbre cosmique (et ses multiples appellations : arbre du monde, axe du monde ou *axis mundi*, arbre de vie) est elle aussi controversée parmi les spécialistes. L'arbre cosmique est une représentation de la structure de l'univers et de ses différents plans d'existence. Le symbole est attesté dans diverses traditions comme l'arbre séphirotique dans la cabale, le frêne *Yggdrasil* dans la mythologie nordique ou l'arbre divin *Irminsul* chez les Germains (le concept se retrouve aussi dans la culture maya, chez les Égyptiens, les chamanes, etc.). Certains le présentent comme une croyance avérée chez les Celtes, tandis que d'autres le réfutent. Par exemple, Bernard Sergent (2013) affirme : « il est certain que les anciens Celtes pensaient qu'un arbre gigantesque, cosmique, formait l'axe du monde ». Kruta (2000) confirme cette croyance sur base de preuves archéologiques où le thème de l'arbre de vie est représenté[87]. Il précise que le symbole de l'arbre est également utilisé comme représentation de l'axe du monde. À l'inverse, Michel Duval (1998), docteur en histoire à l'Université de Rennes, considère, à propos de la symbolique des plantes, que :

> « (...) Il serait vain d'évoquer à ce propos un symbolisme indifférencié de l'arbre de vie, de parler chez les Celtes d'une solidarité mystique exclusive liée à telle ou telle essence. Cette fausse interprétation, popularisée par

---

[87] La représentation décrite par Kruta est toutefois surprenante. Il s'agit d'une tête flanquée symétriquement d'une paire d'animaux (bien souvent des dragons ou des serpents). On peut s'étonner d'une telle représentation qui n'a rien à voir avec celle de l'arbre habituellement utilisée.

l'imagerie romantique, procède, on l'ignore trop, des errements de certains auteurs latins postérieurs à César ».

Brunaux (2008) semble s'accorder avec Duval puisqu'il soutient que : « les historiens de la religion ont abusivement généralisé cette croyance dans un arbre cosmique, en l'attribuant aussi aux Celtes, sans qu'aucun document n'en fasse foi ». Les choses ne sont définitivement pas simples. Il n'y aurait pourtant rien d'étonnant à ce que les Celtes utilisent le symbole de l'arbre pour représenter le monde, et plus particulièrement la tripartition du monde que nous évoquerons dans les pages suivantes. Selon cette conception, l'univers est subdivisé en trois plans : souterrain, terrestre et céleste. Quel autre symbole que l'arbre, avec ses trois parties (racine, tronc, cime), pourrait mieux figurer les trois plans de l'univers ? L'association est d'autant plus tentante que les Celtes avaient une profonde connaissance des végétaux, que les arbres étaient sacrés et qu'ils pratiquaient une divination fondée sur ces mêmes arbres. D'après Kruta (2000), l'arbre sacré devait jouer un rôle important chez les Celtes continentaux. Il soutient, avec Sergent, que l'arbre sacré est la représentation symbolique de l'arbre cosmique qui forme l'axe du monde.

Enfin, toujours dans le cadre de la magie végétale – mais dans un registre purement légendaire – il y a les récits mythologiques relatant des cas d'illusions par les végétaux. Le procédé est simple : il consiste à faire apparaître comme des guerriers qui se battent certaines plantes ou des arbres. Le récit du *Kat Godeu* (le *Combat des arbrisseaux*) rédigé par le barde *Taliesin* est un exemple emblématique de ce type de magie, qui bien sûr appartient au domaine de l'imaginaire et du merveilleux. Nous ne nous attarderons pas sur cette magie qu'il serait vain de vouloir expliquer rationnellement. Peut-être y a-t-il un message symbolique ou allégorique derrière ces récits dont nous n'avons pas la clé…

La divination occupe certainement une place de premier ordre dans la magie celtique. Les noms de certaines techniques sont connus, mais celles-ci sont peu décrites. La divination peut se définir comme la connaissance des « choses cachées », et, en particulier, de l'avenir. Pour aller plus loin, nous emprunterons une fois encore la définition proposée par Alphonse Louis Constant : « La divination, au sens vulgaire du mot, c'est deviner, c'est-à-dire conjecturer ce qu'on ignore ». En ce sens, divination et prédiction sont fort proches. Il y aurait toutefois une distinction à faire dans la pratique : la prédiction ne nécessite aucun matériel ni aucun rituel particulier, alors que la divination requiert un mode opératoire bien défini. Selon Stanislas de Guaïta, un maître de l'occultisme du XIXe siècle, fondateur de l'Ordre cabalistique de la Rose-Croix (un mouvement hermétique chrétien fondé au XVIIe siècle), les arts divinatoires peuvent être classés en quatre catégories, correspondant aux principales techniques utilisées : (1) par l'évocation ou la consultation directe des entités invisibles (nécromancie, spiritisme) ; (2) par l'interprétation des signatures naturelles (interprétation des formes universelles, haruspices et présages, astrologie, morphologie qualitative, chiromancie, graphologie, etc.) ; (3) par l'étude des combinaisons artificielles (tarots, runes, *oghams*, etc.) ; (4) par la fixation prolongée de certains objets (cristallomancie, divination par les éléments : hydromancie, pyromancie, aéromancie, géomancie, etc.).

Si nous nous référons à cette classification, les Celtes utilisaient surtout des techniques appartenant aux trois premières catégories. Elles passent par la prophétie spontanée, la prédiction par l'interprétation des songes, l'interprétation des présages et des signes naturels (comme les astres, les oiseaux ou d'autres manifestations naturelles), les sacrifices (animaux ou humains), l'évocation des morts et d'autres techniques divinatoires plus particulières comme les *oghams*. Certaines de ces pratiques nous paraissent totalement étranges et irrationnelles. Mais leurs bizarreries sont le reflet de la complexité de la conscience humaine et des artifices qu'il faut user pour la tromper afin de percevoir ce que nous ne voyons pas à l'état normal. Nous développerons certains aspects de la divination dans la deuxième partie de cet ouvrage en illustrant des études plus récentes sur la voyance et les transes somnambuliques. Parmi les techniques de divination mentionnées dans les textes mythologiques irlandais, citons par exemple :

- *Imbas forosnai* – prononcer [Imbesh forosnéï], signifiant « incantation par illumination » ou « grand savoir qui illumine », qui consiste en une incantation, une prophétie directe et spontanée des événements à venir. Ce serait le plus haut degré de prophétisation. Elle comprend plusieurs techniques, dont *Duobosta Cantalon*, ou « incantation par les deux paumes », qui consiste en la manducation (mastiquer sans consommer) de la chair d'un animal sacré (un sanglier par exemple), souvent psychopompe, puis à déposer la chair mastiquée sur une pierre pour s'endormir ensuite, avec les deux paumes des mains sur les joues, après avoir formulé une incantation. Des personnes veillent au sommeil de l'opérateur dont la connaissance du passé, du présent ou de l'avenir est révélée dans les songes. La technique présente des similitudes avec celle du « sommeil du taureau », *Tarbhfhess*, un procédé analogue qui permet de prédire l'identité du futur roi après avoir consommé la viande et le bouillon d'un taureau sacrifié.

- *Teinm laedga* – prononcer [Teïnlaych'da], signifie « incantation par le pouce ». D'après Zander, c'est une technique qui consiste à élucider une situation. Le vate met le pouce gauche en bouche, touche éventuellement la personne, l'animal ou l'objet de l'interrogation avec sa baguette magique (parfois gravée d'*ogams*), puis chante une incantation et fait des offrandes aux dieux[88].

[88] Zander, *Prophétie et divination chez les druides*, données non publiées.

- *Prini loudin* ou « tirage des bois » ou « lancement des bois ». C'est une technique divinatoire qui utilise les *ogams*, c'est-à-dire des signes alphabétiques celtiques gravés sur l'arête de baguettes en bois. C'est une forme de divination typiquement celtique, écrite cette fois-ci. Cette écriture est considérée comme la plus archaïque de l'Irlande. Les *ogams* appartiennent à la troisième catégorie des techniques divinatoires décrites par Stanislas de Guaïta. Elle s'apparente aux runes germaniques, à la différence que les *ogams* étaient surtout gravés sur du bois. Cette technique divinatoire mériterait un ouvrage entier. Nous nous contenterons d'un encart à la page suivante.

- *Cailos*, signifiant « le présage, le signe ». Elle consiste à interpréter les signes naturels et les présages. Les druides attribuaient une signification à l'observation de phénomènes naturels ou à la présence d'animaux sacrés considérés comme des messagers de l'Autre Monde. Dans ce type de divination, Brunaux (2008) dit que « les Gaulois scrutent tous les phénomènes naturels qui sont considérés comme l'expression de la volonté divine ». Parmi ces phénomènes, les oiseaux (comme les vautours ou les corbeaux) jouent le plus grand rôle car ils transportent les âmes au ciel auprès des dieux.

- *Ananmones agdarion* consiste à invoquer les âmes des morts. C'est une pratique divinatoire qui devait probablement se tenir dans les nécropoles. Les druides pratiquaient donc une forme de spiritisme ou de nécromancie. La fête celtique de *Samonios* est clairement décrite comme un moment de communication entre le monde des vivants et celui des esprits désincarnés. Cette tradition a été remaniée par le christianisme à travers la fête de la Toussaint. Au IIe siècle ACN, le médecin et poète grec Nicandre de Colophon disait : « Les Celtes pratiquent l'incubation oraculaire en passant la nuit auprès des sépultures ». Cette divination consiste à dormir près d'une tombe d'un ancêtre qui, dans le rêve, communiquera des informations ou des conseils à l'opérateur. Les « véritables » communications avec des défunts sont aujourd'hui reprises sous le vocable de spiritisme, ayant fait l'objet de nombreuses analyses en sciences psychiques. Nous savons aujourd'hui que certains individus hypersensibles seraient capables de telles interactions qui relèvent de la médiumnité.

- *Souonobriga* ou « prédiction par le rêve ». C'est tout simplement l'interprétation des songes (naturels ou provoqués) considérés comme l'expression de l'âme indépendante du corps et capable de s'en libérer pendant les rêves, où elle voyage dans l'Autre Monde. C'est ainsi que « les Gaulois développent une oniromancie qui nécessite une production automatique des visions par des moyens plus ou moins artificiels (Brunaux, 2008) ». Dans cet état modifié de la conscience, les songes peuvent révéler des événements à venir (ce qu'on appelle les rêves prémonitoires) ou des informations sur notre identité, notre propre psychisme, comme c'est le cas actuellement en psychanalyse à travers l'interprétation des rêves.

### La divination par les *ogams* : l'alphabet des arbres

Les Celtes possédaient leur propre système divinatoire (les *ogams*, parfois écrit *oghams*), utilisé par les druides pour les incantations ou les opérations magiques (quoique l'on retrouve aussi des indices de leur utilisation pour des transactions commerciales ou le bornage des terrains). L'alphabet oghamique est décrit comme un des plus anciens du continent européen, sans toutefois qu'on en connaisse la date d'origine. Selon Kruta (2000), c'est la dernière des écritures employées par les anciens Celtes. Elle est originaire d'Irlande et son introduction dans les autres régions insulaires (pays de Galles, île de Man, Écosse, Cornouailles) remonterait au IIIe siècle PCN, pour être ensuite abandonnée vers le VIIIe siècle (Green, 2000). L'écriture oghamique est mentionnée dans les sources littéraires médiévales, dont un ouvrage intitulé *Le rudiment du poète* (*Auraicept na nEces*), une vaste compilation traitant de la science attribuée aux *filid*[89].

Les *ogams* sont constitués de signes alphabétiques gravés sur l'arête de baguettes en bois (par exemple en bois d'if, une essence particulièrement vénérée chez les Celtes) ou sur des supports de pierre. Il s'agit de lignes entaillées dont le nombre varie de un à cinq. Elles sont disposées de différentes manières par rapport à l'arête ou à un axe vertical : à droite, à gauche, en oblique ou perpendiculairement. La lecture se fait de bas en haut. L'alphabet est initialement composé de vingt lettres appelées *fedha* (le terme *fedha* signifie à la fois « lettre » et « arbre »), auxquelles il faut ajouter cinq caractères additionnels. Ces vingt lettres sont regroupées en quatre ensembles de cinq lettres, appelés *aicmés*. Ils étaient utilisés à des fins de prédiction concernant des événements humains, des interrogations ou des décisions à prendre. On parle parfois de baguettes divinatoires. Le système s'apparente ainsi aux runes germaniques ou aux cartes du tarot. Il s'agit probablement plus d'un code alphabétique que d'un alphabet proprement dit, puisque nous avons vu que les druides ne consignaient pas leur enseignement par écrit. Edred Thorsson (1999) explique que :

> « Le système oghamique est tout d'abord un système de classification des choses dans un ordre cosmologique. (...) C'est un système de codes ou de signes numériques représentant des sons ou des lettres (...). Loin de former un ensemble arbitraire de signes conventionnels (comme ce que représente maintenant notre alphabet), c'est un index ou un guide cosmique complet, expliquant comment les choses sont organisées dans le multivers ».

Chaque signe oghamique correspond à une lettre (un son) et un nombre, se rapportant eux-mêmes au nom d'un arbre auquel correspond une signification symbolique. En résumé, le système oghamique est caractérisé par (1) un son (la lettre); (2) un nombre; (3) un nom (l'arbre) et (4) un symbole (la signification symbolique de l'arbre). Le système renferme ainsi un ensemble d'idées universelles relatives à des lois constantes de la nature (les nombres) ainsi qu'à des concepts-clés de la vie (les symboles). C'est le thème des arbres

---

89 Il existe une version courte de l'*Auraiceipt* dans *Le livre de Ballymote* et une version longue dans *Le livre jaune de Lecan*, datant tous deux du XIVe siècle et conservés à la *Royal Irish Academy* de Dublin.

qui a été choisi par les druides pour exprimer ces concepts-clés. Chaque *fid* correspond à une lettre associée au nom d'un arbre ou d'un arbuste dont le nom commence par la même lettre. La correspondance entre chaque plante et sa signification symbolique reflète soit une caractéristique de la plante, soit un symbole en rapport avec la mythologie de l'arbre lui-même. L'*ogham* est ainsi considéré comme l'enseignement secret du symbolisme des arbres. Dans ce système, le bouleau (*beth*, en gaélique) est symbole de vitalité et de commencement (le bouleau est en effet reconnu comme essence pionnière qui colonise les premiers stades des successions végétales) ; le chêne (*duir*) est symbole d'endurance (le chêne est une essence noble ayant un port massif et vigoureux) ; l'if (*idho*), symbole d'immortalité, de mort et de transformation (l'if est un arbre pouvant vivre plusieurs milliers d'années et dont la plupart des parties sont toxiques et mortelles). Étant donné leurs connaissances en botanique, on peut supposer que les druides avaient connaissance des propriétés végétales justifiant certaines significations symboliques.

Quant au tirage des *oghams*, il existe différentes techniques pour l'interpréter. Par exemple en jetant les baguettes de bois sur un motif correspondant à une représentation du monde. Ou encore en tirant au hasard trois baguettes (une pour le plan matériel, une pour le plan relationnel et une pour le plan spirituel). Chaque tirage de baguette revêt alors une signification particulière en faisant correspondre la baguette avec le plan auquel elle s'associe.

Il existe également d'autres techniques dites secondaires comme la divination par les galets, la divination par les nombres (l'arithmancie), l'inspiration bardique, sans oublier l'interprétation des sacrifices humains, où les druides formulaient des prédictions en fonction de la manière dont le corps de la victime tombait, mais aussi d'après l'agitation des membres et l'écoulement du sang. Nous n'allons pas toutes les détailler.

On peut se demander si les druides entraient en état de transe lorsqu'ils exerçaient leurs arts divinatoires. C'est probable, selon Markale (1971), lorsqu'il affirme que druidisme et chamanisme semblent voisins[90]. Sur ce point, les avis divergent. L'utilisation des techniques extatiques par les druides est réfutée par certains auteurs comme Zander (2000). Guyonvarc'h et Leroux (1997) nous mettent également en garde par rapport aux amalgames entre les druides et les chamanes. Ils parlent d'une « erreur du chamanisme celtique ». En effet, les chamanes correspondent à la culture des peuples lapons de Scandinavie, de Sibérie, d'Asie centrale et septentrionale. Établir une parenté entre les druides et les chamanes n'est, selon leurs dires, que « néant intellectuel et inintelligence pure ». Ils s'opposent catégoriquement à une association

90 Pour défendre cette hypothèse, Markale (1971) se base notamment sur des textes mythologiques irlandais. Dans le cycle de *Cûchulainn*, par exemple, le héros *Sétanta* se lance dans une série de contorsions étranges avant d'entrer dans le combat. Selon l'auteur, il s'agit d'un rituel magique pour parvenir à un état de transe et, dit-il, faire resurgir des bas-fonds de son inconscient tous les instincts de destruction. La *ferg*, ou fureur guerrière, est une expression de cet état de transe des guerriers celtes au combat. Markale admet donc l'idée que les Celtes utilisaient des techniques extatiques qu'il associe à celles des chamanes.

entre druidisme et chamanisme, même s'ils admettent la possibilité de déceler des analogies :

> « Qu'on ait relevé des analogies ou des ressemblances entre des faits de magie chamanique et des pratiques de sorcellerie attestées, postérieurement à la christianisation, dans des pays celtiques ou anciennement celtiques. Mais cela n'autorise pas à conclure à une parenté proche ou à des influences mystérieusement transmises par tel ou tel peuple de l'Antiquité. À ce compte, les Celtes et les Grecs doivent plus à l'Égypte qu'à l'Asie centrale ! Prétendre que les Celtes ont pratiqué le chamanisme signifie qu'on a de la tradition celtique une vision fondamentalement erronée, inévitablement entachée d'occultisme et de vulgarité » (Guyonvarc'h et Leroux, 1997).

Le chamanisme était pourtant présent en Europe occidentale avant la période celtique, dès le néolithique, comme en témoignent les preuves archéologiques[91]. S'il est admis que les Celtes, lors des premiers stades d'incursion, ont assimilé en partie les croyances des peuples autochtones, nous pourrions en déduire qu'il subsiste peut-être une part de chamanisme dans le druidisme... Cela ne serait guère étonnant étant donné les nombreuses analogies que l'on peut relever entre ces deux courants spirituels (divinisation de la nature, croyance bipolaire en un autre monde, utilisation de techniques divinatoires, médecine par les plantes, géographie sacrée, etc.). Qualifiée de religion primordiale par Bilimoff *et al.* (2013), le chamanisme s'est finalement développé sur tous les continents. Il y a par ailleurs eu des contacts étroits entre les Celtes et d'autres peuples (comme les Scythes) dont le corps spirituel était constitué de chamanes. Serait-il si aberrant d'envisager, ne fût-ce qu'à titre d'hypothèse, des échanges d'idées ou de pratiques entre des druides et des chamanes ? C'est un vaste débat que nous ne lancerons pas dans cet ouvrage.

Nous n'irons pas plus loin en matière de « magie celtique », même si la littérature foisonne d'autres pratiques occultes associées au druidisme dont il est difficile de vérifier l'authenticité. Les druides sont aujourd'hui mêlés à toutes sortes de pratiques ésotériques ou traditionnelles telles que la radiesthésie, le tellurisme et la géonomie, le chamanisme et le totémisme, la magie blanche et la Wicca, le néo-paganisme et les rituels de sorcellerie moderne, la médecine hermétique, les « horoscopes celtiques » et autres pratiques divinatoires en tous genres. Il nous est impossible d'aborder tous ces thèmes, dont certains n'ont plus grand-chose à voir avec des disciplines druidiques.

---

91 Dans un numéro de 2016 des *Cahiers de Science et Vie* (« Guerres de religions : de l'intolérance à la laïcité »), une actualité intitulée « *Sur les traces des premiers chamans européens* » mentionne un site en Angleterre vieux de onze mille ans qui a fourni à lui seul plus de 90 % des traces de pratiques chamaniques connues en Europe. Le chamanisme était donc bien présent au néolithique, voire bien avant vu la date mentionnée dans l'article. Une des pièces archéologiques retrouvée et reconstituée consiste en une coiffe de bois de cerf qui, curieusement, est reprise dans l'iconographie celtique, notamment la représentation de *Cernunnos* sur le chaudron de Gundestrup. Ce type de représentation a tendance à accréditer une certaine parenté entre chamanisme et druidisme, contrairement aux propos avancés par certains auteurs.

Nous préférons nous attarder, dans les pages qui suivent, sur trois croyances druidiques bien établies : (1) la conception celtique de l'Autre Monde ; (2) la croyance en l'immortalité de l'Âme et (3) la divinisation de la nature dans un système religieux à la fois moniste et polythéiste. Ces trois conceptions sont en réalité intimement liées les unes aux autres et s'imbriquent dans un ensemble cohérent intégrant l'homme dans les différents plans de l'univers tel que le concevait les Celtes.

## La conception celtique de l'Autre Monde

« En *Annwn* en dessous de notre monde,
Dans l'air, au-dessus de notre monde ».

Vieux poème attribué au barde mythique *Taliesin*
*Annwn* évoque l'Autre Monde dans la tradition galloise

Les druides proclamaient que la vie terrestre n'est qu'un passage transitoire, une étape intermédiaire. Les Celtes croyaient profondément en l'existence d'un autre monde. L'Autre Monde celtique (*Sidh* en irlandais, *Sedos* en gaulois) est un concept omniprésent dans la littérature celtique médiévale. D'après les textes mythologiques irlandais, il s'agit d'une dimension qui coexiste avec le monde visible. Elle était perçue comme un monde parallèle où le temps et l'espace n'existent plus ; une dimension où vivent les divinités celtes et les esprits des défunts (les « Gens de l'Autre Monde »). En d'autres termes, l'Autre Monde représente le plan spirituel, l'au-delà, c'est-à-dire cette sphère invisible où subsisteraient les âmes des êtres vivants et les entités divines. Les âmes étaient probablement perçues par les Celtes comme des entités immatérielles et intelligentes coexistant dans une dimension parallèle.

Il y a donc, dans l'Irlande archaïque, une croyance bien établie en deux mondes : le monde matériel, visible, et l'Autre Monde, invisible, tantôt représenté comme un monde souterrain, tantôt comme une île lointaine détachée de la terre des hommes. Les Celtes avaient coutume de décrire l'Autre Monde de manière imagée et allégorique, tout en métaphores et en symboles propres à la culture celtique. C'est un lieu intemporel, féerique et joyeux, lumineux et coloré, où la vie n'est que musique, ivresse et abondance ; un monde détaché des contraintes de la vie matérielle (*sid* signifie « paix »). Il est souvent mentionné comme une île située au large des terres, vers le Soleil couchant, à l'Ouest. Cette île porte le nom d'*Avalon* ou *Abalon*, l'île aux Pommes. L'Irlande parle de *Tir Na n'Og* (« la Terre des Jeunes ») ou *Tir na mBeo* (« la Terre des Vivants »). Voici une description de l'Autre Monde tirée de la *Navigation de Bran* :

Il est une île lointaine
Tout autour resplendissent les chevaux de la mer

Course blanche le long de la vague écumante (...).

(...) Des couleurs de toutes teintes resplendissent
À travers les plaines aux voix enchanteresses
La joie est habituelle, tout autour de la musique
Dans la Plaine du Sud de la Nuée d'Argent (...).

Il y a l'arbre avec des fleurs
Sur lequel les oiseaux appellent aux heures
Et c'est dans une harmonie coutumière
Qu'ils appellent tous ensemble à chaque heure (...).

(...) Nous sommes depuis le commencement du temps
Sans vieillesse, sans la coupure du cimetière
Nous n'attendons pas l'âge sans force
La transgression ne nous atteint pas.

Guyonvarc'h & Leroux (1986) commentent le texte :

> « Ces descriptions peuvent paraître naïves et maladroites parce qu'elles ne sont pas présentées en termes de théologie, mais l'Irlande n'avait pas d'autre possibilité de rendre ou de traduire l'infini. L'abolition du temps et de l'espace est la condition première de l'immortalité. La conception celtique de l'Autre Monde illustre ainsi la doctrine druidique de l'immortalité de l'Âme ».

Evans Wentz (1911) avait bien compris la difficulté, pour les anciens (comme pour les modernes), de décrire le monde spirituel et l'expérience mystique liée à son appréhension qui est difficile à exprimer avec un vocabulaire adéquat. Pour mieux s'en rendre compte, il propose la métaphore suivante :

> « Si un Américain ayant voyagé en Asie et un Anglais ayant voyagé en Australie se rencontrent à Paris et échangent leurs expériences de voyage avec une compréhension mutuelle, c'est parce qu'ils ont tous deux une expérience du voyage ; et qu'ils ont un vocabulaire adéquat pour décrire chaque expérience puisque la plupart des hommes ont expérimenté le voyage. Mais un Saint qui a connu l'état spirituel de l'extase ne peut pas l'expliquer à un homme qui ne l'a jamais connu, et s'il essayait de le faire, il découvrirait à quel point il n'existe pas de langage convenable pour y parvenir. Son expérience est rare, et non universelle, et les hommes n'ont pas développé de vocabulaire complet pour décrire des expériences qui ne sont pas communes à l'humanité, et ceci est particulièrement vrai pour les expériences psychiques. C'est exactement le même lorsqu'il est question du monde féerique [*fairies*, en anglais][92] des Celtes, car peu d'hommes et de femmes peuvent affirmer avoir vu ce monde, et il n'y a dès lors pas de vocabulaire approprié pour le décrire. Chez les Anciens, qui ont largement traité des sciences psychiques, il semble qu'ils avaient un langage commun qui pouvait être utilisé pour décrire l'invisible et ses habitants ».

Les Celtes admettaient la possibilité d'une communication entre les vivants et les morts. Les deux mondes (le monde matériel et l'Autre Monde)

[92] Selon Wentz, le monde « féerique » des Celtes est l'Autre Monde.

s'interpénétraient. L'Âme d'un défunt était donc considérée comme une substance consciente et pensante avec laquelle il était possible d'interagir. Les druides étaient considérés comme les médiateurs, les intermédiaires capables de communiquer avec les âmes désincarnées, mais aussi avec les dieux, eux-mêmes perçus comme de purs esprits ordonnant l'univers. Il faut également intégrer, dans ce système, la croyance attestée dans les esprits de la nature (les « Gens de la Déesse *Dana* »), qui invite à penser que les Celtes attribuaient une âme aux éléments naturels, représentés symboliquement, dans le panthéon celtique, par des divinités locales et, dans les folklores populaires, par les fées, les gnomes, les ondines, les salamandres, les sylphes (pour reprendre la terminologie de l'école de Paracelse) ; autant d'êtres surnaturels bien présents dans les contes et légendes celtes, et que les mystiques médiévaux ont plus tard désignés sous le terme d'Élementals (ou esprits élémentaires)[93]. Il faut donc concevoir le plan spirituel des Celtes comme un monde peuplé d'entités psychiques ou « astrales » de différentes natures, avec peut-être une hiérarchie au sein de ces différentes entités. Ceci nous amène à envisager une conception animiste du monde, où tout ce qui existe est la manifestation d'esprits ; une conception ancestrale commune aux religions primitives de tous les continents. D'après Evans Wentz, il y a, sur ce point, de nombreux parallèles avec d'autres traditions non-celtiques qui partagent une conception spirituelle du monde et des êtres. On retrouve de telles croyances par exemple en Afrique, en Australie, en Amérique du Nord ou encore en Asie.

En vérité, la conception celtique de l'Autre Monde s'inscrit dans une vision tripartite de l'univers. Il est en effet établi que les Celtes considéraient l'univers comme étant subdivisé en trois plans d'existence (l'Autre Monde étant l'un de ces plans). Brunaux (2008) explique :

> « Le Gaulois n'a pas une conception spatiale, c'est-à-dire plane ou géographique du monde où il vit. Il se trouve en un lieu pris, comme en un étau, entre deux univers, celui des profondeurs de la terre et celui du ciel. Trois termes désignent chacune de ces parties : *Albios* est le "monde d'en haut", c'est aussi le ciel ou la couleur blanche [la racine *alb-* signifiant "blanc, brillant, lumineux"] ; *Bitu-*, qui n'est connu que sous sa forme affixale, est le "monde terrestre", celui des vivants ; *Dubnos-* ou *dumnos-* est le nom du "monde d'en bas". Il semblerait donc qu'une cosmologie verticale ordonne ces trois mondes sur un même axe, au milieu duquel se trouveraient les hommes. Le Gaulois ne peut donc séparer le sol sur lequel il vit du monde souterrain qui le supporte et le ciel qui en est une sorte de couverture ».

Dans ce système, l'Autre Monde correspond vraisemblablement à *albios*. Claude Sterckx (2009) confirme que ces trois termes sont attestés dans les langues de toutes les cultures celtes. Par ailleurs, la notion de tripartition des mondes se retrouve dans la représentation de l'arbre cosmique (même si cer-

---

93 Ce sont les génies des forces de la nature, les *genii loci* de l'Antiquité païenne, c'est-à-dire des esprits embryonnaires ou semi-intelligents que la tradition hermétique associe, en magie, aux quatre éléments. Il y a également, dans le genre Élemental, les âmes désincarnées des animaux.

tains auteurs doutent, comme nous l'avons énoncé précédemment, que cette représentation fasse partie intégrante des croyances celtiques). La symbolique de l'arbre (avec ses trois parties : racines, tronc, cime) semble pourtant constituer un modèle idéal pour représenter un univers en trois plans (souterrain, terrestre et céleste) structuré selon un axe vertical. La tripartition est une fois de plus affirmée à travers une autre notion bien attestée chez les Celtes : l'*omphalos* (terme grec désignant « ombilic »), qui occupe une place centrale dans les doctrines druidiques. L'*omphalos* symbolise le centre du monde et exprime la notion d'équilibre de l'univers. D'après Kruta (2000), il marque le croisement des axes perpendiculaires qui sont censés régir l'ordonnance de l'univers. C'est, dit-il, le point central où se réalise la jonction entre les mondes terrestre, souterrain et céleste. De nouveau, nous avons là une expression claire de tripartition. Ce concept est répandu chez les Celtes, tout comme chez d'autres peuples. Le *nemeton* servait d'ailleurs de lieu consacré symbolisant cet *omphalos*.

La découverte archéologique du plomb magique du Larzac est également venue étayer le concept de tripartition. On y retrouve des notions religieuses propres au monde celtique, ainsi que le contraste entre le monde « infernal » (un monde d'en bas ou infra-monde) et le monde visible, nommé respectivement *antumnos* et *uodercos*. Certains auteurs considèrent cette découverte comme fondamentale pour l'histoire des religions, car elle validerait la théorie de la tripartition des mondes. Selon nous, c'est aller un peu vite en besogne puisque le texte fait référence à deux mondes (*antumnos* et *uodercos*), et non à trois. Par ailleurs Guyonvarc'h et Le Roux (1997) ont procédé à une analyse de la plaque. Selon eux, il n'y aurait aucune certitude à propos de sa lecture (vu l'état de dégradation du texte) et il n'y en aurait pas davantage quant à sa traduction et à son interprétation (vu le caractère ancien du celtique commun de l'Antiquité dont la traduction n'est jamais aisée). Selon eux, il ne s'agirait même pas d'un élément de tradition ou d'inspiration celtique, mais d'une imitation de mode latine ou romaine. Cette interprétation se voit confirmée par Venceslas Kruta, pour qui le recours à l'écriture témoigne d'une influence romaine et relève d'une pratique magique marginale, peu significative pour la connaissance de la religion celtique « officielle » (celle des anciens Celtes).

Malgré les doutes sur le plomb du Larzac, la tripartition des mondes demeure un élément central des croyances celtiques. Cela n'a rien d'étonnant étant donné l'universalité de la tripartition chez les peuples de tradition indo-européenne. Si les Celtes avaient coutume de calquer la structure de leur société sur base de la structure de l'univers, il faut effectivement supposer une structure en trois mondes (et non deux), puisque leur société était organisée en trois classes fondamentales. C'est pourquoi nous préférons conclure à une doctrine druidique basée sur l'existence de trois mondes : un monde « souterrain », un monde terrestre et un Autre Monde. Plus tard, la tradition néo-druidique fera également référence, dans le *Barddas* des bardes (les triades bardiques), à trois mondes, plus couramment appelés, en gallois, *Anwn, Abreth,*

*Gwynfyd* (en gaulois : *Antumnos, Uodercos, Abalon*). Cette conception soutient que les druides enseignaient l'existence de trois cercles d'évolution de l'Âme (représentés par trois cercles concentriques) :

La conception de la vie en *Antumnos*
L'existence visible, terrestre, en *Uodercos*
L'immortalité dans l'Autre Monde, en *Abalon*.

Quelle est la signification de ces trois mondes ? Si l'Autre Monde est bien décrit dans les textes mythologiques, nous disposons de peu d'informations sur l'infra-monde des Celtes (le « monde d'en bas »). Sterckx (2009) n'y voit qu'une simple subdivision de notre monde lorsqu'il dit : « la tripartition est bien attestée dans les traditions celtes, mais elle ne concerne jamais que notre monde, divisant celui-là en voûte céleste, terre ferme et mers. Néanmoins, l'absence de formulation explicite n'exclut pas pour autant la croyance en un séjour paradisiaque des dieux et des bienheureux, voire d'un enfer pour les autres défunts ». Quant à Brunaux (2008), il précise que le Gaulois :

> « (...) se situe dans un cosmos composé de trois parties, la terre domaine provisoire des hommes, le ciel peuplé de dieux, de héros et d'astres, les espaces souterrains où les dieux infernaux règnent sur les morts. La vie terrestre n'est donc qu'une étape médiane entre ces trois étages de l'univers. Tout individu est issu du monde des morts, domaine de l'équivalent de Dis Pater. Il est par conséquent le fruit d'autres vies passées et n'est pas une pure création. La vie sur terre n'est pas une fin en soi, mais une nouvelle étape qui se solde soit vers un retour dans le monde souterrain soit par la montée aux cieux pour un séjour éternel ».

Nous pouvons également nous tourner vers les traditions ésotériques pour trouver une signification plus profonde de ces trois plans. Les doctrines hermétiques (attribuées à l'enseignement d'Hermès Trismégiste) évoquent par exemple, dans la *Table d'émeraude*, « les trois parties de la philosophie et de l'univers tout entier ». Cette tradition antique subdivise également l'univers en trois mondes : inférieur, intermédiaire et supérieur. Par analogie, le cercle d'*Antumnos* (ou *dubnos*) correspondrait au monde « inférieur » associé au plan astral (ou plan animique) des occultistes hermétiques, cette dimension invisible considérée comme le support « hyperphysique » de l'univers sensible. C'est aussi la sphère de conception de toute chose, l'abîme, le plan indifférencié et, en quelque sorte, le chaos originel qui contient la potentialité de toutes choses. C'est le plan de la « lumière astrale », de l'éther universel, qui est le « virtuel indéfini dont les êtres corporels sont, sur le plan inférieur, les manifestations objectives », selon les termes de Stanislas de Guaïta (1897). C'est, dans un langage plus moderne, le plan des énergies invisibles et subtiles qui façonnent le monde visible. C'est aussi le plan des forces instinctives de la nature, parfois qualifiées de passionnelles ou d'« inférieures » (la nature dite « naturée »). *Uodercos* correspond pour sa part au monde intermédiaire, transitoire, physique et matériel (la nature dite intermédiaire). C'est le monde qui se présente à nos yeux, où les formes de vie évoluent, naissent et meurent. *Abalon* (ou *albios*) correspond au monde « supérieur », en ce sens qu'il est caractérisé par les énergies « supérieures » et intelligentes de la nature (la nature dite « naturante »). C'est enfin, nous l'avons déjà dit, le plan spirituel, le monde divin et intelligible où séjournent les âmes des êtres vivants délivrées du cycle des renaissances après avoir atteint un état de conscience plus élevée. C'est, nous semble-t-il, une interprétation possible de la tripartition, sans avoir la certitude que les druides partageaient les conceptions hermétiques[94].

Tous ces plans s'intègrent dans la doctrine celtique de la transmigration des âmes que nous aborderons au chapitre suivant. Selon leur mérite, les âmes gagneraient l'immortalité dans l'Autre monde ou continueraient le cycle des réincarnations dans le monde matériel, avec une transition par le monde d'en bas qui en serait le support invisible. Notons qu'il faut également envisager, toujours selon la tradition néo-druidique, un quatrième cercle, inconnaissable et inaccessible : celui de *Keugant* (ou cercle d'*Uxellimon*), symbolisant l'éternité et l'infini (dont le cosmos nous offre une représentation matérielle, mais inadéquate pour illustrer cette idée métaphysique). Précisons que cette conception des trois cercles concentriques (voire quatre) ne serait pas authentiquement druidique puisqu'elle a été transmise tardivement dans les travaux contestés d'Edward Williams.

Mais les choses ne sont peut-être pas si simples, car nous avons le sentiment que ces mondes n'étaient pas aussi clairement distincts les uns des autres. Dans la mythologie, il y a une confusion entre ces différents plans. En effet, l'Autre Monde est souvent associé au monde souterrain[95], alors qu'il devrait être un monde céleste ou un monde spirituel (donc un « monde d'en haut ») en première analyse. Si bien qu'en définitive, le monde d'en haut semble associé au monde d'en bas, et inversement. Il nous est difficile de savoir exactement comment ces trois plans s'organisaient dans les croyances celtiques. Sterckx (2009) confirme que, pour les anciens Celtes :

---

94 La grande loi d'analogie universelle (l'analogie microcosme – macrocosme), énoncée dans la *Table d'émeraude*, était partagée par les druides. Sterckx (2009) soutient que les Celtes avaient une conception de l'univers où « chaque élément du monde (microcosme) fonctionne selon les mêmes lois que l'univers entier (macrocosme) et toute description de l'un s'applique aussi aux autres ». Cela constitue au moins au moins un point commun avec l'enseignement hermétique.

95 Les textes irlandais précisent que les dieux s'étant réfugiés sous terre, le *sidh* est accessible sous les tertres, les tumuli et les collines. Le *sidh* est également accessible par-delà les mers (en traversant l'océan). Tout plan d'eau, lac ou fleuve (voir même les sources), y donne également accès si l'on pénètre dedans. Cela explique très certainement le culte des sources chez les Celtes, ainsi que la nature sacrée des lacs et des marais au fond desquels les archéologues ont retrouvé d'abondantes offrandes.

> « Notre monde n'est donc pas opposé à un paradis supérieur et à un enfer inférieur : il est à un Autre Monde du non-être[96] dont la localisation est assimilée à tous les "ailleurs" que nous sommes incapables d'atteindre tant que nous existons physiquement : le ciel, l'horizon, le dessous de la terre, le fond des mers et des lacs... ».

Nous trouverons des informations complémentaires sur la tripartition dans le *Barzhaz Breizh*, un texte de tradition néo-druidique initialement publié en 1839 par Théodore Hersart de La Villemarqué (puis réédité en 1867). Il s'agit d'un recueil des plus anciens de la poésie bretonne. Parmi ces poèmes, figurent les douze séries. Elles sont transcrites comme un dialogue pédagogique entre un druide et un enfant, récapitulé en douze questions et douze réponses évoquant, dit-on, les doctrines druidiques sur le destin, la cosmogonie, la géographie, la chronologie, l'astronomie, la magie, la médecine et la métempsychose. Dans ce texte, la troisième série aborde la tripartition des mondes et les cercles d'évolution de l'Âme :

Il y a trois parties dans le monde
Trois commencements et trois fins
Pour l'homme comme pour le chêne
Trois royaumes de Merlin, pleins de fruits d'or
De fleurs brillantes, de petits enfants qui rient.

Nous ne savons pas grand-chose sur le sens exact des séries. Le livre de La Villemarqué s'abstient de toute exégèse. Il y a uniquement quelques notes explicatives sans références bibliographiques (du moins dans la version en notre possession)[97]. Nous avons trouvé une tentative d'interprétation de cette série, mieux développée, dans un ouvrage de René et Claudine Bouchet (2001). Si cette version est plus complète, nous avertissons toutefois le lecteur sur la réserve qu'il faut accorder à cette interprétation, car les auteurs y mêlent divers éléments issus de l'occultisme (comme le fluide vital, le corps subtil, etc.) dont nous ne sommes pas certains qu'ils faisaient partie de l'enseignement druidique (du moins celui dispensé par les anciens druides). Elle présente de fortes analogies aux états de la mort dans la pensée orientale (voir appendice), dont les auteurs se sont probablement inspirés. Voici quelques extraits de cette analyse expliquant comment l'Âme, au cours de son évolution, migre progressivement à travers ces trois mondes :

---

[96] L'auteur définit le non-être comme l'infinité des possibles non réalisés et qui n'existe donc que virtuellement. Cette conception métaphysique nous paraît analogue à celle du vide quantique développé bien plus tard en physique quantique, comme nous le verrons dans la deuxième partie.

[97] La version proposée ici est tirée d'une réédition de 1997 de l'ouvrage de 1867. Dans cette version, La Villemarqué explique que les trois vies et les trois morts de l'homme semblent rentrer dans les trois sphères d'existence de la mythologie bardique. Il argumente simplement en citant le barde *Taliesin*, qui a dit « Je suis né trois fois ». Il commente ensuite que les trois royaumes de Merlin paraissent correspondre avec la troisième sphère mythologique de la tradition galloise, celle de la Béatitude. Il n'y a pas d'autres commentaires...

« Les trois subdivisions du monde (les trois cercles d'évolution) sont le plan matériel, le plan animique et le plan spirituel. Lorsqu'un esprit s'incarne, il commence par assembler autour de lui toutes les matières fluidiques nécessaires à l'élaboration d'un corps subtil complet. C'est là le premier commencement. À son tour, le corps subtil agglomère les éléments solides et aqueux susceptibles de former un corps physique apte à servir de véhicules terrestres aux deux parties déjà existantes. Cette opération nous est connue du point de vue profane. Nous l'appelons gestation et elle constitue le second commencement. La naissance, enfin, fait de ces trois composantes une entité indivisible, animée par le fluide vital et dotée d'une personnalité propre que seule la mort, apparemment, détruira… C'est là le troisième commencement. Un temps plus ou moins long se passe, puis le trépas dissocie les membres de cette tri-unité. C'est la première fin. Le corps grossier se désagrège, chacun de ces atomes retourne à la masse terrestre dont il est issu. La seconde fin est accomplie. Alors, le corps animique, perdu dans l'espace, subit le sort d'une bouffée de fumée. Il s'étire, il s'effiloche, se disperse et disparaît. Il ne reste plus que l'esprit. Le cycle des trois fins est achevé.

Jusqu'ici, l'enseignement des druides est parfaitement conforme à tous les autres postulats de l'enseignement traditionnel. Mais cette similitude ne sera pas de longue durée. Pour l'homme et pour le chêne aussi, affirme le troisième vers du premier tercet de cette série, voilà bien l'originalité du druidisme. La combinaison tripartite n'est pas, comme d'aucuns le prétendent, l'apanage exclusif de l'humanité. Elle caractérise également le chêne, partant, tout le règne végétal et par voie de conséquence l'animal, moyen terme entre la plante et l'humain, ne peut qu'en bénéficier ! (…). Le premier vers de cette série dit bien : « il y a trois subdivisions en ce monde-ci », sans faire la moindre des restrictions en ce qui concerne l'une des parties composant ce monde (…). Quels sont maintenant ces trois royaumes enchantés, caractérisés par des fruits dorés, des fleurs radieuses et des enfants rieurs ? L'on sait, par le témoignage de noyés et d'asphyxiés, ramenés *in extremis* à la vie, qu'avant de perdre totalement connaissance, l'individu en voie de désincarnation revoit en un éclair le film complet de son existence. L'esprit recueille alors le fruit – et l'expression est directe – des preuves et des bonnes actions subies et commises par son corps matériel. C'est là le royaume des fruits dorés ! Une récapitulation analogue se produit lorsque la désagrégation des cellules de la chair et du sang entraîne la séparation du corps animique d'avec son véhicule terrestre. L'esprit forme alors une gerbe de toutes les souffrances morales que l'Âme a endurées et de toutes les manifestations de bontés, de générosités et d'amour qu'elle a générées. C'est alors le royaume des fleurs radieuses. Lorsque, enfin le corps subtil s'est lui-même dissous, l'esprit demeuré seul, ayant comme on l'a déjà vu, recouvré la plénitude de son génie, séjour durant un temps indéterminé, sur le plan des esprits désincarnés, au contact avec ses semblables, totalement débarrassé des soucis de ce monde et, par conséquent, en proie au plus juvénile, au plus candide des optimismes. Il se trouve alors dans le troisième royaume, celui des enfants rieurs ! (René et Claudine Bouchet, 2001).

## La doctrine de l'immortalité de l'Âme

« L'homme vit et meurt plusieurs fois, entre ses deux éternités
Celle de la race et celle de l'Âme, et l'Irlande ancienne savait tout cela ».

Traduction d'un extrait du poème *Under Ben Bulben*
William Butler Yeats[98], prix Nobel de littérature en 1923

Dans le livre I de *Phrasale*, le poète romain Lucain disait à propos des druides : « D'après vous [les druides], (...) le même esprit gouverne un corps dans un autre monde. Si vous savez ce que vous chantez, la mort est le milieu d'une longue vie ». Dans ses *Commentaires sur la Guerre des Gaules*, Jules César précise : « Ce dont les druides cherchent surtout à persuader, c'est que les âmes ne périssent pas, mais passent après la mort d'un corps dans un autre ». Enfin, les *Histoires* du grec Ammien Marcellin disent que : « Les druides vivent en communauté et sont arrivés à une hauteur d'esprit d'où ils contemplent l'humanité et proclament l'immortalité de l'Âme ».

Voilà quelques-unes des courtes citations dont nous disposons sur la doctrine druidique de la vie après la mort. Il y en a d'autres, bien sûr, mais leur contenu est souvent redondant. Il n'y a donc pas beaucoup de matière à réflexion. Il y aurait pourtant beaucoup à dire... Car l'existence, chez les Celtes, d'une théorie sur la survie de l'Âme hors du corps physique sous-entend que les druides croyaient à un ensemble de lois qui gouvernent l'évolution spirituelle des êtres dans l'au-delà. Une telle croyance n'est toutefois pas d'une grande originalité puisqu'elle est largement répandue dans d'autres cultures. À vrai dire, la plupart des religions postulent l'existence de l'esprit et/ou de sa survivance. Malheureusement nous ne disposons pas, pour les Celtes, d'un *Livre des morts* équivalent à ce que les Égyptiens ou les moines bouddhistes tibétains ont rédigé, fournissant un véritable guide des âmes désincarnées après la mort.

Eliade (1978) a la prudence de préciser qu'en l'absence de tout témoignage direct, il est difficile de postuler si la post-existence de l'Âme impliquait à la fois pour les druides « l'immortalité » et la psychosomatose[99] (comme dans les *Upanishad* de l'Inde), ou si elle consistait seulement en une « survie »

---

98 William Butler Yeats [1865-1939] était à la fois poète, dramaturge, homme politique. C'était surtout un celtisant connu pour ses œuvres sur les mythes et folklores irlandais. Ce personnage remarquable était versé dans l'occultisme et les sciences psychiques. Il fut initié au sein de la *Golden Dawn*, un mouvement hermétique cabalistique inspiré de la Rose-Croix et de l'alchimie. Il fut sénateur de l'État libre d'Irlande durant deux mandats. Il est rare qu'un initié aux sciences occultes soit devenu homme politique et prix Nobel.

99 Nous ne connaissons pas la définition de ce terme employé par l'auteur. Nous supposons qu'il fait référence à une théorie analogue à la métempsychose que nous définirons dans les lignes qui suivent.

indéterminée de l'Âme. La nuance est essentielle. Dans le premier cas de figure, il s'agit d'une transmigration de l'Âme *stricto sensu* se traduisant par la nécessité de traverser plusieurs cycles de renaissances ou d'existences avant d'atteindre un état transcendantal dans l'Autre Monde. Dans le deuxième cas, il y a « simplement » continuité de la vie après la mort, où l'Âme quitte son enveloppe corporelle et passe dans l'Autre Monde pour y vivre éternellement une seconde existence, bienheureuse selon les écrits mythologiques. On y retrouve une certaine forme de transmigration, dans la mesure où l'Âme passe d'un monde vers un autre, mais cette « migration » n'est pas associée à un cycle des renaissances.

Par conséquent, la doctrine druidique de l'immortalité de l'Âme nous conduit à deux conceptions assez différentes : l'une « statique » (transition directe vers l'Autre Monde, sans retour vers un cycle d'existence) et l'autre « cyclique » (réincarnation ou métempsychose). Remarquons que si les voies sont différentes, la finalité de ces deux conceptions est la même, à savoir l'intégration dans l'Autre Monde. Voyons maintenant la nuance entre la réincarnation et la métempsychose.

La théorie de la réincarnation est une doctrine postulant la renaissance de l'esprit humain dans un autre corps humain (et uniquement dans un corps humain) après la mort, et ce pendant plusieurs existences successives. Selon Guyonvarc'h & Leroux (1990), la tradition celtique ne contient aucune trace de la croyance à la réincarnation. Selon eux, elle est même absente des doctrines druidiques, mais cette opinion n'engage que les auteurs puisque d'autres spécialistes de la culture celtique admettent une telle croyance, comme nous allons le voir.

La métempsychose ou palingénésie (de *palin*, « de nouveau » et *genesis*, « naissance ») est une autre doctrine postulant le passage d'éléments psychiques d'un corps dans un autre corps, c'est-à-dire la transmigration de l'Âme d'un être vivant dans le corps d'un autre être vivant, avec un passage transitoire éventuel par des états animaux ou végétaux (parfois perçu, selon d'autres traditions, comme une régression et non comme une évolution spirituelle). Toujours selon Guyonvarc'h & Leroux, il existe deux exemples connus dans la mythologie irlandaise, mais il n'y a, dans le vocabulaire celtique indigène, aucun mot pour nommer une telle doctrine. De nombreux auteurs ont interprété certains textes comme des cas de métempsychose, comme par exemple cet extrait d'un chant attribué au *file Amorgen* dans le *Livre des Conquêtes de l'Irlande* :

Je suis vent sur la mer
Je suis vague dans l'océan
Je suis le bruit de la mer
Je suis le taureau aux sept combats
Je suis le vautour sur le rocher

Je suis la goutte de rosée
Je suis la plus belle des fleurs
Je suis le sanglier de valeur
Je suis le saumon dans la mer
Je suis le lac dans la plaine
Je suis la colline dans un homme
Je suis un mot de l'art
Je suis la pointe d'une arme (qui livre le combat).

Guyonvarc'h & Leroux (1986) ont analysé ces textes qui, selon eux :

> « Ne traduisent pas une théorie d'une transmigration de l'Âme dans une série de corps, non plus qu'une réincarnation dans des objets, mais une application celtique de la notion métaphysique des états multiples de l'être[100]. On peut d'ailleurs douter à bon droit qu'une telle notion ait encore été comprise du Moyen Âge christianisé ».

D'après Evans Wentz (1911), pionnier des études sur le bouddhisme tibétain et la mythologie celte, cette poésie aurait plutôt une signification ésotérique qui décrirait le fait qu'entre la mort et la renaissance, alors que l'Âme désincarnée séjourne dans l'Autre Monde, notre corps physique se décompose en particules élémentaires qui peuvent migrer et constituer d'autres corps, vivants ou non. On retrouve un autre exemple de cette notion d'états multiples dans le récit du *Combat des Arbrisseaux* :

J'ai été sous de nombreuses formes
Avant que je ne sois libre
J'ai été une épée étroite et bariolée
Je crois à ce qui est apparent
J'ai été l'arme dans l'air
J'ai été la plus brillante des étoiles
J'ai été mot parmi les lettres
J'ai été livre à l'origine
J'ai été une lampe brillante
Pendant un an et demi
J'ai été un pont jeté
Sur soixante estuaires
J'ai été route, j'ai été aigle
J'ai été coracle sur la mer
J'ai été l'effervescence de la bière
J'ai été goutte dans l'averse
J'ai été épée dans la main
J'ai été bouclier au combat

---

100 Cette notion est bien développée par René Guénon (1932) qui la considère comme fondamentale pour diverses doctrines traditionnelles. Cette notion envisage l'homme comme une pluralité d'états de manifestation qui distingue, par exemple, l'état physique ou corporel (dont l'ensemble organique est lui-même structuré en plusieurs systèmes – cellules, tissus, organes – qui forment un tout biologique), l'état psychique (à son tour constitué des multiples degrés de l'individualité humaine tels que le plan mental, le plan émotif, etc.) et d'autres « hiérarchies spirituelles » que nous ne détaillerons pas ici.

J'ai été corde dans la harpe
D'enchantements, neuf années
Dans l'eau, j'ai été écume
J'ai été éponge dans le feu
J'ai été bois dans le buisson (...).

Toujours selon Guyonvarc'h & Leroux (1986), il n'y a, chez les Celtes, ni réincarnation ni métempsychose, mais une continuation indéfinie et éternelle de la vie dans l'Autre Monde. Ils semblent opter en faveur de la vision « statique » de la vie dans l'au-delà telle que nous l'avons décrite plus haut. Cette opinion n'est pas partagée par Brunaux (2006), qui admet pour sa part une doctrine druidique de la transmigration des âmes associée à la conception pythagoricienne :

> « L'Âme est immortelle parce qu'elle se meut par elle-même. C'est ce mouvement perpétuel qui justifie la théorie de la métempsychose, un retour cyclique à la vie à travers différentes enveloppes corporelles. (...) L'Âme peut un jour échapper au cycle des réincarnations si elle devient pure au cours d'une vie sans faute. Alors, l'Âme va vivre une vie incorporelle dans le cosmos. (...) Chez les druides, la croyance attestée en la transmigration des âmes nous oblige à en déduire que pour eux, l'Âme était également dotée d'une motricité propre. Les Gaulois se faisaient également des idées très précises sur les différents mondes par où transitaient les âmes avant de quitter leur enveloppe charnelle ».

Quelle conclusion devons-nous tirer ? Y a-t-il transmigration ou pas chez les Celtes ? Si oui, sous quelle forme ? Une chose est sûre : ils étaient convaincus qu'il se passait « quelque chose » après la mort. Il y avait donc bien transmigration de l'Âme, dans le sens où elle migre d'un monde vers un autre, d'un état vers un autre. Mais s'agit-il d'une conception « statique » ou « cyclique » ? À vrai dire, il est probable que les deux conceptions aient existé. En effet, nous savons que les croyances druidiques ont évolué au fil du temps. Nous pouvons envisager une évolution des doctrines qui serait passée d'une conception « statique » vers une conception « cyclique », comme en témoignent les changements de pratiques funéraires révélés par l'archéologie. Cette idée est d'ailleurs défendue par Venceslas Kruta. Il explique que, dès les premiers âges du fer, la pratique de l'inhumation dans des tombes était la coutume. De nombreuses offrandes (armes, éléments mobiliers, etc.) étaient mises à disposition pour accompagner le défunt dans sa nouvelle vie posthume, bienheureuse et éternelle. Elle indique une croyance en une continuité de la vie après la mort dans l'Autre Monde, sans retour sur terre, ni réincarnation. Plus tard, à partir du II^e^ siècle ACN, il y a transition vers la pratique de l'incinération. Il n'y a plus d'offrandes abondantes, plus de mobiliers funéraires. Le corps incinéré, l'Âme monte vers les cieux et peut revenir sur terre. Cette pratique est plutôt associée à une croyance en la réincarnation ou la métempsychose. L'incinération s'accorde davantage à l'idée d'une libération de l'Âme hors de la terre, alors que l'ensevelissement, inversement, rejoint la croyance à un séjour souterrain des âmes (Kruta, in Moscati *et al.*, 2001). L'inhumation était plus répandue. Elle est également plus archaïque par son ancienneté. L'incinération s'inscrit dans une évolution culturelle qui a eu lieu durant la période de la Tène, une période qui marque l'apogée de la civilisation celtique.

L'interprétation moderne du druidisme s'accorde davantage avec une doctrine cyclique de la transmigration. Dans le *Barddas*, la tradition néo-druidique développe, comme nous l'avons vu, l'idée d'une migration des âmes dans trois mondes (ou cercles d'évolution). Plus précisément, les triades galloises disent :

Il y a trois phases nécessaires à toute existence par rapport à la vie
Commencement en *Andunon* ou *Annuim*
Migration en *Uodercos* ou *Abred*
Plénitude en *Aballon* ou *Gwenved*
Hors de ces trois états, rien ne peut être que Dieu[101].

Il y a trois états successifs des êtres animés, ce sont :
L'état d'abaissement dans l'abîme (le cercle d'*Annuim*)
L'état de liberté dans la vie (le cercle d'*Abred*)
L'état spirituel, hors de la matière (le cercle de *Gwenved*).

D'après Zander : « selon l'enseignement des druides, la vie naît du chaos, transmigre dans le monde nécessaire, le monde terrestre, et aboutit par la mort dans l'Autre Monde ». Les spirales, torsades, courbures et entrelacs propres à l'art celtique évoqueraient cette migration des âmes dans des mondes différents. C'est une des interprétations attribuées au symbole du triscèle, où les trois spirales symbolisent les trois mondes. Selon le système bardo-druidique du *Barddas*, un esprit qui s'incarne conçoit d'abord ses enveloppes fluidiques dans le cercle d'*Annuim* ; enveloppes qui, dans les doctrines de physiologie occulte, serviraient de moule invisible de la forme visible. Une fois incarné, l'esprit anime et/ou organise les différentes formes de matière dans le cercle d'*Abred* (le cercle des renaissances) où il évolue progressivement à travers les stades minéraux, végétaux et animaux, pour finalement arriver au stade « hominal ». Arrivé à ce stade, l'homme, doué d'une conscience plus élevée, peut échapper, souvent après plusieurs réincarnations, au cycle des renaissances à travers la connaissance, l'éveil et l'élévation spirituelle. Dans ce système, seul l'homme possède les capacités psychiques et cognitives suffisantes pour comprendre sa nature spirituelle, se confondre avec la conscience universelle et ne plus offrir de prise au cycle des renaissances. Alors, son esprit séjourne dans une dimension supérieure (le cercle d'*Abalon* ou de *Gwenved*). L'homme a donc le privilège de pouvoir atteindre cet état transcendantal qui lui permet d'intégrer le cercle de *Gwenved* (l'équivalent celtique du *Nirvana* des bouddhistes). Le *Barddas* propose ainsi une vision évolutive de la vie spirituelle où

---

101 Une fois de plus nous constatons la forte influence chrétienne associée à ces triades ; influences judéo-chrétiennes qui, rappelons-le encore une fois, doivent inviter le lecteur à la prudence quant à l'authenticité et le sens à accorder à ces écrits.

les âmes, parallèlement à l'évolution du vivant, passent graduellement vers des états psychologiques plus complexes et plus intelligents en recueillant le fruit de chaque existence, pour finalement intégrer un monde béatifique[102].

Dans ce cas, les druides croyaient-ils plutôt en la réincarnation ou en la métempsychose ? Il est difficile de trancher. Guyonvarc'h et Leroux (1990) rejettent les deux idées. Nous l'avons dit, pour eux, toutes les âmes, sans exception, passent dans l'Autre monde. Il n'y a pas de retour sur terre. Ce point de vue est pourtant contraire à quelques citations d'auteurs grecs ou latins contemporains aux Celtes, qui attestent du passage de l'Âme d'un corps à un autre. La source de certaines de ces citations est fiable puisqu'elle aurait été empruntée à Poseidonos d'Apamée, le premier grand savant qui s'est rendu en terre celtique. D'après les historiens actuels, ses observations sont authentiques puisqu'il serait un des rares philosophes à avoir rencontré les druides, ou tout au moins un Gaulois qui avait bénéficié de l'enseignement des druides.

L'idée de la transmigration est admise par Brunaux (2008) lorsqu'il affirme, au sujet des Gaulois : « Il vaut mieux parler d'une transmigration de l'Âme [nous supposons qu'il fait allusion ici à la doctrine de la réincarnation] que d'une métempsychose, car ce dernier terme convient mieux aux conceptions pythagoricienne et hindouiste, selon lesquelles l'Âme peut aussi bien passer dans un corps animal que dans une enveloppe humaine ». Il admet donc la réincarnation lorsqu'il dit : « La réincarnation n'était pas immédiate et ne s'accomplissait pas sur la terre des hommes ». Il reconnaît que l'Âme, pour les Celtes comme pour les orphiques, peut atteindre un état de perfection la rendant totalement divine et lui permettant d'échapper au cycle des réincarnations. Il défend ensuite l'idée que les âmes passeraient d'un corps à un autre dans le royaume souterrain de *Dis Pater*[103] (le dieu qui gouverne l'Autre Monde).

Evans Wentz s'accorde avec la tradition néo-druidique et parle lui aussi d'une doctrine celtique de la réincarnation, confirmant ainsi les propos d'Hen-

---

102 Notons au passage qu'une théorie moderne et complète de la transmigration devrait être capable de synthétiser, dans un ensemble cohérent, la théorie de l'évolution biologique des espèces (selon les conceptions darwiniennes et/ou non-darwinienne) et la doctrine de l'évolution psychique des consciences. En effet, si l'Âme immortelle constitue le fil conducteur des existences successives, il faut logiquement pouvoir remonter ce fil des vies antérieures qui, sur une échelle de temps géologique, nous conduit aux ancêtres de l'homme et aux espèces d'hominidés qui leur ont précédé. Une théorie complète doit donc rendre compte de l'évolution des âmes sur le plan psychique parallèlement à l'évolution des espèces sur le plan physique.

103 Cette localisation de la vie posthume est toute symbolique, même si le *Sidh* est effectivement représenté par un monde souterrain (dans les collines et/ou sous les tertres). Nous avons vu que les conceptions celtiques de la mort ont évolué avec le temps. La séparation de l'Âme hors du corps est un processus complexe dont nous n'avons pas une idée précise. Pour les Celtes, elle se déroulait tantôt sous terre (avec la pratique de l'inhumation), tantôt dans le ciel (avec la pratique de l'incinération), dans une dimension spirituelle qui, en vérité, n'est pas physiquement localisable.

ry d'Arbois de Jubainville, qui fut autrefois une autorité dans les matières celtiques : « il existe deux principales doctrines ou croyances celtiques, à savoir le retour des fantômes des morts et la renaissance, ici-bas, de la même individualité dans un nouveau corps humain sur cette Terre » (de Jubainville, in Wentz, 1911). Si c'est le cas, cette conception est probablement liée à une théorie du salut ou de la délivrance, telle que développée dans la pensée grecque et hindoue dont nous parlerons dans notre chapitre consacré au comparatisme. Cette croyance en l'immortalité de l'Âme donna lieu à un culte des morts, dont les traces matérielles sont attestées dans les innombrables tombes et nécropoles que l'archéologie a mis à jour à travers toute l'Europe[104]. Plusieurs pratiques funéraires ont été observées à différentes époques, comme l'incinération ou l'inhumation sous tertres. Il y a également le phénomène des « tombes princières », où les dépouilles (certainement des aristocrates ou des chefs princiers) étaient richement enterrées avec tout un matériel destiné à accompagner le mort dans l'au-delà. De telles pratiques ne sont pas sans rappeler celles de l'Égypte ancienne, où les tombes royales étaient richement décorées pour accompagner l'Âme du trépassé dans l'au-delà[105].

La conception celtique de la mort et de la renaissance était vraisemblablement associée à un mouvement cyclique de la vie et du monde. Brunaux (2008) pense que :

> « Les druides liaient intimement immortalité de l'Âme et fin du monde. Les deux conceptions ne leur paraissaient pas incompatibles. (...) Cette destruction obéissait probablement aussi à un mouvement cyclique. L'eau et le feu étaient considérés par les présocratiques comme les éléments premiers de la matière. La naissance d'un nouveau monde à partir de ces deux éléments devait être envisagée ».

---

104 Les découvertes de nécropoles ont contribué à améliorer nos connaissances sur la manière dont les anciens Celtes concevaient la vie après la mort. Les nécropoles comptent parmi les vestiges celtiques les plus abondants, ayant révélé des milliers de tombes et d'objets. Il y a deux grandes familles de nécropoles chez les Celtes : les nécropoles tumulaires, caractéristiques de la période de Hallstatt, constituées d'un tumulus (ou tertre), d'une chambre funéraire et d'un couloir d'entrée. Le défunt y est inhumé avec ses objets personnels ou incinéré dans une urne en terre cuite. Le mobilier funéraire est constitué de chars, d'offrandes, d'armes, de bijoux, de chaudrons, en prévision de la vie dans l'Au-delà. Ensuite il y a un second type de nécropoles qui apparaît à la période de la Tène, non plus sous forme de tumulus, mais d'enclos quadrangulaires ou circulaires. Les dépôts et les offrandes sont moins abondants. Dans un premier temps, le corps est inhumé. Plus tard, l'inhumation est remplacée par l'incinération. Les cendres sont rassemblées dans une urne ou enfouies en pleine terre, les sépultures sont marquées par des stèles de bois ou de pierre.

105 Nous ne signifions pas ici que les conceptions celtique et égyptienne soient similaires car, en Égypte, la conception de la mort est confuse. Tantôt l'Âme peut revenir du royaume des morts sous la forme qu'elle veut; tantôt elle est glorifiée dans le royaume des dieux où, après un jugement divin, elle y vit une existence comparable à une existence terrestre; tantôt l'Âme est périssable et intimement liée au corps (si le corps est détruit, l'Âme périt, d'où le processus de momification visant à conserver le corps le plus longtemps possible).

Cela rejoint le commentaire de Strabon à propos de la doctrine des druides : « les âmes et l'univers sont indestructibles, mais un jour le feu et l'eau prévaudront sur eux ». Pour mieux comprendre l'eschatologie (la doctrine théologique de la fin du monde) diffusée par les druides, Brunaux complète :

> « Les druides distinguaient peut-être le monde animé et terrestre du cosmos où évoluaient les âmes libérées de leur enveloppe corporelle[106] où alors ils concevaient l'immortalité comme limitée à une très lointaine échéance, jusqu'au moment où l'univers tout entier se dissoudrait en ces deux éléments que sont le feu et l'eau. (...) Pour eux, la fin du monde n'était en réalité que la fin d'un cycle où l'univers se décomposait avant de prendre forme à nouveau. Il est tout à fait imaginable que les druides aient partagé de telles théories avec les penseurs grecs, acquis lors de leur commerce subtil avec les pythagoriciens ».

L'eschatologie est en effet souvent liée aux conceptions de la vie après la mort dans les diverses traditions religieuses, où la fin d'une vie est associée à la fin des temps. Le cycle des renaissances est à son tour associé au renouvellement du monde selon un dynamisme perpétuel alternant des phases de déluges et de renouveaux. Nous ne développerons pas davantage la vision eschatologique des druides dont nous ne savons pas grand-chose, à part les prédictions formulées dans les textes mythologiques irlandais. Nous l'avons vu plus haut, il semble que les druides ont prévu une catastrophe finale lorsqu'ils disent : « un jour règneront seuls le feu et l'eau ». Guyonvarc'h et Leroux (1986) s'interrogent sur le sens de cette citation. Fin du monde ou fin d'un cycle ? Difficile à dire…

Pour terminer, précisons que d'autres informations sur l'immortalité de l'Âme sont renseignées dans la tradition néo-druidique, mais les idées développées sont fortement influencées par des conceptions issues de l'hindouisme et du néo-occultisme. Dans la lignée du *Livre des Morts Égyptien* et du *Livre des Morts Tibétain*, René et Claudine Bouchet (1999) se sont laissés tenter par la rédaction d'un *Livre des Morts Celte et Gaulois*, où ils développent une vision occidentale de la vie après la mort basée sur les triades bardiques. Ils défendent l'idée d'une doctrine druidique basée sur un complexe polypsychique de l'Âme. Mais il n'y a aucun terme celtique pour désigner ces différentes enveloppes de l'Âme qui semblent empruntées à d'autres écoles. Les auteurs présentent une théorie de la réincarnation expliquée par une loi équivalente à la loi hindoue du *karma*, qu'ils appellent la « grande loi de *kroui* » (signifiant « créer », en celte), elle-même associée à une loi morale et un processus de délivrance permettant d'atteindre la béatitude. Selon leur interprétation, les réincarnations sont gouvernées par des « Guides » ou des « Maîtres », qui sont des entités spirituelles désincarnées ayant atteint la félicité dans les

[106] Nous observons ici une contradiction de l'auteur, puisqu'il affirme maintenant que l'Âme désincarnée séjourne dans le cosmos, alors qu'il soutenait plus haut qu'elle intégrait un monde souterrain.

mondes supérieurs. Nous pourrions même qualifier leur théorie de la réincarnation de « cosmique » puisqu'ils admettent la possibilité d'incarnation dans des corps stellaires (planètes, étoiles), considérés comme des formes de vie supérieures. Ces conceptions s'apparentent davantage à une sorte de synthèse néo-druidique de la mystique orientale, de l'occultisme médiéval et des théories spirites qui semblent influencées par l'école d'Allan Kardec[107]. Nous doutons qu'il s'agisse d'une doctrine authentique de la vie après la mort telle qu'elle était enseignée par les druides antiques. Si les idées de Bouchet sont recevables dans une certaine conception de l'au-delà, nous avons le sentiment qu'ils s'égarent à vouloir les attribuer directement à la tradition druidique.

**L'histoire de *Taliesin* : illustration de la doctrine celtique de la transmigration ou symbolisme des états multiples de l'être dans l'initiation bardo-druidique ?**

Cette légende est à nos yeux une des plus belles de la mythologie celtique, même si elle a été retranscrite tardivement (au XVI^e^ siècle) par Llywelyn Sion, selon Sterckx (2009), qui affirme que « sa fiabilité [celle du texte] est largement garantie par divers témoignages beaucoup plus anciens ». Elle est issue de la littérature galloise et nous relate la naissance de *Taliesin*, le plus prestigieux des bardes. Une variante de cette légende se retrouve dans le récit irlandais plus ancien (datable du IX^e^ siècle, puis retranscrit dans d'autres manuscrits du XII^e^ au XIV^e^ siècle) de *Tuân Mac Cairill* présenté dans le *Livre des Conquêtes* comme un être surnaturel, mi-homme, mi-dieu, qui, après plusieurs « réincarnations », a vu les différentes invasions de l'Irlande. Certains auteurs ont vu dans ce conte la doctrine celtique de la métempsychose. Mais d'autres interprétations sont également possibles sous la lumière de mythes similaires attestés dans d'autres traditions. Nous allons d'abord résumer brièvement ce conte. Il débute par l'histoire de la déesse *Ceridwen* et du nain *Gwion Bach* (Guyon le Petit) :

*Ceridwen* (ou *Korridwen*), la reine des fées, déesse de la nature et de la fertilité, experte en magie, avait deux enfants diamétralement opposés. Il y avait *Creirwy*, la plus belle des filles et *Morvan* (parfois nommé *Afangddu* ou *Avangddu*), le plus hideux des fils, rejeté de tous. Pour compenser la laideur de son fils, elle voulut le doter de l'omniscience en lui préparant un breuvage magique. Elle plaça six herbes sacrées dans un chaudron rempli d'eau dont la mixture devait bouillir pendant un an et demi. Elle chargea un vieillard aveugle, *Morda*, de la surveillance et de l'entretien du feu, en compagnie d'un guide nommé *Gwion* qui avait la responsabilité de veiller à la mixture. Malheureusement, un jour, une goutte du breuvage bouillant s'échappa du chaudron et tomba accidentellement sur les doigts de *Gwion* qu'il porta instantanément à sa bouche pour soulager la douleur. Ayant goûté au breuvage magique, il devint aussitôt omniscient… à la place de *Morvan* pour qui était réservée la potion. Redoutant la terrible colère de *Ceridwen*, *Gwion* prit la fuite. Ayant appris la nouvelle, la reine se mit effectivement à sa poursuite,

[107] Le français Allan Kardec [1804-1869] – Hippolyte Léon Denizard Rivail de son vrai nom – est le fondateur de la philosophie spirite (le spiritisme). Fervent pratiquant des tables tournantes, il développa une école dont la pensée est centrée sur la survivance des esprits désincarnés et la communication médiumnique. Ses deux ouvrages majeurs sont le *Livre des Esprits* et le *Livre des Médiums*.

Comment peut-on interpréter cette fable ? Certains auteurs, comme René et Claudine Bouchet, y ont vu une doctrine celtique de l'évolution de l'esprit à travers diverses formes de vie. Selon cette interprétation, *Ceridwen* symbolise la nature au sein de laquelle cette évolution a lieu ; nature qui gouverne les lois de l'évolution. *Gwion*, quant à lui, symboliserait la parcelle d'esprit en cours d'évolution présente en chacun de nous. Les transformations successives illustreraient l'évolution de l'esprit vers diverses formes de vie. Les auteurs font remarquer qu'à chaque transformation, il y a contact avec un des quatre éléments primordiaux : *Gwion* brûlé, il connaît le feu ; lièvre, il touche la terre ; poisson, il est dans l'eau ; oiseau, il vole dans les airs. Enfin, la transformation ultime aboutit à une incarnation humaine qui a acquis la connaissance universelle et la sagesse ultime, ce qui constitue le but de la plupart des philosophies. Mais cette interprétation n'engage que les auteurs. Une autre interprétation, plus complète et plus élaborée, consiste à voir dans ce mythe un symbolisme des états multiples de l'être dans l'initiation bardo-druidique.

C'est l'historien des religions Mircea Eliade (1959) qui, dans son essai sur les types d'initiation, nous met sur cette piste après avoir comparé et interprété des schémas mythiques similaires dans plusieurs religions archaïques. En effet, *Taliesin* est un barde (et pas n'importe lequel puisqu'il est décrit comme le plus grand des bardes) et nous savons que l'acquisition de cette fonction druidique revêtait un caractère initiatique. Or, précisément, nous retrouvons dans le mythe de *Taliesin* différents thèmes propres à la symbolique des rites initiatiques. Eliade explique que l'initiation comprend un ensemble de rites et d'enseignements oraux dont l'objectif est la modification radicale du statut religieux et social du sujet à initier. Philosophiquement parlant, dit-il, l'initiation équivaut à une mutation ontologique du régime existentiel. À la fin de ses épreuves, le néophyte jouit d'une toute autre existence d'avant l'initiation : il est devenu un autre. Dans ce sens, le conte celtique semble évoquer cette transformation progressive de l'être humain qui, de sujet profane (le nain *Gwion*), devient sujet initié à la connaissance universelle des choses (le barde *Taliesin*). Certains peuples, précise Eliade, appellent les initiés « ceux qui savent » et, de manière significative, l'acquisition de la connaissance est le premier acte du mythe relaté ici. *Gwion* a goûté au breuvage magique qui donne accès à la science totale, à l'omniscience qui transforme l'être humain. Nous retrouvons d'emblée la symbolique celtique du chaudron de connaissance, où le savoir est figuré par un liquide qui est bu, c'est-à-dire assimilé par le néophyte.  folle de rage. Pour échapper à la reine, *Gwion*, devenu magicien à son tour grâce à la potion, se transforma d'abord en lièvre. Mais *Ceridwen*, elle aussi magicienne, se changea en lévrier pour mieux le poursuivre. *Gwion* se transforma alors en poisson, et *Ceridwen* se métamorphosa en loutre. Puis il se changea en oiseau, elle en épervier. Enfin, survolant une grange, *Gwion* se transforma en grain de blé et se laissa tomber du haut des airs. Aussitôt *Ceridwen* prit l'apparence d'une poule noire et dévora le grain de blé. Elle tomba enceinte et, neuf mois plus tard, donna naissance à un très bel enfant, réincarnation de *Gwion Bach*, à son tour omniscient et dont l'intelligence brillait sur son visage. Il se nomma *Taliesin*, au « front radieux ». Ne pouvant se résoudre à le tuer, *Ceridwen* abandonna l'enfant au gré des flots sur une embarcation. Recueilli par un pêcheur, *Taliesin* deviendra plus tard le chef des bardes de Bretagne.

Notons au passage que *Gwion* se brûle les doigts, ce qui semble illustrer le symbolisme de la chaleur magique. En effet, pour un grand nombre de « primitifs », le pouvoir magique est représenté comme brûlant. Nous sommes en présence, selon Eliade, d'une expérience magico-religieuse fondamentale universellement attestée : l'accès à la sacralité se manifeste, entre autres, par un accroissement de chaleur. Les transformations successives dont *Gwion* est le centre évoquent peut-être la pluralité des degrés initiatiques ou plus simplement les états multiples de l'être dont nous avons fait allusion précédemment à propos de la doctrine celtique de l'immortalité de l'Âme. Nous remarquons qu'au cours de ces transformations, *Gwion* se retrouve dans l'eau, sur terre et dans le ciel, ce qui nous fait penser à la pénétration des trois secteurs de l'*Axis Mundi* représentatif de l'univers dans de nombreuses traditions (y compris dans la tradition celtique). Encore une fois, nous sommes face à une imagerie propre à l'initiation qui permet au néophyte d'accéder, par l'esprit, aux trois plans du cosmos : monde inférieur (souterrain), intermédiaire et supérieur (céleste). Mais ceci n'est qu'une supposition.

D'autres thèmes sont révélateurs de l'initiation, comme l'engloutissement ou la pénétration dans le ventre de la Grande Mère (la Terre-Mère), représentée ici par la déesse *Ceridwen* qui symbolise justement la nature dans la mythologie celtique. La Mère, dit Eliade, symbolise la Nature à l'état primordial, la *prima materia* des alchimistes. L'engloutissement par *Ceridwen* illustre le retour à l'état embryonnaire du néophyte, le « *regressus ad uterum* ». Pénétrer dans le ventre de la *Terra Mater*, c'est une épreuve initiatique qui consiste à descendre vivant dans les profondeurs souterraines, dans le monde chtonien des esprits et des morts d'où on revient transformé. C'est l'idée religieuse de la gestation et de l'enfantement de l'initié qui, après avoir reçu l'enseignement ésotérique et la révélation mystique, renaît une deuxième fois. Ce thème est universel aux niveaux archaïques des cultures. *Gwion* renaît effectivement une deuxième fois en étant transformé. Il devient *Taliesin* « au front radieux », l'omniscient (l'attribution d'un nouveau nom est également une coutume très fréquente dans les rites initiatiques). La symbolique de la poule n'est probablement pas anodine. C'est de nouveau un symbolisme initiatique très ancien, celui de l'œuf, du poussin et de la poule qui est une image archétypale de la double naissance. Toutes ces idées vont dans le sens d'une représentation de l'initiation druidique. C'est, il nous semble, une interprétation plausible du mythe de *Taliesin*.

## La divinisation de la nature dans le panthéon celtique

*Tongu do dia toinges mo thùath* : « Je jure par le dieu
que jure mon peuple »

Formule de serment invoquant un dieu sans nom.
Extrait issu de la littérature épique irlandaise (Hily, 2010)

Nous rassurons le lecteur, il ne sera pas question ici de détailler toutes les divinités celtiques. Ce serait une tâche laborieuse, voire même ennuyeuse puisque plus de 2 300 appellations de dieux et déesses sont évoquées par les populations celtiques. Il n'y a d'ailleurs pas de « panthéon celtique unifié », mais plutôt une multitude de déités, même si des analogies ont été clairement démontrées entre certaines divinités gauloises, galloises ou irlandaises. La religion celtique, d'après Venceslas Kruta : « ne devait certainement pas constituer un ensemble cohérent et immuable. Il devait s'agir du rassemblement d'un panthéon composite de dieux tribaux dans un système souple qui était ordonné autour des quelques grandes divinités panceltiques du fond mythologique commun (Kruta, in Moscati *et al.*, 2001) ». Mircea Eliade (1978), quant à lui, pose ouvertement la question : « Peut-on reconstituer le panthéon celtique ? ». C'est dire à quel point le sujet est complexe. C'est pourquoi nous concentrerons notre propos sur quelques divinités principales, leur signification plausible ainsi que sur les aspects à la fois monothéiste et polythéiste de la religion celte. Étant donné la disparition de l'enseignement oral durant lequel la signification des dieux mythiques était probablement révélée aux néophytes, nous devons admettre que nous avons perdu le sens profond de la plupart de ces divinités. Il faut probablement les considérer comme des symboles ayant une signification dont nous n'avons pas toujours la clé. Nous allons toutefois évoquer quelques pistes.

Commençons par dire que l'ensemble de la nature était sacralisé chez les Celtes : les éléments naturels (tonnerre, colline, mer, source, etc.), les animaux (sanglier, ours, cerf, etc.), les astres, voire même les vertus ou les savoir-faire humains. Le divin semble omniprésent. Il se structure selon les trois classes fondamentales de la société celtique qui, rappelons-le, reflètent la société divine telle que la concevaient les Celtes, à savoir un monde hiérarchisé suivant une classe sacerdotale ou religieuse (symbole de l'esprit), une classe royale ou guerrière (symbole de force) et une classe productrice (symbole de fécondité). La plupart des dieux celtes peuvent se rattacher à l'une de ces catégories. Les dieux, nous l'avons vu, peuplent un Autre Monde, une autre dimension de la réalité. Les druides sont précisément les intermédiaires entre les hommes et les divinités. Seuls les druides pouvaient « communiquer » avec les dieux, c'est-à-dire qu'ils étaient les seuls capables d'interpréter leurs significations métaphysiques, voire peut-être d'entrer en contact avec eux, c'est-à-dire, selon toute vraisemblance, interagir avec le monde des esprits.

Précisons d'abord une originalité des peuples celtiques, à savoir qu'ils ont refusé, du moins pendant une période[108], toute représentation humaine de leurs divinités, ce qui pousse à croire qu'ils les considéraient davantage comme des principes immatériels difficilement personnifiables et qu'ils avaient probablement une perception mentale de leurs dieux. Yann Brekilien (1998) nous le confirme : « Les dieux celtes n'avaient pas d'aspect physique. Il était impensable de les représenter sous une apparence humaine. Tout le monde savait qu'il s'agissait de purs esprits ». D'après Gaël Hily, docteur en

[108] À partir du III$^{e}$ siècle PCN, sous l'influence méditerranéenne, surtout latine, apparaissent des figurations anthropomorphes des dieux. Antérieurement les Celtes ne représentaient pas leurs divinités sous des traits humains. D'après Goudineau (2007), c'est entre la fin du III$^{e}$ siècle et du I$^{er}$ siècle ACN, que les Celtes seraient passés d'une conception « mentale » de leurs divinités à une conception « anthropomorphique ».

littératures celtiques médiévales, ils invoquaient les dieux essentiellement par des surnoms, car le véritable nom des divinités faisait l'objet d'une interdiction religieuse (d'où la formule mentionnée plus haut, évoquant un dieu sans nom). Il est plausible que les peuples celtiques ne pouvaient pas prononcer les noms divins ; un interdit commun à de nombreux peuples anciens. Les théonymes que nous connaissons aujourd'hui sont avant tout des épiclèses (titres ou surnoms accolés au nom d'un dieu), qualificatifs ou quasi-substituts (Hily, 2010), comme par exemple « le Bon Frappeur » (*Sucellos*), « le Polytechnicien » (*Samildanach*), « le Tonnant » (*Taranis*), « Roue d'Argent » ou « la Grande Roue » (*Arianrod*).

Le panthéisme et le polythéisme relèvent cette tendance chez les Celtes à diviniser les multiples manifestations de la nature. Par exemple, le culte des sources était vraisemblablement répandu, comme semblent l'indiquer les nombreux lieux consacrés situés près des lacs et des marais, considérés par les Celtes comme des « portes d'accès » à l'Autre Monde[109]. Les Celtes ont également conservé le culte de la déesse-mère (le culte de la Terre-Mère, la *Terra Mater*, qui est une idée religieuse dont l'origine remonte aux peuples agriculteurs du néolithique) à laquelle ils ont donné le nom de *Dana* ou *Ana*, qui, d'ailleurs, a d'autres noms comme *Belisama* (la Très Brillante), *Nantosuelta* la triple *Brighid* ou encore la triple *Macha*, une déesse en trois personnes (les déesses-mères sont souvent groupées en triades). Cette grande déesse est la mère de tous les dieux. Dans la mythologie irlandaise, les dieux s'appellent les *Tuâtha Dé Dânann*, ce qui signifie « Les Gens de la déesse *Dana* ». *Dana* est un principe divin symbole de fécondité et de fertilité d'où va dériver toute une série de divinités secondaires considérées comme autant de manifestations ou d'attributs de la déesse-mère. À ce sujet, Patrick Darcheville (1995) explique :

> « En Gaule, la Déesse Mère est la Terre. Mère, car de la matrice féconde de la terre divine, sort la race des hommes, des animaux, et des végétaux (...). Dans la mythologie et la cosmogonie celte, tous les hommes descendent de la Déesse *Dana* dont l'attribut est le bélier. Les différents Dieux que nous retrouvons dans la religion celtique correspondent à l'une des caractéristiques de cet être suprême et représentent une force ou un élément cosmique. Les peuples qui vénéraient les forêts, les rivières et les sources attribuèrent des pouvoirs surnaturels à ces lieux, réminiscences et caractères secrets des lois régissant la nature et l'univers. La mythologie celte va donc nous entraîner dans cette doctrine primordiale réservée à une élite mais néanmoins perceptible par les légendes où l'on voit poindre les réalités concrètes issues du savoir ancestral (...) ».

La religion des druides nous renvoie donc certainement à des croyances liées à la terre et aux divinités chtoniennes, souterraines. La grande déesse est la mère de tous les dieux. Fécondée par le dieu-père (ou dieu-souverain), elle

---

[109] En témoignent les nombreuses offrandes retrouvées dans des sanctuaires gaulois situés près des sources de rivière. Cunliffe (2006) va plus loin en affirmant que les Celtes faisaient appel aux vertus curatives des eaux.

engendre la vie sous toutes ses formes, symbolisée par le dieu-fils. D'après Claude Sterckx (2009) : « Plusieurs légendes celtes présentent la fécondation de la déesse-mère par le dieu-père comme une union difficile, à la fois sous forme humaine et sous forme équine. C'est un thème qui se retrouve dans presque toutes les cultures indo-européennes anciennes ». C'est pourquoi la tradition, dans les récits mythologiques, associe souvent la déesse-mère à une jument. Elle porte le nom d'*Epona* (dans la tradition gauloise) ou de *Rhiannon* (dans la tradition galloise). En Gaule, le dieu cornu *Cernunos* est une autre forme archétypale de divinisation de la nature, masculine cette fois-ci. C'est le Maître des fauves et de la forêt (il cumulait vraisemblablement aussi d'autres fonctions, puisque ce dieu cornu serait une forme du dieu-souverain). Il y a également *Teutatès* ou *Toutatis*, dieu protecteur de la tribu ou des gens ; *Manann*, dieu de la mer ; *Divona*, déesse des eaux ; *Sulis*, déesse des sources guérisseuses. Une multitude d'autres divinités participent à l'épopée irlandaise, comme par exemple le dieu-roi *Nuada*, *Goibnu* le forgeron, *Diancecht* le médecin, *Luchta* le charpentier, la *Morrigan*, déesse de la guerre, etc. Nous pourrions multiplier les exemples à l'infini. Dans nos contrées belges, la forêt des Ardennes a été divinisée dans le panthéon gaulois sous le nom de la déesse *Arduina*. En tant qu'expression de la nature, *Arduina* est une manifestation de *Dana*. Peut-être la forêt était-elle perçue par les Celtes comme un organisme vivant, un être collectif doué d'une Âme, d'un esprit.

À côté de ces divinités, les contes celtiques populaires relatent également la croyance en une multitude d'êtres surnaturels comme des fées, des gnomes, des ondines. De telles entités sont en tous points similaires aux Élémentals des mystiques médiévaux et des alchimistes. De telles croyances indiquent que les Celtes attribuaient peut-être une Âme aux éléments (eau, terre, feu, air). Certaines divinités sont certainement issues d'un héritage préhistorique que les druides auraient assimilé, réformé et intégré dans leur système magico-religieux. Les cultes de la déesse-mère et du Maître des fauves, par exemple, sont très anciens et bien antérieurs à l'arrivée des Celtes. Ils remontent à un fond primitif plus archaïque encore, associé à la « vieille » religion de l'âge de pierre. Les druides n'ont pas cherché à « combattre » ces croyances populaires, qu'ils ont réformé avec leur méthode habituelle, selon Brunaux (2008), c'est-à-dire « sans les détruire totalement mais en les remplaçant par des raisonnements plus scientifiques ».

Toutefois, en dépit du caractère « naturaliste » de la religion celtique illustré à travers les nombreuses figurations d'animaux dans les statuaires, il n'y a pas, selon Guyonvarc'h et Leroux (1990), de totémisme ni d'adoration des animaux, comme c'est le cas chez les Indiens d'Amérique du Nord. Chez les Celtes, les divinités animales doivent surtout être interprétées à travers leur symbolisme. Nous avons vu par exemple que le sanglier et le roitelet sont des symboles sacerdotaux ; le saumon symbolise la connaissance ; l'ours et le taureau sont des symboles propres à la royauté. Les arbres ont également une forte charge symbolique. Quant à savoir la raison pour laquelle telle espèce, animale ou végétale, est associée à tel symbole, cela reste pour nous un mystère. Pourquoi précisément le sanglier est-il associé au sacerdoce et le saumon à la connaissance ? Nous ne le savons pas… C'est un symbolisme archaïque issu du fond mythologique.

Les premières informations des dieux gaulois nous proviennent des écrits de Lucain et de Jules César (ce dernier s'étant inspiré des écrits de Poseidonos). Dans son descriptif, César cite des dieux romains (Mercure, Apollon, Mars, Jupiter, Minerve) qu'il associe à des dieux celtes, mais sans faire la correspondance entre les deux panthéons. Il s'agit donc d'une interprétation romaine du panthéon gaulois. Les données sont incomplètes pour comprendre pleinement son commentaire. Par exemple il dit que « les Gaulois prétendent descendre tous de *Dis Pater* ». Mais à quel équivalent celtique correspond ce dieu romain *Dis Pater*? D'après Brunaux (2008), c'est une des descriptions des plus authentiques d'un dieu gaulois car César n'est pas véritablement parvenu à le classer parmi les dieux romains. Dans le panthéon romain, c'est un dieu secondaire mal connu. Toujours selon Brunaux, il s'agirait d'un dieu obscur indirectement associé à Pluton, le dieu grec des enfers. Il est assimilé à une divinité souterraine, une sorte de dieu gaulois des enfers, considéré comme le père de tous les Gaulois, le père de toutes les âmes. Paul-Marie Duval émet l'hypothèse d'un rapprochement de *Dis Pater* avec le dieu gaulois *Sucellos* (un dieu qui tue et qui ressuscite avec son maillet), qui est à son tour l'équivalent du *Dagda* irlandais. Mais l'information essentielle sur cette croyance en ce *Dis Pater*, selon Brunaux, « c'est l'idée que tous les hommes sont les descendants directs d'un dieu ».

César affirme d'autre part que le dieu le plus honoré est Mercure, dont nous ne savons pas quel est l'équivalent gaulois. Selon Eliade (1978), il serait l'équivalent du dieu irlandais *Lug*. Guyonvarc'h et Leroux (1990) ont établi la correspondance entre les dieux romains cités par César et les dieux de la mythologie celtique irlandaise. Nous renvoyons le lecteur à leur ouvrage pour plus de détails. Sur le continent, nous savons peu de choses à propos de l'organisation du panthéon gaulois (il n'y a pas de textes sur la mythologie celtique continentale). Il existe bien une liste interminable de théonymes (la Gaule fait partie des terres celtiques les plus riches en dieux), mais nous nous perdons facilement en conjectures pour trouver la correspondance entre les dieux des Celtes insulaires et ceux des Celtes continentaux. Nous laissons ce travail d'interprétation aux spécialistes des religions gauloises et du comparatisme des religions.

En effet, le panthéon celtique est assez confus et difficile à cerner dans son ensemble. La principale difficulté réside dans le fait que chaque dieu est désigné sous plusieurs noms. Chaque divinité est à la fois unique et multiple, aussi bien dans ses dénominations que dans ses fonctions. Dans la mythologie, la généalogie des dieux (ou théogonie) est également difficile à interpréter :

> « Par exemple, le *Dadga* est le père de sa propre mère, l'oncle de son fils, l'amant et le fils de sa propre fille qui est l'épouse de son frère en même temps que la sienne. Échappant au temps, à l'espace et à l'évolution, les dieux, et à leur suite les druides mythiques, sont un et multiples. Ils sont pères ou mères, fils ou filles, frères ou sœurs, mais ils sont éternels et ils n'ont pas eu besoin de naître suivant des normes temporelles. Leurs généalogies complexes et parfois contradictoires ne sont qu'un moyen de les situer et de les expliquer l'un par rapport à l'autre » (Guyonvarc'h et Le Roux, 1986).

D'autres auteurs pensent qu'il faut y voir une illustration de la doctrine celtique de la renaissance, dans la mesure où les personnages de certains cycles épiques irlandais doivent être perçus comme des avatars ou des réincarnations des premiers dieux (Hull, in Wentz, 1911).

Un dernier aspect essentiel concerne l'unité divine qui se devine derrière cette multiplicité de divinités. Tous ces dieux et déesses peuvent être considérés comme faisant partie intégrante d'un principe suprême et universel, un « Grand Tout » dont tout ce qui existe n'est qu'un sous-multiple. Il est probable qu'il existe, chez les Celtes, une divinité supérieure qui intègre à la fois ce qui est de l'ordre du manifesté et du non-manifesté, de l'être et du non-être comme il est coutume de dire en métaphysique. Bref, une sorte d'équivalent celtique du dieu *Brahma* dans l'hindouisme. Eliade (1978) évoque à ce propos l'existence d'un être suprême céleste associé au Jupiter romain, dont l'équivalent gaulois serait *Taranis*, et l'équivalent irlandais serait *Dagda*, dont nous reparlerons dans quelques lignes. En ce sens, le panthéon celtique intègre une forme de monothéisme. Les autres divinités ne seraient qu'une manifestation de ce dieu principal : « La tradition celtique tend au monothéisme : les dieux celtiques sont, chacun en ce qui le concerne, les divers aspects de la grande divinité suprême, hors classement et hors fonction parce qu'elle transcende toutes les classes et assume toutes les fonctions » (Guyonvarc'h et Le Roux, 1990).

La tradition néo-druidique fait également référence à un principe divin supérieur qu'elle surnomme « l'Increé ». En langue gauloise, il est également fait mention d'*Uxellimon* (le « Très Haut »), qui représente un principe suprême. C'est le « Grand Tout » évoqué ci-dessus. Inconnaissable, son nom véritable serait imprononçable. C'est pourquoi il est symbolisé, toujours dans la tradition néo-druidique, par le triban / | \ représentant trois rayons qui convergent vers un point sans jamais l'atteindre. C'est l'archétype de l'équilibre universel, de l'ordre cosmique, de la réalité ultime et inaccessible. Dans le *Barddas*, l'Incréé demeure dans un cercle d'existence inaccessible à l'homme, le cercle de *Keugant* ou cercle de l'infini.

Ce principe suprême doit-il être considéré comme un dieu créateur, au sens où l'entendent les grandes religions monothéistes ? Nous n'en sommes pas certains. Si la notion de « dieu suprême » porte à le croire, il est tout aussi possible que cette notion exprime, chez les Celtes, une conception d'un univers cyclique sans commencement ni fin. La symbolique de la roue et des spirales est en effet omniprésente chez les Celtes. Elle évoque cycles et mouvements et peut être associée à une conception cyclique du monde. Rappelons-nous la citation de Brunaux : « (…) Pour eux [les druides], la fin du monde n'était en réalité que la fin d'un cycle où l'univers se décomposait avant de prendre forme à nouveau ».

Le panthéon celtique irlandais exprime cette divinité suprême par une trinité divine représentée par trois dieux (ou un dieu triple, c'est selon) : *Lug – Dagda – Ogmios*[110]. On retrouve ici la symbolique des dieux tricéphales, communs aussi bien aux Celtes insulaires qu'aux Celtes continentaux. Guyonvarc'h et Le Roux (1986) nous donnent le commentaire suivant :

> « Les trois dieux sont, dans le panthéon irlandais, le dieu suprême, hors classe, *Lug*, et ses deux "frères", le dieu druide *Dagda* et le dieu champion *Ogme*. Le premier transcende les trois fonctions sociales et cosmiques et les deux autres sont les deux faces opposées et complémentaires de la grande divinité souveraine (…). Ils symbolisent aussi la totalité du monde manifesté, clair et sombre, bon et mauvais, céleste, terrestre et infernal ».

*Lug* symboliserait donc ce principe transcendantal globalisant l'être et le non-être, à l'instar du *Brahma* hindou, signifiant à la fois l'univers manifesté et non-manifesté. Dans la mythologie irlandaise, toujours selon Guyonvarc'h et Le Roux : « il est le chef des *Tuatha Dé Danann*, hors classe et hors fonction, faisant partie de toutes les classes et transcendant toutes les fonctions, ce qui se traduit par le surnom de Samildanach, le "polytechnicien" ».

*Dadga* symboliserait quant à lui les forces « positives » de l'univers. C'est, littéralement, le « dieu bon » ou « Très divin ». Dans la mythologie, c'est : « le dieu-druide et Dieu des druides, maître des éléments et de la science, et aussi dieu de l'amitié et des contrats, du temps chronologique et atmosphérique, et de l'éternité tout en étant guerrier ». C'est également le dieu-père (ou Père souverain).

*Ogmios* symboliserait les forces « négatives » de l'univers. C'est un dieu terrible qui « a pouvoir ou prise sur tout ce qui est obscur, déréglé, violent, magique ; c'est une divinité que l'on ne nomme pas parce qu'elle est trop redoutable ; c'est le dieu de l'éloquence, le dieu "lieur", inventeur de l'écriture,

---

110 Dans le panthéon gaulois, la trinité équivalente serait *Lugus – Taranis – Ogmios* (Guyonvarc'h et Le Roux, 1990) ou *Esus – Toutatis – Taranis* (Sterckx, 2005). Dans *Taranis, Sucellos et quelques autres*, Claude Sterckx (2005) confirme l'interprétation selon laquelle il ne s'agirait pas de trois types divins distincts, mais trois épiclèses d'un même dieu.

maître de la magie, qui paralyse ses victimes et a dans ses attributions l'exercice de la souveraineté magico-guerrière ».

Outre la dualité et la triplicité que nous avons évoquées jusqu'à présent, il serait imprudent, selon Cunliffe (2006), de tenter de structurer davantage la religion celtique :

> « Au milieu des titres et des attributs multiples qu'affichent les dieux celtiques, il est possible de dégager une structure sous-jacente faite de simples oppositions binaires : mâle/tribu/ciel/terre contre femelle/lieu/terre/fertilité. L'association de ces deux entités engendre équilibre, harmonie et productivité qui s'accomplissent selon un cycle annuel régulier, déterminé par les saisons ».

Venceslas Kruta va un peu plus loin à propos des dieux de la mythologie celtique, soutenant que « la hiérarchie du monde divin était considérée comme le résultat des combats féroces qui opposèrent les générations successives de dieux qui avaient dominé l'univers, depuis le chaos primordial jusqu'à l'apparition d'un ordre dont le maintien était assuré par la suprématie des grands dieux celtiques » (Kruta, in Moscati *et al.*, 2001).

René Guénon (1921) étend la tendance au monisme à toutes les divinités des religions polythéistes. Il pense en réalité : « qu'aucune doctrine ne fut jamais polythéiste en elle-même et dans son essence ». Selon lui, le polythéisme refléterait autant d'attributs divins qui sont les divers aspects ou les diverses fonctions d'un principe suprême. Dans son *Introduction générale à l'étude des doctrines hindoues*, il explique que les multiples dieux du panthéon hindou sont autant de « fonctions universelles » du principe suprême, *Brahma*, et non des entités séparées et plus ou moins individualisées. Chacun des « aspects divins », poursuit-il, est regardé comme doué d'une puissance ou d'une énergie propre. Chacun des principes peut encore être envisagé sous une pluralité d'aspects plus particularisés, et de chacun d'eaux dérivent aussi d'autres aspects secondaires, dérivation qui est le plus souvent décrite comme une filiation symbolique. Par déformation anthropomorphique, les hommes ont fait de ces attributs divins autant de « dieux » individuels, c'est-à-dire autant d'entités conçues sur le type des êtres individuels, et auxquelles est prêtée une existence propre et indépendante. Mais ce serait une erreur de les concevoir comme tels.

Mais est-ce que les druides considéraient ces dieux comme des entités douées d'une réalité objective ? Étaient-ils, comme le pense Guénon, des aspects ou des fonctions de la divinité suprême ? Étaient-ce de simples abstractions mentales, des représentations purement imaginaires ou symboliques ? Ou bien ces déités représentent, comme par exemple dans le bouddhisme tibétain, des valeurs ou des vertus à développer à travers l'initiation spirituelle ? Les interprétations sont multiples. Certaines divinités symbolisent effectivement des forces naturelles ou des éléments qui ont une existence propre, « réelle », comme la Terre, le Soleil, la foudre, les rivières, les sources, la forêt ; forces naturelles dont les êtres humains sont tributaires. Il ne faut pas oublier d'intégrer dans ce système le monde des esprits, les « gens de l'Autre Monde », perçus comme des entités psychiques ayant également une existence propre. D'autres divinités semblent au contraire dénuées de toute matérialité, symbolisant des vertus ou des savoir-faire humains sublimés au rang de divinité. D'autres enfin ont probablement une signification métaphysique plus subtile déguisée en mythe.

Nous devons admettre que nous avons en partie perdu la signification véritable de la nature des dieux celtiques. La plupart sont devenus des mythes dont nous n'avons plus la clé. Il serait vain, nous semble-t-il, de vouloir trouver une explication rationnelle dans toutes les divinités celtes. Si certaines ont clairement une signification métaphysique, d'autres ne semblent pas en avoir. Certaines sont peut-être issues d'un fond préceltique que les druides ont conservé. Les druides étaient des intellectuels, des hommes de raison qui avaient probablement compris que le peuple avait besoin de telles croyances (à l'instar de Pythagore, comme nous le verrons plus loin). Au sujet du polythéisme, Paul et René Bouchet (1997) considèrent que « les druides n'ont jamais cherché à combattre cette forme de polythéisme populaire, sachant fort bien que leur conception spirituelle d'une divinité universelle omniprésente et omnipotente ne pouvait être assimilée par des esprits simples qui ne sauraient élever leurs concepts à ces hauteurs métaphysiques ».

**Essai d'interprétation des triades divines**

La tripartition des dieux est liée à l'organisation ternaire du cosmos, dont nous allons nous permettre une interprétation. La tripartition symbolise ce que l'on nomme communément le ternaire en sciences ésotériques. Le ternaire s'exprime selon une loi, connue en occultisme sous le nom du « dogme de l'analogie universelle ». Dans *Dogme et Rituel de Haute Magie*, Alphonse Louis Constant (1854) a énoncé cette loi en ces termes : « Il y a dans la nature deux forces produisant un équilibre. Et les trois ne font qu'une seule loi. Voilà le ternaire se résumant dans l'unité. La loi d'équilibre est celle de l'analogie universelle, et le dogme magique est un en trois et trois en un (…) ». En fait, la tripartition symbolise la loi d'équilibre dans l'univers (qui elle-même rejoint la notion d'*omphalos* que nous avons vue précédemment), dont le principe est basé sur la synthèse, l'interaction de deux forces opposées et complémentaires. C'est la loi bien connue de l'union des opposés. Cette loi repose sur le constat de la dualité dans la nature, avec deux principes, positif et négatif, dynamique et statique, actif et passif, expansif et constrictif, fécondateur et fécondé, qui sont à l'origine de nombreux phénomènes naturels et qui constituent une sorte de loi fondamentale de la nature[111]. Le ternaire exprime ainsi les deux fonctions d'un principe unique.

---

[111] Dans la nature, l'équilibre des forces fondamentales suit ce principe : les propriétés de l'électricité (interaction des charges positives et négatives), du magnétisme (interaction des pôles nord et sud), de la gravitation (forces centrifuges et centripètes) caractérisent la dualité des forces dans l'univers.

Ce constat est symbolisé dans diverses traditions indo-européennes, où la tripartition divine est associée à un couple antagonique et complémentaire de dieux souverains, représenté par le symbolisme de la dyade et des polarités, pour reprendre les termes de Mircea Eliade. C'est, par exemple, le symbole du *Yin* et du *Yang* de la Chine ancienne, le symbolisme de la croix (avec l'intersection d'une ligne horizontale et d'une ligne verticale) et de la trinité dans le christianisme ou encore de l'étoile de David (composée de deux triangles inversés) dans le judaïsme. Cette même loi postule que toute forme d'équilibre est le juste milieu, la synthèse de ces deux extrêmes. Cette synthèse forme une troisième unité à part entière, qui est plus que la somme des parties (selon ce principe, 1 + 1 = 3). Cette interprétation holistique nous paraît en tout point analogue à celle de Guyonvarc'h et Le Roux concernant la trinité divine chez les Celtes. Les triades que nous avons évoquées précédemment doivent d'ailleurs être comprises comme une manifestation de la multiplicité en tant que notion subordonnée à l'unité (Guyonvarc'h et Le Roux, 1986).

Les triades néo-bardiques évoquent cet équilibre en ces termes : « Il est trois unités primitives, et il ne peut y en avoir davantage, ce sont : un dieu, une vérité, une liberté, point d'équilibre de toutes les oppositions » (Triade 1). C'est la raison pour laquelle le chiffre trois est un nombre divin par excellence dans la plupart des systèmes religieux : c'est un archétype de l'équilibre universel, de l'unité qui se manifeste dans la dualité, voire la pluralité de la nature. Les Celtes vouaient presque un culte au nombre trois, comme en témoignent les décorations de nombreuses pièces archéologiques et les représentations de taureau tricorne, les triades de déesses-mères ou encore les dieux à triple tête. Le triskèle (également orthographié triskell ou triscel) et le triban, symboles druidiques par excellence, illustrent également cette notion de tripartition[112].

---

La physique quantique reconnaît elle aussi l'existence d'une antimatière qui serait complémentaire à la matière. La manifestation du vivant suit un schéma similaire, où c'est la polarité des êtres qui engendre la vie, fruit de la fécondation de deux sexes, mâle et femelle, opposés mais complémentaires.

112 En réalité, il s'agit d'un symbole plus ancien qui remonte à l'époque néolithique, repris ensuite par les Celtes. Tout le monde ne s'accorde pas sur la signification du triskèle. Il existe plusieurs interprétations. Certains y voient la tripartition des dieux et du monde (les trois plans de l'arbre cosmique) telle qu'expliquée plus haut. En complément de cette interprétation, la tradition néo-druidique voit également, dans le mouvement en spirale, la symbolique de la migration de l'Âme au sein des trois cercles d'évolution (*Antunos, Uodercos, Aballon*). En Bretagne, d'autres y voient les trois éléments (la terre, le feu et l'eau), mais on est en droit de s'interroger sur la pertinence de cette interprétation puisqu'il y a quatre, voire cinq éléments ordinairement reconnus dans les traditions, et non trois (un symbole quaternaire ou quinquénaire conviendrait dès lors mieux pour représenter les éléments).

Cette ancienne notion refait surface aujourd'hui dans les sciences modernes, à travers la « philosophie du processus » développée notamment par le philosophe et mathématicien Alfred North Whitehead [1861-1947], qui affirme que :

> « Les deux constituants fondamentaux de la réalité ne relèvent pas de deux catégories d'entités stables, voire d'une seule, mais bien d'un type d'événement qui comporte deux aspects ou deux phases. Cette philosophie est moniste dans sa représentation du caractère commun à tous les événements, mais elle reconnaît que ces événements peuvent être organisés de diverses façons pour aboutir à un pluralisme organisationnel composant de multiples niveaux » (Whitehead, in Barbour, 2005).

# Éléments de comparatisme

En dernière analyse, le monde spirituel des Celtes peut être mis en perspective avec d'autres traditions, en particulier celles avec lesquelles les druides ont pu rentrer en contact ou encore celles avec lesquelles une filiation est supposée. La compréhension globale d'une spiritualité doit d'ailleurs s'envisager en tenant compte du contexte historique, culturel et religieux dans lequel elle s'inscrit et dont elle a pu se nourrir. Ce champ d'investigation est l'objet du comparatisme des religions, un domaine d'étude qui est la spécialité de certains auteurs de renom comme Mircea Eliade et Georges Dumézil, pour ne citer qu'eux. Nous avons développé ce chapitre car l'étude comparative apportera peut-être des réponses face à des données manquantes de la spiritualité des Celtes. En l'absence d'écrits nous permettant d'interpréter ou d'énoncer correctement les doctrines druidiques, il est possible de trouver des informations complémentaires dans des cultures dont la similitude avec la tradition celtique est attestée, avec toutefois des réserves pour éviter des associations trop directes. Cette approche comparative a d'autant plus de sens que les religions ont la particularité de présenter toutes, ou du moins presque toutes, des concepts similaires, sous le voile de mythologies différentes et d'enseignements ésotériques plus ou moins distincts. Du point de vue de la méthode, Eliade (1959) considère que : « la reconstitution d'un scénario initiatique [et d'un système religieux précisons-nous] sur la base de quelques documents fragmentaires et à l'aide d'ingénieuses comparaisons, est une démarche parfaitement valable ».

Pour mieux comprendre le druidisme, il nous paraît dès lors nécessaire d'exposer, au moins partiellement, le contenu de traditions ayant eu une influence sur la culture celtique. À plusieurs reprises, les traditions grecque et hindoue ont été comparées avec la tradition druidique. La diaspora des peuples celtiques au sein du monde méditerranéen et oriental (du moins au niveau du Proche-Orient) autorise à envisager des échanges d'idées entre ces cultures. En complément des éventuels échanges, certaines analogies trouvent également une explication dans l'appartenance des Celtes à la grande famille des Indo-européens, comme le confirment Guyonvarc'h et Leroux (1990) :

> « Le monde indo-européen reflète une communauté d'institutions et de croyances suffisamment attestées de l'Inde védique à l'Irlande préchrétienne, de la Gaule à la Grèce en passant par Rome et la Germanie, où se dégage tout un ensemble de thèmes et de schèmes mythiques, de structures sociales et théologiques, qui sont l'objet d'études comparatives en histoire des religions. À titre d'exemple, l'idéologie de la tripartition fonctionnelle de la société, sacerdotale, guerrière et productrice, se retrouve aussi bien dans le *Manavadharmashasrta* indien, dans la description que César donne

très brièvement de la Gaule, que dans le récit mythique irlandais de la *Cath Maighe Tuiradh* (la *Bataille de Mag Tured*) ».

Georges Dumézil fut le premier à dégager « la structure fondamentale de la société et de l'idéologie indo-européenne ». Sur ce thème, Eliade (1976) précise :

> « Les Indo-européens avaient élaboré une mythologie et une théologie spécifique. Ils pratiquaient les sacrifices et connaissaient la valeur magico-religieuse de la parole et du chant. Ils possédaient des conceptions et des rituels qui leur permettaient de consacrer l'espace et de "cosmiser" les territoires dans lesquels ils s'installaient (ce scénario mythico-rituel est attesté dans l'Inde ancienne, à Rome et chez les Celtes). (...) Une autre remarque caractéristique : la transmission orale de la tradition et (...) l'interdiction d'utiliser l'écriture ».

Nous retrouvons ici bien des traits communs à la tradition druidique. Par conséquent, il y a deux possibilités quant à l'origine des doctrines druidiques. Soit les druides se sont inspirés de leurs échanges culturels avec d'autres sages, soit ils ont développé parallèlement des concepts similaires, dont certains sont issus d'un fonds commun indo-européen ou préceltique. Dans cette dernière hypothèse, il est difficile d'affirmer, comme le souligne Evans Wentz (1911), quelle part de la doctrine serait purement celtique et laquelle ne le serait pas, car les études comparatives ont prouvé que le mysticisme est fondamentalement le même à travers les âges et les peuples. Dès lors, il n'est pas possible de déterminer quelle tradition fut la première à énoncer telle ou telle doctrine, puisqu'il s'agit d'un fond commun antérieur plus difficilement datable.

Après avoir comparé des mythes celtes avec d'autres mythes indo-européens, Sterckx (2009) est favorable à cette hypothèse :

> « Plusieurs autres allégories de la création du monde conservées dans les traditions celtes semblent reçues d'un très lointain passé. Elles trouvent en effet leurs parallèles exacts dans d'autres mythologies indo-européennes, mais sous des formes à ce point différentes qu'elles ne peuvent guère être des emprunts : plutôt donc des héritages communs ».

Brunaux (2006) semble pour sa part opter pour l'autre hypothèse (celle d'un échange d'idées). Rappelons-nous ses propos quant à l'origine du savoir des druides :

> « Ils n'ont pas inventé ce savoir nouveau ni ne l'ont tiré de quelconques traditions autochtones. À l'âge du bronze et au début de l'âge du fer, on ne relève aucune trace d'un développement particulier des mathématiques, de l'astronomie et encore moins des réflexions métaphysiques et morales. L'apparition de ces nouveaux champs de la pensée est relativement soudaine, entre la fin du VIIe et celle du Ve siècle. Or, c'est précisément à ce moment que les Celtes nouent des relations privilégiées avec le monde grec occidental ».

Sous cet angle, nous pouvons supposer qu'il y eut des influences extérieures (probablement mêlées à des développements propres). Les changements de pratiques funéraires ou de modes de représentation des dieux trouvent probablement, eux aussi, leur explication dans des influences extérieures. Pourquoi ce passage de l'inhumation sous tertres à l'incinération dans des urnes ? Pourquoi cette transition entre le refus de représentation anthropomorphique des dieux à des statuaires représentant des divinités ? C'est dans les échanges culturels et cultuels que l'on trouvera la cause de certains changements. Cette hypothèse est d'autant plus séduisante qu'une des caractéristiques remarquables des peuples celtes est précisément leur aptitude à assimiler des idées ou des techniques en provenance d'autres cultures. Les Celtes avaient une véritable faculté d'adaptation aux autres peuples qu'ils rencontraient, en intégrant certains éléments de leurs traditions ou de leurs modes de vie, tout en préservant leurs propres traits culturels distinctifs. Ce trait de comportement a d'ailleurs été remarqué par divers auteurs contemporains aux Celtes, comme Jules César qui relate « leur grande aptitude à imiter et à produire tout ce qui leur a été montré ». L'époque gallo-romaine est peut-être l'exemple le plus évident de cette aptitude au syncrétisme où, après la guerre des Gaules, il s'est opéré assez facilement une fusion entre la culture gauloise et romaine.

Par ailleurs, nous l'avons mentionné plus haut, l'approche comparative nous éclairera peut-être sur certaines zones d'ombre de la pensée druidique. À titre d'exemple, la théorie celtique de la transmigration des âmes, telle qu'elle a été évoquée par les auteurs contemporains aux Celtes, est incomplète, voire fragmentaire avec les données dont nous disposons. C'est ici que la pensée hindoue peut nous éclairer, étant donné la parenté indo-européenne entre la pensée celtique et la pensée indienne. Nous y consacrerons un appendice en fin d'ouvrage. La doctrine indienne est extrêmement complète à ce sujet, comme l'indique des Georges (1966), docteur en sociologie et en philosophie spécialisé dans le comparatisme des religions : « En aucune culture cette doctrine n'a jamais pris la popularité, l'ampleur et la persistance qu'elle a acquise aux Indes. C'est là que nous allons trouver une dogmatique précise de la transmigration avec tous les développements théologiques possibles ». Nous pouvons également espérer trouver des compléments significatifs dans la pensée grecque qui, en plusieurs points, rejoint la pensée indienne. Toutefois la prudence s'impose dans une telle approche car il serait hasardeux d'affirmer que le druidisme partage tous les concepts développés dans la pensée indienne et/ou grecque.

Sur la question de la transmigration, des Georges (1966) distingue les deux conceptions, « statique » et « dynamique » (ou cyclique), liées respectivement à l'école d'Occident ou d'Orient. La conception statique correspond à la « vision arrêtée des paradis judéo-chrétiens et sémitiques en général », où la transmigration *stricto sensu* (réincarnation ou métempsychose) est absente. Elle est associée à un absolu de vie éternelle dans l'au-delà. La conception « dynamique » est celle d'une régénération éternelle caractéristique de la pensée orientale, en une spiritualisation pour ainsi dire mécanique. Cet auteur précise :

> « La vision dynamique de l'évolution spirituelle fait intervenir la causalité universelle [la loi du *karma* des hindous], la nécessité des transmigrations des âmes, les croyances dans les cycles des existences au cours desquels les actions s'équilibrent, s'annulent ou se multiplient entre elles, selon le cas. N'oublions pas cependant de souligner le caractère grave, douloureux, inexorable du cycle des renaissances dans le monde oriental ; les penseurs grecs pythagoriciens et platoniciens en feront une école de perfectionnement et d'affinement de l'Âme ; les penseurs hindous, brahmanistes ou bouddhistes, considèrent toujours cet éternel retour comme une source inépuisable de douleurs, de souffrances et de malheurs ; (...) et le salut de l'Âme consiste en sa libération hors de la "Roue" [des renaissances] ».

Reste à savoir à laquelle de ces deux conceptions les druides se rapprochaient le plus... Avertissons le lecteur que notre analyse comparative sera volontairement ciblée et partielle. Elle se focalisera sur deux courants de pensée (grec et hindou) et, au sein même de ces deux courants, sur certains aspects de leurs doctrines ou de leurs enseignements. Cette approche comparative pourrait être étendue à d'autres cultures indo-européennes, voire non indo-européennes. Le concept d'inframonde, par exemple, est également présent dans les traditions méso-américaines telles que la culture aztèque ou maya. Il y aurait également des parallèles intéressants à dresser avec les cultures germaniques et scandinaves. Nous n'avons malheureusement pas l'érudition pour mener un tel travail...

## Druidisme et pythagorisme

« Pythagore a été disciple de l'Assyrien Zaratos, des Gaulois et des Brahmanes. La philosophie serait née tout d'abord chez les barbares et notamment chez les druides gaulois ».

Alexandre Polyhistor
Historien romain, Ier siècle ACN

« La doctrine pythagoricienne prévaut parmi eux [les druides], enseignant que les âmes des hommes sont immortelles et reviennent pour un certain nombre d'années dans un autre corps ».

Diodore de Sicole
Historien grec, Ier siècle ACN

« Les druides sont prophètes et pratiquent la divination par les chiffres, à la manière des pythagoriciens ».

Hippolyte de Rome
Théologien grec, IIIe siècle PCN

Parmi les cultures ayant joué une influence sur la pensée des druides, la tradition hellénistique occupe une place non négligeable. Étant voisine du Proche-Orient, la Grèce antique présente cette particularité d'être pour ainsi dire un point de rencontre entre la culture occidentale et orientale. D'ailleurs, le courant de Pythagore se rattache davantage à l'école d'Orient. Il n'est donc guère étonnant qu'il y ait eu des échanges d'idées entre ces deux cultures et, par la suite, avec la tradition druidique qui présente des affinités, voire une filiation avec la tradition orientale (comme nous le verrons par après).

L'influence du monde grec sur les doctrines druidiques est rarement développée, si ce n'est à travers quelques citations. Brunaux est favorable à l'idée d'un rapprochement entre ces deux traditions. Il va jusqu'à qualifier les Celtes de « philhellène », en ce sens qu'ils avaient une propension à saisir et à s'approprier certains éléments de la pensée ou de la culture grecque. Toutefois, ce « philhellénisme » des Celtes n'est pas partagé par tous. Markale (1971) y est opposé lorsqu'il affirme : « Quelle preuve pourrait-on apporter de l'influence directe de la Grèce ? Il faut se débarrasser définitivement de notre complexe utérin vis-à-vis de la grécité et de la latinité, complexe résultant d'une éducation stupide qui dure depuis des siècles et qui ne nous tourne que vers la Méditerranée ». Cela appartient effectivement au « préjugé classique » que nous avons évoqué au début de cet ouvrage.

Il y a pourtant eu de réels échanges culturels entre les Grecs et les Gaulois : échanges à travers lesquels se sont nouées des relations de confiance et d'amitié, couplées à des échanges intellectuels. Les relations avec le monde grec ont commencé vers le VIIe siècle ACN. Ce philhellénisme en Gaule était réputé jusqu'en Grèce, dès l'époque de Platon. Par ailleurs, des analogies ont été clairement formulées entre le druidisme et le pythagorisme, sans savoir dans quel sens l'influence a eu lieu. René et Claudine Bouchet (2001) pensent par exemple que ce sont les druides qui ont influencé Pythagore, lorsqu'ils citent Clément d'Alexandrie [150-215], un lettré grec qui aurait écrit que « Pythagore avait emprunté sa doctrine aux druides ». Guyonvarc'h et Le Roux (1986) mentionnent une autre citation du même auteur grec : « Alexandre, dans son livre sur les symboles pythagoriciens, expose que Pythagore était un élève de Nazaratus l'Assyrien, et il prétend, en outre, que Pythagore était un auditeur des Galates [c'est-à-dire les Celtes qui ont migré en Galatie, située dans l'actuelle Turquie] et des Brahmanes ». À l'inverse, Hippolyte (voir citation plus haut) va plutôt dans le sens d'un enseignement pythagoricien assimilé par les druides :

> « Les druides des Celtes ont assidûment étudié la philosophie de Pythagore, étant incité à cette étude par Zalmoxis, l'esclave de Pythagore, Thrace de naissance, qui vint dans ces contrées après la mort de Pythagore et leur fournit l'occasion d'étudier le système philosophique. Et les Celtes croient en leurs druides comme voyants et comme prophètes parce qu'ils peuvent prédire certains événements par le calcul et l'arithmétique des Pythagoriciens ».

Guyonvarc'h et Le Roux (1986) – d'où nous tirons l'extrait ci-dessus – nous mettent toutefois en garde sur ces « textes du IIIe siècle qui contiennent des généralités proches de la légende et non des preuves ». Ils précisent que les relations des druides avec Pythagore ou Zalmoxis ne sont pas attestées historiquement. Brunaux (2006) confirme qu'il n'y a pas eu de rencontres directes entre les druides et Pythagore lui-même pour des simples raisons de chronologie. L'archéologue explique que Pythagore aurait prospéré durant le VIe siècle ACN, à une époque où il est exclu que des druides aient pu faire le voyage en Grèce pour le rencontrer[113]. À cette époque, les Gaulois commençaient seulement à envisager une expansion vers l'Italie du Nord. Par contre, toujours selon Brunaux, des contacts physiques avec des pythagoriciens de deuxième et troisième génération sont envisageables.

Brunaux (2008) explique que la comparaison entre les pythagoriciens et les druides s'articule en trois points : (1) leur pratique de la philosophie est similaire (philosophie de l'action basée sur l'instruction et la morale) ; (2) leur

---

[113] Cependant, Guénon (1921) nous invite à la prudence sur de telles affirmations, lorsqu'il soutient que les relations entre les peuples anciens, même éloignés, étaient beaucoup plus fréquentes dans l'Antiquité qu'on ne se l'imagine d'ordinaire. Il pense que bien avant les premiers temps de la philosophie grecque, les moyens de communication devaient avoir un développement dont les modernes sont loin de se faire une idée exacte.

mode de vie est comparable (assemblement en confréries « secrètes » mais néanmoins intégrées dans la société, initiation de longue durée) et (3) leurs doctrines métaphysiques sont analogues (immortalité de l'Âme et réincarnations successives).

Développons un peu plus en détail le personnage de Pythagore (*Pythagoras*, en grec). Si nous connaissons tous le mathématicien (à travers son célèbre théorème enseigné dans tous les cours de géométrie), c'était également un philosophe et un savant versé dans de multiples disciplines. Il est né à Samos (une île grecque de la mer Égée, proche de l'Asie Mineure) entre 590 et 558 ACN, il mourut vers 495 ACN. Il fonda son école qui devint un véritable mouvement intellectuel, mystique, éducatif et politique dont l'histoire dura plus de dix siècles. Présocratique, il est considéré comme le fondateur de la philosophie grecque. Sa doctrine tend à établir une règle de vie et à expliquer le monde. Son enseignement combine à la fois piété et science. À l'instar des physiciens modernes, il considérait que les principes mathématiques régissent toutes les choses[114]. Selon Mircea Eliade (1978) :

> « Les pythagoriciens cultivèrent un système d'éducation, en complétant leurs règles ascétiques et morales par l'étude de la musique, des mathématiques et de l'astronomie. Le but ultime de ces disciplines était d'ordre mystique. Qui plus est, ils n'ont pas dédaigné la politique active ; pendant un certain temps, les pythagoriciens ont même détenu le pouvoir en plusieurs cités d'Italie méridionale ».

Brunaux (2006) décrit davantage la vie du philosophe :

> « Pythagore entreprend sa formation intellectuelle à l'âge de 18 ans auprès des sages grecs et phéniciens. Il se fait ensuite initier aux mystères de Tyr et à ceux d'Égypte, enfin il séjourne 12 ans à Babylone auprès des mages. De retour à 56 ans à Samos, il en aurait été chassé par le tyran Polycrate. Il se réfugie ensuite en Grande-Grèce, à Crotone, où son enseignement, riche de prédication, lui gagne de nombreux fidèles. Il fonde alors une communauté, dont les buts sont à la fois religieux et politiques. Pour entrer dans la secte pythagoricienne, les disciples doivent obéir à un rituel d'initiation. Ce n'est qu'après une période de formation de 5 ans, pendant laquelle ils l'écoutent sans jamais le voir, qu'ils ont enfin accès au maître. L'enseignement est marqué du sceau du secret, il ne doit pas être communiqué aux non-initiés. Pour parler devant ces derniers, ils utilisent entre eux des "symboles", des messages codés. Les premiers pythagoriciens parviennent à prendre le pouvoir politique dans plusieurs villes de Grande-Grèce. Mais rapidement la ja-

---

114 Une telle conception peut paraître surprenante de nos jours. Elle fut pourtant soutenue au XXe siècle par le célèbre mathématicien et logicien Kurt Gödel [1906-1978], décrit à sa mort par Albert Einstein et John von Neumann comme « le plus grand logicien depuis deux mille cinq cents ans ». Connu pour son théorème de l'incomplétude de la logique, Gödel disait : « Il semble que l'on puisse réfuter l'idée que les mathématiques soient une création de l'esprit humain. (…) Cela implique que les faits et les objets mathématiques existent objectivement et indépendamment de nos actions mentales et de nos décisions » (Gödel, in Staune, 2007). Nous rediscuterons de cette interprétation des mathématiques dans notre deuxième partie.

lousie d'aristocrates, tels que Cylon de Crotone, envers les pythagoriciens met fin à leur hégémonie politique. La plupart des disciples de Pythagore sont tués, les survivants se dispersent en Italie où ils fondent à nouveau des communautés. La légende de l'enseignement des druides par Pythagore repose incontestablement sur la réputation que les deux groupes d'intellectuels avaient acquise dans leur propre société. Dès l'Antiquité, un certain nombre de croyances métaphysique a rendu légitime la comparaison entre les druides et Pythagore. Celle en la réincarnation ou en la métempsychose occupe une place de premier ordre. Des conceptions que les druides se faisaient de l'Âme, nous n'avons que peu de témoignages directs, puisqu'ils n'ont pas laissé d'écrits et que de telles considérations n'ont guère passionné leurs observateurs.

Une des singularités de l'enseignement et de la vie même de Pythagore réside dans l'harmonie qu'il parvint à établir entre une sagesse où l'esprit scientifique est partout en germe, et le respect pour des dieux ancestraux aux caractères et aux mœurs archaïques, voire immoraux. À l'évidence, Pythagore avait un regard critique vis-à-vis des dieux, mais il le taisait et préférait utiliser leur pouvoir sur les hommes. Pythagore regardait le pouvoir des dieux comme extrêmement utile pour l'établissement de la justice. Les pythagoriciens avaient compris qu'il était inutile, voire dangereux de détourner le peuple des dieux simples en lesquels ils croyaient et qui les rassuraient, qu'il était plus habile d'en faire des alliés. Face à leurs dieux, les druides adoptent un comportement tout à fait similaire. Chez les Gaulois, la perception des dieux est confuse, chaque peuple a les siens, souvent hérités d'une lointaine préhistoire. Aux dieux imaginés comme des personnes, voire des hommes, les pythagoriciens préfèrent des nombres, expression la plus pure du divin, à la fois vecteur de son message adressé aux hommes et explication de l'univers dans sa totalité. Ils ont remplacé les représentations divines par l'abstraction mathématique, parce qu'elle se révélait apte à résoudre les problèmes les plus complexes pour l'entendement humain (astronomie, calendrier, notes musicales, etc.). Les mathématiques ont fasciné les esprits les plus éclairés et en ont fait des disciples dans ces deux mouvements de pensée (pythagorisme et druidisme). Mais c'est dans le domaine de l'art que l'utilisation des nombres et de la géométrie savante fut la plus remarquable ».

D'après Eliade (1978), Pythagore a posé :

> « Les bases d'une "science totale", de structure holistique, dans laquelle la connaissance scientifique était intégrée dans un ensemble de principes éthiques, métaphysiques et religieux, accompagnés de diverses "techniques du corps". En somme, la connaissance avait à la fois une fonction gnoséologique[115], existentielle et sotériologique[116]. C'est la "science totale" de type traditionnel, qu'on peut reconnaître dans la pensée de Platon aussi bien que chez les humanistes de la Renaissance italienne, chez Paracelse ou chez les alchimistes du XVIe siècle. "Science totale" telle qu'elle était réalisée surtout par la médecine et l'alchimie indiennes et chinoises ».

---

115 La gnoséologie est une branche de la philosophie qui vise à établir les conditions, les valeurs et les limites de la connaissance.

116 La sotériologie est la théologie du salut.

Toutefois il ne reste pas grand-chose de l'enseignement spirituel de Pythagore. Des Georges (1966) affirme que :

> « Pythagore n'a rien écrit et qu'il ne reste rien des ouvrages de ses contemporains sur son enseignement ; les fameux *Vers dorés* [de Pythagore] sont une composition du III^e^ ou du IV^e^ siècle de notre ère. Mais il reste une doctrine appelée pythagoricienne et qui traite des mathématiques (la fameuse doctrine de la Tétrade), de géométrie, de physique, de cosmogonie ».

Si la doctrine de la métempsychose est attribuée à Pythagore (quoiqu'on la retrouve aussi dans l'hindouisme), elle ne serait pas exclusivement pythagoricienne, mais orphico-pythagoricienne[117] :

> « Cette croyance, partagée par les orphiques, avait des vertus morales. Cette doctrine avait la formidable capacité à développer le sens éthique chez les fidèles. (...) La croyance en la métempsychose était donc marquée par deux considérations éthiques étroitement liées : (1) l'Âme peut devenir meilleure par une vie occupée à la recherche du bien ; (2) le salut (sortie du cycle des renaissances donnant droit à un séjour immortel) est promis à ceux dont l'Âme sera devenue pure. Ces idées reposaient sur la croyance répandue par les orphiques selon laquelle l'Âme est de nature divine et qu'elle est amenée à jouir d'une vie pure et libre, libérée des contraintes corporelles » (Brunaux, 2006).

Eliade (1978) précise la conception orphique :

> « L'Âme est enfermée dans le corps (*soma*), en punition d'un crime primordial. Par conséquent, l'existence incarnée ressemble plutôt à une mort, et la mort constitue le commencement de la vraie vie. Pourtant cette "vraie vie" n'est pas obtenue automatiquement ; l'Âme est jugée selon ses fautes et ses mérites, et après un certain temps elle s'incarne de nouveau. Comme dans l'Inde après les *Upanishad*, il s'agit de la croyance en l'indestructibilité de l'Âme, condamnée à transmigrer jusqu'à sa délivrance finale. Ce qu'on appelait "vie orphique" comportait purification, ascétisme et nombre de règles spécifiques ; mais le salut s'obtenait surtout par une initiation, c'est-à-dire par des révélations d'ordre cosmologique et théosophique. Une des spéculations philosophiques concerne la production d'un univers multiple à partir de l'unité »[118].

---

117 La doctrine « orphique » repose sur la mythologie grecque d'Orphée, évoquant un personnage qui, à l'instar des chamanes, est à la fois guérisseur et musicien. Il charma les animaux sauvages au son de sa lyre et descendit aux enfers, dans le royaume d'Hadès, où il endormit le Cerbère pour ramener sa femme Eurydice. Cette mythologie a inspiré un mouvement religieux (l'orphisme) fondé sur une initiation dont la descente aux enfers est le modèle. L'origine de l'orphisme serait située en Grèce aux VII^e^ et VI^e^ siècles ACN. Les Thraces étaient les premiers représentants de l'orphisme et les orphiques seraient les premiers à croire en la nature divine de l'Âme et aux processus de réincarnation.

118 L'origine de cette doctrine est toutefois sujette à discussion. D'après Brunaux (2008) : « Ces conceptions étaient relativement étrangères aux plus anciennes conceptions grecques (la croyance en l'immortalité de l'Âme n'a jamais été le centre d'une religion grecque). (...) L'hypothèse d'une influence égyptienne a été émise, mais on doute maintenant que les Égyptiens avaient une conception claire de la métempsychose. D'autres y ont vu une origine perse ou orientale. Le Prof. Eric Dodds (1997) a proposé une hypothèse plus séduisante, selon laquelle l'orphisme est une

La pensée pythagoricienne s'est prolongée chez Platon qui expose la doctrine de la transmigration de manière plus ordonnée. Platon [424-347 ACN], élève de Socrate et professeur d'Aristote (ce dernier étant à son tour le précepteur d'Alexandre le Grand, qui fut en contact direct avec les Celtes), est un autre philosophe grec ayant développé un courant de pensée original, le platonisme, qui présente aussi des analogies avec certaines conceptions celtiques. Mircea Eliade (1978) nous rappelle d'ailleurs qu'il ne faut certainement pas négliger l'influence de Platon dans l'histoire de la philosophie occidentale (sans toutefois savoir s'il inclut dedans la philosophie des druides). Il poursuit en affirmant que :

> « L'importance de ce dernier dans l'histoire des idées religieuses est considérable. Platon s'efforça de compléter l'enseignement de son maître [Socrate], et pour fonder scientifiquement la validité de la connaissance, il étudia les mathématiques. Il fut fasciné par la conception pythagoricienne de l'unité universelle, de l'ordre immuable du cosmos et de l'harmonie qui règle aussi bien la course des planètes que l'échelle musicale ».

Nous retrouvons bien des matières chères aux druides. Platon connaissait les Celtes, mais visiblement dans un autre registre que celui de la philosophie, puisqu'il les cite parmi les peuples guerriers qui s'adonnent à la boisson pour s'enivrer (Kruta, 2000). Platon est l'inventeur de la théorie des formes ou théorie dite des idées. Il envisage une conception binaire de l'univers, qui n'est pas sans rappeler la conception celtique de l'Autre monde. Selon le philosophe grec, il existe deux mondes dans l'univers : un monde sensible, matériel, où tout change ; et un monde intelligible, où les idées sont des principes immuables, des archétypes éternels et préexistants qui façonnent la réalité. Ce monde intelligible intègre également les nombres et les abstractions mathématiques, d'où le lien avec Pythagore. Telle est la sphère intelligible des Platoniciens, très bien décrite par le mathématicien britannique Roger Penrose :

> « Selon Platon, les concepts et les vérités mathématiques résident dans un monde réel dépourvu de toute notion de localisation spatio-temporelle. Le monde de Platon, distinct du monde physique, est un monde idéal de formes parfaites à partir duquel nous devons comprendre ce monde physique. Bien que l'univers platonicien ne se laisse pas réduire à nos constructions mentales imparfaites, notre esprit y a toutefois directement accès, grâce à une "connaissance immédiate" des formes mathématiques et à une capacité de raisonner sur ces formes » (Penrose, in Staune, 2007).

forme de chamanisme. Les Grecs ont été en contact avec la culture des chamanes (via des contacts en Scythie et/ou en Thrace), dont l'une des croyances principales est que l'Âme est distincte du corps, qu'elle peut s'en évader pendant le sommeil ou au moment de la mort et que certains hommes disposant de pouvoirs particuliers peuvent l'accompagner, voire la guider ». D'autres auteurs supposent une origine hindoue de cette doctrine, qui serait passée de l'Inde en Grèce par le Moyen-Orient.

Cette notion de « connaissance immédiate » rejoint celle de « science totale », intégrale et vivante, déjà évoquée chez Pythagore. À travers cette théorie des idées, certains auteurs, comme des Georges (1966), considèrent que Platon a accompli la synthèse du rationalisme grec et de la mystique orientale. Il n'est pas facile de résumer en quelques mots la métaphysique de Platon car il utilise des mythes et des dialogues pour exposer ses doctrines ésotériques, dont nous n'avons qu'une connaissance imparfaite. Elle est profondément dualiste, avec d'une part l'esprit (et les idées), et d'autre part la matière. Le premier élément étant la substance active et le second une substance passive. Il a également étendu le concept de l'Âme à tout l'univers, qu'il appelle « l'Âme du monde ». Si les archétypes éternels de Platon peuvent être associés aux divinités et aux esprits des Celtes, ainsi qu'à l'idée qu'ils se faisaient du non-être contenant la potentialité invisible des manifestations visibles, il y aurait un parallèle évident entre la sphère intelligible platonicienne et l'Autre Monde celtique. L'analogie est tentante… Chez Platon, nous dit Eliade (1978) :

> « L'Âme est la chose la plus précieuse car elle appartient au monde idéal et éternel. Il emprunte donc à la tradition orphico-pythagoricienne, tout en l'accommodant à son propre système, la doctrine de la transmigration de l'Âme et de la remémoration (*anamnesis*). Pour Platon, connaître revient, en fin de compte, à se remémorer. Entre deux existences terrestres, l'Âme contemple les Idées : elle partage la connaissance pure et parfaite. Mais, en se réincarnant, l'Âme oublie la connaissance obtenue par la contemplation directe des Idées. Pourtant cette connaissance est latente dans l'homme incarné et, grâce au travail philosophique, elle est susceptible d'être actualisée. Les objets physiques aident l'Âme à se replier sur elle-même et, par une sorte de retour en arrière, à retrouver et récupérer la connaissance originelle qu'elle possédait dans sa condition extraterrestre. La mort est, par conséquent, le retour à un état primordial et parfait, perdu périodiquement par la réincarnation de l'Âme ».

Nous n'avons pas une connaissance précise d'une telle théorie de la remémoration chez les Celtes. Toutefois le récit celtique du *Kat Godeu* fait penser à une remémoration des états antérieurs. Dans l'histoire de *Tuân Mac Cairill*, il est également mentionné, à un moment du récit : « Je me suis souvenu de toutes mes formes antérieures ». L'idée de la remémoration n'est donc pas totalement étrangère à la culture celtique. L'existence d'une telle théorie chez Platon a le mérite de définir un cadre de réflexion sur l'importance de cette remémoration dans la doctrine de la transmigration. C'est notamment chez ce grand philosophe que l'on peut explorer sa signification.

Les druides fondaient eux aussi leur sagesse et leur métaphysique sur l'acquisition de connaissances dans de nombreuses sciences (musique, mathématique, astronomie, médecine, divination, etc.), un peu dans l'esprit de la quête de la « science totale » évoquée par Eliade à propos de Pythagore. Cependant nous ne savons pas s'ils menaient également une vie d'ascèse, de purification et de renoncement comme les orphiques et les pythagoriciens. Nous doutons d'une telle vie car les druides étaient parfaitement intégrés dans la société, où ils exerçaient une fonction d'éducateur, de juge, de médecin, en plus de leur rôle philosophique et religieux. Nous les voyons pleinement assimilés dans la vie en société, et non vivant à l'écart dans une vie de renoncement, isolée du peuple. Nous excluons *a priori* (mais nous pouvons nous tromper) une vie entièrement consacrée à la purification, l'ascétisme ou le végétarisme, tout en admettant que les druides durent peut-être, de manière temporaire, adopter de telles pratiques durant leur initiation ou pendant certains moments particuliers de leur vie spirituelle.

Nous ne détenons pas la signification symbolique du mythe de la descente aux enfers, en Hadès, telle qu'évoquée chez les orphiques. Il semble qu'elle signifie simplement le passage dans le royaume des morts, qui fait référence à un monde souterrain et occulte associé aux enfers[119]. Il y a de nouveau une analogie avec l'Autre Monde celtique qui est parfois représenté par un monde souterrain associé à l'au-delà où se rendent les âmes des morts. Toutefois, selon nous, il n'y a pas d'enfer à proprement parler dans la tradition druidique. Ce serait une erreur d'associer l'Autre Monde celtique à l'enfer judéo-chrétien. Le *Sidh* est le monde des esprits et des dieux, et non un monde infernal au sens où les Occidentaux l'entendent habituellement, à savoir un monde où séjourneraient des « démons » et des âmes humaines « impures » subissant les tourments éternels consécutifs à des actes mauvais commis durant leur vivant. Il y a bien une notion d'abîme (*annwn* en gallois ; *antumnos* en gaulois), c'est-à-dire la notion de chaos originel, d'état indifférencié d'où va germer toute vie. Mais ce plan d'existence n'a rien à voir avec les enfers.

Il n'y a pas non plus, à notre connaissance, de notion de justice divine ou de jugement dernier chez les Celtes. Il y a bien des dieux, mais nous ne connaissons pas de scènes de jugement de l'Âme par ces derniers, comme c'est le cas par exemple en Égypte. En l'absence de tels éléments, il est préférable de se tourner vers un autre mécanisme sotériologique ne faisant pas

---

[119] La conception de l'enfer, chez les Grecs, est liée à la théorie des renaissances et de la métempsychose qui a amené les philosophes à supposer l'existence d'un lieu où subsistent les âmes désincarnées après la mort. Les enfers gréco-romains sont nourris de nombreux mythes qui décrivent une véritable géographie de ce lieu souterrain, avec une entrée et une antichambre (dénommée l'Érèbe, une région transitoire entre le monde des vivants et des morts), située proche de la surface. Une fois passée cette antichambre, l'Âme pénètre dans l'Hadès à proprement parler, traversé par cinq fleuves (le Styx, l'Achéron, le Cocyte, le Phlégéthon et le Léthé). Plus tard, la tradition littéraire a établi une notion de jugement des âmes qui, selon leurs mérites, sont envoyées aux Champs Élysées (un lieu idyllique, également appelé « île des Bienheureux » où séjournent les âmes des justes) ou au Tartare (une région infernale réservée aux âmes damnées). Nous retrouvons partiellement une telle géographie chez les Celtes qui conçoivent l'Autre Monde, nous l'avons dit plus haut, comme un monde souterrain accessible par les tertres, les grottes, les lacs ou les cours d'eau. Notons le parallèle entre les Champs Élysées des Grecs, associés à une île, et le *Tir Na n'Og* des Celtes (« la Terre des Jeunes » ou « Terre de l'éternelle jeunesse ») qui est également un lieu idyllique associé à une île (c'est une région de l'Autre Monde). Il n'y a toutefois pas de notion de paradis et d'enfer, au sens manichéen de ces termes, chez les Celtes.

appel à une justice divine, comme par exemple la loi de causalité telle qu'elle est évoquée en Inde. Certains auteurs posent même la question d'une éventuelle origine hindoue de la doctrine pythagoricienne de la transmigration des âmes : « il est fort possible que la grande doctrine brahmanique de la transmigration soit passée en Ionie [en Grèce], par l'intermédiaire de l'Iran » (Des Georges, 1966). Du reste, il faut remarquer que : « le souvenir des existences anciennes, la transmigration, le salut par la purification de l'Âme, les sociétés religieuses, le silence, les interdictions alimentaires présentent un caractère hindou, brahmanique ou bouddhique marqué » (de La Villée-Poussin, in Des Georges, 1966). Il y a donc une parenté possible entre les pensées grecque et hindoue, avec peut-être une extension occidentale de la doctrine à travers le druidisme.

## Druidisme et hindouisme

« La tradition celtique est la seule tradition occidentale comparable à celle de l'Inde ».

Françoise Leroux [1927-2004]
et Christian Guyonvarc'h [1926-2012]
Historienne des religions et professeur de langues celtiques

« L'archaïsme de la culture celtique est corroboré par d'autres sources. On retrouve en Irlande nombre d'idées et de coutumes attestées dans l'Inde ancienne ».

Mircea Eliade [1907-1986]
Historien des religions

Les druides étaient qualifiés de « brahmanes de l'occident ». Ils étaient comparés aux gymnosophistes de l'Inde[120]. Ce trait mérite d'être souligné puisqu'il est rare qu'une tradition typiquement occidentale soit directement comparée avec une tradition orientale. Un tel rapprochement est assez unique dans l'histoire des religions. Druides et brahmanes sont des prêtres, mais également des instructeurs, des savants et des philosophes. Ils accordaient une importance considérable à la mémoire. Eliade (1978) précise que « les druides et les brahmanes ont conservé des pratiques et des croyances indo-européennes qui ont survécu dans le monde gaélique jusqu'au XVIII$^{e}$ siècle et dans l'Inde jusqu'à nos jours ». Guyonvarc'h et Le Roux (1997) confirment eux aussi la parenté fondamentale entre les doctrines des Celtes et des Indiens. Après avoir comparé les rites funéraires irlandais et indiens, Hans Hartmann

---

120 Terme grec signifiant, littéralement, « sages nus », par allusion aux *yogis* indiens qui méditaient parfois nus.

(cité par Eliade) estime que : « la structure de la mentalité irlandaise est plus proche de celle de l'Inde ancienne que de la mentalité de l'Angleterre ou de l'Allemagne ».

La première similitude avec l'Inde concerne l'organisation de la société celtique, caractérisée par la tripartition fonctionnelle en trois classes principales : la classe sacerdotale, la classe guerrière et la classe artisanale ou productive. Nous avons vu que les druides correspondent aux brahmanes indiens ; les guerriers celtes (les cavaliers ou *equites*, pour reprendre l'appellation de César) aux *kshatriya* (ou *rajanya*) et les producteurs ou artisans celtes (forgerons, charpentiers, agriculteurs, etc.) correspondent aux *vaishya*. Eliade (1976) va plus loin en ajoutant que cette division de la société en trois classes correspondait à une idéologie religieuse trifonctionnelle. Il précise que :

> « Le parallélisme entre les traités juridiques irlandais et hindous se vérifie non seulement dans leur forme et leur technique, mais aussi parfois en ce qui concerne leur diction. Rappelons d'autres exemples de parallélisme indo-celtique : le jeûne comme moyen de renforcer une requête juridique ; la valeur magico-religieuse de la vérité ; l'intercalation dans la prose narrative épique des passages en vers, spécialement dans les dialogues ; l'importance des Bardes et leurs rapports avec les Souverains ».

Notons une différence qui se dégage toutefois entre les Celtes et les Indiens : la classe des druides ne correspondait pas à une caste figée, comme c'est le cas en Inde. Chez les Celtes, la fonction s'acquiert à la suite d'une initiation, où l'impétrant se doit d'étudier pendant de longues années. La fonction était donc transmise par mérite et non par héritage. Néanmoins, tout le monde n'avait pas accès à l'initiation druidique. Brunaux nous dit que c'est parmi la noblesse qu'étaient probablement recrutés les disciples. D'un point de vue philosophique, l'archéologue explique ensuite que :

> L'idéologie indienne privilégie la spéculation métaphysique et tout ce qui concerne le brahmane. La seule chose qui intéresse vraiment les Indiens est l'exégèse des œuvres divines et l'élucidation des rapports entre les hommes et les dieux, la seule finalité de l'existence humaine étant l'obtention de la béatitude par l'élimination patiente de toute défectuosité spirituelle. La pensée indienne est cosmique et métaphysique, tout comme celle des druides.

La différence entre le cosmos et l'homme, chez les hindous, n'est qu'une différence de degré, et non d'essence, nous rappelle Eliade (1978). La pensée des druides, si l'on se réfère à la citation de Brunaux, serait donc également centrée sur un développement spirituel axé autour d'une métaphysique « cosmique ».

Les panthéons celtes et hindous présentent eux aussi des structures similaires : la trinité divine *Lug – Dagda – Ogmios* a son équivalent indien dans la trinité *Indra – Mitra – Varuna*[121] de la littérature védique, où *Mitra* représente le

[121] Dans les *Upanisad*, cette trinité est remplacée par les dieux *Brahma – Vishnu – Shiva*.

côté clair, bienveillant et positif, tandis que *Varuna* symbolise le côté sombre, violent et négatif. C'est, d'après Eliade, le caractère exemplaire de l'union des opposés, qui est une caractéristique de la pensée religieuse indienne ; une notion qui n'était pas étrangère aux Celtes, comme nous l'avons vu à travers la dualité des dieux souverains au sein des triades divines. Druidisme et hindouisme partagent également une même doctrine cosmologique basée sur la notion d'œuf primordial (ou d'oursin fossile). Elle fait référence au symbolisme de la primordialité et du commencement du monde (l'œuf du monde). L'oursin fossile est le symbole de l'œuf cosmique d'où a germé le monde.

Guyonvarc'h et Leroux (1986) relatent un récit de Pline sous forme la forme d'une légende gauloise faisant allusion à cet oursin fossile qui, dit-il, est célèbre chez les druides de Gaule. Toutefois Pline n'a pas compris la signification métaphysique de cet objet dont l'existence a plus tard été attestée par des découvertes archéologiques. Les auteurs nous disent que ce même concept se retrouve en Inde à travers le récit de l'Embryon d'Or, *Hiranyagarbha*, décrit comme le germe dont le monde entier est issu. Voici le résumé de la doctrine hindoue :

> « L'œuf du monde (*Brahmânda*) est l'enveloppe de l'Embryon d'Or, germe primordial de la lumière cosmique et cet œuf est contenu dans les eaux primordiales cependant qu'il est couvé par le cygne symbolique *Hamsa* ("L'Oiseau unique"). L'œuf cosmique est la forme prise par *Brahma*, qui existait avant l'Existence elle-même, au-delà de l'Etre du Non-Etre, et qui par sa propre énergie a divisé l'œuf divin en ciel et terre et créé le monde manifesté. Autrement dit l'embryon contenu dans l'œuf cosmique se situe au niveau le plus élevé de la cosmogonie (...). L'équivalence hindoue de l'œuf et de *Brahma* rend compte pareillement de l'importance de l'œuf en tant que symbole "druidique", attaché à la prééminence de la classe sacerdotale » (Guyonvarc'h et Leroux, 1986).

Sur ce thème, les auteurs précités affirment que la conception celtique attachée à l'oursin fossile est de parenté indo-européenne, et non le résultat d'un emprunt. Des parentés entre les deux traditions (celtique et hindouiste) sont donc clairement établies. La tradition hindouiste présente le grand avantage d'être toujours vivante de nos jours. Il existe encore d'authentiques brahmanes, *sâdhu* ou *yogi*, avec une continuité de l'enseignement passé de maîtres à disciples, alors que les authentiques druides ont disparu.

C'est dans la pensée hindoue que l'on trouvera le développement le plus complet de la transmigration des âmes. Cette doctrine repose sur la loi de causalité, la rétribution des mérites et des fautes et la délivrance de la roue des renaissances où l'Âme séjourne dans un plan béatifique. Il existerait également, dans la doctrine druidique de la transmigration, un équivalent du *Nirvana* bouddhique (qui a son équivalent, *moksha,* dans l'hindouisme) : c'est le *Tir Na n'Og* de la tradition celtique (« la Terre des Jeunes » ou « Terre de l'éternelle jeunesse ») qui fait partie de l'Autre Monde dans la mythologie irlandaise. Il y a un rapprochement entre ces deux notions, dans la mesure où elles évoquent toutes deux un état béatifique à atteindre après la mort. C'est également le cercle de *Gwenved* des triades bardiques de la tradition néo-druidique. D'après Evans Wentz (1911), il est clair que *Nirvana* et *Gwenved* sont des concepts analogues. Il faut donc postuler l'existence d'une doctrine celtique qui définit les voies pour atteindre cet état de connaissance et d'harmonie absolue où l'homme devient un véritable « Dieu ». Cela revient à admettre l'existence, chez les Celtes, d'une théorie du salut ou de la délivrance qui met fin au cycle des renaissances pour intégrer l'Autre Monde. Le docteur Douglas Hyde, dans son *Histoire littéraire de l'Irlande*, affirme que l'idée de la renaissance fait partie intégrante d'une demi-douzaine de sagas irlandaises et qu'une telle doctrine était parfaitement familière des Gaels (Hyde, in Wentz, 1911). Wentz pense effectivement qu'il existe une doctrine celtique des renaissances sans doute analogue à celle de l'Inde. Il précise que le *Nirvana* (et son équivalent celtique) doit plutôt se concevoir comme une « autoréalisation », c'est-à-dire un état de conscience supranormale à acquérir tout au long de l'évolution de l'individu. Nous pourrions également supposer que, comme en Inde, la doctrine celtique de la délivrance soit en partie axée sur la morale, puisque nous savons que les druides se sont efforcés d'intégrer une forme d'éthique dans leur société.

Toutefois nous avons vu que les conceptions celtiques sur la survie de l'Âme ont évolué au fil du temps, comme le reflètent les changements des pratiques funéraires. Dans un premier temps, il semble qu'il n'y avait ni réincarnation, ni métempsychose. Les âmes intégraient directement l'Autre Monde. Plus tard, une croyance en une transmigration cyclique a été développée. Les interprétations vont plutôt dans le sens d'une théorie de la réincarnation, et non d'une métempsychose telle qu'admise en Inde. Il faut donc exclure, chez les druides, la possibilité d'une incarnation de l'homme dans le corps animal d'une autre espèce. Dans un tel schéma, l'Âme, après avoir évolué jusqu'au stade de l'homme, se réincarnera toujours et encore dans un corps humain jusqu'à atteindre la connaissance supérieure lui permettant de se délivrer de la roue des renaissances. La quête de la connaissance pourrait constituer le fondement d'une théorie celtique de la délivrance, puisque le savoir était un élément central de la philosophie druidique. Par contre nous ne disposons d'aucun élément nous permettant de confirmer que les druides considéraient la vie comme un mal, une souffrance, comme dans la doctrine hindoue. C'est un avis soutenu par Guyonvarc'h et Leroux (1986) qui affirment que « la mort n'est pas, pour les Celtes, la délivrance d'une vie de souffrances ou la punition d'une multitude de mauvaises actions. C'était, pour reprendre l'expression de Lucain, le milieu d'une longue vie ».

# PARTIE II :
# ENTRE SCIENCES DRUIDIQUES ET SCIENCES MODERNES

« La fécondité de la magie n'est pas épuisée et nous touchons au moment où la science conquerra un ensemble de phénomènes complexes dans lesquels on peut soupçonner l'action de modes d'énergie inconnus, l'intervention de modes de connaissance dont l'analyse n'a pas été faite ».

Joseph Maxwell [1858-1938], juriste et docteur en médecine
Extrait de *La Magie* (1921)

# Pour un examen scientifique des anciennes spiritualités...

« Des faits nouveaux brisent les vieilles règles, puis les conceptions récemment consacrées réunissent le présent et le passé sous une même loi qui les réconcilie ».

William James [1842 - 1910]
Psychologue et philosophe américain

Assez curieusement, parmi l'abondante littérature sur les matières celtiques, peu d'ouvrages sont consacrés à une analyse scientifique des croyances celto-druidiques et des phénomènes occultes qui lui sont associés. La plupart des spécialistes (archéologues, philologues, historiens des religions, etc.) se « contentent » d'attester l'existence de telle croyance, de la décrire ou la comparer avec des folklores, mythes ou croyances provenant d'autres religions, alors que peu d'études, à notre connaissance, cherchent à fournir une explication plus ou moins rationnelle des conceptions spirituelles des Celtes en évaluant leur bien-fondé ou leur « réalité » en tant que phénomènes. Certes, l'investigation comparative et descriptive est importante, voire capitale, puisqu'il est nécessaire d'établir d'abord l'existence de telle croyance avant de vouloir l'interpréter. Mais à nos yeux ce n'est pas suffisant. L'approche « interprétative » ou « explicative » de ces mêmes croyances constitue un champ d'investigation tout aussi essentiel. Il y a effectivement des questions fondamentales à se poser pour tenter de mieux comprendre la métaphysique des druides. Comment peut-on interpréter aujourd'hui le concept d'Autre Monde? La cosmologie actuelle conforte-t-elle l'idée d'un principe supérieur à l'origine du monde? Y a-t-il des arguments recevables en faveur de l'existence de l'Âme? Quelles expériences récentes avons-nous en matière de voyance ou de divination? Peut-on réellement communiquer entre les vivants et les morts, comme la tradition celtique le prétend? Du reste, la magie et les phénomènes mystiques existent-ils?

Parmi les « celtisants professionnels », peu d'érudits s'aventurent dans ces questions délicates, qui sont d'ailleurs souvent écartées des institutions académiques. Parmi les nombreux auteurs que nous avons consultés, Evans Wentz est un des rares anthropologues qui se soit penché sur le sujet. Dans *Fairy faith in Celtic countries* (déjà cité à plusieurs reprises dans notre essai), il consacre le dernier chapitre à un examen scientifique du folklore celtique et de certaines pratiques magico-religieuses des druides. Il existe bien d'autres tentatives d'interprétation dans la littérature néo-druidique, mais les explications avancées nous paraissent insuffisantes. Elles sont souvent basées sur des conceptions issues d'autres traditions dont le fondement ou la filiation avec le druidisme est parfois douteuse, sur la vieille littérature de l'occultisme ou encore sur des disciplines plus récentes à caractère pseudo-scientifique, et non sur des données objectives plus solidement établies.

Il faut dire qu'il n'est pas facile de plancher sur de telles thématiques car, comme chacun le sait, le monde scientifique est divisé sur ces sujets. À l'heure actuelle, la majorité des scientifiques adoptent une attitude matérialiste, voire sceptique, vis-à-vis de la religion ou des phénomènes mystiques, reléguant la plupart des croyances au rang de simples superstitions n'ayant aucun fondement. La plupart des savants n'adhèrent pas à la conception animiste du monde selon laquelle il existerait un plan d'existence peuplé d'esprits intelligents ou d'énergies subtiles. Ils ne croient pas non plus en l'existence de « pouvoirs magiques » qui permettraient à certains individus d'interagir avec de telles entités. Il y a bien quelques érudits qui ont acquis la conviction qu'une telle conception est compatible avec les données de la science, mais ils sont largement minoritaires. De plus, ils consignent rarement leurs convictions par écrit, car elles s'opposent au courant dominant de la science orthodoxe. Déjà en 1911, Evans Wentz a constaté cette opposition lorsqu'il évoque le scepticisme scientifique à l'égard de ce qu'il appelle « la théorie animiste ». William James, l'un des grands psychologues de son époque (il était professeur de psychologie à Harvard), disait que les phénomènes mystiques font partie de ceux qui sont traités avec le plus grand mépris scientifique :

> « La physiologie ne veut rien avoir avec eux. La psychologie orthodoxe leur tourne le dos. La médecine les expulse ; ou tout au plus, quand elle est en veine d'anecdotes, en cite-t-elle quelques-uns comme des "effets de l'imagination" (...). Et pendant ce temps, les phénomènes sont là quand même, répandus largement dans toute l'étendue de l'histoire. Ouvrez-la à la page que vous voudrez, vous y trouverez des choses rapportées sous les noms de divination, inspiration, possession démoniaque, apparitions, transes, études, guérisons miraculeuses, maléfices, envoûtements. (...) S'il est quelque chose que démontre l'histoire des hommes, c'est la lenteur extrême avec laquelle l'esprit académique et critique ordinaire reconnaît l'existence de faits qui se présentent à l'état sauvage, sans toit ni pigeonnier, ou qui menacent de briser le système établi. En psychologie et en médecine, partout où le débat entre mystiques et scientifiques a été tranché une fois pour toutes, ce sont les mystiques qui d'ordinaire ont prouvé qu'ils avaient raison du côté des faits, tandis que les autres avaient l'avantage au point de vue des théories » (James, 1897).

En ce qui nous concerne, nous voulons dépasser ces clivages en comparant quelques croyances issues de la spiritualité des druides avec l'état de nos connaissances actuelles. Il est temps de voir comment la science moderne peut nous éclairer sur certains concepts présentés dans la première partie. Dans cette deuxième partie, et cela surprendra peut-être le lecteur, nous parlerons de physique quantique, de cosmologie et de sciences psychiques. Les hypothèses avancées dans ces trois disciplines scientifiques apportent des éléments de réponses, ou tout au moins des pistes de réflexion sérieuses, aux questions soulevées plus haut.

La physique quantique est sans conteste la science du XX$^{e}$ siècle qui a bouleversé le plus notre représentation classique du monde. Elle entraîne une véritable révolution de notre mode de pensée qui n'est pas encore intégrée dans l'opinion publique, ni d'ailleurs dans le monde académique. Elle pose la question suivante, somme toute assez déroutante : le monde que nous voyons est-il réel ? Elle remet donc en question la notion même de réalité et de matière. Certains vont jusqu'à dire qu'elle a mis fin au matérialisme mécaniste qui a prévalu durant ces derniers siècles. La physique quantique ouvre la porte à d'autres dimensions, à d'autres possibilités sur la manière dont il faut envisager le monde physique, dont les composantes élémentaires ont vraisemblablement une nature immatérielle régie par des principes qui pourraient relever d'une conception dualiste et idéaliste de l'univers avec, d'une part, la matière, et, d'autre part, l'esprit et les idées. Cette discipline remet au goût du jour certaines conceptions platoniciennes et pythagoriciennes évoquées dans la première partie de notre essai. Elle atteste de manière formelle un grand principe depuis longtemps admis de manière intuitive dans les anciennes traditions, à savoir la loi d'interdépendance (ou d'interconnexion) des choses dans l'univers. C'est ce que nous verrons à travers les concepts d'intrication quantique et de non-localité.

La cosmologie nous plongera dans l'immensité de l'univers et dans l'abîme de réflexion liée aux mystères de son origine ayant abouti à l'émergence inattendue des lois de la physique. Cette quête des origines est un questionnement commun à toutes les religions, qu'elles soient celtiques ou non. Les progrès récents en matière de cosmologie permettent d'envisager la possibilité, à titre d'hypothèse, qu'une intelligence soit responsable de l'architecture et de l'ordre du cosmos, ce qui soulève la question de l'existence de « Dieu », si l'on entend par là une « intelligence » ou un « principe supérieur » qui gouvernerait les lois de l'univers[122]. Il y a donc des implications métaphysiques, voire théologiques, derrière les faits mis en évidence en astrophysique. Au-delà de cette hypothèse, nous verrons que l'ajustement extrêmement fin des forces et des composantes fondamentales de l'univers donne aujourd'hui un cadre théorique crédible à la notion d'ordre du cosmos qui, nous l'avons vu, était un principe sacré de l'idéologie des druides. C'est précisément cet ajustement qui a permis l'émergence de la matière, de la vie et de la conscience, que certains astrophysiciens considèrent comme inéluctable étant donné la configuration

[122] Sans pour autant basculer dans les dérives idéologiques et anthropocentriques du créationnisme, comme celles prônées par le mouvement de l'*Intelligent Design* (le « dessein intelligent ») qui, depuis la fin des années 1980, prend de plus en plus d'ampleur aux États-Unis, en particulier dans les milieux chrétiens conservateurs dont nous ne partageons guère les conceptions.

de notre univers. Il y a là un retour vers une certaine forme de finalisme dans la nature.

Enfin, nous puiserons dans les expérimentations réalisées dans le domaine des sciences psychiques (ou « recherches psychiques ») qui donnèrent naissance à la psychologie moderne (on l'ignore trop souvent) et qui sont, elles aussi, porteuses d'une révolution sur la manière dont il faut considérer le psychisme humain et, de manière plus spécifique, les forces psychiques latentes en chacun d'entre nous. Nous plongerons ici dans les tréfonds inexplorés de notre univers mental. L'étude des états modifiés de la conscience nous conduira vers les phénomènes de la transe, de l'hypnotisme, du somnambulisme magnétique, de la médiumnité et des phénomènes paranormaux objectifs ou subjectifs. Nous irons jusqu'à débattre de la « grande question » de la survivance de l'Âme qui est un élément central des croyances celtiques. Les sciences psychiques et les phénomènes dits *psi* ont donné naissance à la parapsychologie et à la métapsychique dont nous développerons certains aspects. De cette manière, nous tenterons d'établir un lien entre les sciences druidiques, les sciences occultes et les sciences modernes. Nous examinerons ouvertement, et sans *a priori*, quelques phénomènes mystiques qui, contrairement à l'opinion commune, ont été largement étudiés par la communauté scientifique. Le docteur en psychologie Dean Radin (un spécialiste de la parapsychologie) affirme :

> « La réalité des phénomènes psychiques n'est plus uniquement fondée sur la foi, la pensée magique ou des anecdotes sensationnelles, ni même sur quelques expérimentations scientifiques. Nous savons aujourd'hui que ces phénomènes existent, parce que nous disposons de nouvelles méthodes nous permettant d'évaluer les masses de données scientifiques accumulées au cours d'un siècle par une multitude de chercheurs » (Radin, 2006).

Il mentionne notamment les nombreux articles publiés dans les années 1980 et 1990 dans des revues scientifiques de grande envergure telles que *Foundations of Physics*, *American Psychologist*, *Statistical Sciences*, *Physical Review* ou *Psychological Bulletin*. Nous explorerons également les études pionnières en la matière, en examinant les recherches surprenantes menées à la fin du XIX^e^ et au début du XX^e^ siècle. Toujours d'après Radin (2006), les trois grandes catégories de phénomènes psychiques aujourd'hui étudiés sont (1) la perception extrasensorielle (perception dite « ESP ») ; (2) la psychokinèse (l'interaction esprit-matière) et (3) les phénomènes indiquant une survie après la mort (tels que les expériences proches de la mort, les réminiscences des vies antérieures, les apparitions et les communications médiumniques). Nous nous pencherons sur tous ces aspects méconnus du psychisme.

Grâce à l'essor des sciences psychiques, nous disposons aujourd'hui de données objectives et de matériaux bibliographiques plus récents que les récits consignés dans les vieux grimoires de magie. Dans son allocution de présidence à la *Society for Psychical Research* d'Angleterre, Charles Richet a dit que la tâche, noble mais bien délicate, de la métapsychique était précisément de « désocculter l'occulte ». Nous nous bornerons plus modestement à relater certaines de ces recherches oubliées pour tenter de mieux les comprendre. Toutefois, avertissons le lecteur que les théories avancées dans ces domaines sont à ce point subversives qu'elles ont été écartées des débats scientifiques, alors qu'elles se fondent sur des faits établis par des générations de chercheurs dont les découvertes s'opposaient, et s'opposent toujours encore, au modèle de pensée dominant. Sur ce point, il est désolant de constater l'extraordinaire dédain du monde académique envers la parapsychologie et les phénomènes qualifiés de mystiques ou de spirites. Nous aurons l'occasion d'en débattre. Dans cette vaste catégorie de phénomènes si controversés, nous tenterons d'établir un juste milieu entre la crédulité aveugle dans les anciennes superstitions et la négation dogmatique des académies scientifiques.

# De la physique à la métaphysique

« La mécanique quantique a des implications philosophiques d'une importance sans précédent dans l'histoire de l'humanité, qui nous oblige à considérer sous un jour nouveau les interrogations métaphysiques les plus traditionnelles ».

Sven Ortoli et Jean-Pierre Pharabod
Journaliste scientifique et ingénieur des télécommunications

« La conclusion à tirer de ces arguments de la science moderne est que la religion redevient possible, pour un scientifique raisonnable, aux alentours de 1927 »[123].

Arthur Eddington [1882-1944]
Astrophysicien britannique

Les Celtes croyaient vraisemblablement en plusieurs niveaux de réalité. Ils considéraient que le monde visible n'est pas la réalité ultime, mais plutôt une manifestation, une projection d'une autre dimension qu'ils appelaient l'Autre Monde, où la nature des choses et des êtres était immatérielle, échappant au temps et à l'espace. L'Autre Monde celtique est aussi interprété comme une dimension du non-être, ce virtuel non-manifesté contenant les potentialités de toutes choses. Si une telle conception peut paraître étrange, elle correspond pourtant à celle de certains physiciens actuels. Dans ce chapitre, nous nous intéresserons plus particulièrement à la physique quantique (ou mécanique quantique), qui fait partie de ces disciplines scientifiques démontrant le bien-fondé d'une telle vision en prouvant (1) la nature immatérielle de toute chose et (2) l'existence d'une autre dimension et/ou d'autres lois au-delà de la matière. Cette science est particulièrement intéressante car elle tente de comprendre la nature profonde de la matière qui nous constitue et, par conséquent, de ce que nous appelons communément la réalité.

Bien entendu, les druides n'avaient aucune idée des théories de la mécanique quantique. Mais cela ne les empêchait pas, déjà à leur époque, de spéculer abondamment sur la nature des choses, comme le faisaient d'autres philosophes contemporains aux druides. La notion d'atome, rappelons-le, est plus ancienne qu'on le pense. Elle remonte aux alentours du V^e^ siècle ACN, avec comme pères fondateurs Leucippe et Démocrite, des philosophes grecs matérialistes qui concevaient l'univers comme étant rempli d'atomes indivisibles (du grec *atomos*, signifiant « qu'on ne peut diviser ») et de vide. L'idée d'atomes

---

[123] L'année 1927 marque la première synthèse de la physique quantique.

a surgi plus ou moins à la même époque en Inde. Nous savons également que les druides étaient des mathématiciens qui partageaient probablement des conceptions pythagoriciennes qui, au niveau du principe, sont assez proches de certaines interprétations de la mécanique quantique. Les pythagoriciens, comme certains physiciens actuels, voient dans les mathématiques l'essence même des choses. D'après Bernard d'Espagnat (2002)[124], des physiciens théoriciens actuels rejoignent même les vues des mathématiciens « platoniciens » dans l'existence « vraie » d'un monde des mathématiques pures, extérieur à la pensée humaine et exploré par celle-ci. Nous assistons donc à un retour en force de l'idéalisme (Platon est considéré comme le premier des idéalistes).

De manière plus générale, les découvertes de la « révolution quantique » apportent des réponses à d'anciennes spéculations philosophico-religieuses réinterprétées sous la lumière de concepts plus modernes. Des physiciens de haut rang, tels Niels Bohr ou Erwin Schrödinger, se sont d'ailleurs tournés vers certaines spiritualités (bien souvent orientales) suite à ces découvertes. En effet, la physique quantique présente le grand intérêt de fournir une base scientifique à des questions fondamentales posées dans la plupart des religions et des croyances à travers le monde. Tel est le sens de la citation d'Arthur Eddington mentionnée en début de chapitre.

Plusieurs auteurs se sont attelés à la tâche de vulgariser les principales découvertes de physique quantique. Citons par exemple l'œuvre de Jean Staune (déjà cité dans l'introduction), le *Traité de physique et de philosophie* rédigé par Bernard d'Espagnat (2002) et l'excellent livre *Le cantique des quantiques* de Sven Ortoli et Jean-Pierre Pharabod (1984). Nous puiserons régulièrement dans ces références bibliographiques qui ont le mérite de la clarté. Il est vrai qu'il s'agit d'une discipline extrêmement complexe dont la démonstration nécessite le recours à des mathématiques, dont nous n'avons pas la prétention de comprendre toutes les subtilités. Fort heureusement, Ortoli et Pharaod (1984) nous disent que l'imagination est plus importante que les mathématiques pour comprendre les principes de physique quantique. C'est donc à l'imagination et à des expériences de pensée[125] que nous ferons appel dans cette partie. Il va de soi que ce chapitre n'a pas pour objectif de dresser une synthèse exhaustive de la mécanique quantique. Les éléments que nous aborderons ici touchent plus spécifiquement aux apports de cette discipline vis-à-vis des considérations soulevées plus haut, à savoir (1) la nature immatérielle des choses ; (2) l'existence d'une dimension cachée derrière le monde matériel

---

124 Bernard d'Espagnat est un physicien français né en 1921. Il est membre de l'Académie des sciences morales et politiques, de l'Académie internationale de philosophie des sciences et de l'Université interdisciplinaire de Paris. Il s'est distingué par ses travaux sur les enjeux philosophiques de la mécanique quantique.

125 Une expérience de pensée est une expérience que l'on fait « dans sa tête » (et non dans un laboratoire), conformément aux connaissances scientifiques de l'époque. Elle permet notamment de représenter ou de conceptualiser des expériences irréalisables.

et (3) l'interconnexion des choses dans l'univers. Pour mieux comprendre ces notions, nous expliquerons quelques grands principes de physique quantique et nous retranscrirons quelques expériences clés, sans pour autant entrer dans les détails mathématiques.

## Les mystères de la matière élémentaire

Imaginez un monde où, lorsque vous lancez deux boules à grande vitesse l'une contre l'autre, il résulte de leur choc non pas des fragments pulvérisés des deux boules, mais bien trois, quatre, voire une infinité d'autres boules apparues comme par magie suite à l'énergie générée par le choc, alors que les deux boules initiales sont intactes[126] ! Eh bien ce monde « magique », c'est celui de la physique quantique... et c'est le nôtre!

La physique quantique est la physique du monde subatomique, c'est-à-dire celui des particules élémentaires, comme les électrons (particules chargées négativement, responsables de l'électricité), les photons (les « grains » de lumière) et s'étend jusqu'à l'échelle des atomes. La matière étant constituée de particules élémentaires, on peut dire que le monde visible est en partie gouverné par les lois de la physique quantique. Rappelons qu'il existe quatre forces fondamentales dans l'univers : la gravitation, la force électromagnétique, la force nucléaire forte (responsable de la cohésion des noyaux des atomes) et la force nucléaire faible (qui a l'effet inverse de la force forte puisqu'elle contribue à la désintégration des atomes). La plupart de ces forces appartiennent au domaine quantique. C'est pourquoi les découvertes de cette discipline ont une telle importance : elles nous font découvrir des propriétés fondamentales de la matière qui nous constitue. Les conséquences de cette discipline s'imposent d'ailleurs dans toute la chimie, dans la physique des solides, la physique nucléaire, celles des particules, dans les propriétés du laser, et partout où on peut la vérifier. C'était le domaine de prédilection d'Einstein et de bien d'autres physiciens décorés du prix Nobel, comme Max Planck, Werner Heisenberg, Erwin Schrödinger ou Eugene Wigner. Gardons également à l'esprit que la mécanique quantique a des conséquences en biologie, puisque les êtres vivants sont eux aussi constitués de particules élémentaires et que bien des processus physiologiques font intervenir de tels corpuscules au sein de notre métabolisme.

La principale leçon de la physique quantique, c'est qu'au-delà des apparences matérielles, le monde est différent de l'aspect classique que nous percevons dans notre dimension visible à l'aide de nos facultés sensorielles. Nous pouvions nous en douter intuitivement, mais la physique quantique a

---

126 Bernard d'Espagnat (2002) décrit ce phénomène qui se passe dans les accélérateurs de particules où des chocs à haute énergie entre deux protons génèrent d'autres particules, laissant les deux protons initiaux intacts.

le grand mérite de le démontrer expérimentalement. La réalité ultime n'est certainement pas celle que nous voyons au quotidien. Le monde visible doit plutôt se concevoir comme une sorte de matérialisation, de projection de « ce qui est ». Le monde quantique nous donne des indices sur ce qui pourrait se cacher derrière… Pour se faire une idée des lois qui gouvernent ce monde, Jean Staune (2007) commence par énoncer les faits établis en physique quantique : (1) l'observation n'est plus neutre : les caractéristiques de la matière dépendent de la façon dont on l'observe. L'observation elle-même peut modifier la nature des objets ; (2) une incertitude inévitable existe dans le monde des particules élémentaires (c'est le principe d'incertitude d'Heisenberg) ; (3) les constituants fondamentaux de tous les objets ne se comportent pas comme des objets et ne peuvent pas être conçus comme des objets (c'est la dualité onde-corpuscule) et (4) il y a des influences entre deux particules qui échappent au temps et à l'espace puisqu'elles sont instantanées, quel que soit l'espace entre ces deux particules, et ne reposent ni sur la matière, ni sur l'énergie (c'est ce qu'on appelle la non-localité). Expliquons un peu plus en détail ces différents constats.

## Un retour au dualisme ?

Saviez-vous que les composantes élémentaires de la matière ont des propriétés dénuées de toute… matérialité ? En effet, des particules comme les photons, les électrons, et même les atomes sont à la fois des ondes et des corpuscules. Or, une onde, du moins une onde électromagnétique, comme la lumière, n'est pas un objet[127]. C'est une énergie immatérielle qui s'étend ou se transmet dans les trois dimensions de l'espace (on parle d'onde sphérique) et qui se déplace à la vitesse de la lumière. Eh oui, nous dit Staune (2007) :

> « Le sacro-saint modèle atomique "planétaire", représentant les atomes comme un système dans lequel des électrons "planètes" gravitent autour de noyaux "soleil", est faux ! Pourtant, cette vision du monde est largement

---

[127] Nous distinguons ici les ondes électromagnétiques des ondes nécessitant un support matériel (qui pourraient dès lors être associées à un objet), comme les ondes sonores (qui correspondent à un mouvement des molécules d'air) ou les ondes observées à la surface de l'eau lorsqu'on y jette un objet (qui, elles, correspondent à un mouvement des molécules d'eau). À l'inverse, les ondes électromagnétiques n'ont pas de support matériel (cela a conduit, soit dit en passant, certains scientifiques du XIXe siècle à postuler l'existence d'un milieu matériel subtil et invisible, l'éther, pour permettre le support des ondes lumineuses. Albert Einstein lui-même se pencha sur la question, mais il abandonna l'hypothèse de l'éther après avoir posé en 1905 la théorie de la relativité restreinte). Ortoli et Pharabod (1984) expliquent que la notion d'onde fait donc référence à un mouvement « dans » la matière, et non à un mouvement « de » matière. Dans le cas des vagues, les molécules d'eau n'avancent pas en direction de la côte, mais elles montent et descendent en décrivant des cercles ou des ellipses, communiquant leur mouvement à leurs voisines. En ce sens, une onde correspond donc à de l'énergie qui se transmet de proche en proche, et non à de la matière.

> dominante dans les milieux non spécialisés (et même dans les milieux spécialisés) »[128].

La notion d'atome a largement évolué depuis l'Antiquité, perdant peu à peu toute correspondance avec une quelconque image matérielle, pour devenir essentiellement, comme l'expliquent Ortoli et Pharabod (1984), une entité mathématique, c'est-à-dire une abstraction de l'esprit, un principe.

Les scientifiques ont fait ce constat à partir d'une expérience dite des « fentes de Young », du nom du médecin et physicien anglais Thomas Young [1773-1829], qui a montré que des particules subatomiques projetées dans une fente ont le même comportement qu'une onde, c'est-à-dire qu'elles présentent des propriétés spécifiquement ondulatoires comme la diffraction (lorsqu'elles passent par une fente) et l'interférence (si elles passent par deux fentes). Il faut donc associer à tout corpuscule une onde (ou plutôt un groupe d'ondes ou « paquet d'ondes »), caractérisable mathématiquement par une « fonction d'onde ». L'expérience remonte au tout début des années 1800. Elle est très bien décrite par Jean Staune (2007), qui introduit cette expérience en évoquant le phénomène de diffraction observé lorsque des vagues se dirigent vers un muret percé d'une fente :

> « Au-delà du trou, les vagues se répandront dans toutes les directions [elles diffractent], alors qu'elles progresseront en ligne droite si le trou est plus large. La lumière aura le même genre de comportement : au-delà de la fente, la lumière va se répartir dans toutes les directions (...). Maintenant, imaginez qu'il y ait deux trous de petite taille dans le muret. Il y aura alors, au-delà du muret, deux phénomènes de diffraction, chacun centré sur son trou. Lorsque les vagues issues de ces deux trous se rencontreront, il se produira un phénomène d'interférence : à certains endroits, les vagues s'annuleront et l'eau sera calme (creux + bosse = plat), lorsque, à d'autres, elles se renforceront (bosse + bosse = super bosse). (...) La lumière produit aussi des interférences. Vu de face, le mur montre une alternance de raies sombres et lumineuses. (...) Cela nous montre donc que la lumière est bien une onde puisqu'elle permet d'obtenir des phénomènes de diffraction et d'interférence qui sont caractéristiques d'une structure ondulatoire telle qu'une vague ».

Les choses se compliquent lorsqu'on observe les résultats obtenus avec un dispositif constitué d'un canon à électron qui envoie des électrons un à un

---

[128] Le modèle atomique « planétaire » a été élaboré en 1913 par le physicien danois Niels Bohr. Ce modèle a été revu et n'est plus d'actualité. Il faut aujourd'hui concevoir l'atome comme un noyau (constitué de neutrons et de protons) entouré d'un nuage d'électrons (un nuage dit « électronique ») où les électrons ne doivent pas se concevoir comme des particules tournant autour d'une orbite, mais comme des vibrations, des ondes. En vérité, il n'y a ni onde, ni particule. On ne sait pas où se trouvent ces électrons, ni quelles sont leurs trajectoires. La physique actuelle peut seulement déterminer la probabilité de les trouver à une certaine distance du noyau. La physique actuelle a toutefois déterminé la taille du noyau par rapport au volume de l'atome : pour donner un ordre de grandeur, il occupe le même espace que celui d'un grain de riz dans un stade de football. Autrement dit, toute la matière qui nous entoure n'est quasiment que du vide ! (Ricard et Thuan, 2000).

en direction d'un mur percé de deux fentes. Un écran est disposé derrière les fentes pour voir comment se répartissent les électrons. Staune (2007) résume les résultats :

> « (1) lorsqu'une seule fente est ouverte dans le mur, les électrons recouvrent tout l'écran [ils diffractent] ; (2) lorsque deux fentes sont ouvertes dans le mur, bien que les électrons aient deux fois plus de possibilités de franchir le mur, ils se concentrent tous dans des zones qui ne couvrent que la moitié de l'écran [on observe des franges d'interférence] ; (3) lorsque deux fentes sont ouvertes dans le mur, mais que l'on contrôle par quelle fente passe chaque électron [via un détecteur dont le mécanisme est composé d'un jet de photons qui interfère avec les électrons], les électrons recouvrent de nouveau tout l'écran. Comment comprendre un tel comportement ? Tout se passe comme si l'électron était une onde lorsqu'on ne l'observe pas : c'est cet aspect ondulatoire qui lui permet de passer par les deux fentes en même temps (...). En revanche, dès qu'il est observé ou qu'il interagit avec quelque chose (ce point est fondamental), il nous montre son visage de particule. Pour qu'une telle transition soit possible, il faut qu'un phénomène tout à fait étonnant se produise : la réduction du paquet d'ondes, par lequel l'électron-onde, largement étalé dans l'espace comme toute onde devient instantanément un corpuscule très, très petit. (...) Cette expérience est cruciale puisqu'elle permet de conclure que l'observation ne modifie pas seulement les propriétés des particules élémentaires (...), mais également leur nature. Et cela est vrai pour l'électron mais aussi pour le neutron ou le proton et toutes les autres particules. Les particules élémentaires prennent à leur guise l'aspect d'une onde ou d'une particule selon que l'instrument de mesure soit activé ou non ! ».

Il en va de même pour les atomes, voire certaines molécules puisqu'en 2004, cette expérience a été tentée – avec succès – sur une molécule de deux cent cinquante-six atomes, démontrant ainsi la dualité de la matière atomique ! Cette observation a conduit les scientifiques à conclure que « les objets que nous connaissons, les êtres vivants, ne sont pas des assemblages de micro-objets, mais des combinaisons d'entités élémentaires qui, elles, ne sont pas des objets ». (Ortoli *et al.*, 1984). Mais alors, comment diable expliquer que nous sommes des êtres matériels si nous ne sommes pas constitués de composantes matérielles ?! C'est là toute l'étrangeté de l'interface entre le monde quantique et le monde physique... C'est pourtant bien la réalité de notre essence. Malgré les apparences, les éléments qui nous constituent ne sont pas plus matériels qu'une onde ou qu'une vibration traversant l'espace-temps ! Voilà qui est assez intrigant...

### *Quand l'incertitude remplace le déterminisme*

La physique quantique a également mis fin au déterminisme de la physique classique tel qu'il était affirmé par Isaac Newton ou Pierre-Simon de Laplace. D'après Newton, si l'homme connaissait toutes les lois et toutes les forces qui agissent sur un système donné, il pourrait prédire avec certitude tous ses comportements futurs. Mais le physicien Werner Heisenberg [1901-1976], prix

Nobel en 1933, a démontré les limites de cette vision déterministe du monde. Son principe d'incertitude (ou d'indétermination), enseigné dans la plupart des cursus universitaires à vocation scientifique, peut s'énoncer de la manière suivante : « dans le monde quantique, on ne peut connaître de façon précise tout à la fois la position et la vitesse d'une particule ». Ce principe dérive lui aussi d'une expérience de pensée, dite du « microscope de Heisenberg », dans laquelle on tente de mesurer la position d'un électron en l'éclairant : « si l'on veut voir un électron, il faut l'éclairer, donc lui envoyer des photons, ce qui le perturbe et modifie sa vitesse. Et si l'on essaie de moins le perturber en lui envoyant des photons moins énergétiques, on ne peut plus le voir de façon suffisamment claire pour connaître sa position ». En théorie quantique, il y a donc systématiquement une imprécision sur les mesures, rigoureusement démontrable par les mathématiques.

Les incertitudes (ou inégalités) de Heisenberg sont conformes avec la dualité onde-corpuscule évoquée plus haut : sous forme ondulatoire, il nous est impossible de déterminer avec précision la position d'une particule, puisque, étalée dans l'espace, une onde n'a pas de localisation ponctuelle. Nous ne pourrons jamais voir une particule sous forme ondulatoire. Nous pouvons tout au plus calculer sa probabilité de se trouver à certains endroits. Ainsi, pour une particule donnée – par exemple l'électron d'un atome d'hydrogène – nous ne pourrons jamais lui assigner une valeur unique pour sa position et sa vitesse, mais plutôt un ensemble de valeurs qui reflète sa probabilité de se trouver à tel ou tel endroit. Cet ensemble de valeurs constitue sa « densité de probabilité ». Ainsi donc, la position des particules élémentaires ne peut être déterminée.

En quoi ce principe est-il particulier ? Eh bien cette propriété est tout de même étonnante puisqu'en physique classique, la vitesse et la position des objets macroscopiques peuvent être connues. Le principe d'incertitude est contraire aux lois de dynamique de Newton, selon lesquelles tout objet en mouvement peut être défini par une vitesse, une position et une trajectoire bien déterminées. Pourtant, ces objets sont constitués de particules qui tombent sous l'application du principe d'incertitude. Encore un autre fait de physique quantique qui doit nous paraître paradoxal par rapport à notre monde visible : notre monde visible est caractérisé par le déterminisme, alors que le monde quantique sous-jacent est indéterminé. Plutôt curieux, non ?

## L'interconnexion des choses dans l'univers

La non-localité fut une autre découverte majeure en physique quantique. Elle date de 1982, lorsque des physiciens ont rigoureusement prouvé que : « si deux particules ont interagi, elles se souviennent l'une de l'autre et l'une sait instantanément ce que fait l'autre sans aucune transmission d'informations, même si elles sont à deux extrémités de l'univers. La réalité dans le monde subatomique est non locale et non séparable » (Thuan, in Staune, 2007). En d'autres termes, cette expérience a montré que :

> « Une observation faite ici et maintenant peut non seulement affecter l'objet observé mais également un autre objet, aussi éloigné que l'on veut du premier. Ce phénomène – qu'Einstein appelait "fantomatique" – impose une réévaluation radicale des concepts mécanistes traditionnels d'espace, d'objets, de causalité et suggère une vision du monde alternative dans laquelle l'univers est caractérisé par l'interconnexion et le holisme » (Sokal, in Staune, 2007).

**L'expérience sur la non-localité**

Voyons comment un tel phénomène a pu être démontré. Le physicien français Alain Aspect et son équipe ont mis au point un dispositif où un atome excité produit deux photons qui partent dans des directions opposées, rendant impossible toute interaction entre ces deux particules. On effectue alors une mesure sur l'un des deux photons. Il s'agit d'une mesure de polarisation. La polarisation est une propriété d'une particule élémentaire de présenter une orientation privilégiée, dans un sens ou dans l'autre, de son champ magnétique, appelé *spin* (le *spin* reflète la capacité d'un photon à tourner sur lui-même). On mesure donc l'orientation du champ magnétique d'un des deux photons, qui est aléatoirement + ou – (sous-entendu dans un sens ou dans l'autre). Cela signifie que si l'on mesure la polarisation d'une des deux particules, il y a une chance sur deux qu'elle soit + ou –, selon le hasard. Il en est de même pour l'autre particule. L'expérience a démontré que :

> « Lorsque l'une des particules répond, de façon aléatoire (par exemple +), l'autre, de façon totalement coordonnée, répond la même chose[128]. Si la mesure n'avait pas été effectuée sur la première, la réponse à une mesure sur la deuxième aurait été totalement aléatoire. Mais lorsqu'on observe la réponse + de la première particule, on sait avec une certitude absolue que l'autre répondra + aussi. Or, ces deux particules peuvent être très éloignées dans l'espace et les mesures, effectuées de manière suffisamment rapprochée pour qu'aucun signal allant à la vitesse de la lumière ne puisse informer une particule de la mesure que l'autre a subie » (Staune 2007).

Il y a deux hypothèses pour expliquer une telle corrélation, reprend Staune (2007) :

> « (1) Soit c'est la "vie commune" des photons avant leur séparation qui explique la corrélation ; (2) soit il existe une "action fantôme à distance" qui informe et coordonne instantanément les deux particules. Le dispositif mené par l'équipe d'Alain Aspect a permis de vérifier que la deuxième hypothèse était la bonne, la plus incroyable. (...). On parle de principe de non-localité car cette expérience démontre que deux particules restent en contact quelle que soit la distance qui les sépare de telle façon que ce qui se produit sur l'une a un impact instantané sur l'autre (Einstein lui-même disait que si la non-localité existait, elle serait comme de la télépathie entre électrons) ».

---

[129] En fait, d'après Ortoli et Pharabod, les deux photons ne donnent pas des réponses identiques, mais des réponses inverses : si la réponse +1 est observée sur le premier photon, la réponse -1 sera systématiquement observée pour le deuxième photon. Pour une facilité de compréhension, nous supposons que Jean Staune a choisi de présenter plus simplement les résultats en décrivant des

Ainsi donc, d'après le physicien irlandais John Bell[130] : « Nous ne pouvons éviter que l'intervention sur l'un des côtés ait une influence causale sur l'autre. Certaines corrélations particulières sont localement inexplicables. Elles ne peuvent être expliquées sans action à distance » (Bell, in Staune, 2007).

Jean Staune explique ensuite les deux façons de considérer le phénomène :

> « Soit, comme vient de le dire Bell, il s'agit d'une influence qui ne peut être véhiculée par de la matière ou de l'énergie[131] et qui s'exerce d'une particule à l'autre (...). Soit, comme le pense une majorité de physiciens actuels, les deux particules ne forment qu'un seul et même objet, même lorsqu'on les mesure dans des instruments pouvant, en théorie, être séparés par de milliers de kilomètres. On parle alors plutôt de non-séparabilité, car les deux particules ne peuvent pas être séparées (tant qu'on n'a pas effectué de mesures sur elles). Il semble que c'est cette deuxième raison qui paraisse la plus probable. C'est la raison pour laquelle ce résultat est d'une telle importance : il s'agit d'une évolution majeure de nos connaissances. Au-delà de cette expérience, toute une série de visions du monde ne sont plus valables (...) ».

Pour mieux comprendre la non-séparabilité, le physicien anglo-américain David Bohm développe en 1951 une première théorie selon laquelle :

> « Il existe dans l'espace un "potentiel quantique" en plus des champs de forces reconnus par la physique classique et par la physique quantique ; à la différence de ces champs de forces, le potentiel quantique ne transporte pas d'énergie et nous ne pouvons pas le détecter directement, mais les particules en subissent les effets et s'en servent en quelque sorte pour communiquer entre elles » (Ortoli *et al.*, 1984).

Le potentiel quantique est ainsi considéré comme une variable cachée dite « non locale ». Plus tard, dans les années 1980, Bohm affina son modèle en développant la notion d'ordre impliqué, où :

> « Les particules ne sont plus ponctuelles et réelles au sens classique du mot. Elles sont la manifestation d'un ordre fondamental caché qu'il appelle l'"ordre impliqué". Imaginez que ces deux particules [les deux photons dans l'expérience d'Alain Aspect] ne soient en fait que deux expressions secondaires, deux projections sur deux écrans d'une seule et même réalité primaire. Prenez un poisson dans un aquarium filmé par deux objectifs

---

réponses identiques – et non inverses – des couples de photons.

130 John Bell [1928-1990] est un autre physicien qui contribua à la découverte de la non-localité. En 1964, il mit au point le test (à travers le théorème des inégalités de Bell) dont l'équipe d'Alain Aspect conçut le dispositif expérimental.

131 En effet, le dispositif mis au point par l'équipe d'Alain Aspect est tel que si l'influence entre les deux électrons est due à un signal (ou une hypothétique force qui leur permet d'interagir entre eux), cette énergie (ou cette force, ce signal) doit se déplacer plus vite que la lumière – chose impossible selon les principes de la relativité. Si c'est le cas, il ne peut s'agir d'une énergie véhiculée par les canaux ondulatoires classiques que nous connaissons. C'est donc une force d'une autre nature encore inconnue…

> et projeté sous forme de deux images. Que se passe-t-il pour le spectateur qui ne voit que les deux écrans ? Tout ce qui arrive à l'image du premier écran semble avoir une répercussion immédiate sur celle du second écran. Le spectateur pourra se creuser la tête pendant des heures, imaginer toutes sortes de communications vraiment folles entre ces deux images de poissons. Jusqu'au jour où il comprendra qu'il s'est fourvoyé en poursuivant des réalités secondaires : c'est derrière l'écran qu'il fallait chercher. En se déployant, l'ordre impliqué fait émerger le monde dans lequel nous vivons. Cet ordre n'est pas dans notre espace-temps. Comme le dit Bohm : "ce que nous savons désormais, c'est que les particules élémentaires n'obéissent que partiellement aux lois de notre espace-temps. Toute une partie de leur comportement semble régie par des lois d'un autre ordre. Un ordre sous-jacent au nôtre, dont nous savons fort peu de choses. Un ordre mouvant dont l'univers tel que nous le connaissons serait seulement l'une des expressions (...)" » (Bohm, in Staune, 2007).

Selon David Bohm, la réalité profonde n'est ni l'esprit, ni la matière, mais une réalité d'une dimension supérieure qui est leur base commune et dans laquelle prévaut l'ordre impliqué (Ortoli et Pharabod, 1984). Bien sûr, l'hypothèse d'un ordre impliqué n'est qu'une théorie parmi d'autres, mais il faut avouer que les autres théories pour expliquer la non-localité sont encore plus incroyables, comme celle des univers parallèles dans laquelle l'univers se dupliquerait à chaque mesure du détecteur ou encore celle d'une information remontant le temps. Nous ne développerons pas les détails de ces théories et renvoyons le lecteur intéressé vers la littérature spécialisée. Quoi qu'il en soit, nous devons retenir de cette expérience que parmi toutes les interprétations qui tentent d'expliquer la physique quantique : « aucune ne repose sur des concepts comparables à l'expérience que nous avons au niveau macroscopique des corps et des forces que nous appelons matérielles ». Ou encore : « tout ce que nous savons de la nature s'accorde avec l'idée que son processus fondamental s'établit hors du temps et de l'espace, mais engendre des événements qui peuvent être situés dans le temps et dans l'espace » (Stapp, in Staune, 2007).

## À l'interface de deux mondes

Abordons un dernier point encore plus énigmatique : celui de l'interface entre le monde quantique et le monde classique que nous voyons au quotidien. Les théories énoncées jusqu'ici (dualité onde-corpuscule, principe d'incertitude, non-localité) nous dépeignent un monde étrange où les notions de point, de matière, de force et de trajectoires disparaissent. C'est ce qu'on appelle le flou quantique : « Aucune frontière nette n'a jamais pu être définie entre le monde quantique et notre monde à nous. Pourquoi notre monde à nous a-t-il cette apparence de normalité et de matérialité ? », se demande Jean Staune. L'expérience des fentes de Young nous a montré, à travers le phénomène de réduction du paquet d'ondes, que le fait d'observer la matière peut changer sa nature. Rappelons-nous la conclusion de Staune qui confirme, lors de la mesure par le détecteur, que : « l'électron-onde, largement étalé dans l'espace devient instantanément un corpuscule très, très petit. (...) Tout se passe comme si l'électron était une onde lorsqu'on ne l'observe pas ». La question revient à se demander ce qui provoque la réduction du paquet d'ondes. Dans l'expérience de Young, c'est *a priori* le détecteur [donc l'observation] qui provoque cette réduction. Aussi étrange que cela puisse paraître, si les instruments de détection ne sont pas activés, l'électron peut passer sous forme ondulatoire par les deux fentes en même temps. Et cela est rigoureusement confirmé par la théorie et les calculs mathématiques (ce sont les célèbres équations de Schrödinger) : « Les équations de physique quantique nous indiquent que tant que le résultat de l'expérience n'a pas été observé, il y a une superposition des états » (Staune, 2007).

Ce qu'il faut admettre dans la superposition des états, de manière très simplifiée, c'est que la physique quantique s'exprime par les mathématiques (seul outil permettant de la concevoir), décrivant tout système ou tout objet par une « fonction d'onde ». Ces mathématiques sont des modèles probabilistes qui décrivent non pas ce qui est, mais plutôt ce qui peut être. Les équations de fonctions d'ondes s'expriment donc en probabilité d'être dans un état ou dans l'autre, d'être à telle position ou telle autre, voire même dans telle position ET, en même temps, dans telle autre, car, chose remarquable, la réversibilité des équations rend plusieurs résultats envisageables, plusieurs états superposables. Les pères de la physique connaissaient très bien cette réalité mathématique. Ainsi, Schrödinger a décrit l'onde associée à l'électron par une équation. Prenons une propriété qui caractérise l'état de l'électron, comme par exemple sa position, et prenons deux positions possibles A et B, alors le principe de superposition postule que « A + B » est aussi un état possible de la particule. En théorie quantique, une même particule peut être à deux endroits simultanément. L'expérience de Young nous a effectivement démontré que c'était possible. Eh oui ! En physique quantique, le don d'ubiquité est une réalité !

Mais cela n'apporte toujours pas de réponse à notre question : pourquoi notre monde a-t-il une apparence normale alors qu'il est constitué de particules gouvernées par un état de flou quantique ? Qu'est-ce qui annule la superposition des états ? Pour reprendre l'exemple de notre électron, lors de la mesure, nous obtenons soit la position A, soit la position B. Mais avant la mesure, aucun des deux états n'est plus probable que l'autre. C'est donc la mesure qui détruit la superposition. Mais qu'en est-il à notre échelle d'êtres humains, nous qui observons tous les jours ce monde constitué de particules ? La réponse est surprenante. Jean Staune (2007) explique : « Pour certains physiciens, la réponse la plus simple est que la réduction du paquet d'ondes, la disparition de cette superposition d'états, est due à l'action de notre conscience ». C'est l'avis d'Eugène Wigner, prix Nobel de physique en 1963. Voici ce qu'il pense du rôle de la conscience :

> « C'est l'entrée d'une impression dans notre conscience qui altère la fonction d'onde car elle modifie notre évaluation des probabilités pour les différentes impressions que nous nous attendons à recevoir dans le futur. C'est à ce moment que la conscience entre dans la théorie de façon inévitable et inaltérable. Si on parle en termes de fonction d'onde, ces changements sont couplés avec l'entrée des impressions dans notre conscience... En physique quantique, l'être conscient a obligatoirement un rôle qui est différent de celui d'un appareil de mesure inanimé » (Wigner, in Ortoli *et al.*, 1984).

Cette interprétation est soutenue par d'autres scientifiques. Jean Staune continue : « Puisque les lois de la physique n'expliquent pas la réduction du paquet d'ondes, il faut faire intervenir une entité qui n'obéit pas aux lois de physique : notre conscience individuelle. C'est elle qui est responsable des caractéristiques du monde qui nous entoure ». Mais encore une fois, cette théorie n'est qu'une hypothèse parmi d'autres. En effet, selon une telle conception, l'univers n'existe pas vraiment indépendamment des actes d'observation. C'est l'observateur qui crée la réalité, ce qui est tout à fait contraire aux idées reçues. Disons d'emblée que la majorité des physiciens n'adhèrent pas à cette vision, sans pour autant être capables de la réfuter totalement. Ils considèrent au contraire que le monde et ses composantes les plus élémentaires (les électrons, les photons, etc.) existent bien, même quand nous ne les observons pas. Selon cette majorité, la réduction du paquet d'ondes s'explique par l'interaction entre l'appareil de mesure et la particule, indépendamment de la présence de l'observateur.

## Implications métaphysiques de la théorie quantique

Comment devons-nous appréhender le réel ? De quoi sommes-nous constitués ? Notre essence est-elle matérielle ou spirituelle, corpusculaire ou ondulatoire, physique ou mathématique ? Pour reprendre les propos d'Ortoli et Pharabod (1984) :

> « Qu'est-ce que l'esprit, qu'est-ce que la matière ? Ces questions ont-elles même simplement un sens ? Toujours est-il qu'elles sont posées depuis des siècles, sinon des millénaires, et que la nouvelle physique conduit à les poser de nouveau, mais d'une façon radicalement différente, presque mathématique : la réduction du paquet d'ondes implique-t-elle l'existence d'une entité non-matérielle ? ».

Bernard d'Espagnat commence son traité en affirmant l'existence de questions philosophiques fondamentales au cœur de la physique actuelle. Il va même jusqu'à dire que cette discipline apporte des informations dont toute grande philosophie (de la matière, de l'esprit, de la connaissance, etc.) devrait aujourd'hui tenir compte dans sa propre chaire (Bernard d'Espagnat, 2002). En effet, comme dit Jean Staune (2007), l'affirmation « tout est matière » n'a plus de sens sur le plan scientifique. Il faut donc envisager un « réalisme non-physique », selon les propos de Bernard d'Espagnat (propos remarquables de la part d'un physicien soutenant que la réalité se situe en dehors de sa propre chaire). Les conclusions de Max Planck [1958-1947], physicien allemand décoré du prix Nobel en 1918, vont dans le sens de ce réalisme non-physique, comme nous pouvons le constater à travers un extrait de son allocution lors d'une conférence en Italie (1944) sur la nature de la matière :

> « Pour moi qui ai consacré toute ma vie à la science la plus rigoureuse, l'étude de la matière, voilà tout ce que je puis vous dire des résultats de mes recherches : il n'existe pas, à proprement parler, de matière ! Toute matière tire son origine et n'existe qu'en vertu d'une force qui fait vibrer les particules de l'atome et tient ce minuscule système solaire qu'est l'atome en un seul morceau (...) Nous devons supposer, derrière cette force, l'existence d'un Esprit conscient et intelligent. Cet Esprit est la matrice de toute matière ».

Une telle supposition de la part de ce physicien est lourde de sens. Tous ces éléments conduisent Ortoli et Pharabod (1984) au constat suivant :

> « La science des XVIII$^{e}$ et XIX$^{e}$ siècles avait abouti au triomphe du matérialisme mécaniste, qui expliquait tout par l'agencement de morceaux de matière minuscules et indivisibles, agencement réglé par diverses forces d'interaction qu'ils exerçaient entre eux. Cette vision assez primitive, à laquelle se tiennent encore la plupart des biologistes, avait pour conséquence l'inutilité des religions et des philosophies qui font appel à l'existence d'entités non matérielles. Le fait que ces morceaux de matière se soient révélés n'être en réalité que des abstractions mathématiques non-locales, c'est-à-dire pouvant s'étendre dans tout l'espace et de plus n'obéissant pas au déterminisme, a porté un coup fatal à ce matérialisme "classique". Certes le matérialisme est encore possible, mais un matérialisme "quantique" qu'il faudrait appeler "matérialisme fantastique" ou "matérialisme de science-fiction". L'idéalisme, qui croit en l'existence autonome de l'esprit, refait surface. Enfin, une sorte de nouvelle religion, que nous avons appelée syncrétisme quantique, est en train de naître, qui rapporte tout – matière et esprit – à un Absolu inconnaissable mais dont l'existence pourrait être déduite des aspects extraordinaires de la nouvelle physique ».

Jean Staune (2007) poursuit en écrivant :

> « Nous assistons à une réouverture du monde, non par la mystique ou la philosophie, mais par la science elle-même, nous indiquant qu'il paraît y avoir un niveau de réalité hors de notre monde et qui, loin d'être une pure abstraction mathématique, peut, dans certains cas, exercer une sorte d'influence causale sur notre monde ».

Nous avons vu qu'il existe différentes interprétations de la physique quantique. Ortoli et Pharabod (1984) distinguent deux principaux clans : celui des « matérialistes quantiques », majoritaires, et celui des « idéalistes quantiques », très minoritaires. Il y a également un clan qui tente de faire une synthèse de ces deux approches en une forme de syncrétisme, et enfin un dernier clan qui se refuse à choisir. Pour saisir la nuance entre ces clans, revenons un instant sur l'expérience de Young. Pour les matérialistes, la concrétisation (la réduction du paquet d'ondes) se produit au moment de la détection par l'appareil de mesure (quand le passage de l'électron est mesuré par le détecteur). Pour les idéalistes, elle se produit quand l'observateur prend conscience du résultat, c'est-à-dire de l'existence réelle de l'électron. C'est ici que son esprit intervient pour faire passer l'électron d'une existence potentielle à une existence concrète, pour reprendre les propos d'Ortoli et Pharabod. L'intervention de l'esprit, de la conscience, est un élément clé de l'école idéaliste. Les deux auteurs précités définissent l'idéalisme comme une philosophie qui ne tient pour assurée que l'existence de nos pensées et de nos sensations[132] et peut soit rejeter carrément l'existence d'un monde matériel qui nous serait extérieur, soit être assimilé au spiritualisme, à son tour défini comme une conception selon laquelle l'esprit existe indépendamment de la matière, et lui est supérieur en tant que principe qui gouverne le monde (comme le pensait Leibniz à travers son concept des monades). Sans aller aussi loin que l'école spiritualiste, ils assimilent alors cette forme d'idéalisme à l'« idéalisme transcendantal » d'Emmanuel Kant[133], qui postule que (1) les choses en soi ne sont que des idées, en ce qui concerne la connaissance que nous pouvons en avoir et (2) nous ne pouvons connaître les choses que par rapport à nous, c'est-à-dire en tant que phénomènes.

C'est ainsi que certaines philosophies et/ou spiritualités rejoignent des interprétations possibles de la physique quantique. L'Absolu inconnaissable et éternel évoqué par Ortoli et Pharabod (1984) trouve par exemple une correspondance avec le « Principe suprême » (*Brahman*) évoqué par les traditions orientales comme l'hindouisme. *Brahman* englobe tout, être et non-être, manifesté et non-manifesté. C'est la réalité ultime inaccessible à nos sens communs et matériels. Le monde physique est lui-même perçu comme une illusion (*Mâyâ*) dont les manifestations ne sont que les apparences de ce qui est. Ces mêmes notions se retrouvent dans la tradition celtique dans la mesure où le monde matériel est considéré comme un reflet de l'Autre Monde, situé au-delà du physique, un monde « d'en dessous », une dimension « non-manifestée » qui participe à la réalité matérielle. La tradition néo-druidique rejoint l'hindouisme à travers le concept d'« Increé » qui est la divinité suprême demeurant dans une dimension inaccessible à l'homme. De toute évidence, c'est

---

132 De manière plus complète, disons que l'idéalisme est un courant philosophique qui subordonne à la pensée toute existence, tout être objectif, considérant que la réalité ultime repose sur l'esprit et les représentations mentales. L'idéalisme attribue aux idées une existence en soi. Il s'oppose au réalisme qui considère que la réalité ultime est la matière et que le monde a une existence indépendante de la conscience et de la connaissance que l'on peut en avoir.

133 Emmanuel Kant [1724-1804] est un célèbre philosophe allemand ayant développé une théorie de la connaissance. Il considère que le centre de la connaissance est le sujet connaissant (l'homme), et que ce dernier ne peut connaître la réalité en soi, mais uniquement la réalité telle qu'elle nous apparaît. La seule réalité connaissable pour l'homme est d'ordre phénoménal.

un concept équivalent au *Brahman* des hindouistes. Ces concepts mystiques prennent du sens au regard de la physique quantique.

Par ailleurs, il existe un parallèle entre les conceptions des idéalistes quantiques et celles des premiers idéalistes. Les pères fondateurs de l'idéalisme, comme Platon et Pythagore, n'avaient pas une vision fondamentalement différente : « Les Idées de Platon ne sont pas dans l'espace-temps mais elles existent indépendamment de l'esprit humain et sont les causes des phénomènes » (Bernard d'Espagnat, in Staune, 2007). L'enseignement de Pythagore, nous l'avons vu dans la première partie, s'inscrit pour sa part dans une doctrine liée à la théorie des nombres, où le monde physique serait le reflet de l'ordre mathématique. Il soutenait que « le nombre est le principe et la source de toutes choses ». La mécanique quantique décrit elle aussi le monde à l'aide d'idées, de principes exprimés sous la forme de modèles mathématiques qui sont des abstractions permettant de définir une réalité que nous ne pouvons percevoir directement. Ces abstractions auraient une réalité plus ou moins objective puisqu'elles sont définies par des lois dont nous pouvons observer les manifestations dans notre dimension.

En effet, les mathématiciens dits « réalistes » attribuent une existence propre aux mathématiques, c'est-à-dire une réalité distincte de notre pensée. C'est un domaine que certains d'entre nous peuvent explorer par la raison. Le physicien et mathématicien britannique Roger Penrose a une interprétation totalement idéaliste de l'intuition mathématique :

> « Les concepts mathématiques semblent posséder une réalité profonde (...). C'est comme si la pensée humaine était guidée vers une vérité qui a sa réalité propre et qui n'est que partiellement révélée à chacun d'entre nous. (...) Quand l'esprit perçoit une idée mathématique, il entre en contact avec le monde platonicien des concepts mathématiques... La communication entre mathématiciens est possible, car chacun d'eux a eu un accès direct à la Vérité et a été en contact avec le même monde des Idées éternelles... Ces vérités éternelles semblent avoir une existence antérieure dans un monde éthéré » (Penrose, in Ricard et Thuan, 2000).

Ce type de dualisme est partagé par d'autres courants traditionnels. Ce niveau est une dimension cachée, une sorte « d'ordre impliqué », au sens où le physicien David Bohm l'entend, plus de 2 500 ans après Platon. Il est tout à fait remarquable que de telles conceptions refassent surface au cœur de la science du XXI^e^ siècle[134].

Le physicien américain Fritjof Capra, professeur de physique des particules élémentaires à l'Université de Californie, s'efforce pour sa part de rapprocher la physique moderne et la vision orientale dans une sorte de « mysti-

[134] Le bouddhisme, par contre, réfute le dualisme et la notion d'idées ayant une existence propre. Dans la conception bouddhique, tout n'est qu'interdépendance dans un réseau de causes et d'effets sans commencement ni fin. Il ne peut y avoir d'entités ayant une existence indépendante et qui serait sa propre cause.

cisme quantique » inspiré de l'hindouisme, du bouddhisme et du taoïsme dont il propose une interprétation des textes selon les découvertes de la mécanique quantique. Il a publié cette synthèse dans un ouvrage à succès, *Le Tao de la physique,* traduit en plusieurs langues et tiré à plus d'un million d'exemplaires. Conformément à la conception orientale et aux découvertes de physique (notamment les chaînes de collisions sans fin observées dans les accélérateurs de particules), il montre que les composantes élémentaires de la matière (atomes, particules, etc.) ne sont pas des entités isolées, mais constituent un tout interconnecté, un « *système dynamique en réseau indissociable d'interactions* ». Ainsi, les particules et la matière, bref, les objets, ne peuvent être dissociés de l'environnement ou de la matrice dans laquelle ils évoluent et se transforment tantôt en masse, tantôt en énergie. Cette matrice, c'est le fameux « vide quantique » ou « champ quantique », qui ne doit pas être associé à un néant absolu, mais à un « vide vivant » qui contient la potentialité de toutes choses. Le physicien américain cite alors Hermann Weyl :

> « Selon la théorie du champ, une particule matérielle telle qu'un électron est simplement un petit domaine du champ électrique à l'intérieur duquel la force prend des valeurs extrêmement élevées, indiquant qu'une énergie relativement importante est concentrée dans un très petit espace. Un tel nœud d'énergie, qui n'est en aucune façon clairement délimité par rapport au reste du champ, se déplace dans l'espace vide comme une onde aquatique traversant la surface d'un lac ; il n'existe pas de substance unique dont serait composé l'électron à tous moments » (Weyl, in Capra, 1985).

Dans cette nouvelle vision du monde, écrit Capra (1985) :

> « L'univers est conçu comme un tissu dynamique d'éléments interconnectés. Aucune des propriétés d'une partie quelconque de ce tissu n'est fondamentale ; elles découlent toutes des propriétés des autres parties, et la cohérence générale de leurs interactions détermine la structure du tissu entier ».

C'est l'hypothèse et/ou la philosophie dite du « bootstrap », qui insiste sur l'interdépendance et la cohérence de tous les phénomènes, et dénie l'existence de composantes fondamentales de la matière[135]. Cette conception va totalement à l'encontre de la vision occidentale des choses. Par contre, elle s'accorde avec la plupart des écoles orientales qui poussent les conséquences de cette philosophie jusqu'à leur extrême conclusion : nous, êtres vivants constitués de cette matière insaisissable, n'avons aucune existence propre. L'idée même d'un « moi », en tant qu'entité unique et isolée, serait une illusion ! La seule véritable loi constante serait celle de l'interdépendance dans un

---

[135] Le fondateur de cette théorie est l'américain Geoffrey Foucard Chew, docteur en théorie de physique des particules et professeur de physique dans plusieurs universités. Il développa cette théorie (devenue une philosophie) pour laquelle il reçut la médaille Hughes, une distinction scientifique décernée pour des découvertes importantes en sciences physiques. Selon Capra (1985), la théorie du bootstrap : « marque le rejet décisif de la conception mécaniste du monde physique à l'époque ». Certains aspects de cette théorie des années 1960-1970 sont en quelque sorte confirmés par l'expérience récente sur la non-localité entre particules élémentaires.

cycle sans commencement ni fin. Toutefois, nous nous posons des questions sur la pertinence d'une loi essentiellement fondée sur l'interaction, en niant l'existence propre d'entités à la base de ces interactions. À notre avis, il ne peut y avoir d'interactions sans entités. En effet, si deux « entités » interagissent, c'est qu'elles existent sous une forme ou sous une autre pour permettre l'interaction. S'il n'y a pas d'« objet » ou d'entité, comment pourrait-il y avoir une interaction entre eux ? Si nous sommes d'accord que la matière n'est certainement pas l'ultime composante des choses, il doit néanmoins y avoir « quelque chose » doué d'une forme d'existence derrière la réalité que nous percevons… Au-delà de ces interprétations, nous retiendrons la conclusion d'Ortoli et Pharabod (1984) :

> « Une chose est certaine : la situation philosophique – et religieuse – n'est plus bouchée comme il y a quelques décennies. Tout devient possible, et la vision assez noire, selon laquelle nous ne serions que le résultat éphémère et sans signification de chocs et de combinaisons de "petites billes" errant dans l'espace, n'est plus la vision scientifique. Le déterminisme n'est au mieux qu'une approximation statistique, et les constituants ultimes de l'univers peuvent rester liés entre eux en ignorant les distances qui les séparent à nos yeux : tels sont les enseignements de la physique quantique, confirmés par des expériences récentes ».

# Cosmologie actuelle et théologie naturelle

« Le très beau système représenté par le Soleil, les planètes et les comètes ne peut émaner que de la pensée et de l'action d'un être tout-puissant ».

Issac Newton, 1687 >
Physicien fondateur de la théorie de la gravitation universelle

« Si nous acceptons l'idée qu'il n'existe qu'un seul univers, le nôtre, nous devons postuler l'existence d'une cause première qui a réglé d'emblée les lois de la physique et les conditions initiales ».

Trinh Xuan Thuan, 2007
Astrophysicien et professeur à l'Université d'État de Virginie

D'où venons-nous ? Comment le monde est-il apparu ? Depuis des millénaires, l'homme se pose cette question lorsqu'il lève les yeux vers les étoiles. Il n'y a probablement pas de mystère plus profond que celui de la création de l'univers, qui débouche inévitablement vers des postulats métaphysiques, voire théologiques. Les apports de l'astrophysique et de la cosmologie modernes fournissent aujourd'hui quelques éléments de réponses sur l'origine de l'univers. Big Bang, mur de Planck, expansion de l'univers, fond diffus cosmologique, antimatière, énergie noire et matière noire… si ces notions nous éclairent un peu plus sur la nature du cosmos, elles nous font toutefois buter sur de nouvelles énigmes qui nous laissent perplexes, nous rappelant finalement que nous savons bien peu de choses sur cette immensité cosmique qui nous a engendrée.

À l'époque celtique, l'observation des astres était une spécialité des druides, qui, eux aussi, se posaient certainement une multitude de questions sur l'origine du monde. Il n'y a malheureusement pas de récit cosmogonique chez les Celtes, pas de mythe précis sur la naissance du monde. Il y a bien des textes mythologiques sur les premières incursions des dieux en Irlande, sur la lutte acharnée entre ces mêmes dieux (symbolisant l'être) et des « démons » (symbolisant le non-être) ; il y a également des mythèmes sur la création de la vie à partir de l'union du dieu-père avec la déesse-mère ou encore le symbole de l'oursin fossile lié à la notion de primordialité du monde, mais nous n'avons pas les détails d'une cosmogonie celtique. Nous ne savons dès lors pas, en dehors des grands schèmes évoqués plus haut (d'ailleurs pas toujours faciles à comprendre), comment ils voyaient la création du monde, de l'univers et de la vie. Nous savons toutefois que les druides étaient de fins observateurs du ciel et qu'ils avaient élaboré un calendrier très précis basé sur les cycles du Soleil et de la Lune (le calendrier de Coligny). Par ailleurs, nous savons que la Terre, le Soleil et peut-être certains autres astres étaient des entités vénérées au rang de divinités. Rappelons-nous, par exemple, le dieu gaulois *Belenos* (ou *Grannos*) évoqué dans la première partie, qui était une divinité solaire par excellence, ou encore la déesse *Dana* de la mythologie celtique irlandaise, qui était pour sa part une divinité de fertilité et de prospérité associée à la Terre (le culte de la Terre-Mère). Certains historiens vont même jusqu'à qualifier la spiritualité celtique de « cosmique », car l'ordre, les cycles et les forces cosmiques sont des éléments centraux de la pensée des druides. Nous en voulons pour preuve la symbolique associée à certaines divinités celtes (comme la roue cosmique), ainsi que la structure tripartite de la société celtique qui était calquée sur la manière dont ils concevaient la structure de l'univers (notion d'arbre cosmique). Rappelons-nous la citation de Goudineau (1998) : « La religion celtique est une théologie fondée sur les mouvements des astres, ces puissances qui nous gouvernent et qui semblent éternelles ». Finalement – c'est un point important dans ce chapitre – il est admis que les druides croyaient en une divinité supérieure, à la fois une et multiple. C'est la grande divinité suprême des Celtes, hors classement et hors fonction. Ce concept nous mène vers la notion de principe créateur ou supérieur, qui est débattu dans la cosmologie moderne. C'est ici que la théologie vient s'immiscer dans le débat, puisque la création intentionnée ou dirigée de l'univers soulève la controverse sur l'existence présumée de « Dieu », ce qui anime bien des polémiques. La cosmologie constitue ainsi le champ de bataille privilégié où se confrontent avis scientifiques et interprétations théologiques.

## Des astres et des dieux

Beaucoup de religions polythéistes accordent une importance particulière aux astres, et plus spécifiquement aux astres proches comme le Soleil, la Terre et la Lune[136]. Le mouvement des astres est lui-même associé aux grands cycles de l'univers et de la vie. Aujourd'hui, le fait de considérer les astres comme des dieux est une conception qui nous paraît archaïque, primitive. Pourtant, à y réfléchir, les astres sont effectivement des éléments naturels doués d'une motricité propre à laquelle nos existences sont tributaires. Ils jouent une influence sur notre état physique et psychologique. La vie sur Terre dépend

136 Dans l'Antiquité, les astronomes grecs avaient aussi connaissance des cinq planètes les plus proches (Mercure, Venus, Mars, Jupiter, Saturne). En occident, elles ont été nommées d'après les noms des dieux romains, où Jupiter était le chef des dieux, Mars le dieu de la guerre, Mercure le dieu du commerce, etc. La terminologie de notre calendrier est elle-même inspirée des astres, puisque le nom des jours de la semaine provient du nom des planètes où, étymologiquement, « lundi » correspond au jour de la Lune (*Lune dies*, en latin), « mardi » au jour de Mars (*Mars dies*), « mercredi » au jour de Mercure (*Mercurius dies*), etc.

avant tout des forces dispensées par les astres environnants. Songeons un instant à la chaleur et la lumière émises par le Soleil, qui est une des principales sources de vie sur Terre ; à l'influence de la Lune sur les masses d'eau et sur la physiologie des êtres vivants (par exemple sur la circulation de la sève des végétaux) ; ou à la Terre elle-même et les cycles telluriques (tectonique des plaques, séismes, volcans, etc.) ou océaniques qui déterminent le climat de la planète et les saisons, affectant à leurs tours les cycles biologiques des animaux ou des végétaux. Il n'est donc pas surprenant que les anciens, partout dans le monde, aient divinisé les astres en leur vouant un culte, reconnaissant ainsi que notre existence est liée à ces « puissances naturelles ». Pour compléter nos propos, citons Carl Sagan, scientifique et astronome américain :

> « Pensez à la chaleur du Soleil sur votre visage tourné vers le ciel, par une journée d'été sans nuages ; pensez à quel point il est dangereux de le regarder directement. À 150 millions de kilomètres de distance, nous prenons ainsi conscience de sa puissance. Que ressentirions-nous si nous nous trouvions sur sa bouillonnante surface lumineuse, ou au sein de son four nucléaire ? Le Soleil nous réchauffe et nous nourrit, et il nous permet de voir. Il a fécondé la Terre. Sa puissance dépasse tout ce que l'homme connaît. Les oiseaux saluent le lever du Soleil par de bruyants transports de joie. Même certains organismes unicellulaires savent nager en direction de la lumière. Nos ancêtres rendaient un culte au Soleil, et c'était loin d'être des sots ».

Le fait de considérer la Terre comme un être vivant supérieur revient même à l'ordre du jour. D'après le biologiste et généticien Michael Denton, certains savants modernes, tenant compte de l'engrenage et de l'équilibre entre les cycles de l'eau, du carbone, du fer, du magnésium, de la tectonique des plaques, entre autres, considèrent notre planète comme un système homéostatique analogue à un organisme vivant (Denton, 1997). Une position défendue à la fin des années 1980 par le scientifique anglais James Lovelock qui a introduit le concept de *Gaïa* (en référence à la déesse nourricière de la mythologie grecque) selon lequel la Terre est elle-même un organisme vivant (Thuan, 2003). Lovelock se base sur des caractéristiques de l'environnement observées sur la Terre et maintenues à l'état constant par la conjugaison de phénomènes biologiques et chimiques, ce qui le conduit à concevoir la Terre comme un être vivant. Si l'« hypothèse *Gaïa* » était exacte, dit Denton, alors *Gaïa* serait « le plus grand être vivant de la Terre », selon l'expression de Lovelock. Quant à tous les autres êtres vivants terrestres (dont les êtres humains), ils seraient des éléments et des partenaires d'un gigantesque être qui, globalement, tendrait à faire constamment de notre planète un habitat adéquat et propice à la vie (Denton, 1997). Une telle affirmation peut sembler audacieuse. La même idée est pourtant exprimée dans un article de *Scientific American* qui présente la Terre comme un système dynamique :

> « En dépit de tous les changements s'observant à de nombreuses échelles différentes d'espace et de temps, la Terre, en tant que tout, demeure remarquablement constante (...) il est devenu clair (...) que le noyau, le manteau,

> la croûte, les océans et l'atmosphère peuvent être (...) regardés comme un système complexe d'interactions, dans lequel des matériaux circulent cycliquement d'un réservoir à un autre (...). La Terre en tant que vaste système de recyclage fait penser au système physiologique et à son équilibre dynamique que l'on appelle homéostasie » (Siever, in Denton, 1997).

Les religions monothéistes font pour leur part référence à un dieu unique, créateur du monde et des êtres. Cette notion évoque, d'une part, un principe suprême, une cause première responsable de l'origine de l'univers, et, d'autre part, un être supérieur dont nous ferions partie, ou encore un cycle infini dans lequel tout ce qui existe s'inscrit dans une éternelle boucle qui se crée, se détruit, puis se régénère à nouveau (telle la notion de Big Bang et de Big Crunch évoquée en cosmologie actuelle). La question de « Dieu » pourrait se poser raisonnablement en ces termes : Se peut-il qu'une intelligence supérieure régisse ce système que nous appelons l'univers ? Se peut-il que nous fassions partie d'un « supra-organisme » dont la structure et l'intelligence nous dépassent ? Pour mieux comprendre cette question, permettons-nous une métaphore. Prenons l'exemple des cellules constitutives de notre corps ; cellules qui sont des organismes vivants à part entière. Imaginons un instant qu'elles soient douées d'une conscience ou d'une intelligence capable de raisonnement. Étant donné la taille microscopique de nos cellules par rapport au corps dont elles font partie, elles ne réaliseraient probablement pas qu'elles intègrent un organisme supérieur bien plus grand, lui-même doué d'une conscience et d'une intelligence propre. Si une cellule pouvait prendre du recul et avoir une vision d'ensemble, elle visualiserait cet être macrocosmique – l'homme – dont elle fait partie. Tout est question d'échelle dans la nature. Dès lors, la même question se pose à notre échelle, dans le rapport entre l'homme et l'univers : serions-nous les micro-cellules d'une unité vivante infiniment plus grande ?

Cette idée n'est pas nouvelle. Elle fut soutenue en 1840 par le naturaliste écossais Robert Chambers [1802-1871], dans un ouvrage intitulé *Vestiges of the History of Creation* qui, en son temps, fut un best-seller qui proposait une théorie originale de l'évolution de la vie. Selon Chambers, les mondes biologiques et physiques ne forment au bout du compte qu'un seul et immense artifice via leurs interconnexions :

> « Cela fonde l'unité de la nature animée et le caractère achevé de sa constitution globale. Cela nous permet d'apercevoir que, sous des apparences changeantes, évoquant constamment l'arbitraire et l'accidentel, la nature est en fait le produit d'une fabrication de l'espèce la plus rigide. Le Naturel, nous rendons-nous compte maintenant, se coule dans un artificiel de plus haut niveau. (...) Et c'est pourquoi il nous faut nous aussi conclure, dès lors que nous avons pris conscience du caractère artificiel de la nature, que celle-ci est totalement le produit d'un Être qui nous ressemble, mais en infiniment plus grand » (Chambers, in Denton, 1997).

Cette idée rejoint parfaitement l'analogie microcosme-macrocosme défendue par les philosophes, les alchimistes et les occultistes du Moyen Âge. Elle est également conforme à la pensée orientale, comme le souligne Capra (1985) :

> « Dans la vision orientale, les êtres humains, comme toutes les formes de vie, font partie d'un ensemble organique indissociable. Leur intelligence, par conséquent, implique que l'ensemble soit également intelligent. L'être humain est considéré comme une preuve vivante de l'intelligence universelle ».

C'est la notion de « conscience universelle », qui trouve du sens si l'on associe l'univers à une unité vivante douée d'une forme d'intelligence. C'est ce que certains philosophes socratiques (comme Platon, qui fut l'élève de Socrate) appelaient l'« Âme du monde ». Nous pouvons également associer cette conscience universelle à un plan de « méta-conscience » dans lequel « baigneraient » toutes les consciences de toutes les formes de vie présentes dans l'univers ; un plan où les esprits sont interconnectés, sous la forme d'un panpsychisme holistique qui pourrait subsister au-delà de la matière. Nous en reparlerons dans le dernier chapitre.

Il y a une autre question troublante derrière celle de l'origine de l'univers : la création de l'univers est-elle un phénomène aléatoire, sans cause première ni but final, ou bien s'inscrit-elle dans un processus ayant une finalité ? Autrement dit, sommes-nous là par hasard ou bien l'apparition de la matière et/ou de la vie est-elle inscrite dans les lois de l'univers ? Chambers, par exemple, pensait que les modalités de l'évolution de la vie avaient été inscrites dès l'origine dans une sorte de programme cosmique et que toutes les lois de la nature avaient été réglées au moment de la création de l'univers pour engendrer l'arbre de la vie. Pour certains scientifiques, il peut paraître difficilement concevable, voire complètement improbable, que le réglage minutieux des forces et des constantes fondamentales de l'univers ayant permis le développement de la matière, des galaxies et des êtres vivants soit entièrement le fruit du hasard. Si ce n'est pas le cas, si ce phénomène n'est pas un processus stochastique, se pose alors la question de sa cause initiale (qu'est-ce qui a provoqué ce phénomène ?) et de sa direction (vers quoi ce phénomène tend-il ?).

## La création et l'ordre de l'univers

Nous sommes aujourd'hui quasiment certains que l'univers provient d'un point infiniment petit ($10^{-33}$ cm)[137], dense et chaud ($10^{32}$ degrés), appelé singularité[138], contenant toute l'énergie de ce qui existe, ayant explosé il y a environ 14 milliards d'années. Phénomène bien connu sous le nom de Big Bang. Les données de physique et les observations astrophysiques vont jusqu'à présent toutes dans ce sens. Avant cela, ni la matière, ni le temps, ni l'espace n'existaient (notion déjà difficilement concevable pour notre intelligence humaine). Le Big Bang marque « la naissance de l'espace-temps et de la matière-énergie à partir d'une fluctuation quantique du vide, puis dilatation-expansion », pour reprendre le jargon des cosmologistes. Disons plus simplement qu'il s'agit de la création du monde à partir de « rien », aussi intrigant que cela puisse paraître[139]. Depuis cette explosion primordiale, l'univers est en expansion. Voici comment l'astrophysicien Trinh Xuan Thuan (2003) résume la création de l'univers :

> « L'univers est né du vide. Non pas un vide calme et tranquille, dépourvu de toute substance et de toute activité, mais un vide quantique vivant et bouillonnant d'énergie, rempli de particules et d'antiparticules fantômes apparaissant et disparaissant au gré de cycles infernaux de vie et de mort de $10^{-43}$ seconde. Notre histoire commence à $10^{-43}$ seconde après sa création (temps de Planck), quand l'univers était inimaginablement petit ($10^{-33}$ cm, longueur de Planck), chaud ($10^{32}$ °C) et dense ($10^{96}$ fois la densité de l'eau). De $10^{-35}$ à $10^{-32}$ seconde, l'énergie du vide va lancer l'univers dans une folle expansion inflationnaire et, d'une taille de $10^{-24}$ centimètre, l'univers va grandir de façon exponentielle jusqu'à atteindre celle d'un super amas de galaxies de milliers de milliards de milliards ($10^{21}$) de kilomètres. Dans le même temps, l'univers se dilue et se refroidit considérablement, ce qui lui permet de gravir les échelons de la complexité. Car le refroidissement est essentiel à la formation de structures. La température est synonyme de mouvement et, dans un univers trop chaud, les structures qui se forment sont lancées à toute vitesse les unes contre les autres, ce qui les détruit inexorablement. À la fin de la phase inflationnaire, à $10^{-32}$ secondes, l'univers reprend son taux d'expansion normal. Désormais, il va être sage et ne plus s'emballer ».

---

137 La théorie quantique décrite par Max Planck soutient qu'il existe une quantité minimale d'énergie, appelée *quantum*. Il en va de même pour le temps et la distance. La distance la plus petite est, en théorie, de $10^{-33}$ cm (à titre de comparaison, un atome d'hydrogène est 10 millions de milliards de fois plus grand) et le temps le plus petit qui soit de $10^{-43}$ seconde; temps et distance en-deçà desquels nos lois physiques ne s'appliquent plus. Cette barrière géante sur laquelle bute la physique s'appelle le mur de Planck.

138 La singularité est un point, sans dimension, qui prend une valeur infinie, et qui par là même n'est pas explicable par les lois de la physique classique.

139 « Rien » signifie ici le vide quantique, qui ne doit pas être associé à un vide absolu, au néant. Au contraire, comme nous l'avons vu en physique quantique, c'est un vide « vivant » qui contient les potentialités de toutes choses.

Entrent ensuite dans le récit l'énergie du vide et la célèbre formule d'Einstein ($E=mc^2$) expliquant qu'une quantité d'énergie peut être convertie en une particule de matière. C'est ainsi que toute une multitude de particules (neutrons, protons, électrons, quarks, neutrinos, etc.) surgissent du vide en une soupe primordiale bouillonnante d'activité. La lumière est elle-même créée à partir des chocs particules-antiparticules. Depuis, tous ces corpuscules ont progressivement évolué dans l'espace pour s'agréger et former les atomes, les planètes, les étoiles, les galaxies et, bien plus tard, les êtres vivants et la conscience, capable de s'interroger sur l'univers qui l'a produite. La boucle est ainsi bouclée. À lire ces quelques lignes, on se dit que la théorie du Big Bang, qui est pourtant la théorie scientifique la plus admise, est digne de n'importe quel récit religieux cosmogonique! C'est d'ailleurs un chanoine belge, Georges Lemaître[140], qui, avec Alexandre Friedmann (un mathématicien russe), est considéré comme le père de cette théorie révolutionnaire. C'est lui qui élabora pour la première fois l'idée d'un commencement du monde avec sa théorie du Big Bang, une expansion de type explosive à partir d'un *quantum* originel, appelé « atome primitif ». Cette théorie allait à l'encontre de la conception d'un univers statique, invariable dans le temps, prônée à l'époque par Albert Einstein, qui finit par admettre la pertinence des équations du modèle Friedmann-Lemaître, qui ont été vérifiées par l'observation.

Toutefois, cette explosion n'a rien de chaotique puisqu'elle a permis l'apparition de la matière qui, nous allons le voir, requiert des conditions très particulières pour être maintenue. Ces propos nous amènent logiquement à cette question posée par Jean Staune (2007) : « *Pourquoi l'univers est-il si bien réglé ?* » Il formule la réponse suivante :

> « Le développement des super ordinateurs permet désormais de simuler l'évolution de l'univers. La cosmologie actuelle est déjà suffisamment avancée pour connaître les principales lois de l'évolution de l'univers et pour "repasser le film à l'envers", jusqu'aux premières fractions de seconde de l'univers. À ce moment-là, on peut "jouer à Dieu". On peut modifier les constantes fondamentales de l'univers (masse du proton, charge de l'électron, constante de gravitation...) ou les forces (force nucléaire forte ou faible...) et voir à quoi conduisent ces univers virtuels (...). La grande découverte effectuée au cours des trente dernières années, c'est que quasiment tous les univers résultants de ces simulations sont stériles. Prenons, par exemple, l'évolution de l'univers. Elle dépend de la densité initiale de l'univers et de la vitesse d'expansion de celui-ci (...). Ce que l'on sait, c'est que cette densité a dû, à l'origine, être extraordinairement proche d'une densité, appelée "densité critique", pour laquelle l'expansion de l'univers n'est ni trop rapide ni trop lente. En effet, dans un univers moins dense, l'expansion l'aurait emporté sur la gravitation et aucune structure n'aurait pu se former (ni étoiles, ni

---

140 Né à Charleroi en 1894, Georges Lemaître fut un remarquable mathématicien, ordonné prêtre en 1923. Sa théorie est développée dans deux textes essentiels publiés en 1931, dont une lettre dans le célèbre journal *Nature*, qui est décrite comme l'un des articles les plus remarquables de toute l'histoire des sciences.

> planètes, ni galaxies...). Et un univers plus dense se serait effondré sur lui-même trop rapidement pour permettre à la complexité de se développer. (...) Le réglage de la densité par rapport à la vitesse d'expansion a dû être incroyablement précis à l'origine de l'univers. En fait, on peut le calculer : il est de 1 divisé par $10^{60}$. Ce chiffre est si incroyablement petit qu'il ne vous dira rien, mais Trinh Xuan Thuan a calculé qu'il correspondrait à la probabilité pour un archer de toucher une cible de 1 centimètre carré située à l'autre bout de l'univers en tirant, à l'aveugle, une seule et unique flèche depuis la terre, sans savoir dans quelle direction se trouve la cible ».

Pour développer la précision avec laquelle l'univers a été créé, il poursuit :

> « Les atomes sont constitués de neutrons (qui sont neutres électriquement), de protons (chargés positivement) et d'électrons (chargés négativement). Les charges électriques des protons et des électrons sont exactement les mêmes (mais de signes opposés bien sûr). (...) Personne ne sait pourquoi il en est ainsi, mais c'est une chance pour nous. Si ces deux charges électriques étaient différentes ne serait-ce que de 11 chiffres après la virgule ($10^{-11}$), les êtres humains et les objets de taille comparable exploseraient à cause du déséquilibre existant entre les charges des particules les composant, car cela amènerait les atomes à ne plus être électriquement neutres. (...) Il faut que les charges soient égales, et cela même 18 chiffres après la virgule ($10^{-18}$, soit le milliardième du milliardième !) pour éviter qu'apparaisse un déséquilibre entre les charges électriques qui ferait exploser les planètes ou les étoiles. Et bien entendu, c'est le cas, sinon nous n'existerions pas » (Staune, 2007).

Staune continue son argumentation en expliquant les savants calculs de chercheurs qui se sont attelés à quantifier d'autres équilibres incroyablement précis, comme l'intensité de la force nucléaire forte (celle qui fait briller les étoiles par fusion nucléaire) qui ne doit être ni trop grande, ni trop petite ; ou le fait que la masse du neutron soit un peu plus importante que la masse du proton, ce qui influe sur sa vitesse de désintégration lors des réactions de fusions et, par voie de conséquence (je résume le raisonnement), permet finalement aux étoiles de briller suffisamment longtemps pour assurer le développement de formes plus complexes (comme par exemple la vie sur Terre) ; ou encore la précision dans les conditions nécessaires pour assurer la disponibilité du carbone et de l'oxygène dans l'univers (deux composants essentiels pour le développement du vivant), conditions s'exprimant en termes de niveau d'énergie et de résonance dans les réactions chimiques qui, d'après les mesures effectuées, sont réglées « comme une horloge », à la seconde près si je puis dire. Ensuite il conclut :

> « Des caractéristiques très spécifiques sont nécessaires pour que la complexité puisse se développer (...). On peut multiplier les exemples de cette sorte. (...) L'existence d'un réglage précis pourrait être un heureux hasard, mais l'existence de toute une série de réglages précis (*a priori*) indépendants les uns des autres, (...), pose de formidables questions et constitue la base d'une nouvelle approche de l'univers » (Staune, 2007).

Selon les mots d'Hubert Reeves (2013), astrophysicien franco-canadien bien connu pour ses talents de vulgarisation scientifique : « Les forces qui régissent la matière semblent finement ajustées pour l'apparition de la complexité, de la vie et de l'intelligence dans l'univers ». Quant à Michael Denton (1997), il considère que « toutes les apparences militent en faveur d'un cosmos profondément orienté dans le sens de la vie, c'est-à-dire biocentrique ».

C'est à partir de ce type de constat que fut développée la célèbre métaphore de l'horloge et de l'horloger, en comparaison avec cette magnifique mécanique qu'est notre univers (l'horloge), si finement organisé et ajusté qu'il présuppose l'existence d'un créateur (l'horloger). La métaphore revient à William Paley qui, en 1802, écrivit son œuvre intitulée *Evidences of the Existence and Attributes of the Deity Collected from the Appearances of Nature*. La métaphore compare l'univers à une horloge qui relève d'un mécanisme extrêmement précis où tous les éléments du rouage ont un rôle bien défini concourant vers un même but : donner l'heure. Pareillement, Paley considère la nature (et l'univers) comme un système d'une telle précision qu'elle ne peut être conçue que dans un but bien déterminé : donner la vie. C'est ce qu'on appelle un système téléologique. Denton donne la conclusion du raisonnement : « Ayant conclu que l'agencement apparemment intentionnel des organes de la montre ne pouvait avoir résulté que d'une activité intelligente, Paley affirme qu'on peut observer tout autour de nous, dans les œuvres de la nature, un type analogue de téléonomie, autrement dit d'adaptation des moyens à une fin » (Denton, 1997).

## Vers un principe organisateur de l'univers ?

Il y a aujourd'hui trois hypothèses pour expliquer l'existence d'un univers aussi bien ordonné : (1) soit il n'y a qu'un univers et nous avons bénéficié d'un coup de chance extraordinaire pour qu'il soit si finement ajusté pour permettre le développement de la matière et de la vie : c'est l'hypothèse du pur hasard ; (2) soit il n'y a qu'un seul univers, mais alors le réglage en est si précis qu'il faut postuler l'existence d'un grand architecte qui a fait ce réglage : c'est l'hypothèse téléologique, voire même théologique ; (3) soit il y a une infinité d'univers (un nombre immense $10^{80}$, $10^{100}$) et nous sommes par hasard dans le seul qui a la bonne combinaison, tous les autres étant stériles : c'est la théorie des univers multiples ou des « multivers » (les hypothèses deux et trois sont formulées par Jean Staune). L'hypothèse téléologique est partagée par des astrophysiciens, comme Trinh Xuan Thuan, qui soutiennent qu'il n'y a pas lieu de postuler une infinité d'univers ; que le nôtre est unique et que son réglage si précis n'est pas le seul fait du hasard, mais doit être l'expression d'un principe organisateur subtil qui se manifeste dans les lois de la nature (Trinh Xuan Thuan, 2003). En effet, la probabilité selon laquelle il existerait un seul univers viable dont tous les réglages seraient dus au hasard est extrêmement faible. Pourquoi donc ? Jean Staune (2007) donne l'explication suivante :

> « Certes, pour exister, nous avons bénéficié d'heureux hasards, mais pourquoi en conclure quoi que ce soit d'autre que le fait que nous sommes chanceux ? Un poisson [dit-il], qui naîtrait dans une mare au milieu du désert ne manquerait pas de penser que cette mare a été créée pour lui tant il est miraculeux qu'une telle chose existe au milieu d'une aridité totale. Une histoire racontée par Hubert Reeves montre que ce n'est pas si simple. Il adopte l'analogie suivante, plus proche de la réalité : un condamné à mort est attaché à un poteau. Face à lui, les quinze soldats du peloton d'exécution. Les quinze soldats mettent en joue, tirent, le condamné ferme les yeux... et l'instant après, il est encore vivant, aucune balle ne l'ayant touché ! Dans le cerveau de cet homme qui vient d'échapper à une mort certaine, les idées se bousculent. La première, et la plus simple, c'est que tous les soldats, pour des raisons différentes et indépendantes, ont dû rater leur cible. Le premier avait trop bu, le second avait oublié ses lunettes, le troisième, trop sensible, a visé volontairement à côté, etc. "Mais ce n'est pas très crédible", pensera le condamné. "C'est en fait le résultat d'un complot visant à me faire échapper à la mort. Il faut donc que je fasse le mort et un plan sera prévu pour récupérer mon corps et me faire échapper". Après réflexion, une autre solution lui apparaîtra peut-être à l'esprit : il n'a pas été possible de soudoyer tous les soldats, mais les balles de l'armurerie ont toutes été remplacées par des balles à blanc. La conclusion qui s'impose reste la même : faire le mort, car un complot existe pour le maintenir en vie. Les deux dernières solutions sont beaucoup plus probables que la première, qui paraissait pourtant la plus simple. (...) L'idée que nous serions dans la même situation que le poisson dans la mare est infiniment moins probable encore que les quinze soldats aient raté leur cible par hasard. (...) Une autre possibilité correspond au remplacement des munitions par des balles à blanc ; toutes les coïncidences qui semblent indépendantes les unes aux autres pourraient avoir une cause commune. C'est le "Graal" que recherchent les scientifiques, la "théorie du tout" ».

L'exemple des quinze soldats (ou 20, 100, peu importe) est en effet plus pertinent que celui du poisson puisque ceux-ci représentent les multiples facteurs ayant permis à la matière d'exister. Si l'un d'entre eux n'allait pas dans le même sens (densité de l'univers « mal réglée », charge électrique du proton ou de l'électron légèrement différente, masse du neutron plus petite, trop faible ou trop forte intensité de la force nucléaire, etc.), notre univers aurait été stérile. Il est difficile d'attribuer au hasard le fait que tous ces paramètres aillent dans le sens de l'apparition, puis de l'évolution de la matière et de la vie.

Une manière d'échapper à ce raisonnement – celui selon lequel notre univers est si minutieusement réglé que nous devons supposer l'existence d'un principe organisateur – consiste à émettre l'hypothèse qu'il existe en fait une infinité d'univers (et non un seul) et que « notre univers, avec ses centaines de milliards de galaxies, ne serait qu'un de ces mini-univers, le seul à avoir par hasard les bonnes constantes (si vous jouez au loto une infinité de fois, vous êtes sûr de gagner!) », écrit Staune (2007). Finalement, il semble que toute cette histoire se résume à une affaire de statistiques et de calcul de probabilités... Malheureusement, nous n'avons aucune manière de vérifier cette hypothèse des multivers, puisque la théorie des univers multiples prétend que tous ces univers seraient indépendants et déconnectés les uns des autres. Nous ne disposerions d'aucun moyen de mesure pour les explorer, ce qui fait basculer cette théorie en dehors du champ de la science, reposant sur les faits et l'observation.

## Implications métaphysiques de la cosmologie

La théologie naturelle (ou théologie de la nature) caractérise la plupart des religions panthéistes selon lesquelles les phénomènes qui nous entourent sont les expressions du sacré ou de divinités (voire d'une seule divinité) dont les manifestations ont un sens, une direction, une finalité. Cette théologie naturelle est donc par essence téléonomique. La téléonomie est ce terme philosophique qui désigne, dans l'évolution, une finalité de nature non intentionnelle, tenant à la mise en œuvre par les êtres vivants du potentiel dont ils sont dotés (définition du Petit Larousse, 2015). C'est également, dans un sens plus large, une caractéristique de la matière considérée comme une matérialisation ou une manifestation d'un projet, d'une finalité. Ces termes s'intègrent pleinement dans la question qui nous concerne : la genèse de l'univers et de la vie est-elle un coup de chance, un accident, ou bien s'agit-il d'un « projet de la nature » qui serait la conséquence « logique » d'un principe ou d'une entité dont la nature nous est inaccessible ? La question s'est posée dès le début de la science occidentale puisque les premiers savants (comme Newton et Kepler) partageaient la conviction que l'ordre qu'ils constataient dans la nature et l'univers (à travers leurs calculs) reflétait un plan divin.

Nous pourrions penser que notre existence est dénuée de tout sens, ayant émergé par hasard dans cette immense structure qu'est l'univers. Toutefois, les arguments précités peuvent également nous conduire vers une autre conclusion, énoncée par George Fitzgerald Smoot, prix Nobel de physique en 2006 :

> « L'univers me paraît l'exact opposé d'un univers dénué de raison (...). La nature est ce qu'elle est non pas en conséquence d'une suite aléatoire d'événements sans signification, mais au contraire parce qu'il ne pouvait pas en être autrement. Son évolution est inscrite depuis ses débuts dans une sorte d'ADN cosmique si l'on veut[141]. Il y a un ordre clair dans l'évolution de l'univers (...). Le concept religieux découle d'un sentiment d'émerveillement devant l'existence de l'univers et devant notre place en son sein. Le concept

[141] Cette notion d'ADN cosmique se retrouve dans le concept d'« instanton gravitationnel singulier » (ou « instanton primordial de taille zéro ») développé par les frères Bogdanoff. Il s'agit de l'état ultime de l'univers avant le Big Bang. Ils le définissent comme un objet mathématique contenant toute l'information de l'univers.

> scientifique de création ne recouvre pas moins un sentiment d'émerveillement : nous ressentons un respect mêlé de crainte devant la simplicité ultime et la puissance de créativité de la nature et devant sa beauté partout présente ».

Jean Staune ajoute : « L'étude de l'univers révèle qu'il n'est pas le fruit d'un processus chaotique dénué d'intention, de structuration et d'intelligence ». Il en résulte que l'apparition de la vie est considérée, selon certains, comme un principe intrinsèque de l'univers, appelé « principe anthropique », qui se définit de la manière suivante : « L'univers a les propriétés nécessaires pour que des observateurs puissent y exister ». Autrement dit, si nous existons, c'est qu'il devait en être ainsi. Ainsi interprété, le développement de la vie n'est pas un « simple » accident chanceux, un aléa de notre bonne fortune, mais plutôt une conséquence naturelle inscrite dès le départ dans les lois de l'univers. Trinh Xuan Thuan fait partie de ceux qui considèrent que la vie et la conscience n'ont pas émergé par hasard dans un univers qui leur serait totalement indifférent. Au contraire, il estime que la conscience est le résultat inévitable de lois physiques et biologiques réglées depuis le début de manière extrêmement précise (Thuan, 2003). Michael Denton explique que, depuis les années 1960, la mouvance en faveur du principe anthropique ne cesse de croître au sein de la communauté scientifique. Ce principe est très prisé des physiciens et des astronomes. Certains biologistes l'ont également adopté, comme le médecin et biochimiste belge Christian de Duve [1917-2013], prix Nobel de physiologie, lorsqu'il affirme avoir opté en faveur d'un univers ayant du sens (sans pour autant préciser quel est ce sens) : « J'ai opté en faveur d'un univers signifiant et non vide de sens. Non pas parce que je désire qu'il en soit ainsi mais parce que c'est ainsi que j'interprète les données scientifiques dont nous disposons » (De Duve, in Staune, 2009).

Il existe deux variantes du principe anthropique : (1) le principe anthropique faible : « Ce que nous pouvons nous attendre à observer doit être compatible avec les conditions nécessaires à notre existence en tant qu'observateurs (Carter, in Staune, 2007) » ; (2) le principe anthropique fort : « L'univers doit être tel qu'il permette la naissance d'observateurs en son sein, à un certain stade de son développement » (Dyson, in Staune, 2007). Le physicien anglo-américain Freeman Dyson exprimait le principe anthropique fort en ces termes : « L'univers savait quelque part que l'homme allait venir ». Le terme « anthropique » est selon nous mal approprié (le terme provient du grec *anthropos*, qui signifie « homme »), car si nous reconnaissons que l'univers est minutieusement réglé pour permettre l'émergence de la vie (quelle que soit sa forme) et de la conscience, nous ne considérons pas l'homme comme une finalité en soi, ni la conscience humaine comme la seule forme de conscience possible.

Certaines philosophies (dont le bouddhisme), rejettent le principe anthropique ou même l'hypothèse du principe organisateur. Dans un dialogue avec un astrophysicien (en l'occurrence Trinh Xuan Thuan, déjà cité à plusieurs reprises), le moine bouddhiste Matthieu Ricard développe l'argument suivant :

> « Il n'est nullement nécessaire d'évoquer un principe organisateur ou une finalité quelconque qui aurait réglé l'univers avec une précision parfaite pour que la conscience apparaisse. La compatibilité si parfaite entre le monde inanimé et la conscience est simplement due au fait qu'ils coexistent depuis toujours dans un univers sans début. Je ne veux pas dire par là que l'univers est stationnaire, mais que ce qui semble être un début, le Big Bang par exemple, n'est qu'un épisode dans un processus ininterrompu. Les conditions de notre univers actuel sont en harmonie avec celles des univers précédents et futurs, car l'enchaînement des événements implique une continuité et une concordance de nature entre causes et effets. L'univers n'est pas réglé par un grand horloger (ou une grande horlogère) pour que la conscience apparaisse : ils coexistent depuis des temps sans début et ne peuvent donc pas s'exclure mutuellement. Leur ajustement mutuel est la condition même de leur coexistence. Le problème du principe anthropique et de toute théorie finaliste est de mettre les constantes avant la conscience et d'affirmer que les constantes existent pour que la conscience puisse apparaître. Le principe anthropique revient à dire, en contemplant les deux moitiés d'une même noix : "c'est incroyable, on dirait que la première coquille a été créée pour permettre à la deuxième de s'emboîter parfaitement avec elle" » (Ricard et Thuan, 2000).

Cette position conçoit l'univers comme un cycle sans fin qui se perpétue et se transforme à travers une chaîne infinie de causes et d'effets. Dans ce cas, nul besoin d'une cause première et unique pour expliquer la création du monde phénoménal, elle-même considérée comme un non-sens car il ne peut y avoir de phénomène qui serait en lui-même sa propre cause, puisque tout état résulte nécessairement d'un état précédent et puisque tout phénomène ne peut passer de l'inexistence à l'existence, de « rien » à « quelque chose ». Si quelque chose apparaît, dit Matthieu Ricard, « c'est qu'un potentiel de manifestation était déjà présent ».

Hubert Reeves (2013), comme d'autres auteurs de vulgarisation scientifique, nous confirme, à l'inverse du principe anthropique, que « la nature n'a pas de projet ». C'est d'ailleurs la position dominante au sein des sciences biologiques, qui considèrent que l'apparition de la vie (et de l'homme) dépend de phénomènes entièrement contingents. Cependant tout dépend du sens que l'on donne au mot projet, comme dit Reeves :

> « Si on l'envisage comme un but prédestiné vers lequel l'évolution biologique tendrait, je suis d'accord. Je ne crois pas que l'intelligence était destinée à apparaître. Elle était simplement possible (compatible avec les lois de la physique) et cela a suffi à la faire émerger dans le territoire des réalisations de la nature quand les conditions ont été favorables ».

Il préfère d'ailleurs le terme de « principe de complexité » : « L'univers possède depuis les temps les plus reculés accessibles à notre exploration, les propriétés requises pour amener la matière à gravir les échelons de la complexité. (…) Le stade ultime de la complexité semble être le développement de la conscience ». Un point de vue partagé par Christian de Duve lorsqu'il dit :

> « Selon la théorie que je défends, il est dans la nature même de la vie d'engendrer l'intelligence partout où (et dès que) les conditions requises sont réunies. La pensée consciente appartient au tableau cosmologique non pas comme un quelconque épiphénomène propre à notre biosphère, mais comme une manifestation fondamentale de la matière. La pensée est engendrée et nourrie par le reste du cosmos » (De Duve, in Staune, 2009).

D'autres scientifiques, comme Denton, sont convaincus de l'hypothèse du dessein (du projet) qu'ils estiment entièrement compatible avec les faits connus en science. Dans ce cas, il s'agit plutôt d'un « principe de conscience », comme le pense Trinh Xuan Thuan (2003) :

> « L'existence de la conscience n'est pas contingente, mais nécessaire, car l'univers n'a de sens que s'il contient une conscience capable d'apprécier son organisation, sa beauté et son harmonie. L'apparition de la conscience n'est pas un accident de parcours dans la grande fresque cosmique, mais elle est le reflet d'une profonde connexion entre l'homme et le monde ».

Voilà qui donne matière à penser… et permet la transition avec le chapitre suivant. Quittons maintenant les mystères de l'univers physique pour nous plonger dans les sphères insondables de notre univers mental.

# De la magie à la parapsychologie

« Une étude comparative des états de transse, des états subconscients, est de la plus extrême urgence et de la plus haute importance pour la compréhension de notre nature ».

William James [1842-1910]
Extrait de *Expériences d'un psychiste*

« La prééminence de l'esprit sur la matière est un concept profondément enraciné dans les philosophies orientales et dans les anciennes croyances magiques. À l'opposé, la science occidentale a relégué cette idée parmi les superstitions. Pourtant, ces problèmes essentiels demeurent aujourd'hui aussi mystérieux qu'ils l'étaient voici cinq mille ans ».

Dean Radin (2006)
Chercheur à l'Institut des Sciences Noétiques
et docteur en psychologie

Il y a un ordre de phénomènes que l'on peut difficilement croire sans les avoir vus de ses propres yeux. Clairvoyance, télékinésie, télépathie, suggestions mentales, influences à distance et autres communications extrasensorielles… ces facettes méconnues du psychisme humain se manifestent généralement dans la transe et les états modifiés de la conscience. Certains de ces états sont connus depuis l'aube de l'humanité, étant associés à des pratiques chamaniques ou magico-religieuses. Citons pour exemple les sorties en corps astral (ou décorporations), la divination, les communications (présumées) avec les défunts, les envoûtements à distance, les voyages mentaux, et bien d'autres encore. L'histoire humaine foisonne de récits et de témoignages sur ces thèmes. Les druides, nous le savons, avaient recours à certaines de ces pratiques. Ils sont dépeints comme des mages détenteurs de « pouvoirs secrets » transmis au cours d'une initiation mystique. Ils pratiquaient la magie, sans que nous sachions toutefois comment puisque nous ne disposons d'aucun manuel de magie celtique. Nous sommes également certains qu'ils pratiquaient des techniques divinatoires telles que l'astrologie, l'oniromancie (probablement associées à l'absorption de substances psychotropes ou hallucinogènes) ainsi que la magie incantatoire (qui peut être associée à une forme d'influence à distance) et la magie végétale. Toutes ces pratiques traditionnelles sont associées aux sciences occultes et aux arcanes de l'ésotérisme.

Autant de manifestations qui, faut-il le rappeler, ne sont pas prises au sérieux dans nos sociétés modernes. Nos esprits cartésiens, formatés par le déterminisme et le matérialisme du Siècle des Lumières, sont souvent fermés à la compréhension de ces phénomènes. Dès qu'ils sont évoqués, un climat d'incrédulité est facilement palpable, traduisant la méfiance accordée aux faits parapsychiques. Soyez sûr qu'à ce propos, il existera toujours un sceptique convaincu soutenant que ces histoires ne sont que duperies, illusions, folklores ; que si ces choses étaient réelles, elles auraient depuis longtemps été observées et étudiées par les scientifiques, qui auraient alors prouvé leur existence. Si bien qu'en définitive, il nous est difficile d'évaluer la crédibilité avec laquelle il convient d'apprécier ces faits. Quelle part de vérité se cache derrière ces choses dont tout le monde a entendu parler, mais que personne ne sait prouver ? Font-elles partie du simple domaine de la superstition ou bien s'agit-il de phénomènes inexpliqués où se jouent des forces psychiques méconnues et inexplorées de la science ?

Il fut une époque, pas si lointaine, où les savants ont commencé à s'intéresser de très près à cette catégorie de manifestations. Cette époque remonte à l'essor du magnétisme animal qui, aux alentours de 1825, engendra en France une polémique sans précédent au sein de l'intelligentsia, ayant abouti à une véritable guerre académique entre ses partisans et ses détracteurs, à savoir les magnétiseurs et l'institution scientifique (plus précisément l'Académie de médecine). Un grand nombre de disciplines scientifiques actuelles comme l'hypnose, la psychologie expérimentale, la psychanalyse, la psychiatrie, la métapsychique et la parapsychologie, sont héritières des expérimentations et des nombreux travaux ayant eu lieu tout au long de ce conflit intellectuel qui traversa le XIX^e^ siècle. Ce conflit se prolongea durant le début du XX^e^ siècle, en Angleterre et aux États-Unis surtout, avec la vague de phénomènes spirites qui furent étudiés avec la même ardeur. C'est ainsi que dans les milieux universitaires (Cambridge et Harvard), se développèrent les « sciences psychiques » (*psychic sciences* en anglais), pour reprendre la traduction du vocable anglo-saxon utilisé à cette époque. La création, en Angleterre, de la *Society of Psychical Research* (SPR)[142], et de son pendant américain, l'*American Society of Psychical Research* (ASPR), deux institutions toujours en activité aujourd'hui, témoignent du vif intérêt suscité par le sujet. René Sudre [1880-1968], un

142 La SPR est une association sans but lucratif créée à Londres en 1882 pour étudier scientifiquement les phénomènes paranormaux (http://www.spr.ac.uk). Cette société savante a attiré de grands scientifiques internationaux qui se sont intéressés à la recherche psychique. Elle fut fondée par Henry Sidwick, Frederic Myers et Edmund Gurney. Parmi ses présidents, on compte trois lauréats du prix Nobel, un Premier ministre, Sir William Crookes, Sir Oliver Lodge et des notables de Harvard comme William James. La liste de ses membres est non moins prestigieuse. Les fondateurs de la SPR étaient des hommes riches, et ils ont mis cette richesse à disposition des recherches psychiques, s'octroyant ainsi une liberté d'indépendance vis-à-vis des institutions académiques. Ils ont donc financé leurs propres travaux, ce qui leur a permis de contourner les interdits institutionnels. Le président actuel est John C. Poynton, professeur émérite de biologie à l'Université de Natal (Afrique du Sud) et auteur de publications dans la philosophie des sciences et les recherches psychiques.

métapsychiste de la première heure, explique que la Société anglaise des recherches psychiques (la SPR) s'était constituée en vue de faire une tentative organisée et systématique d'étudier diverses sortes de phénomènes contestés qui sont, au premier abord, inexplicables à l'aide de toutes les hypothèses connues (René Sudre, 1923)[143]. Cette discipline (les « sciences psychiques ») donnera plus tard naissance à la métapsychique, puis à la parapsychologie. Nous renvoyons le lecteur vers l'article de Nicolas Marmin (2001) pour mieux comprendre les liens méconnus entre les sciences psychiques et la psychologie en France.

Pour qui s'intéresse aux phénomènes occultes, cette période de l'histoire est incontournable car elle fait éclater au grand jour la réalité d'une multitude de manifestations mystérieuses bien connues des anciennes traditions. Les principaux éléments qui vont être relatés dans les pages qui suivent sont tirés d'une œuvre de Bertrand Méheust, professeur de philosophie à l'Université de Picardie (France), docteur en sociologie et spécialiste des questions parapsychologiques. Il a admirablement synthétisé le déroulement des faits, avec une rigueur bibliographique exemplaire, en deux tomes intitulés *Le défi du magnétisme* et *Le choc des sciences psychiques*, fruit de sa thèse de doctorat. Deux lectures recommandées par l'Institut Métapsychique International (IMI) de Paris (dont Bertrand Méheust est membre du Comité directeur), fondation scientifique reconnue d'utilité publique depuis 1919, ayant pour objet l'étude du paranormal (http://www.metapsychique.org).

À propos du magnétisme, l'auteur mentionne plus de 700 ouvrages consacrés sur le sujet dès 1840, et plus tard, entre 1766 et 1925, plus de 2 500 ouvrages cités dans des compilations bibliographiques. Concernant les faits médiumniques, la masse de documentation est tout aussi impressionnante. À l'époque, l'enthousiasme pour les sciences psychiques se refléta dans l'abondance des journaux spécialisés en la matière. Une synthèse de ces périodiques est bien illustrée dans un article publié en 2006 dans le *European Journal of Parapsychology*, intitulé *Notes historiques sur les phénomènes psychiques dans les journaux spécialisés*. Le nombre de ces périodiques est impressionnant. Il s'agit de revues à l'époque très prestigieuses telles que les *Proceedings of the Society for Psychical Research*, les *Annales des Sciences psychiques*, le *Journal of the American Society for Psychical Research* ou encore le *Journal of Parapsychology*. En France, nous fait remarquer Bertrand Méheust, ces phénomènes sont discutés dans la plus grande des publications périodiques de philosophie, la *Revue philosophique*. À titre de comparaison, toujours selon Méheust, c'est un peu comme si aujourd'hui des philosophes ou des intellectuels de grandes renommées polémiquaient sur ces phénomènes dans des revues telles que *L'homme* ou encore *La revue de métaphysique et de morale*.

---

143 Introduction de René Sudre du livre de William James (1897), *L'expérience d'un psychiste*, Payot et Rivages, Paris, 238 p.

Nous nous référerons également à l'ouvrage érudit de Robert Toquet[144], à l'époque professeur à l'École d'Anthropologie et membre du Comité de direction de l'IMI. Il s'agit de références dont les auteurs et leurs sources, cela va de soi, nous paraissent crédibles et dignes d'intérêt. Sans oublier, bien sûr, les innombrables séances d'expérimentations minutieusement contrôlées par des personnalités scientifiques de renom, les témoignages avérés par des procès-verbaux ainsi que les commissions d'enquête ayant jalonné cette période. Parmi les savants impliqués dans ces recherches, citons, pour garantir le sérieux de nos propos, quelques figures emblématiques de renommée internationale telles que Sir William Crookes [1832-1919], chimiste et physicien britannique, inventeur du tube cathodique, membre de la *Royal Society* de Londres et prix Nobel de chimie en 1907 ; Sir Oliver Lodge [1851-1940], physicien britannique et également membre de la *Royal Society* ; John William Strutt Rayleigh [1842-1919], plus connu sous son titre de Lord Rayleigh, physicien anglais décoré lui aussi du prix Nobel en 1904 ; Pierre et Marie Curie, prix Nobel de physique en 1903 ; Charles Richet [1850-1935], prix Nobel de physiologie en 1913, professeur de physiologie à la Faculté de médecine de Paris, membre de l'Académie de médecine et de l'Institut métapsychique. La liste exhaustive de chercheurs, professeurs, docteurs en médecine et autres ingénieurs ayant participé à ces recherches pourrait s'allonger sans fin.

À la lecture de ces noms, il est étrange que la plupart de ces recherches aient aujourd'hui sombré dans l'oubli vis-à-vis de l'opinion publique car, mis à part les spécialistes en la matière, peu de personnes ont connaissance du conflit académique évoqué plus haut. L'image du magnétisme animal qui nous a été léguée n'est guère reluisante. C'est celle du guérisseur-charlatan, praticien d'une médecine parallèle fondée sur des théories obscures et douteuses ; ou celle du magnétiseur-prestidigitateur, saltimbanque de foire qui illusionne son public par ses tours de magie ; ou encore celle de la « diseuse de bonne aventure » qui trompe les esprits naïfs et crédules d'un ésotérisme de bas étage ; alors que toutes les études sérieuses et les cas de figure avérés – ils se comptent par milliers – sont passés à la trappe. L'image reléguée par les médias actuels n'est pas plus intéressante…

Cette amnésie est compréhensible lorsqu'on s'intéresse à l'histoire du magnétisme animal, comme nous le verrons plus loin. Cette histoire nous apprend qu'à l'époque, en Europe, l'institution scientifique « officielle » a fait blocage sur ces faits au même titre, par exemple, que les institutions dépositaires du savoir ont autrefois bloqué la divulgation de certaines théories révolutionnaires qui allaient à l'encontre du courant de pensée dominant. C'est un processus classique dans l'évolution des connaissances et dans l'histoire des idées, où « l'esprit de l'époque » peut se montrer réticent, voire incapable

---

[144] Toquet (1963), *Les pouvoirs secrets de l'homme. Le bilan du paranormal*, Les Productions de Paris, Paris, 531 p.

d'accepter des théories nouvelles. Le modèle héliocentrique proposé par Copernic en 1543, la théorie de l'origine et de l'évolution des espèces conçue par Darwin en 1859 ou encore la physique quantique développée à partir de 1920, sont autant de cas ayant valeur d'exemple. Ces théories ont suscité une vive critique et ont subi une forme ou l'autre d'obscurantisme avant d'être acceptées. Il en va de même pour les théories proposant une autre vision du psychisme humain. Ce rejet, ce blocage, est la cause de l'amnésie collective que nous pouvons constater aujourd'hui à propos du magnétisme et des phénomènes spirites.

Disons-le sans ambages : oui, ces phénomènes ont été étudiés par la communauté scientifique et oui, ils ont suscité une controverse sans précédent car l'intégration de ces faits, s'ils étaient définitivement prouvés et reconnus par tous, nécessiterait de revoir entièrement la conception matérialiste de l'esprit humain qui domine actuellement; et plus encore, « renverserait toutes les notions de la physiologie et, on peut le dire, les lois connues de la matière vivante »[145]. Nous voyons ici à quel point l'enjeu des questions magnétiques et psychiques est de taille. Un enjeu considérable, nous dit Bertrand Méheust (1998), car « il porte tout simplement sur la structure de la personne, sur l'étendue et les limites des facultés humaines, sur la nature même de la vie psychique ». Tous les faits et/ou témoignages retranscrits dans ce chapitre présentent la valeur de ne pas être tirés d'un sombre bouquin d'occultisme sorti d'un tiroir poussiéreux, écrit par un mystique méconnu de l'époque moyenâgeuse dont il est impossible de vérifier les propos, mais bien de travaux beaucoup plus récents dont le lecteur pourra, si besoin est, et moyennant des recherches complémentaires, consulter les sources et vérifier l'authenticité.

## Le magnétisme animal : la redécouverte de l'occulte en Occident

Plantons d'abord le décor dans son contexte historique. Si les témoignages de magnétisme et de magie remontent à un très lointain passé, nous nous permettons un raccourci en faisant débuter l'histoire du magnétisme en 1766, où Franz-Anton Mesmer [1734-1815] obtient le diplôme de docteur en médecine, en soutenant à Vienne une dissertation physico-médicale sur l'influence des planètes. Lui-même héritier des théories de Paracelse[146] et

---

145 Figuier (1881), *Histoire du merveilleux dans les temps modernes*, in Méheust (1998), *Somnambulisme et médiumnité, Tome 2 : Le choc des sciences psychiques*, Institut Synthélabo pour le progrès de la connaissance, Le Plessis-Robinson, 598 p.

146 Auréole Théophraste Bombast von Hohenheim, dit Paracelse [1493-1541], fut un grand érudit de son époque. Médecin, philosophe, célèbre alchimiste et grand voyageur suisse, père de la médecine hermétique, il précéda Mesmer concernant l'utilisation des aimants et du magnétisme. Il fut également un fervent adepte de la magie. Sa doctrine réunit des idées novatrices sur la médecine, les croyances astrologiques, magiques et mystiques. Ses conceptions ont pour fondement une

Van Helmont[147], il développa la doctrine du magnétisme animal, postulant l'existence d'un fluide universel et invisible dans lequel baigne toute chose. À la fois force et substance éthérée, il soutient que ce fluide s'étend partout dans l'univers, s'accumule dans les corps et que l'état de santé d'un être vivant dépend de la bonne circulation du fluide au sein de l'organisme ; fluide parcourant le corps par l'intermédiaire des nerfs, se concentrant en certains organes puis rayonnant hors du corps en différents endroits (les extrémités, les yeux, la bouche, etc.). Sa théorie est résumée en vingt-sept propositions qui caractérisent ce fluide, ses effets et ses modalités d'utilisation[148]. Le fluide magnétique de Mesmer correspond à l'éther universel des alchimistes et des mystiques médiévaux. Il présente également des analogies avec l'énergie vitale, le fameux *Chi* de la médecine traditionnelle chinoise.

D'après les observations de Mesmer, ce fluide a des propriétés analogues au magnétisme physique (le magnétisme des aimants), avec une polarité, la faculté de se communiquer d'un corps à un autre, etc. Les aimants sont d'ailleurs utilisés comme outil par Mesmer pour véhiculer ledit fluide. Ce dernier, explique-t-il, peut être mis en mouvement par l'intermédiaire de passes dites « magnétiques » (des mouvements effectués le long de certaines parties du corps à l'aide des mains ou d'une baguette de fer), permettant de le concentrer à tel endroit ou de le dissoudre à tel autre. D'après Méheust, le magnétisme animal est, au sens de Mesmer, « un principe psycho-anthropo-cosmologique, une théorie unitaire permettant de décrire l'intrication de l'homme et de l'univers ». Dans son *Mémoire sur la découverte du magnétisme animal*, Mesmer disait en 1779 :

> « Il y a de fortes raisons pour croire que nous sommes doués d'un sens intérieur qui est en relation avec l'ensemble de l'univers, et qui pourrait être considéré comme une extension de la vue (...). S'il est vrai, comme j'essaierai de le prouver, que nous soyons affectés par l'enchaînement des êtres et des événements qui se succèdent, on comprendra la possibilité des pressentiments et d'autres phénomènes, tels que les prédictions, les prophéties, les oracles des sibylles, etc. ».

À l'origine, le magnétisme mesmérien est une pratique « médicale » destinée à soigner des patients atteints d'affections organiques diverses (fièvres, fluxions de poitrine, parasites intestinaux, états infectieux, séquelles de fracture mal réduites, etc.). Affections qui, nous l'avons dit, seraient dues à un déséquilibre dans la circulation du supposé fluide. Pour soigner la maladie, toujours selon la doctrine de Mesmer, il faut faire circuler le fluide par des

---

correspondance entre le monde extérieur (le macrocosme) et l'organisme humain (le microcosme).

147 Jean Baptiste Van Helmont [1577-1644] était un médecin et chimiste flamand. Il découvrit le gaz carbonique, l'acide chlorhydrique et reconnut le rôle du suc gastrique dans la digestion. De tradition néo-platonicienne, Van Helmont développa également des conceptions originales sur l'organisation des êtres vivants.

148 Voir Mesmer, *Le secret d'un magnétiseur*, Navarin, Paris, 83 p.

passes magnétiques aux endroits où il se bloque, et attendre, après un certain temps de traitement, une crise salutaire (souvent de type convulsive) qui annonce la guérison. Quoique controversées, les idées de Mesmer eurent un certain succès, si bien qu'il organisa des cures à Paris avec son fameux « baquet thérapeutique ». En 1784, il dut cependant quitter Paris pour fuir les critiques assassines de ses détracteurs… Cette brève introduction sur les théories de Mesmer nous conduit à ce que Méheust (1998) nomme « l'événement Puységur », dont il nous fait la synthèse :

> « Avril 1784, Armand Marie Jacques de Chastenet, marquis de Puységur, colonel d'artillerie et grand seigneur terrien, occupe son loisir à soulager des gens en les magnétisant selon les principes de la doctrine mesmérienne. Ces résultats sont encourageants et font le tour du village. Le 4 mai, on le conduit au chevet d'un jeune paysan, Victor Race, âgé de 23 ans. Le malade, alité depuis quatre jours, avec de la fièvre, souffre d'une fluxion de poitrine qui lui provoque un point de côté et des crachements de sang. Puységur le magnétise avec des passes, selon la technique qu'il a reçue de Mesmer. C'est alors que, tout à fait inopinément, au bout de sept à huit minutes, il plonge un jeune paysan dans un sommeil calme et profond. Le marquis, stupéfait, entreprend d'aller plus loin dans ses passes. C'est alors qu'un état de conscience inconnu apparaît : bien qu'apparemment endormi, Victor manifeste une activité mentale intense, s'exprime sans son patois, et sur des sujets qui excèdent ses préoccupations habituelles. La personnalité du patient se modifie ; un autre moi surgit, qui semble surplomber sa conscience vigile. La crise étrange dure une heure. Les jours suivants, Puységur obtint de nouvelles crises, pendant lesquelles l'étrange état s'enrichit encore. Une chose frappe le marquis : Victor, pendant ses accès, semble capter ses pensées sans qu'il ait besoin de les formuler. Tout se passe comme si le somnambule avait un accès direct à ce qui se passe dans l'esprit du magnétiseur, et réagissait aussitôt à ses pensées et à ses désirs les plus secrets. Mais il y a plus : le jeune homme prévoit à l'avance le déroulement de sa maladie, en fixe les étapes avec exactitude. Quand il est en transe, Victor guide même le marquis à diagnostiquer les maux d'autres malades, et lui explique la conduite à tenir avec eux.
>
> Stupéfait, le marquis constate, en multipliant les expériences sur d'autres patients, que l'on peut assez facilement reproduire l'étrange état. Par analogie avec le somnambulisme naturel, connu depuis l'Antiquité, il baptise cet état le somnambulisme magnétique, ou artificiel[149]. (…) Le marquis suscite de nouveaux somnambules. Ces patients réagissent les uns sur les autres, se diagnostiquent mutuellement leurs maladies, se prescrivent des remèdes (…). L'année suivante, il publie ses observations dans un mémoire[150] qui

---

[149] Dans un numéro spécial de la revue *Pour la Science*, Bernard This (2003) précise que : « Puységur, suite à ses propres observations, propose une autre interprétation du magnétisme animal [par opposition à l'interprétation de Mesmer] : contrairement à Mesmer, il ne considère plus la crise convulsive comme un point d'aboutissement marquant la fin du traitement, mais voit en elle une résistance à la cure. Aussi Puységur plonge-t-il ses patients dans un état somnambulique et les laisse guider les séances. La crise, devenue somnambulique, signifie que le patient n'a pas encore résolu tous ses problèmes, et doit être accompagnée par une présence plus intense du magnétiseur ».

[150] Puységur (1786), *Mémoires pour servir à l'histoire et à l'établissement du magnétisme animal*, in Méheust (1998), *Somnambulisme et médiumnité, Tome 1 : Le défi du magnétisme*, Institut Synthélabo pour le

> fait l'effet d'une bombe. (...) Quand le mémoire parut à Londres en 1786, le somnambulisme s'est déjà répandu dans la France aristocratique. Bientôt il gagnera toute l'Europe, puis le Nouveau Monde, déclenchant partout les passions, suscitant, du fait de ses implications, haine ou adhésion, espoirs ou répulsions ; engendrant ainsi dans la culture un tumulte (...) ».

Ce qui fit scandale, ce sont les facultés psychiques hors normes développées par les individus plongés dans cet état modifié de la conscience. Les observations du marquis bouleversaient catégoriquement les conceptions matérialistes de l'être humain et conduisaient à un nouveau rapport sur la psyché humaine. Ces facultés ont été réunies sous le terme générique de lucidité magnétique, caractérisée par des capacités paranormales telles que la transmission de pensée, la clairvoyance (la prévision des événements futurs), l'hyperesthésie (l'extension ou amplification extraordinaire de la sensibilité, comme la vue, le toucher ou encore l'odorat), et bien d'autres capacités encore. En état de transe, les sujets somnambules parviennent à voir à travers des corps opaques ou sans le secours des yeux, à lire dans les pensées de leur magnétiseur, à ressentir à distance les douleurs de leur magnétiseur, etc. Nous détaillerons plus loin ces étranges facultés défiant le sens commun et qui, après Puységur, furent analysées par plusieurs générations de chercheurs. À propos de l'événement Puységur, Bertrand Méheust (1998) écrit :

> « Si toutes ces nouveautés empiriques défient, à des degrés divers, la rationalité des Lumières, la lucidité porte le défi à un niveau intolérable. C'est par elle que le scandale arrive. Car elle semble impliquer que la conscience humaine peut s'affranchir, dans certaines circonstances, des bornes du sujet, et des contraintes spatio-temporelles qui semblaient encadrer inéluctablement son exercice ».

Plus loin, il continue :

> « Dans l'histoire de l'Occident, de tels phénomènes ne sont pas inconnus, mais ils ont été jusqu'à présent attribués aux anges et aux démons, ils étaient classés dans le registre du surnaturel. Ici, rien de tel. (...) Le marquis est un homme des Lumières – un intellectuel qui cherche à comprendre ce qui s'est déroulé sous ses yeux. (...) Puységur, de façon significative, se dit incapable de nommer l'être transfiguré qui émerge de la transe. C'est là, d'abord, que réside l'événement : pour la première fois, l'homme occidental observe et découvre ses abysses indépendamment des présupposés que la théologie chrétienne entretenait sur sa propre nature ».

En vérité, la découverte du somnambulisme magnétique va progressivement nous mener à la conception, plus moderne, de l'inconscient. Comme le dit Méheust (1998) :

> « Le magnétisme animal a longtemps été considéré – est encore considéré – comme le germe, le premier balbutiement de la psychanalyse et de la psychiatrie dynamique (...) puisque le processus inauguré par le marquis de

progrès de la connaissance, Le Plessis-Robinson, 620 p.

Puységur est celui de la psychothérapie moderne, où se joue cette interaction créatrice entre deux sujets ».

Adam Crabtree (1988) va même plus loin :

> « Quand on examine l'histoire du magnétisme animal et de ses retombées, il semble incroyable qu'un système qui fut jadis si puissant est désormais presque totalement oublié. Que le magnétisme animal ne soit plus pratiqué n'est pas vraiment surprenant : la théorie du magnétisme animal dans sa forme originelle serait difficilement acceptable pour la plupart des modernes. Ce qui est surprenant, c'est que l'histoire du magnétisme soit si négligée. (...) Le magnétisme animal a eu un impact immense sur la médecine, la psychologie, et la recherche psychique, aujourd'hui appelée la parapsychologie »[151].

## Les facultés psychiques des somnambules magnétiques

Explorons plus en détail ce mystérieux état. Commençons par une définition précise de la lucidité magnétique, qui désigne « la capacité manifestée par certains somnambules, à certains moments privilégiés et dans une série de conditions mentales très variables, de recevoir de l'information en paraissant s'affranchir de tous les canaux connus » (Méheust, 1998). Les somnambules lucides sont également appelés sujets « métagnomes ». Bertrand Méheust donne une description plus détaillée de la manière dont le somnambulisme magnétique est provoqué :

> « La magnétisation, effectuée par des passes, des pressions sur le front, la tête, le vertex [le sommet du crâne], est censée produire une amélioration sensible de l'état des patients. Elle manifeste ses premiers effets par certains signes caractéristiques : tressaillement musculaire, picotements et clignements des paupières, picotements et fourmillements dans les membres, sensation de chaleur sur la surface de la peau exposée aux passes, ralentissement ou accélération des battements du cœur, modification de la température du corps, bâillements, borborygmes, diminution de la respiration, sueurs, etc. Mais chez certaines personnes, on voit se développer d'autres manifestations. Les paupières s'alourdissent, les membres s'engourdissent, une somnolence commence à les envahir, accompagnée d'un sentiment de plaisir, de béatitude [symptômes qui rappellent les sensations qui se manifestent chez les sujets pratiquant la méditation, générant elle aussi un sentiment de bien-être associé à un état modifié de la conscience]. La tête devient très pesante et tombe sur la poitrine, l'œil tourne dans l'orbite et reste bloqué vers le haut, révulsé, dans une position de strabisme convergent. Les membres deviennent froids et le patient s'endort, d'un sommeil profond ou léger. Si on lui parle dans cet état, on le voit faire des efforts pour répondre ; parfois il ne peut y parvenir, il se réveille tout à coup, frotte ses yeux, regarde avec étonnement ceux qui l'entourent. Mais d'autres fois, il ne parvient pas à

---

151 Crabtree (1988), *Animal magnetism, Early hypnotism, and Psychical research*, in Méheust (1998), *Somnambulisme et médiumnité, Tome 2 : Le choc des sciences psychiques*, Institut Synthélabo pour le progrès de la connaissance, Le Plessis-Robinson, 598 p.

> se réveiller, et c'est alors que, pour lui, commence une nouvelle existence, et, pour l'observateur, une suite de phénomènes qui n'intéressent pas moins le physiologiste que le psychologiste. (…) L'état magnétique est unanimement décrit comme très impressionnant. Souvent, au début, pour un observateur non-initié, il ressemble à la mort. Le corps est glacé et immobile, la respiration et le pouls sont imperceptibles. On constate alors souvent la fermeture de tous les sens et l'insensibilité totale du corps. Mais dans cet état de mort apparente, le sujet garde un lien inamovible avec son magnétiseur, que l'on a appelé le rapport magnétique, ou encore le lien magnétique. Le lien magnétique s'approfondit progressivement au fil des magnétisations, et il lui faut des semaines, voire des mois, pour qu'il atteigne toute sa profondeur. Mais une fois qu'il est frayé, une de ses caractéristiques est qu'il semble subsister même en dehors de tout signe verbal ou gestuel, et à distance. Alors, sur la volonté du magnétiseur, le sujet prostré revient à la vie avec une personnalité plus profonde, converse avec le magnétiseur ou avec les personnes avec lesquelles le magnétiseur le met en rapport, et dirige son attention sur le sujet que choisit l'opérateur. Sa présence au monde, sa perception de lui-même, des autres êtres humains, et de son environnement, sont profondément modifiées. Sur 20 personnes magnétisées, selon Deleuze[152], on en trouvera une capable de développer le somnambulisme. Si les magnétiseurs cherchent à susciter et à développer le somnambulisme, c'est d'abord à des fins thérapeutiques. La pratique montre en effet que dans cet état, le patient se trouve souvent capable de mobiliser des ressources, psychiques, morales et vitales, qui lui sont inaccessibles dans son état habituel, et à la faveur desquelles un processus d'auto-guérison se met en marche ».

Toutefois, d'autres magnétiseurs (comme Joseph Deleuze), ont plus tard observé qu'il existait des somnambules parfaitement sains capables de développer la lucidité. Cet état est décrit comme un autre mode d'existence qui diffère de l'état de veille et du sommeil ordinaire. Comme pour les rêves, les sujets ne se souviennent pas des événements qui se sont déroulés pendant la transe somnambulique. En plus de son enjeu thérapeutique, continue Méheust (1998) :

> « L'intérêt du somnambulisme est également heuristique[153] ; il permet la manifestation et l'exploration de phénomènes psychiques et somatiques inédits. C'est en effet dans cet état que surgissent les phénomènes étranges par lesquels le scandale arriva, et qui furent, pendant un siècle et demi, au cœur du débat ».

Passons maintenant en revue quelques manifestations remarquables de la phénoménologie magnétique. Les manifestations décrites dans les pages qui suivent furent le centre de commission d'enquête scientifique, dont la commission Husson (en 1826) ou encore la commission Lavoisier, du nom des docteurs rapporteurs desdites commissions. Dans les *Rapports et discussions de l'Académie royale de médecine sur le magnétisme animal* adressés par Husson, le

---

[152] Joseph Deleuze [1753-1835] fut l'élève de Puységur et un précurseur dans l'analyse rigoureuse du magnétisme.

[153] Discipline qui se propose de dégager les règles de la recherche scientifique et de la découverte.

somnambulisme magnétique y est décrit par ses principales caractéristiques phénoménologiques, à savoir l'extension prodigieuse de la capacité de sentir ; la capacité de voir et d'entendre sans le secours des yeux et des oreilles, avec parfois une acuité dont l'homme éveillé est incapable ; il se caractérise encore par le rapport magnétique ; par la soumission partielle du sujet à la volonté du magnétiseur ; par l'endoscopie (la vision des organes internes), l'exoscopie (la vision des organes de sujets malades que l'on présente aux somnambules), l'autodiagnostic (la faculté de diagnostiquer son état de santé ainsi que son évolution au fil du temps), les pressensations (la prédiction d'événements), la perte totale de mémoire au réveil, etc. Telles sont les manifestations du magnétisme reconnues à l'époque par cette commission.

Tous les faits de lucidité que nous allons présenter ci-dessous sont, nous l'accordons, difficiles à croire. Pourtant, ils furent attestés régulièrement par les scientifiques. Faute d'avoir pu les constater par soi-même ou d'avoir pu assister aux expérimentations relatives à cette phénoménologie, il est compréhensible d'en douter, voire de les réfuter. D'autant plus que certains sujets ont été pris en flagrant délit de fraude. Dans cette catégorie de manifestations, il est vrai qu'il existe de véritables « tricheurs », faux médiums ou faux somnambules, dont il convient de déjouer les tours. C'est précisément toute la difficulté de ces expérimentations dont les protocoles se doivent d'écarter toutes possibilités de fraude. Certains expérimentateurs sont d'ailleurs formés aux trucages et autres tours de prestidigitation dont les pseudo-médiums se jouent pour tenter de tromper les contrôleurs. La situation est d'autant plus délicate que l'histoire du magnétisme a montré que des sujets métagnomes authentiques ont parfois été surpris à tricher lorsque les circonstances ne se prêtaient pas à la manifestation de leurs facultés. Malgré ces difficultés, nous faisons confiance à la bonne foi des auteurs ainsi qu'à leur sagacité et considérons, quand toute possibilité de fraude a été écartée – c'est une opinion personnelle – que les témoignages retranscrits ou les observations avérées sont des preuves de « pouvoirs » depuis longtemps admis en sciences ésotériques. C'est précisément pour cette raison que ces événements ont généré une telle polémique, puisque les capacités développées par les somnambules lucides n'étaient pas sans rappeler ceux des mages de Chaldée, des prêtres d'Isis, des sorciers du Moyen Âge ou des druides de l'ancienne Celtide. Ici, ces pouvoirs réapparaissent au grand jour dans le « monde réel », sous le regard avisé des savants de l'époque.

## *Voyage mental et double vue*

Méheust (1998) décrit ainsi le voyage mental : « Le voyage mental implique la perception d'une cible, d'un événement ou d'un objet situé à distance et inconnu du sujet ». Il s'agirait du don de « double vue », selon une autre terminologie. Voici comment cela se produisait :

> « La procédure était simple. Une personne prenait la main du somnambule, et lui demandait par exemple de lui décrire son appartement, puis tel coffre dans l'appartement, puis le contenu de ce coffre, puis, par exemple, de lui lire le titre d'un livre qui s'y trouvait. On suscitait une variante de ce phénomène en mettant entre les mains d'un somnambule un objet ayant appartenu à une personne, et lui demandant de fournir des informations sur cette dernière. Sur cette forme de lucidité, que le docteur Buchanan nommera la psychométrie[154], et que René Sudre, vers 1920, appellera plus justement la métagnomie tactile, il existe une vaste littérature. En voici un exemple : "le docteur Osty[155] a mené dans les années vingt une expérience cruciale pour démontrer cette forme de métagnomie. Il s'agissait de retrouver une personne âgée qui avait disparu. On mit entre les mains d'un sujet métagnome un foulard qui avait appartenu à cette personne. Le voyant put ainsi suivre, depuis Paris, la dernière promenade du disparu dans une forêt du Cher, et localiser l'endroit précis où il était tombé pour ne plus se relever. Le cadavre était bien à l'endroit indiqué, et l'affaire fit l'objet d'un constat judiciaire (Sudre, in Méheust, 1998)" ».

Parfois aussi, écrit Méheust, « les somnambules se portent en esprit vers un endroit où pousse la plante qui les guérira ou qui soignera la personne qu'on leur présente. Ces voyages somnambuliques ne sont pas sans rappeler les extases des chamanes ». Ce type de transe est en effet caractéristique des guérisseurs ou des médecine-men toujours présents dans certaines peuplades d'Eurasie, d'Australie, d'Afrique ou d'Amazonie. Encore aujourd'hui, de tels individus sont consultés dans les sociétés traditionnelles, car on leur reconnaît la capacité, lorsqu'ils entrent en transe (par l'intermédiaire d'une rituélie parfois accompagnée de l'usage de substances psychotropes), de se déplacer en esprit pour trouver le remède ou la cause des maux ressentis par les personnes qui viennent les consulter. Parfois c'est une plante qui est visualisée en état de transe ; parfois c'est un objet dans lequel serait concentré un maléfice prononcé par une tierce personne (qui est alors rendue responsable du mauvais état de santé ou de la malchance du patient) ; parfois encore le chamane visualise dans sa transe un « mauvais esprit » considéré comme la cause des problèmes.

La vision sans le secours des yeux est une des autres manifestations de la transe somnambulique les plus étudiées. Certains sujets plongés dans le som-

---

[154] Ancienne définition forgée en 1842 par le docteur Joseph Rodes Buchanan. Toutefois la psychométrie possède aujourd'hui une autre signification : elle désigne l'ensemble des techniques de mesure pratiquées en psychologie. L'ancienne signification est demeurée trop courante pour la remplacer définitivement par la nouvelle.

[155] Le docteur français Eugène Osty [1874-1938] prit la direction de l'Institut Métapsychique International en 1925, où il étudia de nombreux sujets. Son œuvre est décrite comme l'une des plus importantes qui soient. C'est avec lui que commence la métapsychique scientifique. Il fut le premier à déterminer les caractères de la force médiumnique, comme nous le verrons avec les expérimentations conduites avec les frères Schneider. Il mit au point des dispositifs permettant de mieux comprendre les phénomènes paranormaux observés avec divers médiums, tout en renforçant les conditions de contrôle afin d'exclure toute fraude.

meil magnétique parviennent par exemple à voir à travers des corps opaques. Le célèbre politicien socialiste Jean Jaurès [1859-1914] assista à des séances où des sujets métagnomes développèrent cette capacité singulière. En 1902, il affirma dans sa thèse de philosophie intitulée *La réalité du monde sensible* que :

> « Le phénomène de la double vue[156] dans certains états hypnotiques spéciaux paraît bien démontré aujourd'hui. Il est permis à certains sujets de voir, de lire à travers une barrière qui pour nous est opaque. Ainsi l'opacité de la matière n'est plus que relative. Et comme, pour l'imagination, ce qui sépare le plus notre cerveau du monde enveloppant, c'est l'opacité de notre organisme, cette opacité, s'évanouissant, laisse en contact immédiat, pour notre imagination elle-même, le foyer cérébral et l'univers. Ainsi le cerveau peut dépasser infiniment l'organisme, il peut rayonner, palpiter, agir bien en dehors de ses limites. Le cerveau n'apparaît plus comme un organe clos, retiré dans une cavité dure ; nous voyons, dans l'ordre même de la physiologie, le moi individuel s'agrandir et, sans perdre ses attaches nécessaires à un organe particulier, se créer en dehors de cet organisme une sphère d'action indéfinie ».

Par exemple, en état de lucidité magnétique, certains somnambules parviennent à lire exactement l'heure d'une montre dont les aiguilles ont été tournées au hasard à l'abri de leur regard; à lire le texte d'un manuscrit posé sur leur nuque ou placé à quelques centimètres au-dessus de leur tête; à décrire précisément un objet caché de leur champ de vision. Ces phénomènes se déroulent avec les yeux bandés ou non. Illustrons ce phénomène par un témoignage authentique relaté par Méheust (1998) :

> « Au congrès de métapsychique de Varsovie, en 1923, le médium polonais Ossowiecki[157] est parvenu à lire le contenu d'une lettre scellée de façon invio-

---

[156] Il semble que les termes « seconde vue » et « double vue » soient utilisés à la fois pour qualifier le don de voyage mental, le don de vision à travers les corps opaques ou sans le secours des yeux. Cette dernière manifestation est ici qualifiée par Jaurès de « double vue ».

[157] Stéphan Ossowiecki [1877-1944] est considéré comme un grand médium. Le docteur et métapsychiste français Gustave Geley a livré quelques traits de sa biographie dans son ouvrage *L'ectoplasmie et la clairvoyance* (1924). Nous tirons ces éléments de l'œuvre de Robert Toquet (1963) déjà citée. Dès sa plus tendre enfance, Ossowiecki possédait la faculté de lecture de pensée. À dix-sept ans, il entra à l'Institut des Ingénieurs de Petrograd (une grande école technique de Russie) et y resta jusqu'à vingt ans. Ses dons de clairvoyance se manifestaient spontanément. Déjà à l'école, il parvenait à lire les questions d'examens qui étaient sous enveloppes cachetées. C'est en 1923 qu'il fut étudié par Geley à l'IMI. Interrogé sur les conditions dans lesquelles s'exerçaient ses facultés, « Ossowiecki indiquait tout d'abord qu'il était incapable, dans son état normal, de réaliser une voyance. Ses pouvoirs ne se manifestaient que dans l'état de transe qu'il ne pouvait maintenir que pendant un temps relativement court et qu'il obtenait plus ou moins facilement suivant ses dispositions ». Pour entrer en transe, Ossowiecki précise : « Je me dis d'abord qu'il faut que j'y arrive, puis je fais effort pour ne plus penser à rien et j'attends. J'attends pendant quelques minutes, parfois un quart d'heure, une demi-heure. Il arrive que mon attente soit vaine. La transe ne se produit pas. Quand elle va se produire, je sens ma tête devenir chaude, très chaude; mes mains se refroidissent. Dès lors, je sais que je vais être en possession de mes facultés. Bientôt, je perds à peu près conscience de ce qui m'entoure et je vois, j'entends, je sens, je dis ce qui m'a été demandé de révéler ». À cette phase de la transe, Toquet relate que « Ossowiecki avait le visage empourpré et

lable par l'enquêteur et prestidigitateur britannique Dingwall[158], chercheur de la SPR connu pour son exigence et son scepticisme. Dingwall, pour ne pas influencer le métagnome, avait remis le pli cacheté au docteur Schrenk-Notzing, qui se rendit avec René Sudre et le docteur Geley[159], au domicile du médium. Selon son habitude, Ossowiecki tritura l'enveloppe puis dessina ce qu'il voyait – en l'occurrence une bouteille non bouchée, dessinée dans un cadre rectangulaire, et en dessous duquel se trouvait un texte manuscrit, où figurait la date 1923. Il précisa que ce texte était écrit en français, et qu'il ne pouvait pas le lire. Il ajouta encore que l'enveloppe contenait une enveloppe grise, dans laquelle se trouvait une enveloppe verdâtre, dans laquelle se trouvait une enveloppe rouge, dans laquelle se trouvait une feuille de papier pliée en deux, où se trouvait le dessin. On prit note. Le pli fut ouvert en public par Dingwall, qui put affirmer avec certitude que l'enveloppe n'avait pu être ouverte. Tout était exact. La phrase en français disait : "les vignobles du Rhin, de la Moselle et de la Bourgogne donnent un excellent vin". (...) Ossowiecki réalise ainsi des séries impressionnantes de réussites dans des conditions où l'on n'arrive pas à entrevoir la faille. À l'Institut métapsychique, citons par exemple une expérience où on remet au médium un papier glissé dans un tube de plomb. Les parois du tube ont trois centimètres d'épaisseur, et son ouverture est obturée par une soudure. Aucune des trois personnes qui assistent à l'expérience ne sait ce qui est écrit dans le tube. Ossowiecki dit : "un dessin, un homme qui a de grandes moustaches. Pas de nez. Il a un habit militaire. Il ressemble à Pilzudski. Cet homme n'a peur de rien, c'est comme un chevalier". C'est exactement ce que représente le dessin, et, en dessous, il y a la légende suivante : Le chevalier sans peur et sans reproche ».

Toquet (1963) donne quelques détails supplémentaires sur cette séance en précisant que : « Charles Richet, présent dans l'assistance, fit remarquer à l'époque qu'invoquer le hasard ou la supercherie en ce genre de circonstances est absurde. Malgré ce type de séance, et bien d'autres expérimentations avec des sujets variés où il était établi qu'ils n'avaient pas pu tricher, la preuve

---

les pulsations de son pouls étaient de 90 à 100 à la minute. Ses informations métagnomiques se présentaient généralement sous la forme d'hallucinations visuelles. Lorsqu'il devait, par exemple, détecter une phrase écrite, il avait l'impression de la voir devant lui et il la lisait comme si elle avait été réelle. Parfois, l'hallucination était auditive. Ossowiecki entendait la phrase. Quelques fois également, une impulsion motrice lui faisait prononcer la phrase d'une manière inconsciente ». À la différence de certains autres médiums, Ossowiecki avait besoin de tenir l'objet dans sa main et de le malaxer pour en déchiffrer le contenu. Il semblerait qu'il s'agisse dès lors d'une forme de métagnomie tactile qui passerait par le sens du toucher.

158 Eric John Dingwall, enquêteur à la *Society for Psychical Research*, est un des chercheurs qui a conduit l'étude la plus approfondie sur ce type de phénomène. Voir Dingwall (1968), *Abnormal Hypnotic Phenomena, A survey of Nineteenth Century Cases,* in Méheust (1998), *Somnambulisme et médiumnité, Tome 1 : Le défi du magnétisme*, Institut Synthélabo pour le progrès de la connaissance, Le Plessis-Robinson, 620 p.

159 Gustave Geley [1865-1924] prit la direction de l'Institut Métapsychique International en 1919. Ses premières recherches sont consignées dans un livre publié en 1897 intitulé *Essai de revue générale et d'interprétation synthétique du spiritisme.* Il était vraisemblablement porté sur les grands phénomènes physiques de la médiumnité au sujet desquels il mena des expériences retentissantes attestant des phénomènes métagnomiques chez certains médiums et décelant la fraude chez d'autres. Il étudia Ossowiecki de 1921 à 1923.

décisive et définitive n'a pas été apportée. De sorte qu'un doute a toujours subsisté ».

Bien entendu, il existe d'autres cas que celui de Stephan Ossowiecki. Citons un autre sujet remarquable, l'allemand Ludwig Kahn, décrit par Toquet (1963) comme l'un des plus étonnants « liseurs d'écrits cachés » du siècle passé. Il déchiffrait avec une extraordinaire précision et une étonnante facilité, toujours selon les termes de Toquet, des textes et des dessins dont il ne pouvait avoir connaissance à l'aide des sens normaux. Le mode habituel de Kahn consistait à lire le contenu écrit par une personne sur un morceau de papier qu'elle pliait en huit et conservait dans sa main fermée. Kahn lisait le contenu sans toucher ni voir les papiers. Après avoir été étudiées par plusieurs docteurs[160], ses facultés ont été testées en 1925 sous la direction d'Eugène Osty à l'Institut Métapsychique, dans des conditions de contrôle exigeantes. Plusieurs expériences de lecture à travers des lettres scellées sont menées et couronnées de succès. Des centaines d'autres cas de vision à travers des corps opaques ont été observés, sur de nombreux sujets somnambules (citons également Léonide Pigeaire ou Alexis Didier). Le test classique consistait à lire un texte caché dans une boîte, un coffre ou encore une enveloppe. Toutes ces expériences ont fait l'objet de publications (livres, articles, rapport, procès-verbaux, comptes rendus, etc.) consignées dans des archives. Voici un autre exemple raconté par Méheust (1998) :

> « En 1887, un expérimentateur, le docteur Paul Gibier [élève de Pasteur, fondateur de l'Institut Pasteur de New York et directeur adjoint du Muséum d'Histoire naturelle], magnétise une de ces patientes, lui pose un gros tampon de coton sur chaque œil, puis entoure sa tête d'une épaisse serviette nouée derrière la nuque. Il prend alors dans sa bibliothèque le premier livre qui lui tombe sous la main, l'ouvre au hasard, sans regarder le texte, à deux centimètres de la tête de la somnambule. Puis il lui demande de lire la première ligne de la page de gauche. Après un moment d'attente, la jeune

[160] Dans ses notices biographiques, Toquet (1963) raconte que Khan a été scientifiquement étudié, en premier lieu, en 1908 (soit à l'âge de trente-quatre ans) par le docteur Haymann de l'hôpital psychiatrique de Fribourg-en-Brisgau et par le docteur Neumann, médecin du district Grand-Ducal, à la suite de démêlés judiciaires. En effet, si Kahn possédait réellement le pouvoir de lire les écrits cachés, il n'avait pas celui de prédire l'avenir, mais, grâce à ses facultés de clairvoyance, il convainquait des personnes de venir le consulter et utilisait ses facultés pour donner le numéro de billet gagnant d'une loterie, le nom du cheval gagnant à une course… mais le médium se trompait régulièrement dans ses prémonitions, ce qui lui valut des plaintes allant jusqu'à une comparution en justice. C'est le tribunal de Grand-Ducal qui confia aux docteurs Haymann et Neumann le soin d'étudier les facultés du médium incriminé. Le rapport des deux médecins fut formel et conclut à la réalité des facultés de Kahn à lire des mots cachés. Toquet continue la biographie de Kahn qui fut ensuite étudié par les professeurs Behringer, Eisèle et Schottelius qui écrivent à son sujet : « Si nous résumons le résultat des exposés qui précèdent, nous constatons qu'un homme a pu lire, sans le recours direct de ses yeux corporels, le contenu de billets repliés et conservés dans la main bien fermée de l'observateur. La signification du contenu des billets lui a même été plusieurs fois incompréhensible, quand il s'agissait de formules mathématiques, langues étrangères, etc., que le sujet n'avait pas étudiées ».

> femme déclare : "Ah oui, je vois, attendez" Puis elle continue : "L'identité ramène encore à l'unité, car si l'Âme..." – c'était bien ce qui était écrit. Le même médecin mène une autre expérience, qui consiste à écrire à la craie, sur le parquet, un mot ou un nom quelconque, et à conduire la voyante sur l'inscription, de sorte que ses pieds la foulent. On prend la précaution d'amener la somnambule les yeux bandés et à reculons sur le mot, afin qu'elle soit dans l'impossibilité de voir quoi que ce soit. Elle parvient pourtant à lire le nom dès qu'elle pose le pied dessus. Ces expériences ont lieu en avril 1887 à Paris ; Gibier les répétera à maintes reprises, devant un cercle d'une quarantaine de personnes, composé d'ingénieurs, de savants, d'écrivains »[161].

Il existe tellement d'autres cas qu'il nous est impossible de tous les retranscrire ici. Pour en savoir plus, nous renvoyons le lecteur vers les références bibliographiques citées dans cette section. Si les anecdotes mentionnées plus haut paraissent dépassées, précisons que la vision à distance a connu un regain d'intérêt dans les recherches en parapsychologie des années 1970, sous le terme de « *remote viewing* » que nous aborderons dans le chapitre suivant. Au cours des dernières décennies, elle a fait l'objet de publications dans des revues scientifiques telles que *Nature* (Targ et Puthoff, 1974) et *Proceedings of the Institute for Electronic and Electrical Engineers* (Hyman, 1985), entre autres publications.

Si le lecteur doute malgré tout de telle capacité, mentionnons également les recherches récentes en neurobiologie sur la « vision aveugle ». Même si elles ne rentrent pas dans le contexte du magnétisme ou de la parapsychologie, ces recherches présentent des analogies troublantes avec le phénomène de double vue. Dans les études neurobiologiques, il est aujourd'hui avéré que des individus aveugles présentent une capacité à détecter inconsciemment des objets. Dans son livre *L'esprit au-delà des neurones*, Benjamin Libet (2012), chercheur spécialisé dans les neurosciences, évoque les comptes rendus de Lawrence Weiskrantz (1986) concernant des patients aveugles ayant perdu toute perception de certaines parties de leur champ visuel en raison d'une lésion du cortex visuel. Lorsqu'on leur demandait d'indiquer une cible dans cette zone aveugle, ils parvenaient alors à la détecter avec une précision remarquable, tout en indiquant ne pas voir la cible et en se contentant de la deviner. La possibilité de voir sans le secours des yeux est également confirmée aujourd'hui dans les milieux cliniques à travers les expériences de mort provisoire, où des patients, lors d'arrêts cardiaques (spontanés ou provoqués), perçoivent très nettement des images ou des informations visuelles de l'extérieur (qui se sont révélées exactes) alors que le cerveau et le circuit habituel de la vision sont hors d'usage. Nous en reparlerons.

---

161 Giblier (1899), *L'analyse des choses. Essai sur la science future*, in Méheust (1998), *Somnambulisme et médiumnité, Tome 1 : Le défi du magnétisme*, Institut Synthélabo pour le progrès de la connaissance, Le Plessis-Robinson, 620 p.

## Les hyperesthésies

L'hyperesthésie, c'est-à-dire l'amplification des sens, est une autre manifestation largement documentée. Sur ce sujet, on peut lire que la finesse atteinte par le sens du toucher de certains somnambules est absolument remarquable. Joseph Deleuze commente :

> « Il y a chez la plupart des somnambules un développement de la sensibilité dont nous ne pouvons nous faire aucune idée. Ils sont susceptibles d'éprouver l'influence de tout ce qui les environne, et principalement des êtres vivants. Ils sont non seulement affectés par les émanations physiques ou effluves des corps, mais aussi, à un degré bien plus étonnant, par les pensées et les sentiments de ceux qui les entourent ou qui s'occupent d'eux »[162].

La lecture d'un texte sans le secours des yeux figure parfois également dans le registre des hyperesthésies, en ce sens qu'elle résulterait d'une extension du sens de la vue ou du toucher. Méheust (1998) relate les cas suivants :

> « Le docteur Delpit put ainsi constater cette exacerbation du toucher chez une de ses patientes : il ouvrait au hasard le premier livre qu'il avait sous la main, ou bien il sortait de sa poche des feuillets qu'il avait préparés à l'avance ; la jeune fille, qui avait les yeux bandés, déchiffrait couramment le texte dans ces conditions.[163] Les archives du magnétisme abondent de cas analogues. Un somnambule étudié par le philosophe Emile Boirac, au début du XXe siècle, parvenait à décrire des photos et à lire des textes, les yeux bandés, rien qu'en passant ses doigts sur la surface du papier. L'expérimentateur eut l'idée d'une contre expérience ; il lui fit mettre des gants et la lecture cessa. L'explication la plus simple était donc que l'on avait affaire à une exacerbation du toucher. À la fin du XIXe siècle, le colonel Albert de Rochas d'Aiglun, administrateur de l'École polytechnique et chercheur très engagé dans l'étude des phénomènes somnambuliques, a constaté l'étrange capacité d'un de ses sujets somnambules de voir dans le noir. Ce dernier, doué pour le dessin, était capable, quand il était plongé dans le sommeil magnétique, de faire dans l'obscurité totale, dessins et peintures très fins. Un examen à l'ophtalmoscope montra que les vaisseaux sanguins qui tapissaient le fond de l'œil de cette personne avaient triplé de volume ! »[164].

Méheust poursuit :

> « Les hyperesthésies de l'ouïe et de l'odorat ne sont pas moins surprenantes. Certains sujets, les yeux bandés, pouvaient détecter une présence nouvelle

---

162 Deleuze (1825), *Instructions pratiques sur le magnétisme animal*, in Méheust (1998), *Somnambulisme et médiumnité, Tome 1 : Le défi du magnétisme*, Institut Synthélabo pour le progrès de la connaissance, Le Plessis-Robinson, 620 p.

163 Delpit (1817), *Observations et notes sur des maladies nerveuses extraordinaires et rares*, in Méheust (1998), *Somnambulisme et médiumnité, Tome 1 : Le défi du magnétisme*, Institut Synthélabo pour le progrès de la connaissance, Le Plessis-Robinson, 620 p.

164 De Rochas (1894), *L'extériorisation de la sensibilité, étude expérimentale et historique*, in Méheust (1998), *Somnambulisme et médiumnité, Tome 1 : Le défi du magnétisme*, Institut Synthélabo pour le progrès de la connaissance, Le Plessis-Robinson, 620 p.

> dans une pièce, quelles que fussent les précautions prises par les nouveaux arrivants ; ces derniers, prévenus, avaient beau arriver sur la pointe des pieds, le somnambule les repérait automatiquement, et, plus curieux encore, il les identifiait s'il se trouvait les connaître et précisait leur nombre sans jamais se tromper. Une autre expérience, souvent mentionnée dans les archives, semble encore témoigner de cette capacité, propre à certains somnambules, d'identifier le magnétiseur ou une personne avec laquelle ils sont en rapport. On installait le somnambule sur une chaise, les yeux bandés ; des personnes se succédaient derrière lui pour lui toucher le dos avec une canne. Le magnétiseur se trouvait dans le lot, mêlé à des inconnus, et l'on demandait au patient de l'identifier. Or, certains somnambules montraient une habileté infaillible à cette devinette. S'agissait-il en effet de l'exacerbation de l'odorat, de l'ouïe, du toucher, de tout cela à la fois, ou de la manifestation d'une faculté inconnue ? Chez d'autres personnes, l'hypersensibilité somnambulique est censée se manifester par des réactions d'antipathie et de sympathie aux substances minérales, aux plantes ou aux êtres vivants ».

Toutefois les hyperesthésies sont souvent évoquées comme une explication « rationnelle » permettant de faire barrage à la lucidité magnétique qui, elle, demeure inexplicable selon les lois de la physique ou de la physiologie. En effet, il est scientifiquement plus facile de soutenir une amplification extraordinaire de la sensibilité du somnambule (vue, odorat, ouïe, toucher, goût) lui permettant de capter l'information, plutôt que de reconnaître que ce dernier l'a captée sans aucun canal sensoriel connu. Mais ce recours à l'hyperesthésie a parfois mené les sceptiques (ou plutôt les « magnéto-sceptiques ») à des raisonnements tordus. Voici une autre anecdote racontée par Méheust à propos d'un certain docteur Sollier qui a mené des expériences sur un somnambule capable de percevoir, même à distance, à travers un mur, des gestes d'attraction et de répulsion effectués par l'opérateur :

> « Sollier tient les faits pour certains, ayant répété l'expérience à de nombreuses reprises en multipliant les précautions ; mais il refuse la possibilité de la transmission de pensée : pour lui, il ne peut s'agir que d'un phénomène de perception impliquant les sens connus ; en l'occurrence d'une hypersensibilité tactile. Seulement, pour expliquer la perception d'un flux d'air à travers une cloison, et à distance, il est obligé d'envisager deux hypothèses : ou bien la propagation des vibrations imprimées à l'air se fait à travers des obstacles jusqu'alors considérés comme insurmontables, ou bien il s'agit de vibrations d'un ordre inconnu »[165].

Dans ce genre de cas, comme le souligne très justement Méheust, il est très difficile de savoir où finissent les hyperesthésies et où commence la lucidité, si lucidité il y a. Dans son *Traité de métapsychique* (1922), Charles Richet ne manque pas d'ironiser contre ce type de raisonnement (celui du docteur Sollier) lorsqu'il évoque, à propos de l'hyperesthésie de la vue : « Une ré-

---

165 Sollier (1904), *Phénomènes de perception à distance*, in Méheust (1998), *Somnambulisme et médiumnité, Tome 2 : Le choc des sciences psychiques*, Institut Synthélabo pour le progrès de la connaissance, Le Plessis-Robinson, 598 p.

tine capable de percevoir des rayons lumineux qui ont passé à travers une triple enveloppe de cartons épais, c'est une rétine tellement différente d'une rétine normale que son étude relève de la métapsychique plutôt que de la physiologie ».

## La suggestion mentale et l'influence à distance

Voilà une autre catégorie de phénomène associé au magnétisme animal, illustrant bien le rapport magnétique établi entre le magnétiseur et le magnétisé. Il s'agit ici de la suggestion mentale au sens fort, c'est-à-dire la suggestion ou le transfert d'un ordre mental (ou parfois d'un stimulus d'ordre physique comme nous le verrons plus loin) du magnétiseur vers le magnétisé, où ce dernier va manifester la réaction motrice ou mentale attendue, transmise par aucun canal sensoriel connu. Pour ce qui relève des suggestions d'ordre mental, il y a un lien étroit entre suggestion et transmission de pensée (ou télépathie) qui, vers 1921, était admise par Freud lui-même (d'après Méheust, il préférait le terme « *gedankeninduktion* », c'est-à-dire l'induction mentale, après avoir reconnu sa réalité, à plusieurs reprises, durant ses séances de psychanalyse). À la suite d'observations personnelles, il affirme sans ambiguïté : « Il y a transfert de pensée ».

Selon Freud, la télépathie s'expliquerait selon le modèle de la radio mentale. Il aurait été le premier à proposer ce modèle pour faire entrer ce phénomène dans le cadre de la physique, et ainsi l'extraire aux « ténèbres de l'occultisme ». Freud rencontrait toutefois une difficulté majeure à faire rentrer la télépathie dans l'édifice théorique de la psychanalyse car, en vérité, ce modèle de la radio mentale est bien plus ancien. Méheust nous explique que sa préhistoire remonte à Mesmer et qu'elle a été ensuite esquissée par certains magnétiseurs. À la fin du XIXe siècle, ce modèle est envisagé par plusieurs savants de premier plan tels que Crookes, Tesla, Lodge, Richet, Ochorowicz, dont certains étaient des chercheurs pionniers dans la radio et les télécommunications[166]. Nous en reparlerons plus loin. Bien avant Freud donc, les magnétiseurs avaient constaté la suggestion mentale durant le sommeil somnambulique. Voici un extrait de Méheust (1998) à ce propos :

> « Un an après la découverte du somnambulisme par Puységur, Tardy de Montravel l'observe à son tour et en conclut que le magnétiseur peut communiquer à distance sa volonté, mais aussi ses pensées (...). Vers 1885, des chercheurs réputés essayent de produire ce type de phénomènes et ont la grande surprise d'y parvenir. C'est le cas de Julian Ochorowicz[167], qui, après

---

[166] Précisons toutefois que ce modèle de la radio mentale, quoiqu'en apparence logique, s'est révélé, pour des raisons techniques, insatisfaisant par certains métapsychistes. Des recherches plus récentes en parapsychologie ont montré que ce modèle n'est pas vraisemblable car les ondes cérébrales, en tant qu'ondes électromagnétiques, n'auraient pas une portée suffisamment grande par rapport à toutes les situations où la télépathie a été observée.

[167] Julian (ou Julien) Ochorowicz [1850-1918] fut un professeur et docteur polonais en philosophie. Il

avoir expérimenté, est parvenu à la conclusion que les faits de suggestions mentales au sens fort sont bien réels. (...) Les faits qu'il a observés ne permettent pas de déceler une différence notable si la suggestion est donnée à quelques pas ou bien à plusieurs kilomètres ; la distance la plus grande sur laquelle l'effet a pu être obtenu est de dix kilomètres. Mais Ochorowicz indique que la question des limites n'est pas tranchée, elle est seulement prématurée. Voici plusieurs expériences qu'il relate dans la *Revue philosophique*. Première expérience : l'expérimentateur est à quatre mètres de la somnambule, mais en dehors de son champ visuel. Il feint de prendre des notes, la tête penchée. Il pense : "Lève la main droite". Pendant la première minute, il ne se passe rien ; puis l'agitation s'empare de la personne. Au bout de trois minutes, la main droite se lève puis retombe. Deuxième expérience : mêmes conditions. L'expérimentateur se concentre et pense : "Lève-toi et viens à moi". À la première minute, l'agitation s'empare de la personne et se peint sur son visage dont les traits se crispent. Puis le sujet se lève lentement, avec difficultés, et vient vers l'expérimentateur. Troisième expérience. Mêmes conditions, mais la demande mentale de l'expérimentateur est plus complexe : "Lève-toi, va au piano, prends la boîte d'allumettes, apporte-la-moi en allumant l'une d'elles, puis retourne à ta place". Le sujet se lève alors, et vient vers le magnétiseur. "Retourne !" : il revient aussitôt à sa place. "Encore en arrière" : il se dirige vers la porte. Alors on le stoppe et on le ramène au milieu de la pièce. Il va vers le piano, ses mains s'abaissent vers les touches. L'ordre mental lui est alors donné de prendre la boîte d'allumettes, et il la saisit. "Viens à moi" : il obéit. "Retourne à ta place". Il y retourne. Quatrième expérience : "Va à ton frère et embrasse-le". Le sujet se lève, et embrasse son frère sur le front » (Ochorowicz, in Méheust, 1998).

Nous sommes face à d'incroyables suggestions post-hypnotiques étudiées très sérieusement par l'école de Nancy dirigée par Hyppolyte Bernheim. Ce type de suggestions est défini dans l'article de Nicolas Marmin (2006) : on commande à un sujet hypnotisé de réaliser un acte au réveil – qu'il réalise sans conscience claire de ce qui l'a poussé à agir. Ce genre de démonstrations, nous dit l'auteur, firent forte impression sur Freud qui s'est rendu à Nancy en 1889. Il est important de distinguer ici la suggestion forte (ou « vraie ») de la suggestion « faible ». Le rapport magnétique induit parfois de la suggestion forte telle que décrite avec l'expérience conduite par Ochorowicz. La suggestion faible est celle qui a conduit aujourd'hui à l'hypnose « classique » telle qu'utilisée de manière thérapeutique (pour soigner par exemple des troubles névrotiques, des addictions ou des angoisses de toutes sortes) et/ou sophrologique (nous incluons ici l'anesthésie hypnotique, qui relève de la relaxation). La suggestion forte a une portée bien plus grande. C'est la fameuse question de l'étendue du rapport magnétique soulevée au sein même de l'hypnologie savante à l'époque du somnambulisme magnétique. Cette question, posée par le philosophe et universitaire Emile Boirac [1851-1917], pourrait se résumer en ces termes :

s'intéressa particulièrement aux phénomènes hypnotiques, au sujet desquels il publia, en 1882, un ouvrage de référence intitulé *La suggestion mentale*.

« Tous les phénomènes prétendus magnétiques, hypnotiques ou suggestionnels, sont-ils dus uniquement aux idées que se font les sujets ou qu'on leur communique, et aux convictions, émotions, etc., que ces idées déterminent chez eux, souvent à leur insu ? Ou bien ont-ils en outre pour cause une influence objective, occulte, que les opérateurs rayonneraient à distance et qui exercerait sur le système nerveux des sujets une action comparable à celle que l'aimant exerce sur le fer ? »[168].

L'universitaire repose ici la question de l'influence d'un éventuel agent occulte, à l'instar de l'école de Mesmer... D'autres pensent que la suggestion mentale au sens fort serait une illusion. Elle s'expliquerait par la combinaison de deux facteurs : d'une part une phonation mentale inconsciente du magnétiseur et d'autre part une hyperesthésie du magnétisé, à savoir une hyperacousie (un hyperdéveloppement de l'ouïe). Méheust (1998) donne les explications suivantes :

« Toute pensée est accompagnée d'une esquisse de mouvement corporel, et d'une "parole intérieure" provoquée par une articulation totalement inaudible qui se produit au niveau du larynx. Aussi, quand un expérimentateur donne mentalement un ordre à un somnambule, il l'articule sans s'en rendre compte, et c'est cette phrase imperceptible pour une oreille normale que le somnambule serait capable d'entendre, tant son ouïe est exacerbée. (...) L'hypothèse de l'hyperacousie et de la phonation inconsciente revient régulièrement dans les discussions de l'époque, où elle joue le rôle d'un verrou de sécurité contre la possibilité de la lucidité magnétique ».

À vrai dire cette hypothèse nous paraît plus étrange encore que la suggestion forte. C'est une explication quelque peu « tirée par les cheveux ».

## *La sympathie des douleurs*

La sympathie des douleurs dites « provoquées » constitue un autre exemple édifiant du rapport magnétique. Il s'agit de la transmission directe et à distance, sur l'individu magnétisé, d'une douleur physique ressentie par le magnétiseur; la douleur se répercutant instantanément sur le corps du somnambule, sans aucun contact. Voici ce que relate Méheust (1998) à ce sujet :

« Les théoriciens du magnétisme supposaient derrière ces phénomènes une sorte d'identification des deux systèmes nerveux (...). Delaage relate une séance à laquelle il a assisté. Le magnétiseur et la somnambule ne se trouvaient pas dans la même pièce. Une personne a soudain tiré les cheveux de l'opérateur. Aussitôt, la somnambule s'est mise à se plaindre, et a porté la main

---

168 Boirac (1908), *La psychologie inconnue. Introduction et contribution à l'étude expérimentale des sciences psychiques*, in Méheust (1998), *Somnambulisme et médiumnité, Tome 1 : Le défi du magnétisme*, Institut Synthélabo pour le progrès de la connaissance, Le Plessis-Robinson, 620 p. Robert Toquet décrit Boirac comme un des rares universitaires (il fut d'abord professeur de philosophie, puis recteur de l'Académie de Grenoble et enfin recteur de l'Académie de Dijon) qui s'adonnèrent aux recherches psychiques avec continuité.

> à l'endroit de la tête où l'on avait tiré les cheveux de son magnétiseur[169]. (…) Des expériences analogues sont menées en Angleterre en 1883 par la *Society for Psychical Research*, qui a réuni pour étudier les phénomènes de transfert des douleurs une équipe où figurent notamment Myers, Barret, Gurney, Hodgson et Podmore. G.A. Smith, l'opérateur, ne connaît pas le sujet, un jeune homme nommé Conway, il le magnétise pour la première fois. Le somnambule est assis sur une chaise, l'expérimentateur et le magnétiseur se tiennent en retrait en dehors de son champ visuel. L'expérimentateur pince fortement le magnétiseur en différents endroits du corps (le bras, le lobe de l'oreille, le cou, le côté droit, la jambe) ; à chaque fois, une expression de douleur apparaît sur le visage du somnambule, qui porte la main aux endroits correspondants de son corps, et se met à se gratter. Ensuite, le magnétiseur passe dans une pièce voisine, où l'on continue de le tourmenter ; l'effet se poursuit, le somnambule continue d'accuser les douleurs, et de les localiser avec précision »[170].

De nombreuses expériences similaires ont eu lieu avec divers magnétiseurs. Toujours selon Meheust :

> « En 1886, Pierre et Jules Janet obtiennent un effet encore plus net sur une jeune somnambule, la fameuse Léonie B. Pierre Janet suscite le somnambulisme et reste près de la somnambule. Jules Janet se retire alors dans une pièce voisine, et se brûle sérieusement au bras ; son frère, qui observe la somnambule, voit Léonie se mettre à crier, porter sa main à son bras, et il observe le développement de la cloque à l'endroit en question ! ».

Si le lecteur doute de la possibilité d'une répercussion ou de l'apparition physique de symptômes à partir d'une influence psychique, nous le renvoyons vers le phénomène mieux connu (et peut-être mieux accepté) de somatisation, admis tant par la médecine que la psychologie moderne, et qui démontre clairement l'influence que l'esprit peut avoir sur le corps humain. Cela relève des maladies psychosomatiques dont la nature, à notre connaissance, n'est pas encore expliquée. Par quel mystérieux mécanisme un eczéma apparaîtrait-il sur la peau d'un patient parce qu'il est anxieux ou stressé ? Par quel agent inconnu un processus d'auto-guérison se produit-il plus facilement chez un patient à qui l'on administre un placebo sans aucun effet médicamenteux ? Nous ne le savons pas exactement, tout en ayant la conviction que ce sont bien les relations corps-esprit qui sont en jeu dans ce processus ayant certainement une cause psychologique. Il y a toutefois une différence fondamentale entre le phénomène de somatisation, où tout se passe à l'intérieur de l'individu, et celui de répercussion des douleurs ou de transfert de symptômes observés dans le rapport magnétique, où cette fois-ci l'influence se fait d'un corps à un autre. Dans ce dernier cas, nous franchissons les bornes physiques du sujet

---

169 Delaage (1851), *Le Monde occulte ou les mystères du magnétisme dévoilés par le somnambulisme*, in Méheust (1998), *Somnambulisme et médiumnité, Tome 1 : Le défi du magnétisme*, Institut Synthélabo pour le progrès de la connaissance, Le Plessis-Robinson, 620 p.

170 Extrait du *Third Report of the Committee on Mesmerism* figurant dans les *Proceedings of the Society for Psychical Research*, in Méheust (1998).

et c'est bien ça qui est incroyable puisqu'il s'agit d'une forme d'influence à distance et/ou de connexion mystérieuse entre deux individus.

Une transmission du même type peut se produire à travers ce qu'on appelle la « sympathie des douleurs spontanées », caractérisée par la faculté d'un sujet somnambule à ressentir spontanément les douleurs, les sensations, voire même à développer les symptômes des pathologies ou des allergies des sujets qui sont présentés devant eux. C'est une sorte d'empathie physique poussée à l'extrême. Nous pourrions continuer à retranscrire durant des pages entières ces anecdotes plus étranges les unes que les autres. Le lecteur aura compris notre démarche. Ces choses existent ou, tout au moins, ont été attestées dans le passé. Robert Toquet (1963) ajoute que ces phénomènes, si nous les tenons pour réels, sont inexplicables par les lois qui régissent les phénomènes physiques, biologiques et psychologiques normaux.

**Expérimentation sur l'envoûtement à distance**

Envoûtements, maléfices, charmes, sortilèges… nous avons tous entendu parler de ces opérations d'influence à distance qui caractérisent la magie. Les druides connaissaient peut-être aussi certaines de ces techniques, dont une des modalités les plus connues en Europe, dans l'imagerie populaire, consiste à utiliser une figurine de cire représentant la personne ciblée par le sort. Dans *Magie, médecine et divination chez les Celtes*, Guyonvarc'h & Leroux (1997) relatent le rite de la *proella* de l'île d'Ouessant, encore pratiquée en 1962, qui, disent-ils, est une variante du *bugel-koar* (« enfant de cire ») faisant partie du folklore de Bretagne. Certains rites d'envoûtements sont encore utilisés dans d'autres régions plus ou moins reculées, où les superstitions et les anciennes croyances ont toujours une emprise sur la population. Ils font partie de la magie des campagnes. Les envoûtements à distance sont en réalité des pratiques ancestrales. Ils se retrouvent dans diverses cultures sous une terminologie variée faisant mention de l'usage de poupée de cire (la fameuse « poupée vaudou ») ou dagyde (du grec *dagos*, poupée) ou encore d'un volt (ou voult, du latin *vultus*, signifiant visage, effigie). Il existe également des variantes d'envoûtement ne nécessitant pas l'usage d'une poupée, telles que le mauvais œil (influence par le regard) ou le nouement de l'aiguillette, bien connu des grimoires de sorcellerie (sortilège qui consiste à faire un ou plusieurs nœuds à un cordon, un ruban ou une ficelle afin de rendre un homme impuissant). C'est avec l'essor de la sorcellerie du Moyen Âge que l'on a pris connaissance, en Occident, de la diversité des rites utilisés, dont certains nécessitent des recettes ou des modes opératoires plus bizarres les uns que les autres. Ils ont tous néanmoins un point commun : ils font appel à la force de la volonté.

En effet, qu'il s'agisse du dagyde ou du mauvais œil, l'envoûtement appartient, nous semble-t-il, au registre des influences à distance telles que les magnétiseurs ont observé certains effets sur les sujets somnambules. Nous pensons que ces phénomènes relèvent de la suggestion mentale au sens fort, dont nous avons vu des exemples de répercussions à travers la sympathie des douleurs (provoquées ou spontanées). Dans cette catégorie de phénomènes, la frontière entre auto-suggestion, somatisation inconsciente et véritable suggestion externe (par l'action d'une volonté extérieure) demeure encore floue. L'envoûtement, d'après Éliphas

Levi (1854), « est l'action de prendre pour ainsi dire et d'envelopper quelqu'un dans un vœu, dans une volonté formulée ». Cette définition montre à quel point le phénomène est lié à l'influence d'une personne sur une autre à travers la volonté, qui est le mode d'action principal des suggestions mentales et/ou hypnotiques. La question qui nous intéresse est de savoir s'il existe une réalité ou une force objective derrière cette pratique que l'opinion publique range ordinairement dans le registre du simple folklore.

Dans *La clé de la magie noire*, Stanislas de Guaïta a analysé le phénomène. Il relate les recherches étonnantes du colonel Albert de Rochas [1837-1914], un militaire français qui fut administrateur de l'École polytechnique (une école réputée d'ingénieurs fondée en 1794), auteur de nombreux ouvrages sur les phénomènes paranormaux. De Rochas étudia expérimentalement l'hypnotisme, le magnétisme et les phénomènes physiques de la médiumnité. Son œuvre scientifique, philosophique et métapsychique est reconnue comme étant considérable. Citons par exemple *Les états profonds de l'hypnose* (1892), *L'envoûtement, documents historiques et expérimentaux* (1893), *L'extériorisation de la sensibilité* (1895) ou encore *Les frontières de la science* (1902). Il semble également que le colonel soit familier des dogmes de magie et de sciences occultes auxquels il fait référence dans ses écrits. Nous avons mentionné le personnage dans nos pages précédentes. De Rochas aurait scientifiquement démontré le principe de l'envoûtement à distance, en testant la répercussion sur un somnambule de piqûres appliquées sur une statuette de cire.

Ces expériences se basent notamment sur les travaux du baron Karl von Reichenbach [1788-1869], un chimiste allemand pionnier dans les expérimentations sur le magnétisme. Nous allons retranscrire ici quelques observations du colonel. Elles font allusion à la notion de fluide magnétique et à l'action à distance qui lui est reconnue :

> « La plupart des sujets [des sujets somnambules], quand on hyperesthésie leurs yeux par certaines manœuvres [nous supposons qu'il s'agit de passes magnétiques], voient s'échapper, des animaux, des végétaux, des cristaux et des aimants, des lueurs. (...) Chez l'homme, ces effluves sortent des yeux, des narines, des oreilles et de l'extrémité des doigts, pendant que le reste du corps est simplement recouvert d'une couche analogue à un duvet lumineux. Quand on extériorise la sensibilité d'un sujet, le sujet voyant voit cette couche lumineuse quitter la peau et se porter précisément dans la couche d'air, où l'on peut constater directement la sensibilité du patient par des attouchements ou des pincements. En continuant les manœuvres propres à produire l'extériorisation, j'ai reconnu, à l'aide de divers procédés, qu'il se produisait successivement une série de couches sensibles très minces, concentriques, séparées par des couches insensibles, et cela jusqu'à plusieurs mètres du sujet. Ces couches sont espacées d'environ cinq à six centimètres, et la première n'est séparée de la peau insensible que de la moitié de cette distance »[171].

Albert de Rochas montre ensuite la capacité de certaines substances (comme l'eau ou la cire) à s'imprégner et à emmagasiner ce fluide. En faisant par exemple traverser un verre d'eau par une des couches sensibles les plus rapprochées du corps, il constate que l'eau devient elle-même entièrement sensible et émet au bout d'un certain temps des vapeurs sensibles qui s'élèvent verticalement de sa surface supérieure[172]. Puis, dit-il : « Si l'on éloigne le verre, l'eau

---

171 De Rochas, in De Guaïta (1897).

172 Dans un autre registre, ces observations présentent des analogies aux expérimentations concernant la mémoire de l'eau, conduites par le biologiste virologue français Luc Montagnier, colauréat du prix Nobel de Médecine en 2008, démontrant que l'eau absorbe et réémet des vibrations électromagnétiques des certains corps avec laquelle elle a été mise en contact.

qu'il contient reste sensible jusqu'à une certaine distance, au-delà de laquelle le lien qui l'unit au corps du sujet semble se rompre, après s'être graduellement affaibli ». Fait le plus marquant, si le magnétiseur applique des attouchements à cette eau chargée de la sensibilité du sujet, ce dernier perçoit les attouchements. Étant connaisseur des pratiques d'occultisme, le savant français fait naturellement le lien avec les envoûtements à distance. Voici ce qu'il écrit :

> « L'analogie que présente ce phénomène, avec les histoires de personnes qu'on a fait mourir à distance, en blessant une figure de cire modelée à leur image, était évidente. J'essayai si la cire ne jouirait pas, comme l'eau, de la propriété d'emmagasiner la sensibilité, et je reconnus qu'elle la possédait à un haut degré, ainsi que d'autres substances grasses, visqueuses ou veloutées (...). Une petite statuette, confectionnée avec de la cire à modeler et sensibilisée par un séjour de quelques instants en face et à une petite distance d'un sujet, reproduisit les sensations des piqûres dont je la perçais, vers le haut du corps si je la piquais à la tête, vers le bas, si je la piquais aux pieds. (...) Cependant je parvins à localiser exactement la sensation, en implantant, comme les anciens sorciers, dans la tête de ma figurine, une mèche de cheveux coupée à la nuque du sujet pendant son sommeil [nous supposons qu'il fait allusion au sommeil magnétique] ».

La répercussion physique des douleurs pouvait même aller jusqu'à l'apparition de cloques ou de marques sur la chair du sujet magnétisé. Ces faits se sont déroulés le 2 août 1892 devant trois fonctionnaires de l'École polytechnique[173]. En bon mystique initié à l'ésotérisme, Stanislas de Guaïta considère que ces effets seraient liés à un phénomène très particulier de dilatation extracorporelle de la substance vivante et sensible. Cette substance est comparable au fluide magnétique de Mesmer. Pour les mystiques, c'est cet agent universel, parfois aussi appelé éther universel, qui constituerait le corps éthérique des êtres vivants. Cette dilatation s'effectuerait par couches ou zones concentriques. C'est cela que le colonel entend par « extériorisation de la sensibilité ». Si des substances telles que la cire sont imprégnées de la sensibilité d'un sujet hypnotisé, il s'établirait une sorte de lien entre elle et le système nerveux du sujet. De Rochas précise qu'un rapport magnétique doit être établi pour que de tels effets se manifestent. Seul le magnétiseur ou les personnes à qui le magnétiseur, par un acte de sa volonté, conférait le pouvoir d'influer à distance présenterait la capacité de développer la sensibilité sur un sujet.

De telles expériences dépassent le bon sens. Elles ont pourtant été corroborées par d'autres recherches effectuées à la même époque. Nous pouvons mentionner les expériences crypto-magnétiques du docteur Jules Bernard Luys [1828-1897], un neurologue et psychiatre français qui étudia les effets à distance, sur des sujets hypnotisés, de certaines substances médicamenteuses. Les faits sont évoqués dans l'article de Marmin (2001) et développés dans le livre de Méheust (1998), qui donne les détails suivants :

> « Les expériences se passent dans une pièce vide et silencieuse, faiblement éclairée. Le sujet, assis dans un fauteuil, est plongé dans un état de léthargie profonde. Dans des tubes de verre entourés d'un papier noir, ou noircis par la fumée, et contenant dix grammes d'eau, on dilue un gramme d'une substance médicamenteuse. Les éprouvettes sont placées à dix centimètres de la nuque du patient. Pour éviter la suggestion mentale, les éprouvettes sont mélangées, dotées d'un numéro d'ordre, et tirées au hasard. Certaines sont vides ou ne contiennent que de l'eau. Pourtant, les effets, constants et réglés, se manifestent

---

173 Pour un descriptif complet des faits, voir l'ouvrage de Stanislas de Guaita (1897). *La clé de la magie noire.*

> au bout d'un certain temps. Le cognac dilué dans les éprouvettes provoque chez les patients des réactions d'ébriété manifeste. La spartéine provoque des troubles respiratoires et de graves apnées. La poudre d'ipéca [une plante originaire d'Amérique du Sud dont la racine a une saveur nauséabonde] suscite un état nauséeux et des vomissements. Le bromure de potassium déclenche un état de dépression profonde. Jules Luys conclut que : "Chez les sujets en état d'hypnotisme, on peut, à l'aide de certaines substances enfermées dans des tubes de verre et tenues à distance, déterminer des convulsions, des hallucinations, des émotions variées de joie, de tristesse, de douleur ; solliciter des troubles, des mouvements de la pupille, des gonflements instantanés de la région thyroïdienne et des perturbations concomitantes sur l'innervation cardiaque, pulmonaire et abdominale, etc." »[174].

Le psychiatre français étudia aussi les vertus thérapeutiques de la métallothérapie. Il propose l'hypothèse selon laquelle ce ne serait pas la volonté du magnétiseur qui suscite les effets à distance, mais des rayonnements produits par des corps matériels et qui sont censés affecter, de façon réglée, le système nerveux des patients. Il va de soi que ces travaux étranges ont déclenché une polémique au sein de l'Académie de médecine, si bien qu'une commission d'enquête fut nommée. Les faits ont été consignés dans des procès-verbaux. Durant les dernières années de sa vie, Jules Luys travailla sur la magnétothérapie avec comme chef de laboratoire le médecin français Gérard d'Encausse[175].

## Médiumnité physique et force mentale

Si les phénomènes psychologiques tels que la télépathie et la clairvoyance relèvent de la métapsychique dite subjective, les phénomènes physiques de la médiumnité relèvent de la métapsychique objective[176]. Il s'agit par exemple de la télékinésie (le mouvement d'objet sans contact, repris actuellement sous le terme de psychokinèse, c'est-à-dire l'influence de l'esprit sur la matière)[177], de l'ectoplasmie (ou matérialisation)[178] ou encore de phénomènes sonores ou lumineux, comme les coups frappés (ou *raps*) ou les lueurs phosphorescentes qui se manifestent parfois à proximité de certains médiums durant des séances de spiritisme. Comme

---

174 Luys (1888), *Les émotions chez les hypnotiques étudiées à l'aide de substances médicamenteuses ou toxiques agissant à distance*, in Méheust (1998).

175 Pour l'anecdote, Gérard d'Encausse était également un occultiste connu sous le pseudonyme de Papus. Il faisait partie de l'Ordre Kabbalistique de la Rose Croix, qui comptait dans ses initiés un certain… Stanislas de Guaïta cité plus haut.

176 En parapsychologie, il est maintenant question de phénomènes psi-gamma (pour les phénomènes psychologiques ou subjectifs) et psi-kappa (pour les phénomènes physiques ou objectifs).

177 Il existe également tous les phénomènes associés à la psychokinèse, comme les hantises et les fameux poltergeist qui sont aujourd'hui repris dans le vocable de la parapsychologie. D'après Radin (2006), les hantises sont « des phénomènes récurrents qui se produisent en des lieux particuliers, incluant des apparitions, des sons étranges, des déplacements d'objets et autres effets physiques ou perçus comme tels ». D'après le même auteur, les poltergeist sont « des phénomènes psychokinétiques à grande échelle, autrefois attribués à des esprits, aujourd'hui associés à des personnes, surtout des adolescents ».

178 Les ectoplasmes sont des productions matérialisées par les médiums à effets physiques. Le terme, dérivé du grec « ektos » (sans) et « plasme » (forme), a été inventé par le Dr Charles Richet dont nous avons déjà parlé à plusieurs reprises. Il a observé et analysé certains de ces phénomènes, qui constituent la partie la plus discutable de la métapsychique.

pour le somnambulisme magnétique, les phénomènes physiques de la médiumnité constituent un sujet sensible et dérangeant, soigneusement évité par les académies scientifiques. Un sujet sur lequel, il est vrai, on peut entendre tout et n'importe quoi. Mais au-delà des histoires fantaisistes, il y a des expérimentations dignes d'intérêt sur des sujets tout à fait remarquables, quoique demeurant tapis dans l'ombre de l'histoire.

Nous allons relater les expériences édifiantes réalisées avec les frères Schneider par le baron Schrenck-Notzing [1862-1929], un docteur allemand qui était professeur de psychologie à l'Université de Munich. Ces expériences sont incontournables en matière de médiumnité. Les conditions de contrôle imposées aux médiums sont proches des conditions de laboratoire exigées par la psychologie scientifique et expérimentale, qui à l'époque était une discipline récente. Il publia ses recherches en 1925 dans un livre intitulé *Les phénomènes physiques de la médiumnité.* Dans les pages qui vont suivre, nous allons retranscrire quelques descriptions de séances conduites avec un sujet exceptionnel, l'Autrichien Willy Schneider, jeune médium à effet physique, à l'époque âgé de seulement 16 ans. Voici comment Bertrand Méheust (1998) relate les faits :

> « En 1919, Albert von Schrenck-Notzing rencontre un sujet exceptionnel, le jeune suisse Willy Schneider, alors âgé de 16 ans, qui s'était révélé lors d'une séance de tables tournantes. Il décide alors d'inviter dans son laboratoire de Munich de nombreux collègues universitaires pour qu'ils puissent participer à la mise en place de conditions de contrôle très strictes, et pour qu'ils attestent les phénomènes susceptibles de se produire. 56 séances se tiendront entre décembre 1921 et juillet 1922, dont trois seulement avec un résultat négatif. À lire les procès-verbaux, les précautions prises par les expérimentateurs ne semblent laisser aucune place à la possibilité d'une fraude quelconque. Ou alors, il faut prêter au médium une habileté qui défie l'imagination. Avant chaque séance, ce dernier est déshabillé dans une pièce vide où l'on inspecte son corps, y compris ses "cavités naturelles" ; on lui passe ensuite un tricot noir boutonné dans le dos, on le ficelle dans un sac noir, puis on le place dans une sorte de cage formée de châssis tendus de gaze et percée de seulement deux ouvertures pour le passage des mains, qui restent ainsi soumises au contrôle [c'est-à-dire qu'elles sont tenues par des contrôleurs]. Des épingles, munies d'une tête phosphorescente de la grosseur d'un petit pois, épousent la courbe de son poids et de ses jambes afin que l'on puisse en suivre les moindres mouvements, et le médium porte aussi aux bras des bracelets élastiques lumineux. Les objets placés autour de lui sont hors de portée de ses membres et ceux qui sont susceptibles de se mouvoir sont également recouverts d'étoffes phosphorescentes. Tous les assistants font la chaîne et se contrôlent les uns les autres. La pièce est éclairée en lumière rouge. Les portes de la salle sont verrouillées de l'intérieur. À la demande de la commission anglaise dirigée par Dingwall, la porte qui donne sur le corridor est également scellée, et les locaux contigus (au-dessus et en dessous) sont contrôlés. Le magicien Price, qui se fait fort de démasquer tous les médiums, ne le quitte pas des yeux, et surveille également les membres du cercle. Dans plusieurs séances, il est assisté dans cette tâche par Dingwall, (...) également connu pour ses talents de prestidigitateur. On enregistre cependant, à l'extérieur de la cage, des matérialisations d'ectoplasmes et des effets télékinétiques, et aucune contestation ne s'élève chez les assistants. 94 personnes vont se succéder ainsi dans le laboratoire de Schrenck-Notzing et attester de façon formelle, dans des certificats reproduits par l'expérimentateur, que les conditions de contrôle excluaient tout trucage. Les signataires comportent 23 professeurs d'université, parmi lesquels on trouve les philosophes Driesch et Osterreich, et le physicien Pauli. Il y a également 18 médecins, et 13 personnes impliquées dans les recherches psychiques (...) ».

Voici quelques extraits significatifs de ces procès-verbaux. Leo Graetz, professeur de physique à l'Université de Munich :

> « Les phénomènes que j'ai observés dans le voisinage du médium Willy Schneider sont les plus étonnants que j'aie jamais vus ; pour moi, ils sont parfaitement incompréhensibles (...). J'ai en vain cherché à comprendre comment il était possible de produire, artificiellement ou frauduleusement, les phénomènes dans ces conditions. Comme je n'ai pu rien trouver pour appuyer cette hypothèse, je dois jusqu'à preuve du contraire les considérer comme de vraies productions télékinétiques, quelles que soient les contradictions qu'elles présentent avec les expériences connues à ce jour (...) ».

Oscar Fischer, professeur de psychiatrie à Pragues :

> « Le 16 décembre 1922 et le 31 janvier 1923, j'ai assisté aux séances qui ont été tenues chez M. le docteur von Schrenck-Notzing. J'examinai très sérieusement le médium Willy Schneider avant la séance, je palpai son corps, je visitai ses vêtements avant et après séances, je contrôlai le médium dans la première partie des séances, en tenant ses pieds et ses mains. Il se produisit chaque fois des phénomènes tout à fait identiques : un mouchoir fut soulevé en l'air et agité, des anneaux lumineux agités en l'air, une boîte à musique mise en mouvement et arrêtée. Une clochette sonna, une corbeille à papier effectua des évolutions en l'air (...). Avant, pendant les séances, au cours des suspensions, et après les séances, j'ai examiné la salle de la manière la plus sérieuse. J'aboutis à la conclusion que toute espèce de fraude, de collaboration d'une personne étrangère sont impossibles, et que tous les phénomènes peuvent être considérés comme des phénomènes télékinétiques authentiques ».

À ces témoignages, Méheust (1998) précise :

> « Ajoutons encore que l'état psychique et physiologique dans lequel Willy Schneider se trouvait plongé pendant les séances contribue à rendre difficilement acceptable l'idée que l'on aurait eu affaire à un simulateur et à un prestidigitateur opérant de sang-froid. En effet, aussitôt que le médium entrait en état somnambulique, son corps était gagné par une contraction très rapide, qui s'amplifiait au cours de séances, pour arriver à une sorte de paroxysme. Le point culminant de la crise était accompagné de crampes et de soubresauts, et par une érection, suivie dans certains cas (7 séances), d'une éjaculation de sperme, comme dans les transes bachiques ; or c'est pendant ces paroxysmes que l'on observa les télékinésies et les téléplasties les plus nettes. Tout se passait comme s'il y avait simultanéité de l'orgasme et de l'activité médiumnique. Il est difficile, on en conviendra, d'admettre qu'une personne, aussi habile soit-elle, puisse, dans cet état d'excitation psychique et physiologique extrême, se livrer à des tours de prestidigitation. Peu après, Rudi, le frère cadet de Willy Schneider, se met à manifester les mêmes facultés médiumniques que son aîné. Ce jeune sujet présente un trait de caractère intéressant : loin de rechigner au contrôle, comme le font certains médiums, il le sollicite ; désireux de démontrer ses dons et sa bonne foi, il se prête sans discuter à toutes les exigences des expérimentateurs, et même en redemande (...). Schrenck-Notzing saisit l'occasion de poursuivre ses recherches et d'améliorer son dispositif, et continue d'observer des résultats positifs. Et d'autres travaux sont conduits en Europe avec le même sujet. En 1930, le magicien Price expérimente à son tour avec Rudi dans le laboratoire de la SPR, toujours avec succès. La même année, à l'Institut métapsychique, le docteur Osty fait mettre au point par des techniciens un système de surveillance utilisant un faisceau d'infrarouges, qui est censé permettre d'exclure toute manipulation frauduleuse, et d'obtenir des photographies de télékinésies

déclenchées à proximité du médium. Mais la contre-rumeur rationaliste, implacable, n'en persiste pas moins à suspecter les frères Schneider. (...) On laisse ainsi entendre que Schrenck-Notzing et ses assistants ont été hypnotisés par le médium, ou bien qu'ils se sont auto-hypnotisés. D'où les protestations du savant allemand : "le simple bon sens devrait indiquer au sceptique qu'il serait par trop invraisemblable, pour un jeune homme élevé à la campagne, récemment installé dans la ville, et nullement familier avec les trucs de la prestidigitation et de l'hystérie, de tromper pendant 6 mois, dans mon laboratoire, dans des conditions sans cesse renouvelées, des savants qui ont si souvent expérimenté avec lui" »[179].

Comme évoqué ci-dessus, des expériences complémentaires ont été menées avec Rudi Schneider sous la direction du docteur Osty à l'Institut Métapsychique International. Pour mieux étudier ces télékinésies, il mit au point un dispositif de contrôle et d'enregistrement à infrarouges, où l'objet à déplacer (posé sur une table fixée au sol par quatre vis) était encadré par des faisceaux de lumière invisible. Les faisceaux étaient connectés à un récepteur à cellule photo-électrique. De cette manière, un déplacement de l'objet qui serait dû à une force mécanique (ayant un support physique) ou une hypothétique substance psycho-fluidique (émise par le médium) devait nécessairement obturer les rayons infrarouges et enclencher automatiquement une photo. Le docteur Osty observa que les phénomènes télékinétiques semblaient dus à une substance, une sorte de brouillard épais émis et dirigé par le médium. C'est précisément cette substance qui, une fois en contact avec l'objet à déplacer (une table, à déplacer est un mouchoir placé sur la table. Toutes les précautions de contrôle sont prises. Rudi Schneider sait que l'on désire photographier un déplacement d'objet, mais il ignore to talement le procédé mis en œuvre pour atteindre le but. Toquet (1963) relate cette expérience d'un intérêt considérable pour l'étude de l'action télékinétique :

> « Par deux fois, l'éclair au magnésium jaillit, mais les photographies ne révèlent aucun déplacement du mouchoir, ni ne décèlent aucune substance au voisinage de celui-ci. L'hypothèse de travail qui s'impose est donc celle-ci : le médium émet une substance inactinique (c'est-à-dire qui n'agit pas sur le récepteur photosensible), insuffisante pour produire des télékinésies, mais capable d'occulter les rayons infrarouges. Le lendemain, le Dr Osty décide d'en vérifier la justesse ou la fausseté. Il remplace le déflagrateur au magnésium par une sonnette à trembleur que l'on pourrait entendre durant toute la durée d'occultation du faisceau d'infrarouges. D'autre part, le déclenchement des appareils photographiques est commandé par les expérimentateurs eux-mêmes. On constate alors que lorsque le sujet annonce "la force va sur la table", la sonnette retentit. Quand le médium éloigne "la force" du meuble, le silence se rétablit. Enfin, l'éclair au magnésium interrompt tout phénomène, ce qui confirma ce fait bien connu des métapsychistes, à savoir que la lumière blanche est contraire aux manifestations médiumniques de nature physique.
>
> Le Dr Osty émet dès ce moment les conclusions suivantes : (1) Lorsque Rudi désire produire le déplacement d'un objet à distance par des moyens paranormaux, il projette vers cet objet une substance invisible qui absorbe de 0 à 75 % et peut-être même 100 % du rayonnement infrarouge utilisé ; (2) Cette substance n'est pas opaque à la lumière blanche puisque la plaque photographique n'en fixe pas l'image ; (3) Elle est sous la commande du psychisme du sujet qui en annonce

---

179 Plusieurs ouvrages lui seront consacrés, comme par exemple von Schrenck-Notzing (1933), *Die phänomene des Mediums Rudi Schneider* ou encore *Price (1930), Rudi Schneider, a scientific examination of his mediumship.*

> les déplacements. Poursuivant ses investigations, le Dr Osty constate, au cours de 77 séances consécutives, que la substance médiumnique ou, plus exactement la substance-énergie, n'est douée d'aucune conductibilité électrique, que son épaisseur, chez R. Schneider, ne doit pas dépasser 6 cm, qu'elle n'influence ni les hygromètres ultra-sensibles, ni les baromètres, ni les thermomètres, qu'elle varie d'intensité selon les jours ».

Ces expériences sont bien connues des annales de la métapsychique. Eugène Osty et son fils Marcel furent ainsi les premiers à caractériser la nature de la force psychique à l'aide d'un dispositif élaboré. Leurs travaux sont consignés dans une brochure parue en 1932, intitulée *Les pouvoirs inconnus de l'esprit sur la matière*. Pour en savoir plus sur ces expériences étonnantes, nous invitons le lecteur à consulter l'article de Thomas Landrez publié dans le *Bulletin Métapsychique*[180]. D'autres médiums à effets physiques furent étudiés par des savants de grande renommée, comme par exemple la Napolitaine Eusapia Paladino (étudiée par Charles Richet) ou l'écossais Daniel Douglas Home (étudié par William Crookes).

Des études plus récentes sont aujourd'hui menées en parapsychologie sur l'interaction « esprit – matière », appelée psychokinèse. Elles posent ouvertement la question de l'influence de la conscience sur la matière et les systèmes physiques. La plupart des études concernent l'influence mentale sur des systèmes inanimés tels que les jets de dés et les générateurs numériques aléatoires. Mentionnons la méta-analyse réalisée en 1989 par la psychologue Dinane Ferrari et le chercheur Dean Radin, à l'époque à l'Université de Princeton. À cette date, 73 publications anglaises (de 1935 à 1987) ont testé l'hypothèse selon laquelle les jets de dés peuvent être influencés par la force mentale. La méta-analyse conclut qu'une interaction esprit-matière, même si elle est faible, se manifeste bien dans les expériences utilisant les jets de dés. Cet effet a été reproduit avec succès dans des dizaines d'expériences par plus de 50 investigateurs durant plus d'un demi-siècle. Les études similaires sur les générateurs numériques aléatoires (les équivalents modernes des jets de dés) sont venues par la suite corroborer les résultats de cette méta-analyse. L'influence de l'esprit sur la matière est donc bien démontrée, preuve statistique à l'appui…

## Classification et explication de la phénoménologie

Les phénomènes que nous avons relatés ont été classés dans la parapsychologie selon une typologie plus précise. Dans son *Bilan du paranormal*, Toquet (1963) propose de les diviser en deux groupes : les phénomènes psychologiques ou subjectifs et les phénomènes physiques ou objectifs, tout en précisant qu'il existe des phénomènes mixtes :

> « Les phénomènes psychologiques comprennent essentiellement la télépathie [la transmission de pensée entre deux individus] et la métagnomie [la connaissance de choses sensibles, soit de pensées normalement inaccessibles, soit d'événements passés ou futurs]. Ils constituent, avec la psychokinésie [l'action de la pensée sur la matière et les systèmes physiques],

---

180 Landrez Thomas, *Les expériences d'Eugène Osty menées sur le sujet Rudi Schneider*, disponible sur internet : http://www.metapsychique.org/Les-experiences-d-Eugene-Osty.html [visité le 23 avril 2016].

> les seuls faits paranormaux étudiés par la parapsychologie moderne que l'on peut considérer comme une branche de la métapsychique. Pour être complet, il faudrait signaler d'autres formes de connaissance paranormale comme la psychométrie [prise de connaissance de l'ambiance d'un individu, de ses états affectifs et intellectuels par l'intermédiaire d'un objet], la xénoglossie [connaissance de langues que l'opérateur est censé ignorer], l'incorporation [phénomène fréquent dans les séances spirites où le médium semble perdre sa personnalité pour revêtir celle d'un individu décédé] ou encore l'hypnotisme [qui se caractérise par l'état de suggestibilité du sujet hypnotisé]. (...) Les phénomènes physiques paranormaux les plus importants se ramènent à cinq : la télékinésie [le mouvement d'objets sans contact], la psychokinésie [définie plus haut], les phénomènes lumineux [apparition de lueurs phosphorescentes, d'éclairs et manifestation visuelle du "fluide magnétique" parfois associé à l'aura des êtres vivants], l'ectoplasmie [ou téléplastie, c'est-à-dire un phénomène de matérialisation à partir de la pensée, par extériorisation hors du corps du médium d'une substance pouvant prendre des formes diverses] et la photographie supranormale ou transcendante [obtention d'images d'"esprits" à partir d'appareils et/ou impression de pensées sur des plaques photographiques]. On peut ajouter à cette liste les phénomènes observés dans les maisons hantées (...) qui présentent des phénomènes analogues à ceux que l'on observe en métapsychique objective : déplacements d'objets, bruits inexplicables, apparitions fantomatiques, etc. ».

Les phénomènes étudiés en parapsychologie sont donc très variés. Maintenant qu'ils ont été définis, il nous faut donner quelques mots d'explication sur la cause des manifestations observées. Face à ces choses incroyables, la première piste envisagée par les scientifiques fut, logiquement, celle de la fraude : le somnambule (mais aussi le sujet métagnome ou le médium) ne serait en fait qu'un charlatan parvenu à tromper son public à l'aide de trucages ou de complices. Cette hypothèse a bien évidemment été testée. Tous les dispositifs ont été mis en œuvre pour s'assurer du contraire. Lors de séances publiques, ou en huis clos, l'on fit venir les plus grands prestidigitateurs pour déceler les éventuels trucs des somnambules. Il est vrai qu'il y a eu des fraudeurs ayant simulé des états hypnotiques ou des phénomènes ectoplasmiques – il y en aura probablement toujours dans ce domaine – mais une quantité considérable d'expériences décrivent des faits authentiques. Un grand nombre de savants affirment la réalité de la lucidité ou de la médiumnité. Robert Toquet, par exemple, a conduit ses propres expériences avec un médium à effet physique. Voici sa conclusion :

> « Cette expérience, que j'observai sans émotion et qui s'est présentée devant mes yeux avec la simplicité, la netteté et la pureté d'une expérience quelconque de physique, m'a formellement et définitivement apporté la preuve absolue de la réalité de la télékinésie. Aucune argumentation de théoricien de "cabinet" n'ayant jamais expérimenté, et, de ce fait, vu ni le faux, ni le vrai, ne pourrait faire varier mon opinion à ce sujet. Opinion qui est celle d'un physicien, d'un métapsychiste, et d'un prestidigitateur "amateur" n'ignorant pas les innombrables trucs employés par les pseudo-médiums » (Toquet, in Méheust, 1998).

Toquet a d'ailleurs bien décrit les télékinésies truquées, les fausses hantises, ainsi que les diverses astuces utilisées par les fraudeurs. Nous renvoyons le lecteur vers son livre pour de plus amples informations. Une fois la piste de la fraude écartée, une question centrale doit être posée : quelles sont les forces à l'œuvre derrière la production de la lucidité ? La réponse à cette question n'est pas facile puisque la lucidité magnétique dépasse les notions actuelles de physique, de physiologie et de psychologie. C'est ici – comme souvent en science – que différentes écoles se confrontent, parfois de manière virulente, chacune proposant une interprétation différente. Faisons un tour d'horizon de quelques-unes de ces écoles.

Il y a tout d'abord le courant des mesmériens, qui furent les premiers à pratiquer le magnétisme. Selon eux, le fluide est la cause, ou plutôt l'agent qui permet la manifestation des phénomènes magnétiques. Les théories de Mesmer donneront naissance à des travaux sur les machines à mesurer et accumuler le fluide magnétique. L'idée du fluide va ainsi évoluer au gré du progrès des connaissances. Au XX^e^ siècle, il sera notamment associé aux forces électromagnétiques. Les travaux de Georges Lakhovsky[181] et de Seymon Kirlian[182] s'inscrivent dans cette tendance qui établit un rapprochement entre électromagnétisme et magnétisme animal. En effet, le rayonnement électromagnétique qui émane des êtres vivants constituerait une manifestation physique du fluide décrit par Mesmer.

Les « psychofluidistes » insistent sur la volonté de l'opérateur qui joue une place centrale dans la phénoménologie magnétique. Elle viendrait s'ajouter à celle du patient. Les conceptions des mesmériens et des psychofluidistes présentent des similitudes, nuancées par quelques divergences. Ces deux écoles admettent l'existence du fluide magnétique. Leur approche peut sembler logique : s'il y a transmission d'information à distance entre le magnétiseur et le magnétisé par aucun canal connu, c'est qu'il existe un autre vecteur dont il faut postuler l'existence. Leur hypothèse se verra défendue avec d'autant plus d'ardeur que certains somnambules, en état de transe, ont affirmé voir le fluide vital, sous la forme d'émanations, d'effluves, de rayonnements lumineux qui s'échappent hors du corps. Les expériences d'Albert de Rochas dans *L'extériorisation de la sensibilité* et du baron de Reichenbach dans *Les effluves*

---

181 Georges Lakhovsky [1869-1942] était un ingénieur d'origine russe qui s'est installé en France. Dans les années 1920, il fut le premier à utiliser les champs électromagnétiques dans des expériences biologiques. Ces théories appartiennent à la médecine parallèle. Elles se basent sur une vision vibratoire de l'univers et sur les équilibres cosmo-telluriques.

182 Seymon Kirlian [1898-1978] est un technicien russe connu pour avoir inventé, dans les années 1940, un procédé de photographie, dit « effet Kirlian ». Le procédé est réputé pour produire, à l'aide d'un oscillateur haute fréquence, une image de l'aura ou du corps énergétique des êtres vivants. Le rayonnement visible sur les photos serait corrélé à l'état de santé physique d'une personne. Si l'appareil a été breveté, les photographies Kirlian restent toutefois controversées dans le milieu scientifique.

*odiques* vont dans ce sens. Mais ces observations ne font pas l'unanimité car il semblerait qu'elles soient entachées d'une forme de subjectivité : les personnes qui « croient » au fluide sont capables de le voir, alors que ceux qui n'y « croient » pas ne voient rien…

Il y a aussi les « imaginationnistes » qui estiment, au contraire des psychofluidistes, que la volonté du magnétiseur n'intervient pas, mais que seules entrent en jeu les puissances internes de l'imagination du sujet. Ce courant allait se prolonger et se préciser avec les théories d'Ambroise Liébeault [1823-1904], fondateur de « l'école de Nancy », du Belge Joseph Delboeuf [1831-1896] et d'Hippolyte Bernheim [1837-1931], qui fut l'un des maîtres à penser de Freud. Le concept d'imagination utilisé en magnétisme n'a absolument rien à voir avec le terme tel qu'il est employé dans notre langage courant. L'imagination des magnétistes renvoie à la notion, plus appropriée, de force idéoplastique. L'idéoplastie (ou idéodynamisme) est la faculté propre à toute idée suggérée de se transformer en acte (Méheust, 1998). C'est la théorie des idées-forces, d'une idée capable d'agir sur la matière et sur l'organisme. Il nous renvoie aux relations entre le corps et le mental ainsi qu'aux effets psychosomatiques. En sciences psychiques, l'idéoplastie prend une dimension supplémentaire puisqu'elle désigne, selon le docteur Geley, le modelage par l'idée de la matière vivante (Geley, in Méheust, 1998). Ce concept sert d'explication, entre autres, pour comprendre les modifications organiques et physiologiques obtenues chez les somnambules. Les matérialisations obtenues par les médiums à effet physique s'expliqueraient également par l'action de cette force[183]. Nous voyons ici la distinction entre l'école « fluidiste » (mesmériens et psychofluidistes) et l'école imaginationniste. La première propose une explication objectiviste, par l'action d'un fluide extérieur au sujet, tandis que la seconde opte pour une interprétation subjectiviste, où tout se passerait à l'intérieur du sujet. Nous admettons toutefois que la distinction n'est pas si claire car les imaginationnistes admettent également l'intervention d'un agent, à savoir la force idéoplastique dont l'étendue reste à définir.

Enfin, il y a la branche des aliénistes, qui sort du cadre du magnétisme animal à proprement parler, puisqu'elle définit la tendance opposée. Ce sont les antimagnétistes, généralement membres de l'institution académique (l'Académie de médecine), dont l'analyse des phénomènes magnétiques a donné naissance à l'hypnologie moderne et à l'hypnothérapie. On parle d'« aliénistes », car les partisans de cette école (dite « école de Paris »), en particulier celle de Jean-Martin Charcot (voir encart), considéraient les somnambules lucides

---

[183] C'est par l'intermédiaire de cette force que des médiums sont parvenus à objectiver des représentations mentales sur des plaques photographiques. Voir Julian Ochorowicz (1912), *Les mains fluidiques et la photographie de la pensée*, in Méheust (1998), *Somnambulisme et médiumnité, Tome 2 : Le choc des sciences psychiques*, Institut Synthélabo pour le progrès de la connaissance, Le Plessis-Robinson, 598 p.

comme des aliénés, des malades mentaux présentant des troubles de la personnalité et de la perception.

Il nous est difficile, en définitive, d'évaluer le bien-fondé de toutes ces théories. Laquelle est la plus vraisemblable ? Quel est le moteur essentiel qui conduit à la production des phénomènes lucides, si toutefois nous en reconnaissons la réalité : s'agit-il d'un fluide inconnu vecteur d'information, du fruit de l'imagination, de la volonté, de l'esprit (au sens spirite du terme) ? Ou bien, comme le prétendent les hypnologues de l'époque, ces phénomènes n'existent-ils pas ? C'est en tout cas l'hypothèse des aliénistes qui a été léguée à la postérité. Mais nous avons vu qu'elle élimine de manière discriminatoire tous les faits de lucidité, en une sorte de « politique de l'autruche » où l'on se refuse à voir et à analyser des manifestations pourtant avérées par tant d'observations scientifiques. Ce raisonnement est trop facile et une telle attitude n'est pas acceptable. Rappelons-nous une citation très juste de Carl Gustav Jung, célèbre psychiatre suisse et proche disciple de Freud : « Il ne faut pas commettre l'erreur stupide de regarder tout ce que l'on ne peut pas expliquer comme une fraude ». En effet, lorsqu'une énigme est posée, lorsqu'un phénomène inexpliqué est constaté, la science doit relever le défi de le résoudre et de l'observer manière objective, sans préjugés. Les représentants de l'institution scientifique doivent accepter en toute humilité que si l'état de nos connaissances ne permet pas d'apporter de réponses à ces questions, c'est que les théories en vigueur sont incorrectes ou incomplètes.

**Du somnambulisme magnétique au sommeil hypnotique**

Vers 1843, après les commissions et le rejet officiel du magnétisme par la communauté scientifique, un nouveau concept fait son apparition : l'hypnose. James Braid, chirurgien de Manchester, annonce la découverte d'une nouvelle méthode de fascination engendrant un état modifié de la conscience appelé sommeil hypnotique, caractérisé par des états plus ou moins profonds, eux-mêmes associés à des manifestations étranges comme l'insensibilité totale de la peau, les hyperesthésies, la suggestion mentale, la perte de la conscience et de la volonté, l'oubli au réveil, etc. Bien sûr, nous avons vu que toutes ces manifestations étaient connues des magnétiseurs, mais voilà qu'on les redécouvre sous un autre regard et sous une nouvelle appellation.

C'est ainsi qu'il y a, après les conflits académiques et quelques années d'oubli des questions magnétiques, « réappropriation du magnétisme ». Le magnétisme est en quelque sorte devenu l'hypnotisme, le sommeil somnambulique devenu sommeil hypnotique, à quelques nuances près, et non des moindres, puisqu'il n'intègre pas les manifestations supérieures de la lucidité, non observées en hypnologie. Braid parvient à plonger des sujets dans cet état par « la fatigue des centres nerveux liée à la paralysie de l'appareil oculaire ; méthode basée sur la concentration du regard sur un objet brillant » (Méheust, 1998). Mais, comme nous l'avons dit plus haut, les hypnologues sont incapables de produire les états lucides décrits par les magnétiseurs. C'est pourquoi ils les tiendront pour imaginaires. Méheust (1998) explique clairement la distinction entre les magnétiseurs et les hypnologues :

> « Pour les magnétiseurs psychofluidistes, c'est la volonté de l'opérateur qui agit sur le sujet et qui produit sur lui, avec ou sans l'entremise d'un fluide, des modifications organiques ou psychiques. En revanche, pour les hypnologues, et ce point à leurs yeux absolument capital marque toute la différence avec leurs devanciers, l'état somnambulique n'est en aucun cas produit par l'action occulte du magnétiseur. Il n'y a évidemment pas de fluide, et la volonté de l'opérateur ne peut rien : tout est dans le sujet ; c'est lui, et lui seul, qui s'auto-hypnotise ».

C'est alors qu'en France, dans les années 1880, une autre figure intervient, en la personne de Jean-Martin Charcot [1825-1893], clinicien et neurologue français, membre de l'Académie de médecine, précurseur de la psychopathologie et de l'hypnose. Il entreprit d'étudier les états hypnotiques. Faisant partie de l'Institution, il n'adhère pas aux théories des magnétistes. L'explication qu'il propose est diamétralement opposée puisqu'il réduit le somnambulisme à une sorte de maladie nerveuse, de pathologie de nature psychologique ou neurologique. Charcot travaille à l'hôpital de la Salpêtrière de Paris avec des patients hystériques[184] (généralement des femmes), qui, sous hypnose, manifestent toutes les réactions précitées (insensibilité de la peau, suggestion mentale, etc.). Il y a, peut-on lire dans les ouvrages spécialisés, « pathologisation du somnambulisme », ou encore « psychiatrisation de la voyance ». Selon cette interprétation des faits, il n'y aurait que les névropathes qui peuvent tomber dans le sommeil hypnotique et succomber aux influences qui lui sont associées. Le somnambule serait un hystérique ou un névrosé, l'extase serait une maladie mentale, un délire psychotique, et le chamane un fou ou un sujet dégénéré sous l'influence d'hallucinations. Il semblerait toutefois que les sujets de Charcot étaient minutieusement sélectionnés et qu'en réalité, il n'aurait jamais hypnotisé personne. Ce serait ses disciples qui auraient choisi et préparé pour leur « Maître » un petit groupe de malades intéressants, pas plus d'une douzaine[185]. Il semble, selon Méheust (1998), que : « l'opération centrale de l'hypnologie est bien d'éliminer l'hypothèse magnétique d'une interaction occulte entre les êtres vivants ».

Pour provoquer les états hypnotiques, Charcot combine la méthode de Braid avec des procédés brusques, fort éloignés des méthodes douces et progressives des magnétiseurs. Ces procédés brutaux consistent par exemple à faire tourner rapidement la personne sur elle-même, à fixer une lumière vive subitement éteinte, au réveil brusque du sujet, etc. Tous ces procédés plongent les patients dans un état léthargique, puis cataleptique, où différentes pratiques, parfois choquantes, sont testées : l'insensibilité de la peau est testée par des stimulations brutales, un groupe de patientes respirent de l'ammoniac sans broncher pendant une dizaine de minutes, une femme reste impassible alors qu'on lui tire un coup de pistolet derrière l'oreille sans prévenir, une troisième supporte sans aucune réaction l'ablation d'un sein cancéreux. Les patients sont également soumis à des influences hypnotiques comme par exemple la suggestion mentale. La soumission du sujet à la volonté de l'hypnotiseur est totale : des brûlures ont été induites par suggestion, des expériences

---

184 Les hystériques sont des personnes névrosées dont les symptômes peuvent se présenter sous la forme de crises d'angoisses, d'absences, de troubles de la personnalité, parfois accompagnées d'hallucinations. Dans certains cas, ces troubles psychosomatiques vont se répercuter physiquement sur le corps des malades (contractures musculaires, paralysies de membres, strabisme convergent, etc.).

185 Quercy (1948), *Pierre Janet. Ses premiers travaux sur l'hypnotisme, la suggestion, l'hystérie*, in Méheust (1998).

concluantes de crimes expérimentaux ont même été entreprises. Il résulte des recherches sur l'hypnose que seules les manifestations dites inférieures ont été reconnues par l'Institution, comme l'insensibilité (des sens ou de membres), l'autosuggestion, l'automatisme[186], alors que les phénomènes dits supérieurs – ceux de la lucidité – sont considérés comme relevant soit de l'illusion (ils n'existent pas) ou de la pathologie. Plus tard, dans les années 1920, les recherches en métapsychique soutiendront qu'il faut bien distinguer les hystériques de Charcot des sujets susceptibles de développer la lucidité, appelés, nous l'avons dit, sujets métagnomes (appellation proposée par le docteur Osty). D'autant plus que les idées de Charcot et son école sont considérées par certains (comme Frederic Myers) comme erronées et orientées vers une fausse voie. Cette approche de « pathologisation » est vivement critiquée par Théodore Flournoy [1854-1920], lorsqu'il dit :

> « Il existe parmi les savants des esprits étroits et bornés, forts chacun dans sa spécialité, mais prêts à jeter l'anathème sur tout ce qui ne s'accorde pas avec leurs idées préconçues et à traiter de morbide, de pathologique, de fou tout ce qui diffère du type normal de la nature humaine tel qu'ils le conçoivent d'après le modèle de leur propre personnalité » (Flournoy, in Myers, 1905).

## *La mort du magnétisme*

Pour conclure ce chapitre, il nous paraît nécessaire d'aborder quelques éléments d'histoire permettant au lecteur de comprendre les raisons pour lesquelles les événements du magnétisme animal sont si peu connus, voire « boudés » des académies scientifiques ; histoire nous relatant l'origine du rejet des phénomènes magnétiques par la communauté scientifique. Pour le comprendre, retournons en arrière… Lorsque les faits de lucidité ont été présentés devant l'institution scientifique, les avis furent partagés : les uns ont confirmé leurs réalités – ce qui a valu quelques surprenantes conversions de scientifiques à la cause magnétique – tandis que d'autres les ont catégoriquement rejetées. Durant vingt années, explique Méheust (1998), débats houleux et verdicts contradictoires ont semé la confusion. En 1831, la première commission officielle (la commission Husson) avait conclu, après cinq années de travaux et d'enquête, à la réalité des phénomènes magnétiques. En 1837, une nouvelle commission, dirigée par un médecin amiénois du nom de Frédéric Dubois (dit Dubois d'Amiens), avait entrepris, avec d'autres sceptiques à sa suite, de revenir sur le verdict de la commission précédente, et de démontrer que les pouvoirs somnambuliques n'étaient que trucages, simulations et, par conséquent, totalement dépourvus d'intérêt. La discussion, dit Méheust (1998) :

> « S'était concentrée sur la lecture à travers les corps opaques [lecture effectuée par une somnambule, Léonide Pigeaire, une fillette capable de lire

[186] Selon les hypnologues de l'époque, les sujets hypnotisés sont réduits à des automates, en ce sens qu'ils étaient soumis entièrement à la volonté de l'hypnotiseur, exécutant machinalement tous les ordres qui leurs étaient commandés. On parle de « volonté anesthésiée » ou encore d'« inertie morale », indifférente au bien ou au mal. C'est cette inertie morale qui rend possible, sous hypnose, la réalisation de crimes expérimentaux.

malgré la présence d'un bandeau sur ses yeux] et, faute d'un accord sur les protocoles, la plupart des expériences prévues n'avaient pu avoir lieu ; mais les anti-magnétistes, majoritaires au sein de l'Académie, avaient saisi l'occasion pour exiger qu'on en finisse avec ce sujet et obtenu gain de cause en 1841. En 1842, l'Académie de médecine décida finalement de se fermer aux phénomènes somnambuliques. Cette exclusion officielle contraint le magnétisme à une sorte de semi-clandestinité ; les médecins persistant à le pratiquer le font au risque de leur carrière et de leur réputation. Ils sont donc rares, et très motivés ; ils se recrutent chez des praticiens qui affichent une sorte de dissidence par rapport à la médecine officielle. Mais la clôture officielle de l'Académie n'entraîne pas le déclin du magnétisme. Bien au contraire, ce dernier passionne, plus que jamais, les gens cultivés, pour les problèmes philosophiques qu'il soulève, pour le demi-jour qu'il apporte sur la physiologie et la psychologie. La science ayant déclaré forfait, ce sont des écrivains, des philosophes, des juristes, des artistes, qui prennent le relais ».

Puis, vers 1885, vint la phase de réappropriation du magnétisme par les hypnologues, telle que décrite dans les pages précédentes. La suite des événements peut se résumer par les extraits suivants, tirés à différentes pages du premier tome de Méheust (1998) et alignés ici dans un ordre plus ou moins chronologique :

> « Nous assisterons ainsi à l'émergence, vers 1875, des "*psychical studies*" dans le monde anglo-saxon, puis, à partir de 1905, au développement de la métapsychique française, qui entretenait des relations conflictuelles avec l'institution médicale. (...) Après la Seconde Guerre mondiale, les parapsychologues tendent à abandonner les phénomènes qualitatifs étudiés jadis par la métapsychique, pour leur substituer de lourdes études statistiques. (...) La spécificité du XX^e^ siècle, c'est une longue phase d'oubli total, qui dure (dates approximatives) de 1930 à 1970, qui correspond à une dévitalisation totale des questions qui furent posées au siècle dernier, questions pour lesquelles, on le verra, les acteurs de 1885 étaient prêts à s'étriper. Cette éviction du magnétisme de la scène culturelle correspond au règne des idéologies et au triomphe de la psychanalyse. On peut suivre le sillage des turbulences suscitées par la question magnétique jusqu'à la fin des années 1920, où la métapsychique a pris le relais. Ensuite la question disparaît des publications et de l'horizon mental des intellectuels (...) ».

Nous avons hérité de ces événements historiques, ayant pour conséquence, aujourd'hui, dans notre culture occidentale, la fermeture des esprits aux phénomènes somnambuliques puis métapsychiques. Il y a de plus un constat remarquable, souligné par Méheust (1998) : « Seule notre société a opté pour le rejet, la clôture. (…) L'Occident aurait choisi de se fermer, et cela depuis seulement trois siècles, à une dimension de l'expérience qui fut cruciale pour toutes les cultures connues, et depuis des temps immémoriaux (…) ». Puis, exprime-t-il brutalement :

> « La question des phénomènes paranormaux a été abandonnée au peuple. Il ne faut donc pas s'étonner si ce dernier en use de façon anarchique. Le résultat est que l'on assiste à l'heure actuelle à la prolifération incontrôlée d'une littérature bas de gamme constituée par les débris des recherches du siècle dernier, eux-mêmes recombinés à une foule d'éléments hétéroclites –

> un fatras qui n'a plus grand-chose à voir avec la haute tenue des publications magnéto-hypnotiques du XIX^e^ siècle ».

C'est d'ailleurs le sens des propos de Victor Hugo qui s'intéressa de près à la métapsychique : « Si vous abandonnez ces faits, prenez garde, les charlatans s'y logeront, et les imbéciles aussi. Pas de milieu : la science, ou l'ignorance » (Hugo, in Méheust, 1998)[187].

---

[187] Victor Hugo [1802-1885], tout comme Alexandre Dumas [1802-1870], fait partie de ces écrivains contemporains au développement des sciences psychiques qui se sont intéressés de très près à ces phénomènes. Il a lui-même participé à quelques séances spirites qui l'ont convaincu de la réalité de l'existence de l'esprit et de la survivance.

# De la divination à la précognition

« Tout ce qui existe dans l'univers est le fruit du hasard et de la nécessité ».

Démocrite [420 – 370 ACN]
Philosophe grec fondateur de l'atomisme

« Tout s'écoule : nulle chose n'est, toute chose devient ».

Héraclite d'Éphèse, dit Héraclite l'obscur
Philosophe grec de la fin du VI$^{e}$ siècle ACN

Si le phénomène est controversé, la clairvoyance reste une expérience quasi universelle à travers les peuples. Dans toutes les sociétés, à toutes les époques, il existe (ou il a existé) des individus qualifiés de « voyants ». Qu'il s'agisse du chamane du village ou de la voyante du quartier, du mystique initié à la divination ou d'une personne ordinaire ayant le « don », certains hommes (ou plutôt devrions-nous dire certaines femmes, puisque cette faculté est plus fréquente chez les femmes) ont toujours prétendu détenir la capacité de connaître les « choses cachées » et de prédire le cours des événements. Tel est l'enjeu de la divination, qui, pour donner une définition simplifiée, consiste à deviner ce qui n'est pas accessible à l'entendement des hommes. L'occultiste Éliphas Levi complète la définition : « Connaître les pensées les plus secrètes des hommes, pénétrer les mystères du passé et de l'avenir, évoquer de siècle en siècle la révélation rigoureuse des effets par la science exacte des causes, voilà ce qu'on appelle universellement divination ». Toquet (1963) considère pour sa part les facultés psychiques telles que la clairvoyance comme une sorte de « résidu » de l'évolution humaine, une fonction que l'on peut qualifier d'« archaïque » et qui est d'autant plus développée chez les êtres intuitifs et instinctifs. C'est pourquoi, dit-il, elle était probablement présente déjà chez l'homme préhistorique.

Les druides, à leur époque, étaient réputés pour exceller dans les arts divinatoires. Nous avons évoqué quelques techniques typiquement celtiques dans la première partie de cet essai. Certaines relèvent de l'astrologie qui est une des formes de divination les plus connues aujourd'hui. D'autres techniques relèvent de l'oniromancie (l'interprétation des songes) ou de l'usage de combinaisons symboliques artificielles (comme les *ogams*). À en croire Elien le Sophiste, les Celtes soutenaient que de nombreux événements étaient annoncés à l'avance par des rêves ou par les astres eux-mêmes (Hily, 2010). Les druides pratiquaient aussi la prédiction (que l'on appelle aujourd'hui « précognition » en parapsychologie). Par ailleurs certains vates étaient doués de voyance. Les termes « *vatis* » (en gaulois) et « *faith* » (en vieil irlandais) signifient « voyant » c'est-à-dire, selon Cunliffe (2006) : « quelqu'un à qui l'inspiration divine permet de comprendre le monde invisible ». Le don de prophétie était également attribué aux poètes-bardes. C'est pourquoi une grande valeur était accordée à leur parole et à leur jugement. Ils aidaient probablement les rois ou les chefs à prendre d'importantes décisions de société.

Aujourd'hui ces pratiques sont pour ainsi dire révolues. Il ne viendrait à l'esprit d'aucun chef d'État, à quelques rares exceptions près, de consulter ouvertement un oracle, une sibylle ou une voyante pour guider une décision politique. La divination n'est certainement plus une pratique prise au sérieux. Pourtant, de manière curieuse et paradoxale, la voyance est toujours bien présente dans notre quotidien. Fait révélateur, il existe peu de journaux de presse sans rubrique astrologique. Dans le même ordre d'idée, il y a toujours une fréquence radio qui débute son programme journalier par les prédictions zodiacales d'une « madame soleil ». Cela démontre à quel point la divination est toujours ancrée dans notre inconscient. Rassurons le lecteur, ce n'est certainement pas ce type de voyance populaire dont nous allons parler. Ne nous détrompons pas, il s'agit de pratiques bas de gamme exercées par des opérateurs sans scrupules qui n'ont absolument aucun don de voyance. De telles pratiques jettent malheureusement le discrédit sur les arts divinatoires à proprement parler. Car la voyance et certains procédés de mancie (du grec *manteia*, signifiant « divination ») ont vraisemblablement une réalité. Il y a eu des expériences scientifiques menées sur des sujets extralucides véritablement doués de clairvoyance. C'est ce que nous allons voir dans ce chapitre. Comme pour le magnétisme, la question peut être examinée sous l'angle des recherches psychiques et parapsychologiques.

L'étude des voyants modernes présente l'avantage de mieux se prêter à la critique scientifique car nous disposons de matériaux vérifiables pour évaluer la réalité des performances observées. Une telle évaluation est beaucoup plus difficile à réaliser si nous nous contentions d'examiner les devins des temps passés comme la Pythonisse d'Endor de la bible hébraïque, le prédicateur et thaumaturge grec Apollonius de Tyane [Ier siècle PCN] ou encore la visionnaire Jeanne d'Arc [1412-1431]. Ces personnages appartiennent à la période « mythique » qui foisonne de légendes ou de témoignages dont il est difficile, voire impossible de vérifier entièrement l'authenticité. Les druides de l'Antiquité en font également partie. L'étude de ces personnages historiques ne présente finalement qu'un faible intérêt scientifique. Comme le souligne Bertrand Méheust (2003) : « La rareté des documents concernant ces grandes figures de la divination antiques, ainsi que le fossé qui nous sépare de la mentalité antique, facilite la réduction des oracles à des récits apocryphes ».

Dans cette optique, l'étude des voyants modernes est bien plus instructive. En effet, les métapsychistes et, plus récemment, les parapsychologues, ont collecté suffisamment de faits pour démonter la réalité de la clairvoyance, comme le rappelle le biologiste britannique Julian Huxley [1887-1975] :

> « Phénomènes qui ne peuvent être expliqués d'aucune façon ou être classés dans le cadre général d'une théorie scientifique, tels que la clairvoyance, la prémonition ou la connaissance de ce qui n'a pas encore été réalisé... tous ces faits continuent à être complètement inexplicables, mais ils ont été établis comme des faits bruts depuis une vingtaine d'années » (Huxley, in Des Georges, 1966).

Carl Gustav Jung [1875-1961] n'en pensait pas moins lorsqu'il écrit : « Les rêves prémonitoires, la télépathie et tous les faits de cet ordre existent en quantité » (Jung, in Toquet, 1963). Les phénomènes de double vue et de voyage mental, tels que les somnambules magnétiques étaient capables de développer, appartiennent également à la divination. Méheust (2003) considère que : « le somnambulisme magnétique, tel qu'il se pratique vers 1845, constitue dans l'histoire de la divination un moment historique que l'on devrait privilégier pour le contraste qu'il établit avec nos propres convictions ». Dans les recherches psychiques de la première moitié du XX^e^ siècle, la divination et la voyance sont reprises sous le terme plus technique de cryptesthésie. Dans son *Traité de métapsychique*, Charles Richet la définit comme une faculté de connaissance qui est différente des facultés de connaissance sensorielles normales. La cryptesthésie appartient à la métapsychique subjective traitant des phénomènes uniquement mentaux. Il précise que ce terme « d'après l'étymologie grecque, indique qu'il y a une sensibilité cachée, une perception des choses, inconnue quant à son mécanisme, et dont nous ne pouvons savoir que les effets ». Dans son fameux traité, le physiologiste essaiera de « prouver qu'il y a dans notre intelligence une faculté spéciale, mystérieuse encore, qui lui permet de savoir certains faits passés, présents ou futurs, que les sens [les sens normaux précisons-nous] n'ont pu lui révéler ». Cette faculté serait d'ailleurs présente en chacun de nous, mais à des degrés très variables. Après avoir appliqué des calculs de probabilité sur des expériences de transmission de pensée, Richet soutient qu'« il existe à peu près chez tous les hommes, même les moins sensibles en apparence, une faculté de connaissance autre que les facultés de connaissance habituelles. Mais, chez les non-sensitifs, cette faculté de connaissance est extrêmement faible, presque négligeable » (Richet, 1922).

Selon une terminologie plus récente, Robert Toquet (1963) associe la clairvoyance, ou connaissance paranormale, à la métagnomie. Il précise qu'elle peut porter sur des objets inertes, sur l'homme, et, parfois, sur des événements généraux. Plus récemment encore, Dean Radin (2006) définit la clairvoyance comme « une information reçue à distance, au-delà de ce que perçoivent habituellement les sens ». Il distingue la précognition, qui porte sur la perception d'événements futurs et le pressentiment, qui laisse entrevoir une émotion. Mais trêve de définitions… et rentrons dans le vif du sujet. Pour en savoir plus sur la clairvoyance, nous proposons d'introduire ce thème à travers un cas concret et surprenant, à savoir celui du jeune parisien Alexis Didier [1826-1886].

## Un voyant des temps modernes

Alexis Didier était un voyant prodigieux. C'est sous ce qualificatif élogieux que le personnage est présenté dans un autre livre de Bertrand Méheust (2003) consacré cette fois-ci au plus célèbre des clairvoyants français, décrit à sa mort comme « le somnambule lucide le plus extraordinaire des temps modernes ». Précisons toutefois qu'Alexis Didier n'est pas un voyant à proprement parler. Il n'a pas recours aux procédés classiques de la mancie. Il ne lit pas dans une boule de cristal ou dans le marc de café, ne jette pas les runes et ne tire pas les cartes du tarot. Il ne procède pas à la chiromancie non plus. Il ne fait pas de prophétie en interprétant les phénomènes naturels comme des présages. Par ailleurs, il ne fait pas de prédictions sur le futur, comme on se l'imagine d'ordinaire lorsqu'on évoque la divination telle que la pratiquait Nostradamus [1503-1566] ou Swedenborg [1688-1772]. Non. Alexis Didier se détourne de ces pratiques. C'est un voyant d'un tout autre acabit. C'est en réalité un somnambule magnétique, au sens que nous avons défini dans la partie précédente, c'est-à-dire un sujet (extra)lucide. Il possède le don de divination, dans la mesure où il a la capacité de « connaître ce qui est naturellement caché à l'entendement des hommes », pour reprendre l'expression de Bertrand Méheust.

Alexis Didier entra en scène âgé de seulement 16 ans. Il opéra durant 13 années (de 1842 à 1855) au sein de l'aristocratie française et britannique, et ce, parfois au péril de sa santé. Il s'est également produit dans les salons bruxellois. Malheureusement il arrive trop tard pour être intégré aux commissions officielles du magnétisme (les commissions Husson ou Lavoisier), et trop tôt par rapport aux recherches pionnières en sciences psychiques qui auraient permis de l'étudier en conditions contrôlées. En tant que somnambule magnétique, ses facultés de voyance se développaient en état de transe somnambulique. Cet état nécessitait l'établissement d'un rapport magnétique entre le sujet (Alexis Didier) et son magnétiseur, un dénommé Jean-Bon Marcillet, avec qui il a formé un duo pendant ces 13 années. Selon Méheust, Marcillet induisait le sommeil magnétique chez Alexis en le fixant intensément dans les yeux, en concentrant tout aussi intensément sa volonté ou encore en lui serrant la main. La procédure était somme toute assez simple et rapide. Elle prenait rarement plus de dix minutes, voire même trois ou quatre minutes selon certains témoignages dont Méheust a retrouvé la trace. La procédure est tellement rapide que certains témoins ayant vu Alexis à l'œuvre ont d'abord cru à une mystification. Une telle rapidité n'est pourtant pas unique dans l'histoire du magnétisme, qui relate de nombreux cas où l'état de transe survient relativement vite une fois que le magnétiseur et le magnétisé ont l'habitude de travailler ensemble. Dans ce cas, le rapport magnétique peut être rapidement établi. Laissons la parole à Méheust (2003) pour décrire l'état du voyant en transe :

> « Lorsqu'Alexis entre en transe, son visage est parcouru de tics, de convulsions, qui sont plus ou moins spectaculaires selon les cas. (...) Pendant cette phase initiale, on voit souvent Alexis se plaindre, gémir, demander qu'on arrête de le magnétiser, comme si cette invasion d'une volonté étrangère lui causait de la souffrance (...). [Après avoir traversé cette phase] Alexis entre dans un état de conscience [plus calme] qui est d'ailleurs souvent indiscernable de celui dans lequel se trouve un homme éveillé, à cette différence près qu'il semble avoir accès à des réalités cachées aux sens. Il lui faut alors se mettre en rapport avec la personne qui lui propose un test ».

Bien souvent, un contact physique est nécessaire, par exemple en prenant la main de la personne qui vient le consulter. C'est ce qu'on appelle également la « mise en rapport » avec le consultant (il y a donc deux mises en rapport successives : d'abord une avec le magnétiseur, puis une avec le consultant). Selon les cas, la divination est favorisée ou inhibée par cette deuxième mise en rapport. Avec certains sujets, Alexis sera très précis et d'une grande lucidité dans ses réponses ; tandis qu'avec d'autres, il ne se passera pas grand-chose.

La divination peut commencer lorsque le rapport avec le consultant est établi et favorable. Outre la capacité de double vue et de vision sans le secours des yeux, Alexis Didier concentrait en lui l'essentiel des pouvoirs magnétiques que nous avons décrit auparavant. Plongé en état de transe somnambulique, il répond aux questions qu'on lui pose, transporte son esprit à distance (ce que nous avons appelé le voyage mental) vers les cibles qu'on lui présente (boîte, bijou, montre, etc.) et les décrit parfaitement ; lit les yeux hermétiquement bandés les pages désignées au hasard dans un livre fermé, identifie le texte d'une lettre renfermée dans une enveloppe. Il ressentait également sur son propre corps les douleurs des êtres qu'on lui présentait physiquement ou mentalement (sympathie des douleurs) ; visualisait les maladies qui affectionnaient les personnes (exoscopie), etc. Quand il est en forme et en phase avec le public, nous dit Méheust (2003), « Alexis sidère les plus sceptiques, laisse les gens sans voix, complètement déroutés, parfois même déboussolés ».

La phénoménologie dont il est le centre est relatée dans des rapports vérifiables. Les témoignages semblent incontestables, avec une masse documentaire immense et des sources variées (même si certaines sont de qualité médiocre) : presse régionale ou nationale, revues de magnétisme, revues littéraires, revues médicales, attestations personnelles de savants, d'écrivains, de médecins, etc. Après avoir collecté et analysé tous ces documents et tous ces témoignages, Méheust (2003) affirme avec certitude que « la réalité matérielle de la plupart des réponses transmises par Alexis n'est pas contestable. Maintenant, qu'il s'agisse de clairvoyance vraie, d'artefacts subtils, de prestidigitation, de compérage, etc., c'est ce qu'il faut discuter ». En effet, il faut conserver un regard critique, comme le fait remarquer l'auteur :

> « Je ne crois pas que l'on puisse tirer des archives la preuve formelle de la lucidité magnétique (...). Une telle preuve, portant sur des phénomènes qualitatifs, rares et semi-reproductibles, analogues à ceux que produit Alexis, me semble hors de portée. (...) En questionnant le dossier d'Alexis, on ne va pas obtenir des certitudes totales. Mais cela va nous donner à penser ».

D'autant plus que le voyant se trompe souvent (en moyenne deux fois sur trois), mais, lorsqu'il voit juste, sa clairvoyance atteint un degré de précision inédit. Citons quelques témoignages qui ont donné du crédit aux pouvoirs d'Alexis. Un des plus probants – et le plus souvent mentionné dans la littérature – est sans conteste celui du prestidigitateur Robert Houdin (dont l'américain Harry Houdini, plus célèbre, était le disciple), qui avoua lui-même être stupéfait des faits de lucidité qui se sont déroulés sous ses yeux[188]. Après une première séance, Houdin déclara : « Plus je réfléchis, plus il m'est impossible de ranger les faits présentés par Alexis Didier parmi ceux qui font l'objet de mon art et de mes travaux » (Houdin, in Toquet, 1963). Il s'agit d'une séance où Robert Houdin teste la faculté d'Alexis Didier à deviner les cartes à jouer. Alexis devine effectivement les cartes qui lui sont distribuées sans les retourner. Il devine aussi les cartes de son adversaire, qui prend pourtant toutes les précautions d'un professionnel pour les cacher. N'ayant pu déceler aucune tricherie, il confirmera par écrit que la lucidité observée était réelle. D'où la célèbre citation du prestidigitateur : « Monsieur, s'il y avait dans le monde entier un escamoteur capable d'opérer de semblables merveilles, il me confondrait mille fois plus comme escamoteur, que l'agent mystérieux qui m'a été montré ».

Mentionnons également le témoignage d'Eric John Dingwall, enquêteur de la *Society for Psychical Research* (également prestidigitateur et historien des recherches psychiques), qui, dans les années 1970, s'est attardé sur le cas d'Alexis Didier. Méheust (1998) décrit Dingwall comme :

> « Un de ces chercheurs de l'école anglaise qui allient l'érudition, l'ouverture aux possibles et une exigence critique implacable. (...). Il regarde Alexis sous tous ses angles, met ses faiblesses en lumière, examine toutes les hypothèses. Tout bien pesé, il conclut à la forte probabilité que les phénomènes produits par Alexis mettent bien en jeu une faculté de connaissance qui ne passe pas par le relais des sens connus, et qui atteint une extension inusitée. Ce jugement pèse lourd, car son étude est la plus fouillée de toutes celles qui ont été jusqu'à présent consacrées au somnambule ».

---

188 Séances ayant eu lieu chez le marquis de Mirville, au cours desquelles Alexis Didier montra ses capacités à voir sans le secours des yeux.

Pour éclairer davantage le lecteur sur les capacités d'Alexis, nous allons relater deux séances qui nous semblent significatives. Ce sont deux cas de voyage mental, une faculté dans laquelle Alexis Didier excellait. La première séance est bien attestée car elle est relatée par deux canaux d'information différents, à savoir un article de presse et un témoin indépendant tout à fait crédible, Mauté de Fleurville, un aristocrate magnétiseur ayant suivi durant 12 ans la carrière et les prestations d'Alexis. L'aristocrate a consigné ces prestations dans un ouvrage intitulé *Etudes sur le magnétisme animal.* Voici comment Méheust raconte cette séance :

> « Le point de départ, comme souvent, concerne la perte d'un objet banal, totalement dépourvu d'enjeux symboliques. La scène se passe en mai 1850 pendant une séance publique à laquelle assiste de Fleurville. Mme Celleron, épouse du propriétaire des Villes de France, un grand magasin parisien, vient consulter Alexis pour une raison qu'elle ne dévoile pas. D'emblée, Alexis lui dit : "Vous me semblez, madame, très affectée par la perte de votre montre et de votre chaîne..." Alexis, à la surprise des personnes présentes, décrit l'objet, donne le nom de l'horloger gravé sur la cuvette. Puis il remonte la piste ; il voit la consultante sortir d'une voiture, à Neuilly, et régler le cocher. Voici le dialogue, tel que rapporté par de Fleurville :
>
> – Vous aviez votre montre dans la voiture, je le vois [dit Alexis Didier].
> – Sans doute [répond Mme Celleron], car j'ai regardé l'heure avant de payer le cocher.
> – A.D. : Vous n'aviez plus votre montre quand vous avez payé le cocher.
> – Mme C. : Alors c'est lui qui me l'a prise.
> – A.D. : Non. Le cocher s'en va et il n'a pas votre montre... ni vous non plus.
> – Mme C. : Alors, qu'est-elle devenue ?
> – A.D. : Je cherche... Oh ! Je vois quelqu'un qui la ramasse... C'est... C'est un soldat.
> – Mme C. : C'est bien vague, dit un des assistants, quel est son régiment ?
> – A.D. : La ligne... je vois son shako [un couvre-chef militaire]... un numéro 7... puis un autre... 5... cela fait 75... non, attendez, c'est 57... oui, 57... ne dites rien, j'entends qu'on l'appelle... Vin... Vin... cent. Oui, c'est bien Vincent.
> – Mme C. : Où est-il en garnison ?
>
> Mais Alexis ne peut répondre à cette question. Le mari de la dame enquête, apprend que le 57e de ligne est basé à Courbevoie. Le lendemain, Mme Celleron se rend à la caserne, rencontre un officier. Ce dernier se dit sceptique mais n'ose pas refuser la demande d'une grande dame. Il réunit ses hommes et l'on y retrouve celui qui avait ramassé la montre sur le pont de Neuilly ; il se nomme bien Vincent... l'affaire sera relatée dans le *Journal des faits* du 19 mai 1850 ».

L'autre séance que nous allons rapporter est elle aussi particulièrement frappante. Le témoignage provient également Mauté de Fleurville qui assista à la séance :

> « Au nombre (assez grand) des assistants de ce jour-là, se trouve un jeune homme blond, silencieux, qui nous semble être un étranger. Il regarde curieusement Alexis, examine comment on calfeutre ses yeux, suit tous les interrogatoires qu'il subit, écoute sa lecture des lettres, des papiers qu'on lui remet, et puis il demande à Marcillet l'autorisation de remettre dans la main du somnambule un paquet qu'il montre. Cela fait, il se met à l'écart et il ne quitte plus des yeux Alexis. Quant à nous, nous ne perdons pas de vue cet étranger qui ne prononce pas une parole. Le paquet était assez gros et ficelé pour qu'on ne puisse pas soupçonner ce qu'il contenait. Alexis le laisse dans sa main, le porte un instant sur sa tête, près du front, réfléchit, cherche, et dit :
>
> – A.D. : Il y a dans ce paquet un objet en métal… en fer… ou plutôt en acier… ça coupe…
>
> – Un couteau, dit quelqu'un.
>
> – A.D. : Non, dit Alexis, pas un couteau ordinaire… on s'en servait… pour couper de la chair humaine…
>
> – Un scalpel, pour disséquer, dit un autre. Le jeune étranger ne disait rien ; mais il ne perdait pas un mot. Je le pris pour un étudiant en médecine.
>
> – A.D. : Non, reprit Alexis… pas de la chair morte… de la chair vivante…
>
> – Alors, un bistouri ? dit un médecin.
>
> – A.D. : Non, ce n'est pas encore cela, s'écria Alexis impatienté (l'étranger était vivement ému). Je cherche… Ah ! Il servait à faire des anges. Exclamation générale ; rires de la plupart des spectateurs ! Le jeune homme devint pâle, puis rougit, une transpiration abondante inonde son visage. (On faisait peu attention à lui). Alexis reprend :
>
> – Oui, c'est bien cela… pour faire des anges… Le propriétaire s'emparait des enfants… il les tuait pour les envoyer dans le paradis… Quand il surprenait un homme et une femme endormis dans un bois ou dans un endroit écarté… il leur coupait le cou… Ou il leur enfonçait ce petit couteau dans le cœur… pour en faire des anges… disait-il.
>
> – Comme Papavoine[189] à Vincennes ? s'écria-t-on.
>
> – À qui appartient ce couteau ?
>
> – A.D. : À quelqu'un, pas de Paris, du Nord.
>
> – De Lille, de Valenciennes ?
>
> – A.D. : Plus loin.
>
> – De Belgique ?
>
> – A.D. : Plus loin.

---

[189] Cette affaire concerne le meurtre de deux enfants en 1824 par Auguste Louis Papavoine dans le bois de Vincennes.

– De Hollande ?

– A.D. : Plus loin… Ah… de Suède, je vois.

L'étranger se lève, essuie sa figure et d'une voix entrecoupée par l'émotion, il dit : Ce n'est pas la peine qu'Alexis cherche davantage ! Il a tout vu, tout dit, c'est la vérité. Ce petit couteau (en disant cela, il ôtait tous les papiers et il le montrait) appartenait à notre Papavoine suédois qui attirait les enfants pour les tuer et en faire des anges. Il coupait le cou, ou il perforait le cœur des hommes et des femmes qu'il surprenait, endormis, pour en faire des anges. On finit par le soupçonner de tant de meurtres ; on le surveilla et on le surprit coupant le cou à une pauvre femme endormie au coin d'un bois. Il fut arrêté, mis en jugement, condamné à mort et exécuté sans qu'on n'ait pu obtenir de lui d'autre motif que celui de faire des anges et sans qu'on ait pu découvrir avec qui il assassinait ses victimes. L'exécuteur, après sa mort, donna ses vêtements à un agent de police qui l'avait assisté et aidé. Celui-ci les remit à un tailleur pour les découdre et en faire un vêtement pour son petit garçon. Ce tailleur découvrit ce petit couteau soigneusement caché dans la doublure de l'habit, et il le restitua à l'agent auquel je l'ai acheté et mis de côté sans en parler à personne, parce que je voulais venir à Paris et surtout le remettre, bien soigneusement enveloppé et dissimulé, à Alexis, dont j'avais beaucoup entendu parler. Je pensais que ce serait une merveille s'il pouvait dire à quoi servait ce couteau unique au monde, et que personne, si ce n'est l'agent de police, ne savait être entre mes mains »[190].

Voilà le genre de performance dont était capable Alexis Didier. Il pouvait se transporter mentalement vers une cible quelconque, visualiser des scènes, capter des images et même des sons avec une facilité et une lucidité déconcertantes. Il s'est ainsi illustré dans de nombreux cas d'objets perdus, de corps noyés, de sommes d'argent égarées, etc. L'écrivain Alexandre Dumas eut la chance d'entrer en contact avec le voyant français. Dans le *Journal des Débats* du 13 septembre 1847, il raconte qu'Alexis Didier le convertit totalement aux phénomènes surnaturels par ses capacités (Toquet, 1963). Bien entendu, Alexis Didier n'est pas un cas isolé, même si les sujets véritablement doués sont toujours rares. Il existe d'autres cas comme Marie-Adélaïde Lenormand [1772-1843], une voyante du XIX<sup>e</sup> siècle de renommée comparable à Alexis. D'autres sujets métagnomes sont également mentionnés dans l'histoire de la voyance moderne comme Eleonora Piper [1859-1950], la célèbre médium de Boston dont nous reparlerons plus tard. Citons également Pascal Forthuny [1872-1962] ou encore Maud Kristen, une voyante contemporaine qui exerce toujours de nos jours et qui se prête volontiers à des expérimentations scientifiques.

[190] De Fleurville (1873), *Études sur le magnétisme*, in Méheust (2003), *Un voyant prodigieux, Alexis Didier (1826-1886)*, Les Empêcheurs de penser en rond, Seuil, Paris, 486 p.

## Comment appréhender la divination ?

Dans leur forme populaire (c'est-à-dire les voyantes de type « madame soleil »), que sont devenus les voyants aujourd'hui ?

> « Ce sont des espèces de psychanalystes inversés et sauvages, qui remuent du sens, qui déversent sur le consultant un flot continu de paroles dans lequel ce dernier peut capter et réélaborer des bribes susceptibles pour lui de faire du sens. Et qu'attendent ceux qui viennent consulter les voyants ? Essentiellement qu'on leur parle d'eux, de leurs problèmes, principalement affectifs et sentimentaux, de leur futur. Qu'on leur débite en détail, et de façon individualisée, la promesse de bonheur que la société dispense pour tous. Qu'on les aide à se faire une idée de ce qu'ils sont censés être, d'où le recours à un "super regard" à qui est confié la capacité de les traverser et de les fixer dans leur vérité. C'est patent : la voyance aujourd'hui, s'est réélaborée autour de la demande universelle. Elle est comme noyée, comme submergée, par l'egopsychologie proliférante qui a envahi jusqu'à la nausée les médias, la publicité, et qui se décrit-construit dans les feuilletons télévisés américains » (Méheust, 2003).

Nous partageons cette analyse critique. Elle correspond, hélas, à l'image que se fait une partie de l'opinion publique à propos de la voyance actuelle. Pourtant, il faudrait considérer tout autrement les véritables sujets clairvoyants. Il faut en réalité distinguer différents niveaux de voyance, différents degrés. Au même titre qu'il existe, en hypnose, une suggestion faible et une suggestion forte, il existe, en matière de divination, une voyance basse et une voyance haute. Méheust distingue en fait trois niveaux : une voyance basse, moyenne et haute. Seul le dernier niveau correspond à la voyance « vraie ». Pour faire simple, disons que les niveaux faible et intermédiaire correspondent à une faculté de prédiction dont la plupart d'entre nous sont capables. Nous pourrions la qualifier de prédiction « analytique », à savoir cette capacité qui nous permet de deviner le cours de certains événements par intuition et déduction logique. Cela nous est tous arrivé un jour de prédire un événement concernant un proche ou une situation de notre quotidien où, lorsque l'événement se produit, nous affirmons la fameuse expression « j'en étais sûr ! » ou « je le savais ! » (sous-entendu « je savais que ça allait se passer »).

Pour comprendre cette forme de prédiction, du moins de manière théorique, il nous faut jeter quelques bases du déterminisme, qui est une conception philosophique selon laquelle tout est déterminé à l'avance selon les lois de l'univers et selon laquelle, par conséquent, il existe un rapport de cause à effet entre le passé, le présent et le futur. Le physicien Pierre-Simon Laplace [1749-1827], dans un tout autre registre que celui de la divination, était un fervent défenseur du déterminisme puisqu'il affirmait : « si je connaissais la position des particules de l'univers et les lois qui les font interagir, je pourrais en déduire tout le futur de l'univers ». Il est vrai que ce rapport de causalité est somme toute assez logique. Il postule qu'un événement (un effet) qui se produit dans le présent est toujours la résultante de causes antérieures qui sont autant d'influences amenant l'événement en question à se produire. En étendant ce raisonnement à la sphère psychique, nous pourrions effectivement prédire tous les comportements humains. Selon cette conception, le cours des événements est perçu comme l'enchaînement inéluctable des causes et des effets dans l'ordre déterminé du monde. En analysant les causes des événements, l'homme serait donc capable, avec un peu d'intuition et de logique, de deviner, avec une exactitude relative, leurs effets futurs. L'organisation de notre monde sensible est ainsi régulée par de grands flux d'énergies et d'interactions, visibles ou invisibles, physiques ou psychiques, conscientes ou inconscientes, influençant, directement ou pas, la matière et les êtres vivants. Toutefois, nous savons que tout n'est pas déterminable à l'avance car le cours naturel des choses peut toujours être modifié par certains facteurs aléatoires comme le hasard ou le libre arbitre. Ces derniers sont imprévisibles. Par ailleurs, la possibilité de prédire un événement dépend de facteurs très subjectifs comme l'intuition et la capacité d'interprétation. Voilà pourquoi cette divination « analytique » ne saurait être une « science » exacte et comporte toujours une marge d'erreur.

Quoi qu'il en soit, les niveaux faible et intermédiaire de voyance ne requièrent finalement aucune capacité paranormale. Ils correspondent à des situations plus ou moins prévisibles. C'est également à travers ce type de déductions que certains « voyants » parviennent, lors de séances ou de consultation face à face, à deviner le profil, les principaux traits de caractère ainsi que quelques bribes de l'histoire de la vie des personnes qui viennent le consulter. Le consultant naïf considérera ces propos pour de véritables révélations, alors que c'est parfois lui-même qui a fourni inconsciemment les informations au prétendu voyant. Robert Toquet (1963) qualifie cette forme de divination de « conjecturale », qu'il faut bien distinguer de la divination « divinatoire » à proprement dit. Il précise bien que seule la seconde forme de voyance appartient au paranormal. Il ajoute que :

> « La conjecture est en effet une opération rationnelle. Elle est basée sur un ensemble de déductions logiques auxquelles conduisent la physionomie, le costume, les bijoux, l'attitude, le regard, la façon de s'exprimer, les mains, la conversation. Elle permet de rassembler des éléments d'information susceptibles d'étonner le consultant, mais qui, en fait, ne lui apprennent rien qu'il ne sait déjà ».

L'aptitude à la voyance « vraie » (la véritable divination), par contre, n'est certainement pas donnée à tous, du moins sous sa forme la plus élevée. Elle relève de l'acquisition paranormale d'informations. Pour cette catégorie de voyants, les choses se présentent bien différemment, non pas sous la forme d'un raisonnement logique permettant de prédire un événement, mais bien sous la forme de sensations détentrices d'information (bien souvent des visions, mais aussi parfois des stimuli auditifs, olfactifs, etc.) qui se manifestent spontanément dans des états modifiés de la conscience (mais pas toujours). Certains individus sont plus doués que d'autres pour se plonger dans cet état. Néanmoins le docteur Eugène Osty, considère que cette « faculté d'hyper-connaître » est latente en tout être humain. Elle peut se développer à travers l'entraînement, comme toutes les facultés humaines d'ailleurs.

Cependant, comme le souligne Toquet (1963) : « le gros reproche que l'on peut faire à beaucoup d'observations ou d'expériences de connaissance paranormale est qu'elles ne peuvent être évaluées mathématiquement ». C'est pourquoi les dispositifs se sont améliorés. À côté des observations qualitatives dont nous avons parlé jusqu'à présent (comme les séances d'Alexis Didier), il y a eu des expériences quantitatives récentes pour mettre en évidence, tests statistiques à l'appui, la télépathie, la clairvoyance et la prémonition. Prenons le cas d'un test classique de télépathie tel que conduit en parapsychologie moderne. La télépathie[191] est en effet considérée comme une forme de connaissance paranormale, et donc une forme de clairvoyance. Les travaux du professeur Joseph Banks Rhine [1895-1980] effectués en 1929 (et publiés en 1934) à l'Université Duke (en Caroline du Nord) font toujours référence en la matière[192]. Biologiste de formation, Rhine est le fondateur de la parapsychologie moderne et du *Journal of parapsychology*. Inspiré des idées de Richet sur l'utilisation des statistiques pour démontrer la perception extrasensorielle, Rhine utilise un jeu de 25 cartes (des cartes dites ESP pour « *Extra Sensory Perception* ») comportant des figures (cinq étoiles, cinq cercles, cinq vagues, cinq croix et cinq carrés) qui doivent être devinées par le sujet. Voici comment Toquet (1963) décrit le test :

> « L'agent a en main un tel jeu [un jeu de cartes ESP] battu à l'aide d'une boîte spéciale. Il regarde la première carte, la seconde, et ainsi de suite. De son côté le percipient, qui est isolé de l'agent par un écran ou qui se trouve dans une salle voisine, cherche à visualiser l'un des cinq schémas et note celui qui lui vient à l'esprit. L'expérience terminée, les coïncidences sont soulignées et additionnées au bas de la feuille sur laquelle on peut enregistrer 10 expériences de 25 cartes ».

L'avantage de la méthode est que l'on peut y appliquer les règles de probabilité. Toquet explique que deux paramètres statistiques sont utilisés : l'écart quadratique moyen et la raison critique, tous deux calculés avec des formules que nous ne développerons pas ici. L'auteur soutient que la validité mathématique de la méthode est universellement reconnue (même si les travaux de Rhine restent critiqués par les scientifiques). En résumé, lorsque la raison critique dépasse un certain seuil, le résultat est considéré comme statistiquement

---

191 Terme signifiant « sensation à distance », forgé en 1882 par le (para)psychologue britannique Frederic Myers [1843-1902], membre de la *Society for Psychical Research* de Londres, dont il fut le président en 1900.

192 Benet Guy, *Les travaux de J. B. Rhine à la Duke University*, disponible sur Internet : http://www.metapsychique.org/Les-travaux-de-J-B-Rhine-a-la-Duke.html [visité le 27 avril 2016].

significatif. Sur de grandes séries (50 000 essais par exemple), la probabilité moyenne des rencontres dues au hasard est de cinq pour 25. Rhine a obtenu des résultats de sept, voire 10 rencontres. Un sujet remarquable parvint même à deviner en moyenne 18 cartes ! Dans le test de clairvoyance à proprement dit, le sujet doit indiquer la suite des cartes du paquet, en commençant par exemple par la carte supérieure (méthode dite du « *Down Through* »). Si les travaux de Rhine sont critiqués, les méta-analyses ont toutefois montré que les résultats globaux de ces expériences sont significatifs.

Après lui, d'autres expérimentateurs mirent au point des méthodes différentes. Citons celles de Pratt-Woodruff en 1939, de Pratt en 1976 et de Targ et Puthoff sur le *remote viewing* (la vision à distance)[193], également appelé perception non locale, dont les résultats ont été publiés en 1974 dans la célèbre revue *Nature* à travers un article intitulé *Information transmission under conditions of sensory shielding* (transmission d'information dans des conditions de « blindage » sensoriel). Nous avons retrouvé cette publication scientifique. Les auteurs y présentent leurs expériences avec différents sujets qui manifestent une aptitude à capter de l'information sur leur environnement par aucun sens habituel. Cette étude démontre surtout que de telles capacités peuvent être étudiées dans des conditions de laboratoire, avec des dispositifs de contrôle et des tests statistiques. Dans les expériences de perception à distance (*remote perception*), le sujet (un certain Uri Geller), installé dans une pièce blindée où il était isolé électriquement, visuellement et acoustiquement, se montre capable de reproduire des dessins placés dans des enveloppes opaques et scellées qu'il ne pouvait pas toucher ni manipuler. Dans les expériences de vision à distance (*remote viewing*), un autre sujet (Pat Price) a montré ses capacités de décrire correctement des sites où une équipe d'expérimentateurs se rendaient. Les protocoles et les résultats complets sont détaillés dans la publication. Les auteurs concluent : « Il existe un canal où l'information d'une localisation à distance peut être captée par un moyen de perception encore non identifié. (...) Nos observations nous amènent à conclure que des expériences dans le domaine des phénomènes dits paranormaux peuvent être conduites scientifi-

[193] Sur le site Internet de l'Institut Métapsychique International, Mario Varvoglis explique que le *remote viewing* est une technique utilisée lors de protocoles de parapsychologie en vue d'étudier les perceptions extra-sensorielles d'un lieu situé à distance. Les techniques de vision à distance ont pour origine les travaux de René Warcollier [1881-1962]. Elles ont ensuite été développées au sein du programme de vision à distance commandité par la CIA dans les années 1970. Jusqu'en 1995, les chercheurs qui ont participé à ce programme se sont efforcés d'utiliser les techniques de *remote viewing* afin de tenter de développer des applications du *psi*, en particulier dans le domaine du renseignement. L'expérience consistait par exemple à décrire une installation secrète à partir des coordonnées géographiques qui étaient données au sujet. Les expérimentations menées par le *Stanford Research Institute* (un institut de recherche américain) dans les années 1970 débutèrent avec le sujet Pat Price, un ancien préfet de police extrêmement doué et d'une grande précision dans ses descriptions : sept sessions sur neuf accomplies par Price furent des succès. Les calculs de statistiques de ces expériences ont attribué une probabilité d'une chance sur 100 000 que cela soit le fait du hasard.

quement, et nous espérons que d'autres laboratoires initieront des recherches complémentaires pour tenter de répliquer ces découvertes » (Targ et Puthoff, 1974).

## L'état de transe pendant la voyance

Revenons au cas où la voyance survient en état de transe. Le docteur Osty a pu constater les trois grandes étapes du processus métagnomique permettant d'accéder à cette faculté : (1) la dissociation psychique fonctionnelle ; (2) la phase métaphorique et symbolique et (3) le moment de l'interprétation.

La dissociation fonctionnelle marque l'étape où le sujet entre en phase de lucidité. Cette dissociation se manifeste par divers signaux : secousses musculaires dans la main, convulsions des paupières et des yeux, tressaillements, tressautements de tout le corps, changement du rythme respiratoire, sensation de gonflement dans la tête. Méheust (1998) décrit davantage cette phase :

> « Quand ces symptômes se manifestent, la dissociation fonctionnelle est réalisée, et la lucidité peut se manifester. (...) La dissociation fonctionnelle se réalise de plusieurs manières selon les sujets. Chez certains elle s'opère à l'état de veille, et presque à volonté : il leur suffit d'interrompre momentanément leur attention et de cesser de contrôler leur pensée, pour qu'aussitôt se libère un flux d'images au travers desquelles se manifestent éventuellement des informations d'origine inconnue ; vus de l'extérieur, ils sont indiscernables de personnes dans leur état normal, mais absorbés par une réflexion. D'autres métagnomes, qui opèrent eux aussi éveillés, obtiennent plus difficilement la dissociation mentale, et doivent se la donner par des artifices, comme la contemplation d'une boule de cristal, des lignes de la main, ou en libérant des automatismes partiels comme l'écriture des médiums. Enfin, il est un groupe de personnes chez qui la faculté d'hyperconnaître ne se manifeste que dans le somnambulisme, et à ses différents degrés de profondeur. Pour les uns, la lucidité surgit dans un état assez superficiel de sommeil artificiel, obtenu volontairement et sans l'aide d'un opérateur. (...) Dans un dernier groupe de voyants, la lucidité ne survient qu'en hypnose profonde. (...) Pour Osty, cette dissociation fonctionnelle, porte obligée de la métagnomie, doit être considérée dans tous les cas comme une transe ».

Précisons qu'il s'agit, pour certains sujets, d'une transe lucide, dans la mesure où le clairvoyant reste conscient. Les témoignages de sujets métagnomes indiquent que la conscience classique et banale du sujet travaille en synergie avec la conscience supranormale qui se révèle une fois que la dissociation mentale est opérée. Voici un témoignage de dissociation fonctionnelle chez le métagnome Raoul de Fleurière, étudié par Toquet (1963). Le métagnome confie :

> « En ce qui me concerne, je me rends parfaitement compte que l'état mental où je me trouve alors n'a plus rien de commun avec mon état psychique habituel. Instantanément j'entre dans une sorte d'état second où, n'étant plus le même homme, je ne vois ni ne sens plus de la même façon. Il se fait en moi comme un dédoublement de la personnalité, ou, plutôt, c'est comme

> si une personne cachée au plus profond de mon être surgissait tout à coup pour se surajouter à ma personne normale. Ce n'est pas que je sente mon psychisme habituel absolument évincé ou aboli. Non ! J'ai plutôt l'impression que, maintenant, il y a deux entités qui se partagent mon être, deux intelligences superposées l'une à l'autre, comme deux locataires mystérieux qui habiteraient deux étages différents : en haut, l'intelligence consciente, momentanément plus passive ; en bas ; l'intelligence subliminale en pleine ébullition... Les pouvoirs de cette intelligence subconsciente sont prodigieux. On dirait qu'elle engendre des forces mystérieuses, des sens internes circonstanciels, des facultés nouvelles indéfinissables qui défient toute analyse et toute classification. Mais, sous l'intelligence consciente qui dirige ma vie ordinaire, je sens vivre et travailler une intelligence subconsciente plus rapide et plus documentée que la première, et qui, à ce titre, la renseigne, l'éclaire et la complète » (Fleurière, in Toquet, 1963).

La deuxième étape du processus métagnomique est la phase métaphorique et symbolique, que Méheust (1998) décrit en ces termes :

> « Une fois la dissociation fonctionnelle réalisée, un flux de représentations mentales, visuelles, auditives, olfactives, tactiles, motrices, etc., monte à la conscience du sujet. Dans un premier temps, ces représentations sont floues et incertaines, mais avec l'éducation elles gagnent une intensité quasiment hallucinatoire. Les schèmes mentaux augmentent en nombre, en qualité, les combinaisons s'accroissent. (...) Tout se passe comme si le plan transcendant du psychisme se manifestait à la conscience vigile du sujet à travers le canal obligé de la subconscience, en employant les matériaux fantasmatiques qu'elle lui fournit ».

Le docteur Osty a donné des exemples de cette phase à travers les séances qui se sont déroulées avec Pascal Forthuny [1872-1962] à l'Institut Métapsychique International (IMI) du 12 mai 1925 au 21 avril 1926. Elles ont impliqué environ 1 500 personnes. Lorsqu'il parvenait à « accrocher » une personne durant ces séances :

> « Forthuny entrait aussitôt dans une courte transe, et une voix intérieure lui donnait un nom, une phrase, ou bien une image s'imposait à lui. Il lui arrivait alors de dévoiler des informations exactes sur cette personne, à commencer par son nom, tout en les exprimant sous une forme métaphorique dont il ignorait parfois le sens, du moins au début du processus mental. (...) En général il accrochait une moyenne de sept à huit personnes par séance et, deux fois sur trois, révélait sur elle des informations totalement ou partiellement exactes » (Méheust, 1998).

Pour illustrer ce processus, voici un extrait de la séance du 20 mai 1924 : « Forthuny s'approche d'un homme et déclare : "Je vois des armées, des armées... vous conduisez des armées ?". "Non, répond ce monsieur, je n'ai jamais fait la guerre". "Ah, enchaîne le voyant, on me dit de traduire en latin... Arma, Armas" [Ce "on" désigne la voix intérieure que Forthuny entend dans sa tête]. C'est le nom de cette personne » (Méheust, 1998).

Toquet (1963) relate une autre séance du 2 décembre 1925, où Pascal Forthuny dit : « Une grande imprimerie. Ma pensée se porte au journal *Le Matin*. Il y a quelqu'un qui a une importante fonction dans un journal ». S'adressant à un monsieur, inconnu de tout le monde et venu à l'IMI pour la première fois, Forthuny dit : « On me donne la lettre L. Il y a du brouillard, de l'eau, des bateaux, des denrées coloniales. Vous êtes Belge. Qu'est-ce que Lanoi ? Un grand port plein de denrées et de fumées. C'est Anvers ». Il s'agissait de M. Lanoy, rédacteur en chef du journal *Le Matin* d'Anvers.

Enfin, la troisième étape du processus est le moment de l'interprétation : « Le voyant ne reste pas passif devant le flux d'impressions, qui le submergent. L'entraînement aidant, il parvient à analyser ses propres processus mentaux, et, de leur gangue métaphorique, à tirer parfois, en quelques instants, l'information qu'elle recèle » (Méheust, 1998). En suivant la théorie d'Osty, Méheust conclut :

> « Il y a donc, tapie au fond de l'individu humain, une intelligence susceptible de transcender les frontières que la pensée occidentale impose au sujet. Cette intelligence est une sorte d'hôte inconnu dont la majorité des humains ne soupçonnent même pas l'existence, et qui ne se manifeste que fortuitement, chez de rares sujets, à travers des conditions physiologiques et cérébrales presque totalement ignorées. Mais l'expérience prouve que ces personnes, une fois entraînées, peuvent solliciter plus ou moins à la demande ce plan X du psychisme, et qu'une connexion relativement régulière, mais qui reste toujours très fragile, peut s'établir entre ce dernier et la conscience vigile des métagnomes ».

## Quelques pratiques divinatoires

Robert Toquet (1963) appelle ainsi les divers procédés capables de susciter la mise en œuvre de certaines facultés parapsychologiques, et, en particulier, des facultés prémonitoires. Revenons donc un instant sur les procédés « classiques » de divination à travers lesquels la clairvoyance peut se manifester. Le lecteur a certainement déjà entendu parler de quelques techniques traditionnelles comme la cartomancie (lecture des cartes), la chiromancie (lecture des lignes de la main), l'oniromancie (interprétation des rêves), la radiesthésie (autrefois appelée rhabdomancie ou sourcellerie, qui est une forme de « divination » par la baguette ou le pendule) ou encore la cristallomancie (vision dans une boule de cristal). Il y a en vérité d'innombrables variantes. Elles sont toujours pratiquées de nos jours, avec plus ou moins de sérieux. Certaines techniques sont – parfois à juste titre – totalement raillées de l'opinion publique, telle la voyance dans le marc de café ou dans le blanc d'œuf. Ces techniques se distinguent de la voyance directe qui ne nécessite aucun outil particulier. À ce titre, rappelons la distinction – toute théorique – entre « divination » et « prédiction » : la prédiction est pour ainsi dire spontanée et ne nécessite aucun matériel ni aucun rituel particulier, alors que la divination requiert un mode opératoire bien défini, comme on peut le voir à travers toutes les techniques divinatoires qui nécessitent un support (tarot, runes, *ogham*, etc.).

Méheust (2003) explique que les anciens eux aussi distinguaient la divination obtenue par le biais de différentes techniques de la divination naturelle par clairvoyance directe. Rappelons-nous les quatre catégories définies par l'occultiste Stanislas De Guaïta : (1) divination par l'évocation ou la consultation directe d'entités invisibles ou d'esprits intelligents (nous nous rapprochons ici de pratiques proches du spiritisme) : nécromancie (évocation des morts), perception extrasensorielle avec des hypothétiques entités spirituelles (guides ou autres « contrôles » des médiums) ; (2) par l'interprétation des signatures naturelles (astrologie, chiromancie, graphologie, présages, etc.) ; (3) par l'étude des combinaisons artificielles (tarots, runes, etc.) ; (4) par la fixation prolongée de certains objets (cristallomancie, hydromancie, pyromancie, aéromancie, géomancie, etc.). Nous n'allons pas analyser toutes ces techniques, dont certaines sont tout à fait biscornues. Chacune d'entre elles nécessiterait un ouvrage entier. Nous nous contenterons de dire que leurs bizarreries sont le reflet de la complexité de l'Âme humaine et des artifices dont il faut se jouer pour tromper notre conscience classique (ce que Méheust appelle la conscience vigile) afin de percevoir ce qui nous est inaccessible à l'état normal. En vérité, la plupart des supports utilisés n'ont pour ainsi dire aucune importance, dans le sens où ils n'ont aucun « pouvoir particulier ». Ce sont juste des moyens pour se plonger dans une sorte d'état hypnotique (pouvant aller jusqu'à l'état de transe) et stimuler la vision subconsciente et paranormale. Dans le cas des runes, des cartes ou des *oghams*, c'est une combinaison de symboles qui fixe la volonté, stimule l'imagination et favorise la voyance. Éliphas Levi (1854) disait que « les instruments de divination ne sont que des moyens de se magnétiser soi-même et de se distraire de la lumière extérieure pour se rendre uniquement attentif à la lumière intérieure ».

## Les théories de la divination

Certes, tous ces faits sont captivants, mais ils ne nous avancent guère sur la compréhension scientifique de la divination (la voyance dite « haute »). La grande question reste posée : comment les voyants acquièrent-ils les informations qu'ils révèlent ? S'agit-il de télépathie ou d'un tout autre mécanisme inconnu de la science ? De nombreuses hypothèses ont été avancées sur la nature de cette perception extrasensorielle. C'est tout le mystère de ce qu'on appelle les facultés « *psi* » telles que la télépathie, la clairvoyance et la précognition, qui sont certainement des phénomènes de même nature. Il y a par exemple les théories « ondulatoires », les théories « à particules », les théories des champs impersonnels et des champs *psi*, en passant par la théorie quantique du *psi* et, plus récemment, la théorie des champs sémantiques.

Mais en vérité, comme Robert Toquet l'écrit, le plus sage serait peut-être de répondre : « Nous n'en savons rien ». Julian Huxley n'en pensait pas moins lorsqu'il dit que « les phénomènes de connaissance paranormale ne peuvent être expliqués d'aucune façon, ni insérés dans le cadre général d'une théorie scientifique » (Huxley, in Toquet, 1963).

Dans un article intitulé *Le paranormal : preuves et implications* paru dans le *Times* en 1996, Jessica Utts, professeur de statistiques, et Brian Josephson, prix Nobel de physique, mettent en évidence la réalité des phénomènes *psi* et soulignent la nécessité de l'expliquer scientifiquement. Dans tous les cas, disent-ils, les phénomènes *psi* doivent être intégrés dans le cadre de la science plus radicalement que ce n'est le cas aujourd'hui. Mais les auteurs ne dévoilent aucune explication fouillée… Une chose est certaine : il y a chez l'homme une faculté psychique enfouie au plus profond de notre intellect, à la frontière entre la conscience et l'inconscience, qui peut surgir dans la transe (mais pas toujours) et manifester chez nous une intelligence subliminale travaillant de pair avec notre conscience ordinaire et nous donnant accès à des informations de manière paranormale. Admettre ceci est déjà lourd de sens. Quant à l'expliquer, c'est une tout autre affaire sur laquelle tous les parapsychologues du monde planchent, sans avoir pu l'élucider à ce jour.

Une des hypothèses repose sur la théorie de la radio mentale (que nous avons déjà évoquée). Elle tend à réduire la clairvoyance à de la transmission de pensée (de la télépathie), où le voyant capterait des ondes cérébrales porteuses d'informations émises par les consultants, comme le système du poste radio avec un émetteur et un récepteur (en parapsychologie, le sujet émetteur est appelé « agent » et le sujet récepteur est appelé « percipient »). L'hypothèse est séduisante. Les organismes vivants émettent effectivement des signaux électromagnétiques. Parmi ceux-ci, certains pourraient transporter de l'information. Si l'existence des ondes cérébrales a bien été mise en évidence (par exemple les ondes *alpha*, *bêta* ou *gamma* associées à des états mentaux bien distincts), la question de leur rôle dans les phénomènes *psi* n'est pas établie. Leur portée serait trop faible. Il faudrait également démontrer leurs capacités à véhiculer de l'information. Dans son article *Les théories du psi*, Eric Pigani[194] relate des expériences de télépathie menées avec des sujets embarqués dans des sous-marins. Les résultats ont été positifs. Or ce type d'onde ne passerait pas sous l'eau (un conducteur électrique épais, comme l'eau salée des océans, bloque la plupart des ondes électromagnétiques couramment utilisées en télécommunication). D'autres expériences de télépathie concluantes ont été menées dans des cages de Faraday en cuivre et en acier qui bloquent toutes les ondes électromagnétiques (Radin, 2006). Il doit donc s'agir d'autre chose. De plus cette hypothèse ondulatoire serait insuffisante pour expliquer toutes

194 Pigani Eric, *Les théories du psi*, disponible sur Internet : http://www.metapsychique.org/Les-theories-du-psi.html?var_recherche=Pigani [visité le 20 avril 2016].

les manifestations de la voyance, puisque certains voyants captent parfois des informations qui sont inconnues du consultant lui-même. Elle est également incapable d'expliquer les prémonitions des événements futurs (la précognition) ainsi que les phénomènes télépathiques relatés lors des expériences de mort imminente (où le cerveau est hors de service et donc, en théorie, incapable d'émettre ou de recevoir une quelconque information). C'est pourquoi les théories « énergétiques » (ou ondulatoires) ont été abandonnées. Toutefois, il ne faudrait pas abandonner prématurément cette voie. En effet, nous pourrions toujours supposer qu'il existe un type d'onde ou un mode vibratoire que l'homme n'a toujours pas découvert ni détecté (au même titre que nous découvrons régulièrement de nouvelles particules élémentaires en physique). Toquet (1963) indique que :

> « Les parapsychologues anglo-saxons sont à peu près unanimes à admettre que les faits *psi* impliquent une conception idéaliste de la psyché. Nous sommes en présence d'un fait psychologique pur, d'un fait qui témoigne de l'existence et de l'activité d'une puissance irréductible aux fonctions physiologiques, aux mécanismes physico-chimiques ».

Cette conception idéaliste nous conduit vers une autre hypothèse basée sur l'existence, sur le plan psychique, d'une conscience collective (ou d'une inconscience collective), voire cosmique. Cette conscience collective contiendrait l'essence et l'empreinte de toute pensée. Le voyant pourrait lire à livre ouvert dans ce plan (ou ce « réservoir cosmique », pour reprendre les termes de certains mystiques) par une connexion mystérieuse entre la conscience individuelle et la conscience universelle. Cette conception, nous l'avons vu dans la première partie, est somme toute assez proche du platonisme, qui admet l'existence d'un plan idéal et intelligible où subsistent les idées et les archétypes des choses. Si cette hypothèse paraît étrange, elle n'est pas moins partagée par des psychologues de grande renommée, tels William James ou Carl Gustav Jung. James pensait effectivement que : « l'homme baigne dans un continu de conscience cosmique » (James, in Toquet, 1963). Quant aux théories psychanalytiques de Jung, elles introduisent également, à côté de l'inconscient individuel, un inconscient collectif. Dans *L'Énergie psychique*, il dit que :

> « Les instincts et les archétypes constituent l'ensemble de l'inconscient collectif. Je l'appelle "collectif" parce que, au contraire de l'inconscient personnel, il n'est pas fait de contenus individuels plus ou moins uniques ne se reproduisant pas, mais de contenus qui sont universels et qui apparaissent régulièrement ».

Les mystiques des écoles ésotériques occidentales proposent une autre interprétation, quoiqu'assez proche de celle d'une conscience collective, d'un plan « X » du psychisme où l'opérateur irait puiser l'information. Pour les occultistes (comme Stanislas de Guaïta, Papus ou Éliphas Levi), tout ce qui relève du psychisme (nos pensées, nos pulsions, nos volitions, nos rêves, etc.) est contenu dans cet agent universel qu'ils appellent la « lumière astrale ».

C'est le médiateur plastique universel que nous avons brièvement évoqué dans un encart précédent. Éliphas Levi disait que : « le plan astral reçoit et conserve toutes les empreintes des choses visibles ». À l'aide d'une faculté qu'ils appellent « translucide » ou « imagination » (qui prend un autre sens que celui que nous connaissons ordinairement), le voyant parviendrait à lire dans cette lumière astrale. À ce sujet, l'occultiste français précise que : « le somnambulisme, les pressentiments et la seconde vue ne sont qu'une disposition, soit accidentelle, soit habituelle, à rêver dans un sommeil volontaire ou tout éveillé, c'est-à-dire à percevoir les reflets analogiques de la lumière astrale ». La seconde vue des clairvoyants se résume pour lui à la faculté de voir dans la lumière astrale, qu'il considère comme le grand livre de la divination. Il remarque que la vision divinatrice ne s'opère que dans l'état d'extase. Cette observation rejoint celle des métapsychistes qui ont étudié les voyants modernes. Nous n'avons toutefois aucune preuve de l'existence de cette lumière astrale…

Dans un autre registre faisant également appel à une autre dimension de la réalité, Jessica Utts et Brian Josephson avancent quelques pistes basées sur la physique quantique et la non-localité :

> « Cette idée n'a peut-être de sens qu'à la lumière de théories présupposant que la théorie quantique (…) implique (de manière mathématiquement précise dans certaines versions) les manifestations d'un "domaine subquantique" plus profond. De la même façon qu'un surfeur peut utiliser n'importe quelle vague pour voguer sans effort, un voyant pourrait être capable de diriger une énergie aléatoire au niveau subquantique pour ses buts personnels. Certains comptes rendus sur le niveau subquantique comportent une action à distance, ce qui s'accorde bien avec certaines prétendues capacités *psi* »[195].

Mais ils terminent l'article en précisant que ces propositions sont extrêmement spéculatives. Il y a également des théories « à particules » qui intègrent certains aspects de la mécanique quantique. Citons, entre autres, la théorie des « psychons » de John Eccles, prix Nobel de médecine en 1963, qui propose un modèle général de particules subatomiques dont les propriétés intègrent les phénomènes *psi*. Tout comme les photons sont les particules de la lumière, les psychons seraient une sorte de particule de l'esprit et/ou des événements mentaux, ou plutôt des charges psychiques porteuses d'informations. Selon cette conception, le psychisme est constitué d'un ensemble composite d'événements mentaux dont le psychon est l'unité de base. Les psychons seraient des informations non matérielles régies par les lois de physique quantique. Mais là aussi il ne s'agit que d'un modèle dont la réalité n'est pas démontrée. Il y a eu d'autres théories « à particules » telles que les « mindons » ou les « atomes *psi* ». Nous ne savons pas si ces théories sont toujours d'actualité en parapsychologie.

---

195 Jessica Utts et Brian Josephson, *Le paranormal : preuves et implications*, disponible sur Internet : http://www.metapsychique.org/Le-paranormal-preuves-et.html [visité le 20 avril 2016].

L'abondance de ces théories est révélatrice de notre incapacité à expliquer rationnellement la voyance. S'agit-il d'un phénomène ondulatoire ou énergétique ? D'un phénomène psychique (qu'il soit conscient ou inconscient, individuel ou collectif) ? D'un phénomène qui relève du domaine quantique ? Ou bien s'agit-il d'un autre plan dont nous n'avons pas connaissance ? Nous ne savons pas. Pourtant les faits sont là, aussi implacables et déroutants soient-ils. Les dons de clairvoyance d'un Alexis Didier nous forcent à redéfinir la notion de conscience, ainsi que celle de sa portée, de sa nature même. Nous ne pouvons que nous émerveiller devant la perspective vers laquelle ces phénomènes repoussent la frontière du champ d'action du psychisme humain. Certes, nous pouvons toujours considérer les témoignages concernant Alexis Didier comme étant non recevables, car les séances tenues ne correspondent pas aux conditions de contrôle qu'exige la psychologie expérimentale actuelle. Mais cela revient encore une fois à fermer les yeux devant tant d'observations qui ont fait l'objet de comptes rendus et de procès-verbaux soumis à la critique. C'est également faire preuve de peu de considération pour toutes ces personnalités (scientifiques, psychologues, philosophes, etc.) qui ont contrôlé ces séances. De toute façon, disons clairement que les témoignages et les expériences quantitatives modernes ont prouvé la clairvoyance et les prémonitions. Nous invitons le lecteur à prendre connaissance de ces études (celles du professeur Rhine, de Pratt-Woodruff, de Hardy ou de Warcollier) et à consulter des ouvrages plus complets sur la voyance. Citons *Divination et rationalité* de Jean-Pierre Vernant (1974), *Entretiens sur la voyance, des voyants et des chercheurs parlent* de Myriam Entraygues (2002), ainsi que les différentes lectures recommandées par l'Institut Métapsychique International de Paris.

Nous pouvons conclure que la voyance et la divination, telles que rapportées dans les anciennes traditions (celtiques ou non), ne se résument pas à des mythes ou à de simples superstitions. Si les techniques utilisées sont étranges et les résultats variables, il y a manifestement, enfouie derrière, une véritable faculté parapsychique que certains individus sensitifs sont capables de développer avec, pour les sujets les plus doués, une ampleur qui dépasse l'entendement. Nous avons voulu montrer au lecteur que ces phénomènes sont possibles et que de telles capacités sont toujours bien présentes chez l'homme.

# Spiritualisme et expériences associées à la mort

« L'observation prouve l'existence d'un monde psychique aussi réel que le monde connu par nos sens physiques. L'Âme existe comme être réel indépendant du corps. Elle est douée de facultés encore inconnues à la science. Elle peut agir et percevoir à distance. Étudions donc, travaillons et espérons ».

Camille Flammarion [1842-1925]
Astronome et chercheur impliqué dans l'essor des sciences psychiques

« Un ensemble considérable de preuves crédibles appuie la probabilité d'une existence de la conscience après la mort et d'une continuité sensible au cours de vies futures ».

Prof. Robert A. F. Thurman (1995)
Extrait du *Livre des morts tibétain*

L'Âme existe-t-elle ? Y a-t-il une vie après la mort ? La réincarnation est-elle possible ? Est-il envisageable, comme l'affirment par exemple les moines bouddhistes, que notre vie présente ne soit qu'une transition matérielle, un état intermédiaire au sein d'un continuum d'existences successives dans ce vaste réseau interconnecté qu'est l'univers ? Voilà les grandes questions que nous allons tenter d'aborder dans ce dernier chapitre. La question de la vie après la mort demeure certainement, avec celle de l'origine de l'univers, un des mystères les plus profonds pour l'homme. Le psychologue anglais Frederic Myers, membre fondateur de la *Society for Psychical Research*, écrivit en 1905 : « la question qui importe le plus à l'homme est celle de savoir s'il possède ou non une Âme immortelle, ou, pour éviter le mot immortelle qui appartient au domaine de l'infini, si sa personnalité implique un élément quelconque susceptible de survivre à la mort corporelle ».

Nous ne pouvons donc échapper à un questionnement sur la mort car, quoi que nous fassions, nous serons tous confrontés un jour à ce grand passage qui nous interpelle depuis la nuit des temps. Certains disent d'ailleurs que le but de la philosophie est précisément de nous préparer sereinement à la mort : « Philosopher, c'est apprendre à mourir », disait le philosophe et moraliste Montaigne [1533-1592]. Les Celtes croyaient eux aussi profondément en un monde des esprits, un monde des morts. Pour eux la survie de l'Âme dans l'au-delà ne faisait aucun doute. Leur doctrine de la transmigration admettait la réincarnation. Les rites celtiques d'évocation des morts autorisent même à penser que les druides jouaient peut-être un rôle de « médium », dans le sens où ils servaient d'intermédiaires entre le monde des vivants et celui des esprits. Seuls les druides pouvaient communiquer avec l'Autre Monde. Des scènes d'évocation des morts sont d'ailleurs relatées dans la mythologie celtique irlandaise.

La croyance en l'au-delà, comme chacun le sait, se retrouve dans toutes les cultures. Les hommes, écrit Myers (1905) : « guidés soit par la raison, soit par l'instinct, soit par la superstition, ont toujours cru qu'il existait certains phénomènes spirituels témoignant d'une vie dont les limites dépassaient la vie que nous connaissons ». Dans son essai sur la réincarnation des âmes, le docteur en sociologie et en philosophie A. des Georges (1966) évoque les diverses traditions orientales ou occidentales où la théorie de la transmigration des âmes est présente. Elle s'est développée par exemple chez les « primitifs », les Aztèques, les Grecs (chez Pythagore et Platon), les Indiens, les Chinois, les Tibétains (dans le bouddhisme tibétain), etc. Nous ajoutons les Celtes (qui ont échappé à l'analyse du sociologue) à cette liste non exhaustive dans laquelle il convient d'intégrer toutes les spéculations des philosophes, anciens ou modernes, versés dans ces questions. Sur ce thème particulier, des Georges (1966) précise que :

> « L'unique problème fondamental pour l'homme est celui de sa mort ; il est universel, inéluctable et de tous les instants. Il s'est posé dès les premiers balbutiements de l'humanité ; les manifestations les plus anciennes de la préhistoire sont les tombes et les arrangements ordonnés des mobiliers funéraires primitifs. Car, dès qu'il a eu conscience de sa mort, l'homme a cru à la persistance de son être dans un autre monde ».

Chose étonnante, il semble que seule notre société occidentale actuelle a opté pour le rejet, le refus d'envisager cette possibilité. La négation de toute survie de l'être humain après la mort « est occidentale et moderne ; elle est le fruit de la position matérialiste de la science et de la philosophie. (...) L'athéisme moderne, la négation de l'existence de l'Âme et de sa survivance sont un phénomène récent qui correspond à la pensée dite scientifique contemporaine » (Des Georges, 1966). Le médecin Jean-Jacques Charbonnier (2012) explique :

> « En Occident, nous évoluons dans une société matérialiste, spirituellement sous-développée, dans laquelle il est convenu de nous inculquer depuis notre plus jeune âge que la mort signifie le néant. Autrement dit, la vie étant étroitement dépendante de la matière, aucune existence ne semble possible lorsque la matière disparaît. Mais ceci n'est que pure convention car il n'y a aucune preuve rationnelle de cette croyance matérialiste. Et je défie quiconque de m'en fournir une seule ! Seulement voilà, notre éducation occidentale, dénuée de toute valeur spirituelle, nous a asséné cette pensée dominante difficilement contrôlable ».

Un point de vue qui s'accorde avec la pensée orientale considérant cette vision presque nihiliste comme un pur concept qui n'est nullement démontré scientifiquement. Robert Thurman (1995) développe : « La représentation de la mort comme un néant dans la conscience n'est pas une découverte scientifique. C'est une notion conceptuelle ». En considérant la vision des matérialistes sur la mort, il s'interroge :

> « Mais qu'est-ce qui leur donne [aux matérialistes] la garantie d'un néant reposant après la mort ? Ont-ils des preuves crédibles ? Personne n'est jamais revenu du néant pour en parler. Ils n'ont ni rapporteur, ni spectateur, ni les moyens de pénétrer dans la subjectivité d'une personne morte. Ils ne peuvent sonder le cerveau mort de la personne. Ils n'ont aucune description convaincante du néant, qui de toute évidence n'a pas d'attributs particuliers. Jamais ils n'ont pu observer la moindre chose matérielle se transformer en rien. Pourquoi l'énergie matérielle d'un état de conscience, même au repos, ferait-elle exception à la loi physique selon laquelle l'énergie est conservée pour réapparaître sous d'autres formes ? Pourquoi les matérialistes croient-ils si fort dans la non-existence de cette continuité de l'énergie ? ».

Le problème des états après la mort mérite bien d'être posé avec sérieux. Dans son *Précis de psychologie* (1892), William James soutenait d'ailleurs que « l'absence d'études sérieuses sur les manifestations spirites est l'une des plus grandes lacunes de la psychologie ». Il signifiait là que l'étude du spiritisme doit être pleinement intégrée dans la psychologie. Nous sommes entièrement d'accord avec ce constat qui est toujours d'actualité. Nombreux sont les faits, les observations, les témoignages, voire même les expérimentations, qui méritent toute notre attention. Le scientifique et astronome américain Carl Sagan, pourtant réputé pour son scepticisme, a d'ailleurs concédé que, parmi les hypothèses relevant du domaine de la perception extrasensorielle qui méritent une étude attentive, figurent les témoignages de jeunes enfants rapportant quelquefois des détails d'une vie antérieure, que les vérifications confirment et dont ils ne peuvent avoir eu connaissance autrement que par une réincarnation (ce qu'on appelle les réminiscences chez les enfants)[196]. Nous ajoutons à cela les troubles de la personnalité (comme les cas d'aliénation – ou plutôt d'incorporation – où des individus en transe semblent habités par des personnalités extérieures à eux, comme c'est le cas lors de séances spirites), les manifestations d'écriture automatique[197], les expériences subjectives intenses des existences passées relatées par les initiés de diverses traditions (orientales ou occidentales), et plus récemment les recherches sur les expériences hors

---

196 Sagan, in Radin (2006).

197 L'écriture automatique (ou automatisme) est une manifestation fréquente observée dans les séances spirites, où la main du médium se met à écrire « automatiquement » pour répondre aux questions posées par les consultants. Tout se passe comme si une personnalité extérieure s'exprimait à travers la main du médium. Dans certains cas, plusieurs personnalités habitent le médium, l'une s'exprimant par la voix, l'autre par l'écriture, séparément ou en même temps. Dans des cas exceptionnels, les deux mains écrivent simultanément, parfois dans des langues ou des styles différents *a priori* inconnus du médium.

du corps ou expériences OBE (« *Out of Body Experience* », en anglais) ainsi que toute cette masse de témoignages troublants issus des expériences proches de la mort ou expériences NDE (« *Near Death Experience* »). Ces éléments donnent matière à réfléchir. Au regard de toute cette diversité de matériaux à examiner (issus des recherches psychiques, spirites et cliniques), la position occidentale de rejet aveugle nous paraît regrettable. Elle a d'ailleurs de plus en plus de mal à tenir la route aujourd'hui lorsqu'on intègre ces faits. Il est en effet difficile d'expliquer tous ces phénomènes si l'on s'en tient à une interprétation purement matérialiste des choses.

Toutefois, nous admettons que le sujet est délicat. Il est le centre de nombreux récits dont la qualité et l'authenticité sont très variables. En effet, nous avons tous entendu parler de séances de spiritisme et de tables tournantes, où l'on prétend que l'esprit présumé de personnes défuntes se manifeste à travers des coups frappés ou des mouvements d'objets. Nous avons tous entendu parler d'histoires farfelues de fantômes ou de maisons hantées, où des entités invisibles habiteraient certains lieux qui deviennent le centre de phénomènes étranges comme des sons inexpliqués ou des apparitions suspectes. Enfin, nous avons tous lu (ou visualisés à la télévision) des scènes étranges avec des médiums qui prêteraient leur corps à de prétendus esprits désincarnés afin qu'ils communiquent aux vivants des révélations d'outre-tombe... Nous avons également hérité d'un fond mythologique issu des croyances des anciens temps qui abondent en contes et légendes mettant en scène des oracles capables de contact avec l'au-delà. Bien entendu, ces anecdotes ne suffisent pas, du point de vue scientifique, à apporter une preuve définitive d'une vie après la mort. Il est en effet difficile de discerner, parmi tous ces récits, la part de réel ou d'imaginaire qu'ils renferment. Ils vont à l'encontre de l'expérience quotidienne que nous avons de la vie et de la matière, où d'ordinaire aucun de ces phénomènes ne se manifeste. Le résultat, disait William James en 1897, est que l'opinion publique à ce sujet est extrêmement superficielle :

> « Une partie des gens, émus en entendant dire les noms de leurs chers disparus et consolés par l'assurance réitérée qu'ils sont "heureux", acceptent la révélation et considèrent le spiritisme comme une chose "magnifique". D'autres, qui ont la tête plus dure, dégoûtés par le contenu misérable de la révélation, indignés par la fraude, et à l'avance prévenus contre tous les "esprits", bas ou élevés, détournent leur attention de ce qu'ils appellent indistinctement "des balivernes" ou "des blagues". Et c'est ainsi que deux sentimentalismes opposés se partagent l'opinion ».

Pourtant, à la question « a-t-on un jour investigué expérimentalement sur ce type de faits ? », nous répondons par l'affirmative. La survivance de l'Âme a bel et bien été étudiée par la communauté scientifique. Elle ne relève pas uniquement du mythe ou de la croyance populaire. De grands philosophes et psychologues comme Henri Bergson, Frederic Myers, William James, Carl Gustav Jung, et bien d'autres, ont longuement spéculé sur le sujet. Il y a eu également cette vague de recherches spirites qui s'est soudainement développée aux États-Unis vers 1847, atteignant la France et l'Angleterre en 1852. Cette vague a été portée par les chercheurs en sciences psychiques qui avaient pour préoccupation essentielle la question de la mort et des limites de notre univers mental. Ces théoriciens, tous des intellectuels issus de la classe savante, ont voulu reposer la question de la survie de manière rationnelle en privilégiant une sorte de spiritualisme expérimental. En témoignent les innombrables études menées au sein des sociétés savantes déjà évoquées (la *Society for Psychical Research* et l'*American Society for Psychical Research*) sur les séances spirites. Ces études font suite aux polémiques engendrées par le courant magnétique et somnambulique présentés précédemment. La question soulevée derrière ces recherches n'est pas banale, c'est celle de la spiritualité de l'Âme. Pour résumer, trois grandes écoles débattent entre elles sur cette question :

1. L'école « matérialiste » qui considère que la conscience est directement issue de l'activité neuronale et n'a aucune existence propre en dehors de l'individu. Cette vision relève du « monisme matérialiste », où la matière est l'unique constituant de l'univers. Elle est la cause de l'esprit qui est lui-même une fonction de la matière cérébrale. C'est aussi l'école du « tout neuronal », c'est-à-dire cette conception selon laquelle (1) l'être humain se résume à un paquet de neurones[198] et (2) notre conscience disparaît si tôt que notre cerveau cesse son activité.

2. L'école « spiritualiste »[199], qui considère l'esprit comme une réalité objective, une sorte de « corps psychique » bien réel ayant une existence propre, indépendante du corps physique (et donc du cerveau). Cette conception appartient pour sa part à une philosophie dualiste postulant la coexistence de l'esprit et de la matière[200]. Selon cette conception, l'un et l'autre sont des composantes de l'univers et aucun d'eux n'est la cause de l'autre.

3. L'école du « monisme transcendantal », où c'est l'esprit (ou la conscience) qui est considéré comme la composante essentielle de

---

198 Une conception qui peut déranger les matérialistes eux-mêmes car, comme le remarque Jean Staune (2007) : « Si nous ne sommes que des processus physico-chimiques, nos actes sont déterminés par eux. Or nous avons l'impression de faire des choix en toute liberté ». Il soulève ici la grande question de la nature du libre arbitre.

199 On confond souvent spiritisme et spiritualisme. Le spiritualisme est cette conception philosophique caractérisée par la dualité du corps et de l'esprit. Quant au spiritisme, c'est une doctrine fondée sur l'existence des esprits et qui propose un ensemble de pratiques visant à entrer en communication avec eux.

200 À propos de la pertinence d'une conception dualiste « esprit – cerveau », le neurochirurgien Wilder Penfield a dit : « Après une vie passée à essayer de découvrir comment le cerveau explique l'esprit, cela m'est comme une surprise de découvrir maintenant, à l'occasion de ce dernier examen de la question, que l'hypothèse dualiste semble la plus raisonnable des deux explications possibles » (Penfield, in Staune, 2007).

l'univers et la cause des manifestations matérielles. Elle appartient à une philosophie idéaliste similaire au platonisme et à l'idéalisme transcendantal de Kant, où la conscience préexiste sur la matière. Radin (2006) nous dit que cette dernière théorie est admise par beaucoup de philosophes, particulièrement ceux qui se sont intéressés aux doctrines mystiques. Elle a été récemment soutenue par quelques physiciens comme Erwin Schrödinger, Eugène Wigner ou Fritjof Capra.

Plutôt que de spéculer sur la pertinence ou le bien-fondé de telle ou telle école, commençons notre exploration par une brève analyse du spiritisme, qui donna naissance, rappelons-le, à un véritable mouvement culturel de grande ampleur dont l'opinion publique a peu conscience de nos jours. C'est dans les États-Unis du XIXe siècle que le spiritisme « moderne », occidental, s'est développé, pour ensuite traverser l'Atlantique et intéresser la classe savante européenne. Nous allons l'examiner à travers le cas unique et authentique d'une célèbre médium américaine qui fut au centre des débats.

## Un cas d'étude de spiritisme

Les données et les témoignages issus des séances de spiritisme constituent en effet une première manière d'aborder la question de l'après-vie. De tels récits se comptent aujourd'hui par milliers et il convient de procéder à un tri minutieux pour dégager de toute cette masse les expériences les plus intéressantes. S'il faut choisir un cas concret, nous optons pour celui de Leonora Piper [1859-1950], décrite comme le sujet métagnome spiritoïde le plus célèbre du XIXe siècle. Un médium spiritoïde est un sujet qui, en état de transe, semble habité par des « esprits » de personnes décédées (ou des entités perçues comme telles) qui se manifestent à travers le corps du médium et échangent des informations avec les consultants présents lors de séances. Selon Toquet (1963), Leonora Piper (parfois aussi appelée Eleonora ou Eleonor) fut à ce titre un cas absolument unique dans les annales de la métapsychique. Elle fut étudiée par de nombreux chercheurs d'Harvard et de Cambridge (issus de la SPR ou de l'ASPR). Frederic Myers (1905) considère que les phénomènes d'extase de Mme Piper forment « l'ensemble de preuves psychiques le plus remarquable de toutes celles qui ont jamais été produites dans aucun domaine ». Citons également le professeur et philosophe américain James Hyslop, le physicien Oliver Lodge, William James, Richard Hodgson, etc. Son cas est traité dans les volumes des *Proceedings* de la *Society for Psychical Research*, les rapports d'Hodgson (qui synthétise huit années de travaux et 500 séances avec la médium) et de Hyslop (qui a publié un rapport de 650 pages sur la médium), l'ouvrage d'Oliver Lodge (*La Survivance humaine*), de Myers (*La personnalité humaine, sa survivance, ses manifestations supranormales*), de James (*Expériences d'un psychiste*) et certainement d'autres ouvrages dont nous n'avons pas connaissance. Ce médium a donc fait l'objet d'une étude approfondie considérée comme sans équivalent dans l'histoire des recherches psychiques. En tout, ce sont des dizaines de milliers de pages qui lui sont consacrées. Sur ce cas unique, William James a prononcé ces mots en 1894 lors de son discours à la présidence de la Société anglaise des recherches psychiques :

> « Une proposition universelle peut être rendue fausse par un exemple particulier. Si vous vouliez renverser la loi que tous les corbeaux sont noirs, il ne faudrait pas essayer de montrer qu'il n'y a pas de corbeaux ; il vous suffirait de prouver qu'il en existe un blanc. Mon unique corbeau blanc, c'est Mme Piper. Lorsque ce médium est en transe, je ne puis résister à la conviction qu'il y a chez elle une connaissance que ne lui a jamais révélée l'usage ordinaire de ses yeux, de ses oreilles ou de sa raison. Quelle peut être la source de cette connaissance, c'est ce que je ne sais pas, et je n'ai même pas l'ombre d'une suggestion à proposer pour l'expliquer ; mais je ne vois aucun moyen de ne pas admettre cette connaissance comme un fait ».

C'est dire à quel point Leonora Piper a marqué l'esprit du psychologue. Dans un autre ouvrage, il évoque à nouveau le médium en ces termes éloquents et lourds de sens :

> « Je connais une femme hystérique qui, pendant ses transes, a connaissance de faits qui, considérés globalement, transcendent les possibilités de sa conscience normale, des faits concernant la vie de personnes qu'elle n'a jamais rencontrées, et dont elle n'a jamais entendu parler. Je suis bien conscient de tout ce à quoi une telle affirmation est susceptible de m'exposer, et je le fais délibérément, n'ayant pratiquement aucun doute de son bien-fondé. Mon sentiment personnel est que l'état de transe est une chose immensément complexe et fluctuante, que nous avons à peine commencé à pénétrer dans sa compréhension, et qu'à son propos toute généralisation a toutes les chances d'être prématurée. Une étude comparative des états de transe, des états subconscients, est de ce fait de la plus extrême urgence et de la plus haute importance pour la compréhension de notre nature ».

Présentons donc ce personnage qui a fait couler autant d'encre et qui a troublé tant de savants. Dans les lignes qui suivent, nous reprendrons les propos de Bertrand Méheust (1998) qui a fait une biographie synthétique de Leonora Piper (que nous complèterons par d'autres informations fournies par Robert Toquet).

> « Née en 1859, à Nashua, dans le New Hampshire, dans une famille d'origine anglaise, Leonora Simonds épouse en 1881 William Piper, et s'installe à Boston, où son mari travaille dans un grand magasin. Elle est mère de deux enfants. Rien ne prédestinait cette femme pragmatique à devenir la plus célèbre médium américaine. Les chercheurs qui l'ont connue et étudiée nous la dépeignent comme une femme de bon sens, équilibrée, de santé solide, mais de culture assez sommaire, et dotée de moyens intellectuels plutôt limités, ce qui, à leurs yeux, a contribué à faciliter les enquêtes qu'ils ont conduites sur elle. Un curieux événement va révéler inopinément ses facultés psychiques présumées. En 1884, elle se heurte à un traîneau, et, à la suite de quoi, développe une tumeur qu'elle craint cancéreuse. Ses parents l'envoient alors consulter un "*psychical healer*", un médium aveugle nommé

> J.R. Cocke[201], et, pendant la consultation, elle perd connaissance quelques instants. Pendant la séance suivante, elle tombe en transe et fait passer un message écrit contenant des informations apparemment exactes sur l'une des personnes présentes[202]. Après quoi, elle est sollicitée un peu partout pour des séances. C'est ainsi qu'on reconnaît en elle un médium. Au début, elle se borne à donner des conseils médicaux, puis, très vite, elle va se mettre à répondre aux questions que lui posent les assistants, et à leur révéler des détails intimes qu'ils sont seuls à pouvoir connaître. Sa réputation parvient ainsi jusqu'à Mrs Gibbens, la belle-mère de William James. Cette dernière, venue consulter Leonora, pose une lettre sur son front ; et elle a la surprise d'entendre la médium lui donner aussitôt le nom de son auteur. C'est ainsi que William James lui-même va se trouver impliqué dans l'étude de la plus fameuse médium américaine ».

Toquet (1963) ajoute que « dans les premiers temps, les esprits ou soi-disant tels qui se manifestent par son intermédiaire furent assez variés, puis, l'un d'eux, le Dr Phinuit[203], finit par s'imposer et devint le "contrôle"[204] de Mrs Piper ». William James décida donc d'étudier Mme Piper. Il alla pour la première fois à sa rencontre sous une fausse identité, en prenant soin de ne rien divulguer de ses intentions d'étude. D'après Méheust (1998), la première séance fit forte impression au philosophe de Harvard :

> « Leonora Piper lui révèle des détails personnels très précis ; notamment, elle nomme un enfant qu'il vient de perdre l'année précédente ; le nom est un peu déformé – Herrin, au lieu de Herman – mais les détails de contexte ne laissent planer aucun doute sur l'identité du décédé. D'autres séances suivent, dans lesquelles la médium fournit au philosophe des détails de plus en plus circonstanciés. Ainsi, elle lui déclare : "votre fils a pour compagnon, ici, dans notre monde, un jeune garçon qui s'appelle Robert F.", ce qui est exact. Un autre jour, elle fait savoir que la belle-mère de James a perdu son carnet de chèques, puis le localise, ce qui permettra de le retrouver. Pendant une autre séance, elle dit à James : "Vous venez de tuer avec de l'éther un chat dont la robe était grise et blanche. La malheureuse bête a longtemps tournoyé sur elle-même avant de mourir" – ce qui était exact également. Ces séances emportent la conviction de James. Il présente Leonora à l'ASPR, et

---

[201] Toquet (1963) précise que Cocke se prétendait possédé par l'esprit d'un médecin décédé dénommé Finny. C'est probablement, dit-il, par un effet de contagion mentale inconsciente que Leonora Piper va également se retrouver « possédée » par une personnalité lors de la séance suivante.

[202] Toquet donne une version différente sur le déroulement de cette deuxième séance, puisqu'il dit qu'une jeune indienne, Chlorine, avait parlé par la bouche de Mme Piper pendant la transe, donnant à un consultant une preuve remarquable de la survie. Selon cette version l'information est donnée oralement et non par écrit (comme le mentionne Méheust).

[203] Le contrôle Phinuit se présentait comme un médecin français de Metz. Toquet précise que, lorsqu'on chercha à vérifier son identité, on constata qu'aucun Dr Phinuit n'avait vécu à Metz et que les détails qu'il donnait sur ses travaux et ses études n'étaient que pures fantaisies. Ce contrôle apparaît donc comme une personnalité seconde issue de l'inconscient du médium.

[204] Lors des séances spirites, on appelle « contrôle » la personnalité qui semble habiter le médium. Dans la transe, il y a parfois plusieurs contrôles qui se manifestent en même temps, l'un s'exprimant par la voix, l'autre par écriture automatique.

> les travaux commencent. Ils dureront plus de quinze ans. La société américaine va se ruiner pour inviter les chercheurs britanniques de la SPR, elle payera le juriste anglais Hodgson pour filtrer les visiteurs, des sténographes pour transcrire mot à mot les dialogues des séances, et même des détectives privés pour surveiller la voyante ».

Durant les premières séances médiumniques, les informations fournies par Mme Piper relèvent davantage de la voyance telle que nous l'avons examinée dans le chapitre précédent. Mais elles prennent ensuite une connotation résolument spirite lorsque des personnes décédées prétendent se manifester à travers la médium en transe. Touchons un mot de ce fameux « contrôle », le Dr Phinuit, qui s'exprime à travers elle. Méheust relate que ce contrôle s'exprime bizarrement, avec une voix masculine très grave, et répond aux questions des personnes présentes dans un curieux mélange de gallicismes, de patois nègre et d'argot yankee. Chose encore plus étonnante, elle peut être possédée par trois contrôles (trois « esprits ») à la fois, l'un s'exprimant par la parole, et les deux autres par les mains, écrivant en même temps un message différent à travers l'écriture automatique (il faut alors se pencher soit vers la main, soit vers l'oreille pour se faire entendre par tel ou tel esprit). Précisons que la médium de Boston ne reste pas lucide pendant ses transes. Elle n'en garde aucun souvenir, alors que sa mémoire de transe est surprenante : « si on la confronte avec une personne avec laquelle elle a dialogué quelques années plus tôt dans les mêmes conditions, elle est capable de reprendre la conversation mot à mot, exactement là où elle l'avait laissée, alors qu'elle a conduit depuis des milliers de séances analogues » (Méheust, 1998). Du reste, la littérature ne dit pas grand-chose sur la manière dont la transe survient chez Leonora Piper, à part ce détail : pour entrer en transe, elle avait pour habitude d'enfouir sa tête sous un oreiller. Méheust continue la biographie :

> « Les manifestations médiumniques vont chez elle de pair avec une vie personnelle et familiale parfaitement normale et équilibrée. Elle semble capable, pendant ses transes, d'avoir accès à des informations d'origine inconnue : elle produit ce que les psychistes anglais appellent de l'"*evidential communication*", c'est-à-dire un discours de transe émaillé d'informations précises relatives à des personnes décédées ou absentes, dont elle est censée tout ignorer. Une de ses marques personnelles les plus troublantes, qui détruit totalement et définitivement l'hypothèse du hasard, est sa capacité à donner les noms et prénoms des gens qu'on lui présente, voire même de nommer des relations, proches ou lointaines, de ces personnes, en général après plusieurs essais infructueux ou approximatifs ».

Toquet confirme cette « spécialité » de Leonora Piper à faire « revivre » des personnes décédées. Ainsi, il raconte l'anecdote d'Oliver Lodge qui donna un jour (lors d'une séance en 1889) à Mme Piper la montre d'un de ses oncles d'Australie, mort vingt ans auparavant et qu'il n'avait jamais vu. La voyante (ou plutôt son contrôle « Phinuit ») trouva immédiatement le nom de cet oncle (un certain Robert), mais aussi, après un temps d'attente et plusieurs essais infructueux, celui d'un de ses frères qu'il aimait beaucoup (un nommé Jerry). Puis le contrôle se met à incarner le frère décédé en s'exprimant à la première personne : « *This is my watch, and Robert is my brother, and I am here. Uncle Jerry, my watch…* ». Lodge avait à peine connu cet oncle Jerry. Or voici que Phinuit donne toute sorte de détails relatifs à son enfance, des événements précis qui remontent à près de 70 ans. Il rappela des épisodes comme la traversée à la nage d'une rivière (ou d'une crique) qui a failli se terminer par une noyade, la mise à mort d'un chat, la possession d'une peau de serpent dont un frère survivant ne se souvenait plus ou à peine, et dont il fut obligé de demander la confirmation à un autre frère survivant qui confirmera l'exactitude des détails (Toquet, 1963). Ces observations en séances sont extrêmement troublantes, car la précision des détails fournis par la médium est stupéfiante de vérité.

Comment diable la médium a-t-elle acquis ces informations ? C'est un mystère… Il y a deux hypothèses que nous envisagerons ici : soit les informations sont effectivement transmises par l'esprit désincarné de l'oncle, soit elles sont issues du propre fond de la médium (mais dans ce cas il s'agit d'un fond paranormal). L'écrivain belge Maurice Maeterlinck [1862-1949], prix Nobel de littérature en 1911, s'est penché sur le cas de Mme Piper et propose un commentaire intelligent concernant la deuxième hypothèse, suggérant dans ce cas précis que :

> « Le médium doit, soit par vision à distance, transmission de pensée de subconscient à subconscient ou clairvoyance subliminale, se mettre en rapport avec les deux frères survivants du possesseur décédé de la montre ; et, dans l'inconscient de ces deux frères lointains et que personne n'a prévenus, il lui faut retrouver une foule de circonstances oubliées par eux-mêmes, et sur quoi se sont accumulées les poussières et les ténèbres de 66 années. Il est certain qu'un phénomène de ce genre fait craquer tous les cadres de l'imagination et qu'on lui refuserait sa créance si d'abord il n'était pas certifié et contrôlé par un homme de la valeur de Sir Oliver Lodge, et si, par surcroît, il ne faisait pas partie d'un groupe de faits équivalents, qui montre bien qu'il ne s'agit point là d'un miracle absolument unique ou d'un inespérable concours de coïncidences » (Maeterlinck, in Méheust, 1998).

Terminons par un point important, du reste assez rare dans les études psychiques : tous les chercheurs qui ont étudié Mme Piper s'accordent sur sa bonne foi qui, semble-t-il, ne peut être mise en doute. À aucun moment, en quinze ans de recherche, elle n'aurait cherché à tricher, ni offert un quelconque espace à la suspicion (Méheust, 1998). D'autres contrôles ont ensuite supplanté le Dr Phinuit. Citons un certain Georges Pellew (un jeune philosophe mort accidentellement en 1892, et que Leonora Piper avait vu à l'une de ses séances) et d'autres personnalités qui se cachaient sous les pseudonymes de Doctor, Mentor, Imperator, Rector. Un cas des plus intéressants est celui du contrôle « Hodgson », du nom du juriste qui étudia la médium durant plusieurs années. Richard Hodgson mourut subitement en 1905 (lors d'une partie de hand-ball dans un club nautique), et ce fut le tour de son « esprit », quelques jours après son décès, de communiquer à travers Mme Piper. De son vivant, Hodgson était membre de la SPR et secrétaire de l'ASPR. Il passa dix ans de sa vie à étudier Elenora Piper. Il fut payé à temps plein par la SPR pour chapeauter la médium, la contrôler et filtrer ses interlocuteurs, jusqu'au point de dormir dans la pièce voisine de Mme Piper pour surveiller tous ses faits et gestes. C'est d'ailleurs grâce à cette abnégation que nous avons la certitude que la médium américaine ne disposait pas de comparses à l'extérieur qui lui auraient permis d'obtenir des informations sur les visiteurs qu'on lui présentait. Aucun chercheur appointé, aucun universitaire, nous dit Méheust, ne pourrait aujourd'hui effectuer un tel travail dans des conditions institutionnelles. Hodgson était également un ami de William James, qui décrit la qualité du travail du juriste en termes élogieux :

> « Le docteur Hodgson (...) se distingue par une pondération d'esprit qui, dans son genre, est aussi rare que celle de Sidgwick[205] ; il croit en la réalité d'un grand nombre de phénomènes spirites, mais il sait découvrir l'erreur avec une pénétration inusitée ; de sorte qu'il est impossible de dire à l'avance s'il éprouvera plus de plaisir à confirmer une observation qu'à la mettre en pièces » (James, in Méheust, 1998).

Au cours de son existence, à la suite de son travail sur Mme Piper, Hodgson se plaisait à dire que s'il venait à mourir et que la médium « officiait » toujours ici-bas, il la « contrôlerait » mieux que personne, étant parfaitement familiarisé des difficultés rencontrées lors des communications à caractère spirite. Et c'est effectivement ce qui se passa à sa mort lorsque le contrôle « Hodgson » se manifesta à travers la médium américaine. James a collationné et analysé les 69 séances tenues en Amérique au cours desquelles l'esprit du juriste (ou le prétendu tel) est apparu à travers la médium. Nous disposons de ce fameux *Rapport sur le contrôle-Hodgson de Madame Piper* rédigé par James en 1909, où sont retranscrites toutes les séances et toutes les communications que nous avons lues attentivement. La grande, l'épineuse question du psychologue est bien de déterminer si cette entité était bel et bien l'esprit indépendant, extérieur, de son cher ami trépassé qui se manifestait à travers la médium (c'est l'hypothèse spirite), ou s'il s'agissait d'un élément propre, intérieur à la conscience du médium qui agissait comme une personnalité seconde et subconsciente (c'est une hypothèse qui rejoint celle de la « prosopopèse » de René Sudre)[206]. James reformule la ques-

---

205 En référence au philosophe et économiste Henry Sidgwick [1838-1900], un autre membre fondateur de la SPR.

206 Du grec « *prosôpon* », signifiant visage. Une hypothèse proposée dans les années 1930 par René Sudre [1880-1968], journaliste et vulgarisateur scientifique, mais aussi métapsychiste actif au sein de l'Institut Métapsychique International de Paris. Farouche opposant de l'hypothèse spirite, il formula son hypothèse de personnification ou de « visagification », selon laquelle les médiums en transe ne sont pas habités par des esprits, mais produisent en fait des personnalités, telle une tendance de la psyché humaine à s'exhiber de façon théâtrale. Selon cette hypothèse, les personnalités de transe, les « contrôles » ou les « esprits » présumés, seraient en réalité composées

tion de la manière suivante : « Y a-t-il dans les messages en question des indications qui nous permettent d'affirmer sans nous tromper que quelque chose, que nous pouvons appeler l'"esprit" d'Hodgson, devait vraisemblablement se trouver là et qu'il s'y trouvait en effet ». Malheureusement, comme nous allons le voir, cette question n'a pas été définitivement tranchée…

Pour permettre au lecteur de se faire une idée plus précise de ces séances et, surtout, des informations données par le médium en transe, nous allons retranscrire une séance issue du rapport de William James où tous les dialogues ont été minutieusement sténographiés. Cette séance se déroula le 19 février 1906. Elle fait partie de ce que William James appelle « la série Owl's Head ». Pour bien comprendre cette scène peu ordinaire, précisons d'abord les différents intervenants : il y a tout d'abord Leonora Piper, inconsciente, en transe, qui s'exprime au nom d'un ou plusieurs contrôle(s). Le contrôle « Hodgson » (c'est-à-dire l'esprit Hodgson, noté R.H. ci-dessous) s'exprime *via* la main de la médium (par écriture automatique). Un autre contrôle, Rector, s'exprime parfois par la voix de la médium. Il y a ensuite la principale consultante, une personne dénommée Miss Marguerite Bancroft (notée B. ci-dessous), une connaissance de Richard Hodgson, qui converse avec la médium en transe. Précisons que Miss Bancroft s'était convertie au spiritisme, et avait elle-même certaines dispositions spirites (elle aussi présentait des facultés médiumniques et pouvait aussi écrire automatiquement). Une autre personne, Monsieur Georges Dorr, était également présente. Owl's Head était le nom de la résidence d'été de Miss Bancroft, qui dominait le port de la ville de Rockland (dans l'état du Maine aux États-Unis). Leonora Piper n'était jamais allée dans cette résidence. De son vivant, R.H. s'y était rendu deux étés de suite. Pour bien saisir la nature paranormale de la communication, nous demandons au lecteur d'être bien attentif aux propos échangés. Voici le dialogue de la séance retranscrit par James (les remarques personnelles de James ou de Miss Bancroft figurent entre crochets) :

- R.H. : *C'est moi, Hodgson. Parlons ! Bien, bien, bien, charmé de vous voir. Comment va ?*
- B. : *Tout à fait bien. Et vous ?*
- R.H. : *Superbement.*
- B. : *Je puis à peine vous parler.*
- R.H. : *Mais il faut que vous me parliez.*
- B. : *Voulez-vous me donner un message défini !*

d'éléments psychiques empruntés à plusieurs personnes, présentes ou absentes. Sudre explique ainsi le captage d'information des médiums par transferts de pensée. Cette hypothèse, si elle paraît plus rationnelle, est en réalité presque tout aussi révolutionnaire que celle de la survie de l'Âme, puisqu'elle postule la réalité de la télépathie et la subsistance, dans un plan inconnu de l'univers mental, d'« éléments psychiques » porteurs d'informations qu'un médium pourrait capter.

– R.H. : *Mais bien sûr ! Je vous ai réclamée, et réclamée encore*[207]. *Vous rappelez-vous quand je parlais de venir ici, si jamais j'en avais l'occasion ?*

– B. : *Oui en effet.*

– R.H. : *Je vous prie de me prêter attention. Vous rappelez-vous la façon dont je parlais à ce sujet, le soir ? Vous savez ce que vous disiez de mon écriture ? Je pense que je vais faire une réussite de premier ordre.*

– [Remarque W.J. : Tout est parfaitement exact, Miss B. elle-même peut écrire automatiquement, et depuis le départ de Hodgson elle a toujours pensé qu'il pourrait bien avoir influencé son subconscient en cela et en d'autres choses. Les mots « je vous ai réclamée », etc., c'est en ce sens qu'elle les interprète. Rector cependant avait connaissance de son écriture automatique].

– R.H. : *Vous rappelez-vous le bon temps passé à Head ! Je suis si content d'être allé... vous souvenez-vous d'une petite conversation que nous eûmes sur les lueurs et les satellites ? Vous rappelez-vous l'intérêt que vous y avez pris ? Vous rappelez-vous ce que j'avais coutume de dire sur mon retour si je quittais le séjour d'ici-bas le premier ?*[208]

– B. : *Oui, je me rappelle de tout cela.*

– [Remarque B. : Parfaitement exact encore. « Head » doit signifier Owl's Head où, deux étés durant, Hodgson avait été voir le médium et en avait gardé une joie extrême. « Les lueurs » se rapportaient aux lueurs de Rockland au-delà de la baie, dont il admirait beaucoup l'effet. Le soir, sur la véranda, il avait souvent parlé des planètes, des étoiles, et de la question de savoir si elles sont habitées].

– R.H. : *Bien, me voici ! En avant, continuons !*

– B. : *Pouvez-vous me dire les noms de quelques-uns de ceux qui se trouvaient là-bas avec vous, le dernier été ?*

– R.H. : *Vous rappelez-vous de Miss Wilkinson ?*

– B. : *Non.*

– R.H. : *Qui me demandez-vous ? Comprends pas. Comment vont les enfants ?*

– [La maison avait été pleine d'écoliers et R.H. aimait beaucoup les enfants.]

– B. : *Ils vont bien.*

– R.H. : *Vous rappelez-vous le jour où je partis pour une promenade dans la montagne ?*

– B. : *Non. Je ne m'en souviens pas.*

– R.H. : *Demandez à Putnam si lui et moi... Ma montre s'arrêta*[209].

---

207 R. H. fait ici allusion au fait qu'il aurait sollicité les facultés médiumniques de Miss Bancroft pour tenter de communiquer avec elle une fois décédé.

208 R.H. fait référence à sa propre mort et au fait qu'il disait, de son vivant, qu'il tenterait de communiquer avec un médium lorsqu'il serait décédé. Or, nous l'avons dit, Miss Bancroft était médium.

209 En référence à une autre séance où R.H. fait mention à la montre de M. Bancroft qui s'arrêtait

- B. : *Ne pouvez-vous pas me rappeler quelque chose que vous avez fait à Head ?*
- R.H. : *C'est justement ce que je suis en train de faire. Ne vous rappelez-vous pas comment j'ai dû rire de vous, rire sur ce bateau, à propos de ce bateau ?*
- [Note W.J. : ce dernier mot ayant été au déchiffrage pris pour le mot « chapeau »]
- B. : *Qui a eu son chapeau emporté par le vent ?*
- R.H. : *C'est moi, vous ne vous rappelez pas le jour qu'il s'envola ? Oui, vous ne me suiviez pas très nettement.*
- B. : *J'essaye de me souvenir de ce chapeau.*
- R.H. : *Vous rappelez-vous de la pêche ?*
- B. : *Oui je me rappelle de la pêche.*
- R.H. : *Capital ! Souvenez-vous de mon chapeau ? Il tomba à l'eau.*
- B. : *Oui, je pense que oui.*
- R.H. : *Je dirais bien que vous y songiez. Oh là là ! Mais je ne suis pas aussi stupide que d'autres que je connais. Je n'ai rien oublié. Vous avez mon poème ?*
- B. : *Oui, et je veux vous en remercier.*
- R.H. : *Ne vous tracassez pas pour cela. Je veux que vous sachiez que je suis ici réellement présent et que je vous reconnais, et les bons moments de tout premiers ordres passés à la maison de Owl. Merci beaucoup. Comment va Bayley ? Certainement, de bons moments et de premier ordre, à Owl. Merci beaucoup Owl. Souvenez-vous des bons moments que je vous disais ? Jsp. Merci. Souvenez-vous de ce que je disais pour les* [ou « l' »] *habiller. Souvenez-vous ? Oh vraiment, je...*
- B. : *Comment est-ce que je vais, moi, à présent ?*
- R.H. : *Capital ! ça marche bien, tout ce dont vous avez besoin c'est d'expérience. Je prendrais bien un bain ! Je prendrais bien un bain. Plongeons.*

[Remarque W.J. : Ici beaucoup d'incohérence. Les noms de Bailey et de Jessup (Jsp) sont exacts. Hodgson avait l'habitude de se baigner avec eux près des rochers et Miss B. se rappelle les plaisanteries qu'ils échangeaient pendant qu'ils s'y rhabillaient. Hodgson et eux allaient en pêche au large presque tous les jours. Un jour, le docteur B. et R.H. s'en furent à la pêche dans un bateau à pétrole et à leur retour ils rirent longtemps et bruyamment de quelques incidents de la traversée. Miss B. ne peut rien se rappeler de bien défini au sujet d'un certain chapeau, mais elle penche vers l'interprétation que l'allusion se réfère à cet incident. Quant au poème, elle pense que ce sont les vers « On dirait que le pays merveilleux » écrit à la séance de Miss Poper le 5 février][210].

fréquemment. William James soupçonne qu'il y a derrière cela un souvenir confus lié à un événement réel.

[210] En référence à un poème à destination de Miss Bancroft, composé par R.H. (mais par écriture automatique à travers Eleonora Piper) lors d'une autre séance avec une certaine Théodate Pope.

Voilà qui clôture la communication spirite. Comment Leonora Piper peut-elle connaître la résidence de « Head » ? Comment peut-elle évoquer le contenu plus ou moins précis de certaines discussions tenues entre Marguerite Bancroft et Richard Hodgson comme si elle y avait participé ? Comment parvient-elle à citer des noms de connaissances de ces deux personnes, avec des allusions relatives à ce qu'elles ont vécu à cet endroit précis ? Une fois de plus, c'est une énigme… Cependant, nous voyons par ce dialogue à quel point les interprétations de ces communications parfois décousues sont difficiles. Cela est particulièrement vrai à la « simple » lecture d'une séance. William James précise d'ailleurs que celui qui prend part à une séance satisfaisante a généralement un sentiment plus vif à la fois de la réalité et de l'importance de la communication que le simple lecteur du rapport. En effet, les propos tenus, quoique significatifs dans certains passages, sont souvent confus. Richard Hodgson, lorsqu'il était en vie et qu'il étudiait Mme Piper : « avait coutume de comparer les conditions du commerce avec les esprits à celles où se trouveraient deux personnes qui, sur terre, entretiendraient leurs relations sociales en se servant d'un messager ivre mort ». La métaphore est bien choisie…

Mais revenons à la manière dont nous pouvons interpréter le contenu d'une telle séance. Avant d'arriver à la conclusion spirite, il y a différents cas de figure à envisager pour expliquer les informations fournies par la médium. L'analyse de William James est la suivante :

> « Les sources de communication véridiques émanant du Contrôle-Hodgson, et autres que l'"esprit" survivant de R. H., peuvent être énumérées ainsi : (1) rencontres heureuses et de pur hasard ; (2) bavardages ; (3) indications fournies étourdiment par les assistants ; (4) renseignements donnés de son vivant par R. H. à Madame Piper en état de veille et conservés par celle-ci dans sa mémoire, supraliminale ou subliminale [selon la théorie du "moi subliminal" de Frederic Myers, que nous développerons plus loin] ; (5) renseignements donnés de son vivant par R. H. ou par d'autres, à différentes séances et conservés par la mémoire médiumnique de Madame Piper, mais hors de l'atteinte de sa conscience à l'état de veille ; (6) "télépathie", c'est-à-dire influence exercée sur l'esprit de l'assistant ou de quelque personne vivante éloignée, d'une manière inexplicable et enfin (7) communication avec quelque réservoir cosmique, où les souvenirs de tous le faits de l'univers sont mis en réserve et groupés autour de centres personnels d'association. Appelons les cinq premières de ces explications "naturelles" et les deux dernières "surnaturelles" ou "mystiques". Il tombe sous le sens qu'aucune explication mystique ne doit être invoquée tant qu'une seule explication naturelle demeure plausible. Ce n'est que lorsqu'on aura été conduit à considérer les cinq premières comme invraisemblables qu'il sera temps de confronter les théories de la télépathie et du réservoir cosmique avec celle de l'"esprit" survivant de R. H. ».

Ce raisonnement est plein de bon sens. Après avoir examiné ces différentes hypothèses tout au long des séances, William James conclut que les communications observées ne fournissent aucune preuve décisive du retour de l'esprit « Hodgson », tout en admettant que les phénomènes ne sont cependant pas incompatibles avec un pareil retour. En effet le psychologue a toujours eu un doute à propos de l'hypothèse spirite, davantage convaincu par l'idée que les contrôles de Mme Piper étaient des créations oniriques (tout en lui reconnaissant un caractère extrêmement frappant avec les personnages qu'elle incarnait *via* ses contrôles) n'ayant probablement pas d'existence en dehors de ses états médiumniques. Mais, contrairement à l'opinion de James, Richard Hodgson, après avoir examiné (de son vivant) les autres contrôles de Mme Piper de manière tout aussi attentive et minutieuse, était pour sa part disposé à admettre l'hypothèse spirite. À propos des conclusions de R. H., William James confesse :

> « Je ne connais nulle part maniement plus magistral d'une masse aussi énorme de matériaux ; et, à la lumière de ses conclusions générales, je suis tout à fait prêt à admettre que mes propres négations (...) peuvent être le résultat de l'étroitesse de ma manière. Peut-être, alors que l'esprit de R. H. n'a cessé de parler, sont-ce seulement mes oreilles qui sont restées sourdes. Il est vrai, je persiste à croire que la troupe des "Imperators" [il fait ici référence à tous les contrôles de Mme Piper] n'est composée que d'entités fictives, alors que Hodgson finit par les accepter comme réelles ; mais du moins en ce qui concerne la probabilité générale de leur existence réelle en tant qu'esprits communiquant quelque part dans l'ensemble, je ne puis faire la sourde oreille aux arguments sérieux de Hodgson, ni manquer de reconnaître l'autorité que son énorme expérience confère à son opinion dans ce domaine particulier ».

À travers cette nuance, il reconnaît que les faits sont compliqués à l'extrême et que la preuve catégorique lui échappe encore. Il admet même que tous les comptes rendus sont entièrement compatibles avec l'explication du retour des esprits, quoiqu'ils soient explicables sans elle. Les avis sont donc partagés et les deux hypothèses plausibles. Méheust (1998) synthétise très bien la situation :

> « Peut-on expliquer les informations contenues dans les communications d'une Leonora Piper, en faisant appel aux seules ressources internes des sujets et/ou aux processus télépathiques entre les vivants ? Tout le débat de la SPR, au début du siècle, tourne autour de cette question. Du coup on en vient à réexaminer l'hypothèse de l'exogénéité de la source, malgré les immenses problèmes qu'elle soulève, et malgré la réticence de beaucoup. À nouveau, les chercheurs se trouvent placés devant une fourchette : soit ils font le pari que les seules ressources des sujets vivants suffiront à expliquer certaines manifestations, soit ils admettent l'hypothèse des messages des désincarnés. La première hypothèse paraît la plus simple. Mais elle oblige, non seulement à accepter la lucidité, mais à lui prêter une extension nouvelle. Étant donné la nature du nouveau défi, et moyennant cette extension, la lucidité apparaît désormais à certains comme une hypothèse économique et rationnelle susceptible de stopper la fuite de l'esprit dans l'inconnu, et d'empêcher la régression vers d'anciennes croyances. Maurice Maeterlinck, observateur attentif de cette bataille pour la définition des facultés, a clairement résumé cette alternative : "Nous avons opté pour deux inconnus, deux miracles

si l'on veut, dont l'un est situé dans le monde que nous habitons et l'autre dans une région qu'à tort ou à raison nous croyons séparée de nous par des espaces sans noms, qu'aucun être, vivant ou mort, n'a traversés jusqu'à ce jour. Il est donc naturel que nous demeurions chez nous, dans notre monde à nous, tant que nous y pourrons tenir, tant que nous n'en serons pas impitoyablement expulsés par une série de faits irrésistibles et irrécusables, issus de l'abîme voisin. La survivance de l'esprit n'est pas plus invraisemblable que les prodigieuses facultés que nous sommes obligés d'attribuer aux médiums si nous les enlevons aux morts ; mais l'existence du médium, aux rebours de celle de l'esprit, est incontestable" ».

C'est ce que Méheust appelle un « prodigieux incident de frontière ». En parallèle du « cas Piper », mentionnons aussi brièvement l'affaire retentissante des « correspondances croisées » (ou *cross correspondances*, en anglais), au début des années 1900, où plusieurs femmes à travers le globe (ce détail est important) ont produit des messages automatiques (sous-entendu par écriture automatique) de différents chercheurs en sciences psychiques décédés, tels le psychologue britannique Frederic Myers (mort en 1901), le philosophe Henry Sidgwick (mort en 1900) et Edmund Gurney, un autre psychologue anglais mort en 1888. Ces femmes appartenaient à l'aristocratie, étaient cultivées et n'avaient rien à voir avec les médiums « populaires ». Dans le cas des communications issues de l'esprit présumé de Myers, c'est d'abord une femme d'Angleterre qui reçoit un message en grec et en latin du psychologue anglais (qui connaissait fort bien ces deux langues), puis Leonora Piper reçoit elle-même des messages aux États-Unis, puis une troisième femme vivant en Inde dont les messages font allusion aux séances précédentes. En tout, plus d'une douzaine de personnes sont impliquées. Cette fois-ci, c'est comme si un esprit unique tentait de communiquer simultanément à travers plusieurs médiums séparés les uns des autres. Cette affaire va occuper les chercheurs de la SPR pendant trois décennies. Mais une fois de plus, tout aussi intrigant que les faits puissent paraître, aucun des investigateurs ne confirme de manière formelle l'hypothèse spirite…

Nous nous arrêterons là pour ce qui relève du spiritisme, même s'il y aurait de quoi écrire encore des pages entières sur l'écriture automatique, les tables tournantes, les coups frappés et les personnifications (les « contrôles ») qui se manifestent chez les médiums. Encore de nos jours, il existe de nombreux cercles spirites à travers le monde qui pratiquent de telles séances. Mais c'est un milieu où l'esprit critique doit rester de rigueur, car il est difficile d'y déceler des phénomènes authentiques (nous ne doutons pas qu'il en existe) dans ce type de communauté où se mélangent des personnes naïves et des pseudo-médiums. Nous avons personnellement tenté l'expérience en participant à une séance de l'Union Spirite Belge (qui appartient à l'école d'Allan Kardec) et nous n'avons guère été convaincu par ce que nous avons vu[211].

---

211 La séance s'est produite au siège de l'Union Spirite Belge de Liège. Le cercle était composé

Naturellement, nous ne nous basons pas sur cette unique observation personnelle pour nous forger une opinion définitive. Nous savons que des phénomènes authentiques se sont produits, et dont l'analyse a pour ainsi dire « obsédé » de grands chercheurs du psychisme des deux siècles passés, sans toutefois apporter de réponse définitive. C'est pourquoi nous allons poursuivre notre analyse de la survivance de la conscience à travers d'autres manifestations plus récentes.

## Les expériences proches de la mort

Les témoignages de personnes qui ont connu un état de mort clinique et qui sont revenues à la vie constituent certainement, avec ses phénomènes connexes, une preuve, ou au moins un argument recevable, aux dires mêmes de certains médecins actuels, en faveur d'une vie après la mort. Ils relèvent des expériences « proches de la mort », « de mort imminente » ou encore « de mort provisoire » selon une autre appellation plus récente et plus convenable. Elles se sont développées depuis les années 1970 et les témoignages existent maintenant par millions dans les milieux cliniques (60 millions, pour être plus précis, selon les dernières études statistiques)[212]. Ils sont connus dans le monde entier et sont de plus en plus pris au sérieux, quoique toujours controversés quant à leurs interprétations. À vrai dire, c'est toujours un sujet tabou dans la médecine.

L'exploration de ces états particuliers est extrêmement troublante et il est difficile de les expliquer sans faire appel à l'hypothèse selon laquelle il se passe effectivement « quelque chose » après la mort. Les témoignages rapportent un état bien différent que le prétendu « néant » des matérialistes. Au contraire, les personnes qui ont vécu cet état racontent des expériences subjectives intenses,

---

de plusieurs personnes assises autour d'une table, dont un « président » ou un « maître » de séance (nous ne savons pas comment nommer ce personnage), des personnes âgées (des femmes principalement) qui se sont par la suite avérées être les prétendus médiums, et des consultants (un couple et moi-même). La séance consistait en une lecture d'extraits d'un des livres d'Allan Kardec. Durant la lecture, une des dames âgées situées en face de moi s'est mise à agiter les bras et à délivrer des messages par écriture automatique. Elle était assistée par une autre dame âgée située juste à côté d'elle. Cela a duré quelques minutes. Ensuite un « débriefing » de la séance a eu lieu pour déchiffrer les écrits du médium. Ils s'adressaient au couple, plus particulièrement à la femme dont la mère était décédée. Les propos étaient du genre : « c'est votre mère, elle pense à vous. Elle me dit de vous dire que tout va bien, etc. ». La femme à qui s'adressaient les propos s'est mise à pleurer (avec le souvenir de sa mère décédée), alors qu'à nos yeux il n'y avait rien de bien révélateur, d'émotionnel ou de spectaculaire dans ce type contenu. Selon nous les propos relevaient de banalités que l'on pourrait dire à n'importe qui dans ce genre de contexte. Nous avons donc quitté cette séance avec un sentiment de scepticisme. Nous n'avons donc pas du tout été convaincu de la nature spirite du message délivré durant cette séance. Depuis nous n'avons plus jamais assisté à d'autres séances…

212 Institut Gallup (1993), *US News and World report* (1997) et INA Schmied (1999), in Charbonnier (2012).

pour reprendre l'expression de Robert Thurman. C'est grâce aux travaux d'un psychiatre américain, Raymond Moody, que les expériences proches de la mort furent popularisées auprès de l'opinion publique, suite à la publication en 1975 du livre *La vie après la vie*. Depuis, d'autres auteurs ont pris le relais et de nombreux ouvrages et articles scientifiques ont été publiés. En France, ces expériences sont aujourd'hui le sujet de prédilection du médecin et anesthésiste réanimateur français Jean-Jacques Charbonnier qui pense fermement que la conscience puisse exister indépendamment de l'activité neuronale. Dans un de ses ouvrages, il développe sept phénomènes, sept preuves irréfutables de l'existence d'un au-delà (Charbonnier, 2012). Lors de ses conférences, il affirme avec un certain aplomb : « Je ne pense pas que l'après-vie existe, je ne crois pas que l'après-vie existe, je le sais ! ». En tant que professionnel de la médecine en prise directe avec ces faits depuis plus de vingt ans (et après avoir rédigé neuf livres sur le sujet, sans compter la multitude de conférences pour soutenir l'hypothèse de la survivance), c'est une opinion qui nous paraît avoir un certain poids, d'autant plus qu'elle est argumentée scientifiquement. Nous reviendrons sur ces arguments dans les pages qui suivent.

Contrairement aux idées reçues, la frontière entre les états de vie et de mort n'est pas clairement établie. Si l'étude et la compilation des expériences proches de la mort sont relativement récentes dans les hôpitaux (notamment suite à l'amélioration des techniques de réanimation), les biologistes se penchent depuis un certain temps sur la question de la frontière entre la vie et la mort. Déjà à son époque, le médecin Charles Richet [1850-1935] disait : « rien n'est plus incertain que le moment de la mort ». Lors d'un discours adressé à l'Académie des Sciences en 1957, le professeur et spécialiste de la réanimation cardiaque Léon Binet [1891-1971], doyen de la Faculté de Médecine, ajouta : « il est difficile de cerner si un être est dans le monde des vivants ou fait déjà partie du royaume des morts » (Binet, in A. Des Georges, 1966). Plus récemment, le cardiologue Pim Van Lommel (2015) confirme que :

> « Il est scientifiquement impossible de déterminer exactement à quel moment toute vie a disparu d'un corps. Le processus de mourir, qui dure plusieurs heures ou plusieurs jours, prend des formes différentes pour chacun, et se produit au niveau organique jusque dans les cellules et les niveaux subcellulaires, chaque système ayant son propre système et son propre temps de désintégration. En outre, lorsque le cerveau est mort, presque 100 % du corps est encore vivant ».

La distinction entre la mort clinique et la mort « réelle » (sans possibilité de retour à la vie) semble donc délicate, même pour des médecins. Nous posons donc la question : qu'est-ce que la mort ? D'après Charbonnier (2012) :

> « La mort clinique est définie par l'arrêt du fonctionnement cérébral. Cet état peut être objectivé par l'enregistrement d'une activité électrique neuronale nulle ; électroencéphalogramme plat (EEG). Lorsque l'on obtient deux EEG plats à quatre heures d'intervalle pendant au moins 20 minutes, on considère que la

> mort clinique est devenue irréversible. Dans ces conditions, on est en mesure de débrancher le patient du respirateur ou de lui prélever ses organes pour des dons. En fait, cet état correspond à nos limites actuelles de réanimation ».

Toutefois Van Lommel (2015) objecte que la mort cérébrale n'est pas véritablement la mort. Quoi qu'il en soit, cet état de mort clinique est accompagné d'autres symptômes bien visibles et bien connus tels que l'absence de pouls, la respiration nulle, la baisse de la température du corps, la rigidité cadavérique, etc. Dans ce processus de la mort, les anciennes traditions ésotériques ajoutent un autre phénomène invisible et concomitant avec l'arrêt des fonctions vitales : la libération progressive de l'Âme hors du corps (précisons un petit détail qui a son importance pour la suite : d'après les mystiques, c'est par le sommet du crâne que commencerait ce phénomène de libération). Ce sont les manifestations connexes à ce second phénomène qui nous intéresseront ici. En effet, dans un état de mort clinique, alors que le cerveau n'est définitivement plus en activité, certains individus vivent une expérience très particulière que nous sommes incapables d'expliquer si nous supposons que la conscience et toutes les perceptions qui en dérivent (vision, son, etc.) sont produites par le cerveau en activité. Tout indique en effet que notre conscience quitterait le corps…

Pour s'en rendre compte, voici le récit spectaculaire de l'Américaine Pamela Reynold [1956-2010] qui, en 1991 (à l'âge de trente-cinq ans), a été plongée dans un état de mort clinique lors d'une opération chirurgicale exceptionnelle destinée à extraire un anévrisme logé dans son cerveau. Son histoire est largement documentée dans la littérature. Elle est particulièrement remarquable car, durant l'opération, elle était sous assistance et sous surveillance médicale étroite. Tous les paramètres physiologiques ont donc été enregistrés. Nous passons les détails techniques de cette opération complexe qui nécessita ce qu'on appelle un arrêt circulatoire hypothermique, c'est-à-dire, comme l'explique Charbonnier, la déviation de la circulation sanguine de la patiente vers l'extérieur pour vider de tout sang la région à opérer. Alors que son cerveau ne contenait plus une goutte de sang et que son EEG est resté plat pendant près d'une heure (donc techniquement « hors service » et incapable de percevoir le moindre stimulus de l'extérieur), les médecins ont été sidérés d'apprendre, à son réveil post-opératoire, que la patiente avait vu et entendu tout ce qui se passait durant son opération. Nous retranscrirons le récit de Pamela Reynold tiré de l'ouvrage de Charbonnier (2012) :

> « J'ai entendu un bruit mécanique et ça m'a fait penser à la fraise du dentiste. Je suis alors sortie <u>par le haut de ma tête</u> [souligné par nous]. Dans cet état, j'avais une vision extrêmement claire de la situation. J'ai remarqué que mon médecin avait un instrument dans la main qui ressemblait à une brosse à dents électrique. Il y avait un emplacement en haut qui ressemblait à l'endroit où on met l'embout. J'ai regardé vers le bas et j'ai vu une boîte ; elle m'a fait penser à la boîte à outils de mon père quand j'étais enfant. C'est là qu'il rangeait ses clés à douilles. À peu près au moment où j'ai vu l'instrument, j'ai

entendu une voix de femme. Je crois que c'était la voix de ma cardiologue. Elle disait que mes veines et mes artères étaient trop étroites pour évacuer le sang et le chirurgien lui a dit d'utiliser les deux côtés. Je ne suis pas restée là très longtemps. J'ai soudain ressenti une présence et quand je me suis retournée, j'ai vu un minuscule point lumineux. Il semblait très éloigné et quand je m'en suis rapprochée, j'ai entendu ma grand-mère m'appeler. Je suis aussitôt allée vers elle et elle m'a gardée tout près d'elle. Et plus je me rapprochais de la lumière, plus je commençais à voir des gens que je reconnaissais. J'étais impressionnée par le fait que ces gens avaient l'air merveilleux. Ma grand-mère n'avait pas l'apparence d'une vieille femme ; elle était radieuse. Tout le monde avait l'air jeune, sain et fort. Je dirais plutôt qu'ils étaient de la lumière, comme s'ils portaient des vêtements de lumière et comme s'ils étaient faits de lumière. Je n'ai pas été autorisée à aller très loin. ; ils me gardaient très près d'eux. Je voulais en savoir plus sur la musique, sur le bruit d'une chute d'eau, sur les chants d'oiseaux que j'entendais et savoir pourquoi ils ne me laissaient pas aller plus loin. Ils ont communiqué avec moi. Je n'ai pas d'autres mots pour expliquer cela parce qu'ils ne parlaient pas comme vous et moi ; ils pensaient et j'entendais. Ils ne voulaient pas que j'entre dans la lumière. Ils disaient que si j'allais trop loin, ils ne pourraient plus me relier à mon moi physique. Mon oncle m'a ramené en bas à travers le tunnel et pendant tout le voyage, j'ai intensément désiré retourner dans mon corps. Cette idée ne me posait aucun problème. J'avais envie de revenir vers ma famille. Puis je suis arrivée à mon corps. Je l'ai regardé et franchement, il avait l'air d'une épave. Il avait l'air de ce qu'il était : mort. Et je n'ai plus voulu y retourner. Mon oncle m'a communiqué que c'était comme sauter dans une piscine : "vas-y, saute dans la piscine !". J'étais toujours réticente à le faire. Et puis il s'est passé une chose que je ne comprends toujours pas aujourd'hui : il a accéléré mon retour dans le corps en me donnant une sorte de coup comme quand on pousse quelqu'un dans une piscine. Quand j'ai touché le corps, c'était comme si j'étais tombée dans un bassin d'eau glacée et je n'oublierai jamais ça ».

Ce récit n'est-il pas tout simplement fantastique ? Ce témoignage nous fournit une première ébauche de réponse à ce qui se peut se passer après la mort et à ce qu'un être humain peut ressentir dans un état de mort clinique. Le récit de Pamela Reynold commence en fait par une expérience hors du corps suivie d'une expérience de mort provisoire lorsqu'elle bascule dans ce que nous ne pouvons qualifier autrement que « l'au-delà ». Ce témoignage nous plonge dans un abîme de réflexion. Comment, dans cet état de mort clinique, Pamela Reynold a-t-elle pu décrire les instruments chirurgicaux utilisés lors de son opération ? Comment a-t-elle pu entendre les conversations entre le chirurgien et le cardiologue ? D'où viennent ces visions et ces sensations alors que le cerveau, reconnu comme étant le siège de la perception et de toutes nos facultés sensorielles, était lui aussi en état de mort clinique, pour ainsi dire « débranché » ? Comme le dit Jean-Jacques Charbonnier : « cette patiente a vu sans ses yeux, entendu sans ses oreilles et compris sans son cerveau ! Oui mais alors avec quoi ? Comment ? Tout ne devient-il pas plus simple si on admet que la conscience se trouve à l'extérieur du corps lorsque le cerveau s'arrête de fonctionner ? » Nous sommes entièrement d'accord avec cette hypothèse qu'il faut postuler et examiner parmi d'autres. Elle prend tout son sens au regard d'un tel témoignage. Il est même logique de la poser…

Bien sûr les détracteurs ont évoqué une multitude d'hypothèses alternatives pour tenter d'expliquer ce que Pamela Reynold a vécu : activité cérébrale résiduelle, stimulation du lobe temporal par manque d'oxygène (qui expliquerait la sensation de sortie du corps)[213], potentiel évoqué auditif (PEA), visions ou sons perçus avant ou pendant l'opération puis reconstitués par le cerveau, etc.

---

213 À ce sujet, Charbonnier démonte cet argument tenu par la plupart des scientifiques qui réduisent ce type d'expérience à une hallucination qui serait due à un cerveau défaillant privé d'oxygène (ce qu'on appelle l'hypoxie) et surchargé en gaz carbonique (l'hypercapnie). Selon cet argument, nous dit le réanimateur français : « les sceptiques suggèrent qu'un déficit d'oxygène dans un lobe cérébral occipital mal perfusé pourrait entraîner des visions de points lumineux évoquant l'extrémité d'un tunnel, tandis que les troubles métaboliques induits par une hypoxie neuronale prolongée provoqueraient des sensations de plaisir intense en activant des récepteurs morphiniques. Quant à la sensation de sortie du corps, elle serait due à la stimulation d'une zone précise du cerveau : le gyrus angulaire droit. Un récit cohérent, bien que totalement fantaisiste (…). Ces explications ne tiennent pas la route lorsqu'on a une bonne connaissance de ce type d'expériences. (…) Nous savons que l'hypoxie et l'hypercapnie produisent des tableaux cliniques particuliers assez typiques regroupant une lenteur d'idéation, une irritabilité, des difficultés de concentration et des troubles de la mémoire, bref, des comportements qui contrastent énormément avec les perceptions et la clarté mentale de ceux qui vivent une NDE. (…) La vision d'un point lumineux induite par un lobe occipital mal perfusé crée une image qui ressemble à celle d'un écran qui s'éteint sur un vieux poste de télévision à tube cathodique ; l'intensité du spot lumineux s'amplifie brusquement puis décroît progressivement, avant de disparaître totalement. Il suffit d'interroger les rescapés de la mort pour se rendre compte que cette sensation d'extinction lumineuse de tube cathodique n'a absolument rien de commun avec l'indicible lumière d'amour surgissant au bout d'un tunnel. (…) La stimulation du gyrus angulaire droit induit une impression de décalé par rapport à son corps ; une vision autoscopique externe qui peut donner à la personne l'illusion de voir son corps comme si elle était à distance de celui-ci. Cependant, ce phénomène hallucinatoire reproductible ne peut être assimilé à ce qui est vécu lors de l'expérience car certains sujets sont en mesure de décrire non seulement leur corps comme s'ils se trouvaient au-dessus ou à distance de celui-ci, mais également des détails précis impossibles à visualiser sans avoir eu la possibilité d'un éloignement physique comme, par exemple, une plaque cachée sous une table d'opération, l'intégralité des gestes pratiqués par une équipe médicale au cours d'un arrêt cardiaque, le tiroir où fut rangé à la hâte le dentier de celui qu'on réanimait, les numéros d'immatriculation du véhicule d'un chauffard pensant avoir laissé pour mort un piéton qui en fait avait tout "vu" (…). La reconstitution d'une histoire cohérente par un cerveau défaillant ne saurait expliquer comment certains sujets sont capables de décrire des situations exactes se déroulant à très grandes distances de leur corps, comme par exemple une opération ayant lieu dans un bloc chirurgical voisin, la tenue vestimentaire et la posture de personnes patientant dans la salle d'attente, le nombre de vélos rangés dans le parc d'un hôpital ou une scène bien particulière se déroulant dans un appartement situé à des kilomètres. Tout se passe en fait comme si la conscience des sujets réanimés était capable de traverser les murs pour visualiser des événements précis qui se sont avérés réels après de minutieuses vérifications ». Quant à l'argument d'une activité cérébrale résiduelle indétectable, il répond : « elle n'explique en rien comment en période d'arrêt cardiaque, un cerveau aussi déficitaire serait en mesure de produire un état de conscience plus performant que lorsqu'il se trouve dans les conditions habituelles de bon fonctionnement ; possibilité de déplacement dans le temps et dans l'espace, traversées de murs, télépathie, etc. ».

Aucune de ces hypothèses alternatives ne tient la route. Le Dr Charbonnier les a démontées une à une. Pour résumer, disons qu'une activité cérébrale résiduelle est impossible puisque la température corporelle de Pamela Reynold durant l'opération était de 15,5 °C et, à cette température, il est admis que le moindre échange biochimique entre deux neurones est impossible ; que les bruits entendus par la patiente ne peuvent s'expliquer puisque le PEA enregistré durant l'opération était plat (ce qui rend impossible la perception du moindre son par le cerveau) ; qu'il est impossible que Pamela Reynold ait pu voir les instruments chirurgicaux puisqu'elle était anesthésiée avant l'opération et que ses yeux étaient clos durant l'opération par du sparadrap sur les paupières. Bref, ce cas unique est difficilement contestable, selon les mots de Charbonnier.

D'autant plus qu'il existe, nous l'avons dit, des millions d'autres témoignages du genre. Il ne s'agit pas d'un cas isolé. D'après une étude du cardiologue néerlandais Pim van Lommel, un autre spécialiste des états de mort imminente, 18 % des sujets réanimés d'un arrêt cardiaque sont capables de raconter un tel voyage. Derrière les différences dues au contexte et aux circonstances de la mort (qu'elle soit spontanée ou provoquée comme c'était le cas de Pamela Reynold), les récits présentent des similitudes. Un ensemble de manifestations et/ou de sensations sont caractéristiques de cet état. Citons, entre autres, la « célèbre » vision d'un tunnel et d'une lumière intense, agréable et bienveillante (presque « divine », selon les termes d'autres témoins), le sentiment de bien-être, la vision très claire d'êtres proches déjà trépassés et d'apparence jeunes [souligné par nous] avec qui le sujet communique par télépathie.

Le cas que nous avons relaté est une expérience positive de mort provisoire. Elle est associée à des sensations de bien-être, des visions réconfortantes ou des sons relaxants (chant d'oiseaux, chute d'eau, etc.). Nous ne pouvons pas nous empêcher de faire un rapprochement avec le descriptif de l'Autre Monde dans la *Navigation de Bran* de la mythologie celtique que nous avons retranscrit dans la première partie. Dans ce texte, il est également question, à propos de l'au-delà, de sentiments de joie et d'allégresse, de chant d'oiseaux, d'éternelle jeunesse (rappelons que l'Autre Monde est également appelé la « Terre des Jeunes »), voire même d'échappatoire à l'espace-temps. Tous ces qualificatifs ne présentent-ils pas des analogies frappantes avec ceux des personnes ayant vécu une expérience de mort provisoire ? Nous sommes convaincus que ces textes et ces témoignages, pourtant séparés de plusieurs siècles, décrivent la même réalité, la même expérience subjective de la vie après la mort. À côté de ces expériences positives, il y a également des états de la mort ressentis comme des expériences négatives. Mais ces cas sont nettement moins fréquents. Le vécu de ces expériences traumatisantes est exactement l'inverse de ce que nous avons décrit jusqu'à maintenant. Tout y est horreur, douleur, cri, angoisse et ténèbres, telle une sorte de cauchemar. Là aussi il y a un parallèle avec les anciennes traditions. Peut-être est-ce cet état particulier qui est appelé « enfer » dans de nombreuses religions ?...

**Les sorties en corps astral de la tradition revisitées par les témoignages actuels de décorporation**

> « Je me reposais sur un lit, étendu sur le dos, lorsqu'une forme semblable à mon corps se sépara de moi, s'éleva lentement à la verticale et s'arrêta au voisinage du plafond. Ma conscience, mes pensées se trouvaient dans la tête de cette forme seconde. Je remarquai que, sans bouger la tête, je pouvais voir dans toutes les directions comme dans une sorte de vision sphérique. Pas de couleurs, pas de sons, mais le sentiment d'éprouver un bonheur infini. Il m'est impossible de fixer la durée de l'expérience. Puis cette forme *bis* de moi-même redescendit lentement et se réajusta, en coïncidence parfaite avec mon corps. Une fois revenu de ma surprise, je ne désirais qu'une chose : refaire cette expérience, retrouver ce bonheur infini. Malgré mes lectures, mes tentatives pour reproduire ce dédoublement – j'ai appris qu'il se nommait sortie hors du corps ou OBE pour *out-of-body experience* – je ne suis parvenu à rien. Par contre, j'ai été bien convaincu que je n'étais pas un mais deux ».

Ceci est un témoignage récent de ce qu'on appelle une « expérience hors du corps ». Il est tiré de l'ouvrage du Dr Charbonnier (2012) qui a décrit, étudié et répertorié quelques-uns de ces phénomènes. Ce type d'expérience n'est peut-être pas totalement étranger aux lecteurs car une petite proportion de la population rapporte avoir vécu cet état très spécial. Le témoignage précédent de Pamela Reynold débute lui aussi par une sortie hors du corps, mais cette fois-ci consécutive à un état de mort provisoire. Si l'expérience reste rare et difficile à reproduire, les récits de ce type sont de plus en plus nombreux à travers le globe. Charbonnier a compilé 124 cas au cours de ses recherches. En vérité, le phénomène n'a rien de nouveau. Les décorporations sont connues depuis des lustres des anciennes spiritualités orientales ou occidentales (hindouisme, bouddhisme, chamanisme, etc.). C'est une pratique magico-religieuse propre aux initiations mystiques, relatée sous le terme un peu plus fantastique de « sortie en corps astral ». D'après la tradition, les initiés parviennent, avec l'entraînement (en se plongeant dans des états particuliers de concentration, de méditation ou de transe), à projeter leur « corps astral » hors du corps matériel et à le diriger, sous l'impulsion de la volonté, vers des lieux plus lointains dont ils peuvent visualiser les scènes à distance alors que leur corps physique est immobile. Dans l'initiation bouddhiste, Robert Thurman confirme que : « les esprits des lamas tibétains peuvent se détacher de l'enveloppe grossière du corps physique et faire usage d'un corps magique pour voyager vers d'autres univers ».

Par « corps astral » ou « corps magique », il faut entendre cette entité invisible que la tradition considère comme l'enveloppe fluidique de l'Âme, également appelée « double sidéral » ou parfois « périsprit » selon le vocable des docteurs du spiritisme. C'est pourquoi, dans la terminologie ésotérique, on parle de « projection du double sidéral ». Dans cet état, cette enveloppe invisible flotterait et se dirigerait dans l'éther sidéral, qui est une sorte de monde psycho-fluidique, un océan mental collectif qui se superpose au monde matériel. Les anciennes traditions enseignent que ce processus de décorporation se déroule naturellement à la mort des êtres vivants, qui est caractérisée par la libération de l'esprit hors du corps. Ce phénomène de libération serait toutefois progressif et débuterait par l'exode puis la décomposition du corps astral. C'est pourquoi les initiés qui parviennent à réaliser cette opération de leur vivant sont « morts deux fois ».

Mais quittons le jargon énigmatique des mystiques et revenons à l'époque actuelle. Les sorties hors du corps sont aujourd'hui revisitées et pour ainsi dire réhabilitées à travers les nombreux témoignages que nous avons évoqués. Les sorties hors du corps (ou SDC) regroupent ces expériences où un sujet voit son esprit ou sa conscience quitter son corps. Le Dr Charbonnier (2012) complète la description : « l'expérience de sortie de corps (…) est un phénomène vécu comme étant authentique et non pas assimilé à un rêve ou à une hallucination. La SDC donne majoritairement la certitude pour celle ou celui qui la vit d'être un esprit désincarné dans un corps ».

Si les mystiques savent réaliser cette opération volontairement avec l'entraînement, il arrive que des individus « normaux », comme vous et moi, vivent ce type d'état. Les décorporations peuvent se produire dans diverses conditions. Elles peuvent être provoquées volontairement ou involontairement. Elles peuvent être spontanées ou consécutives à un stress ou un état de mort clinique. Elles peuvent également être facilitées par absorption ou administration de substances chimiques (anesthésiant par exemple), alcoolisées ou hallucinogènes. Charbonnier donne quelques chiffres à partir des données collectées : 84 % des SDC sont involontaires ; 92 % se déroulent dans une position allongée sur le dos ; 96 % se passent dans un état de profonde relaxation.

Ces états particuliers sont pris au sérieux puisqu'il existe un centre spécialisé (l'Institut suisse des Sciences noétiques) à Genève qui les étudie depuis 1999 (http://www.issnoe.ch). Tout comme les expériences de mort provisoire, il y a une phénoménologie commune à ce type d'expériences : vision du corps « par le haut », sensation de « décalé » par rapport au corps, vision à 360 degrés (vision dite « sphérique »), déplacement à distance (voyage mental) et perception de cibles (personnes, objets, événements) par la pensée, etc. Il est évident que ces témoignages récents relatent la même expérience que celle vécue par les mystiques. Charbonnier (2012) conclut : « Bien que bouleversants et totalement irrationnels dans l'état actuel de nos connaissances, les phénomènes de sortie du corps n'en demeurent pas moins bien réels et il serait tout à fait malhonnête et illogique de vouloir les ignorer ».

## *La réminiscence des vies antérieures chez les enfants*

Après les expériences proches de la mort, la mémoire des existences antérieures constitue un deuxième argument crédible en faveur de la survivance. Rappelons que Platon et Pythagore avaient eux-mêmes développé une doctrine de la réincarnation basée sur le souvenir des vies précédentes. À notre époque, les faits les plus probants en faveur de cette doctrine proviennent de témoignages d'enfants qui se souviennent de leur réincarnation passée. Nous avons pris connaissance de ce phénomène à travers l'histoire étonnante de Shanti Dévi. Le témoignage nous est résumé par une personne dont l'honnêteté intellectuelle ne peut être mise en doute, à savoir le moine bouddhiste Matthieu Ricard, biologiste de formation devenu proche du Dalaï-Lama. À propos de ces réminiscences, il précise que :

> « Les témoignages en ce sens abondent mais, faute d'avoir été vérifiés de manière rigoureuse par un nombre suffisant de scientifiques, ils ne sont généralement pas acceptés. Il y a cependant quelques exceptions, des exemples

> célèbres pour lesquels la supercherie et la pure coïncidence semblent raisonnablement exclues (Ricard et Thuan, 2000) ».

Gandhi en personne fut impliqué dans cette histoire dont Matthieu Ricard nous fait le récit :

> « Shanti Dévi naît en Inde, à Delhi, en 1926. Vers l'âge de quatre ans, elle commence à tenir à ses parents des propos étranges. Elle leur dit que sa vraie maison est dans la ville de Mathura où vit son mari. D'abord amusés, les parents ne tardent pas à s'inquiéter de sa santé mentale. Shanti Dévi est pourtant intelligente et d'un caractère aimable. Pendant deux ans, elle maintient ses affirmations, ce qui les agace de plus en plus. À l'âge de six ans, elle s'échappe et tente en vain de gagner à pied Mathura, qui se trouve à 150 kilomètres de Delhi. Un jour, elle explique à une de ses compagnes de classe qu'elle ne s'appelle pas Shanti Dévi, mais Lugdi Dévi, qu'elle est mariée, qu'elle a même eu un enfant dont elle n'a pu s'occuper, car elle est morte dix jours après son accouchement. Toute l'école se moque d'elle. Elle fond en larmes et s'enfuit. Désespérée, elle fuit longtemps et finit par arriver près d'un temple. Là, elle raconte toute son histoire à une femme qui essaye de la consoler. Chez elle, c'est l'affolement. Son père part à sa recherche et finit par la trouver. Cette fois, il semble ébranlé par la détermination de la fillette. Pourtant, pendant les deux années suivantes, il ne se passe rien. Shanti Dévi se replie sur elle-même.
>
> Finalement, intrigués par tout ce qu'on raconte sur cet enfant par ailleurs sage et studieuse, son professeur et le directeur de son école rendent visite à ses parents pour tenter de tirer l'affaire au clair. Ils interrogent longuement la fillette qui répond posément et avec assurance à leurs questions. Elle décrit la vie qu'elle menait à Mathura avec son mari commerçant, et affirme qu'elle pourra reconnaître sans difficulté les personnes et les lieux. Dans sa conversation, elle emploie constamment des mots du dialecte de Mathura que personne ne parle ni dans sa famille, ni à l'école. Les professeurs insistent pour connaître le nom de son mari. Il est indécent pour une femme indienne de prononcer le nom de son époux. Honteuse, Shanti Dévi hésite, se cache le visage dans les mains et finit par murmurer "Kédar Nath". Malgré les réticences des parents qui préféraient qu'on oublie tout cela, le directeur fait faire une enquête à Mathura. On retrouve effectivement un commerçant du nom de Kédar Nath. Le directeur de l'école lui écrit, et quelques semaines après, il reçoit une réponse.
>
> Interloqué, le négociant confirme que, neuf ans plus tôt, sa femme est morte 10 jours après avoir mis leur fils au monde. Il désire bien sûr en savoir plus mais, quelque peu méfiant, commence par envoyer un cousin à Delhi. La petite fille reconnaît immédiatement cet homme qu'elle n'a jamais vu, l'accueille chaleureusement, lui dit qu'il a grossi, s'attriste de le voir toujours célibataire et lui pose toute sorte de questions. Arrivé avec la conviction qu'il allait démasquer une imposture, le cousin, stupéfait, transpire à grosses gouttes. Il se met aussi à questionner la fillette, mais la supplie de se taire, car elle commence à raconter avec précision comment, en l'absence de son mari, il lui a un jour fait la cour. (...) Elle lui demande ensuite des nouvelles de son fils.

Quand on lui rapporte ces événements, Kédar Nath manque de s'évanouir. Il décide de se rendre à Delhi avec son fils, mais aussi son frère pour lequel il veut se faire passer. Peine perdue ; à peine a-t-il décliné sa fausse identité que Shanti Dévi s'exclame : "tu n'es pas mon jeth [beau-frère en dialecte de Mathura], tu es mon mari, Kédar Nath", et elle se blottit en pleurant dans ses bras. Lorsque le fils, qui a presque l'âge de la fillette, pénètre dans la pièce, elle l'embrasse comme une mère. Tous les témoins qui observent cette scène sont médusés. La discussion continue, de plus en plus précise. Shanti Dévi demande à Kédar Nath s'il a respecté la promesse qu'il lui avait faite sur son lit de mort de ne pas se remarier. Elle lui pardonne quand il lui avoue avoir pris une autre femme. Kédar Nath reste plusieurs jours à Delhi et pose mille questions à Shanti Dévi qui y répond avec les détails les plus déconcertants. Il repart persuadé que Shanti Dévi est bien la réincarnation de sa femme.

Les choses n'en restent pas là. La rumeur se répand et, un jour, à la stupéfaction émue de tous, Gandhi lui-même vient rendre visite à la fillette. Il est passionné par son cas. Shanti Dévi lui confie, entre autres choses, que Lugdi Dévi était très religieuse. En lui caressant paternellement les cheveux, Gandhi dit à l'enfant : "J'espère en savoir plus long quand tu seras à Mathura. Mes pensées bienveillantes t'accompagneront. Ce dont tu as besoin, c'est de la vérité. Ne t'éloigne jamais du chemin de la vérité, quoi qu'il t'en coûte". Il envoie l'enfant à Mathura, accompagnée de ses parents, de trois notables respectés, d'avocats, de journalistes et d'hommes d'affaires de haute réputation intellectuelle. Le 15 novembre 1935, le groupe arrive à Mathura. Une foule s'est massée sur le quai pour les attendre. Immédiatement, l'enfant émerveille tout le monde en reconnaissant les membres de son "ex-famille". Elle se précipite vers un vieillard en s'écriant "Grand-père !" et lui demande des nouvelles de son basilic sacré. Le vieil homme n'en revient pas : avant de mourir, Lugdi Dévi lui avait bien confié son basilic sacré. Puis, elle conduit le cortège directement à sa maison. Pendant plusieurs jours, elle va reconnaître des dizaines de lieux et de personnes. Elle rencontre ses anciens parents qui sont bouleversés. Ses parents actuels sont très inquiets à l'idée qu'elle puisse ne pas rester avec eux. Déchirée, elle décide pourtant de repartir à Delhi. Au fur et à mesure qu'elle questionne son mari, elle découvre qu'il n'a tenu aucune des promesses qu'il lui avait faites sur son lit de mort. Il n'a même pas offert à Krishna, pour le salut de son Âme, les 150 roupies d'économie qu'elle avait dissimulées sous une lame de plancher. Cette cachette, seule Lugdi Dévi et son mari la connaissaient. Shanti Dévi pardonne à Kédar Nath tous ces manquements, grandissant toujours davantage dans l'estime de ceux qui l'écoutent. La commission d'enquête des notables fit un travail sérieux, multipliant les recoupements et multipliant les faits. Elle décida que Shanti Dévi était bien la réincarnation de Lugdi Dévi.

Shanti Dévi vécut ensuite une vie modeste et resta célibataire, car elle avait promis à son mari de ne pas se remarier dans une vie future. Elle n'essaya jamais de tirer le moindre profit de sa célébrité et, après des études de lettres et de philosophie, se consacra à la prière et à la méditation. À la fin des années 1950, elle accepta de raconter à nouveau son histoire »[214].

[214] Pour plus de détails, voir Lönnestrand, *Shanti Dévi, l'enfant réincarné* et le rapport publié en 1936 de Gupta, Sharma et Mathur (les trois notables envoyés par Gandhi), *An inquiry into the case of Shanti Devi*, cités par Ricard et Thuan (2000).

Ce cas illustre admirablement les phénomènes de réminiscence, qui ont été minutieusement étudiés par le psychiatre américain Ian Stevenson [1918-2007], professeur à l'Université de Virginie. Il a consacré toute sa vie à l'étude de la réincarnation et son œuvre est considérée comme monumentale. Il a sillonné le monde (surtout en Inde et au Moyen-Orient, mais également en Europe occidentale, aux États-Unis et au Canada) pour collecter et analyser tous les cas qui lui étaient signalés. Pour chaque cas, il a procédé à un travail d'enquête quasi policière pour recouper les allégations et vérifier les faits, écarter les cas de fraudes ou de collusion entre les familles et les faux souvenirs, pour finalement attester des cas authentiques que l'on peut difficilement interpréter autrement que par l'hypothèse « réincarnationniste ». Ce sont bien souvent des enfants en bas âge (les jeunes enfants ont vraisemblablement une mémoire plus vive que les adultes de ce type d'expérience subjective), qui parlent de leurs vies antérieures avec insistance et force de détails, et ce avec une connaissance remarquablement précoce de leur langue maternelle car leurs propos (et parfois leurs attitudes) s'apparentent davantage à ceux d'adultes. Il y a également, chez ces enfants qui se disent réincarnés, le phénomène surprenant des marques de naissance (cicatrices, traces ou rougeurs sur la peau, malformations, etc.) sur certaines zones du corps qui correspondent à des marques de la vie antérieure. Par exemple, un enfant portera une marque au cou alors qu'il prétend être la réincarnation d'une personne égorgée. Après avoir procédé aux vérifications en examinant les rapports médicaux post-mortem des personnes concernées, Stevenson confirme, dans 88 % des cas (soit 43 rapports sur 49), l'exactitude des correspondances entre les personnes décédées et les marques de naissance des enfants. Ces résultats ont été publiés en 1993 dans le *Journal of Scientific Exploration*.

Les travaux de Stevenson ont bien entendu été critiqués par des détracteurs sceptiques, puisque l'hypothèse de la réincarnation va à l'encontre du modèle de la personnalité humaine dans la psychiatrie classique. Ils sont néanmoins considérés par d'autres savants comme étant basés sur une approche rigoureuse apportant la preuve scientifique de la réincarnation. Le psychiatre américain était pour sa part plus prudent dans ses conclusions, puisqu'il soutenait que les cas rapportés suggéraient la réincarnation (sans la prouver de manière irréfutable), et que des études plus poussées permettraient peut-être d'admettre à l'avenir le phénomène comme une hypothèse de travail. Toujours est-il que ses recherches font autorité en la matière et contribuent, selon les propos de Stevenson, à « la présomption qu'au moins une partie de nous-mêmes survit après la mort », ce qui constitue déjà une perspective remarquable.

## La conscience dans les neurosciences

S'il fallait adopter un point de vue encore plus rationnel et scientifique sur la nature de la conscience (et plus particulièrement la conscience humaine), c'est vers les neurosciences ou la neurobiologie que nous pourrions nous tourner. Cette discipline étudie objectivement, selon les canons de la science orthodoxe, la fameuse question de la relation esprit-cerveau. Il s'agit d'un sujet éminemment complexe dont nous sommes loin de comprendre pleinement l'étendue. D'ailleurs, à la question « la physique pourra-t-elle un jour expliquer la conscience ? », le physicien Eugène Wigner (connaissant très bien les incertitudes liées aux théories de la physique quantique) répondit : « la physique ne peut même pas expliquer la physique ». C'est dire à quel point la soi-disant « vraie » science « pédale dans la semoule », si nous pouvons nous permettre cette expression. Nous voulons signifier que, sur ce thème précis, nous sommes face à des phénomènes méconnus et inexplorés…

La plupart d'entre nous s'accordent à penser que le cerveau est le siège de la conscience. C'est la théorie « intracérébrale » de la conscience. D'après Charbonnier (2012) : « La plupart des médecins pensent que le cerveau est une sorte de glande qui sécrète de la conscience comme le pancréas produit de l'insuline, si bien qu'il leur est totalement impossible de concevoir qu'au moment où cet organe cesse de fonctionner, une conscience soit encore possible ». Cette idée remonte probablement à Descartes qui pensait que le siège de la conscience était localisé dans la glande pinéale située dans le cerveau (une hypothèse fondée sur des arguments histologiques qui ont été démentis par des études plus récentes). D'autres biologistes expliquent l'apparition de la conscience par le concept d'émergence, où la conscience émergerait spontanément dès que les organismes ont atteint un certain niveau de complexité, telle une propriété intrinsèque de la matière vivante. Mais ce concept, si séduisant soit-il, revient à dire que la conscience apparaîtrait « comme par magie » à un moment donné dans la matière, ce qui est étrange. Par ailleurs ce concept considère également que le cerveau, à un certain stade de son développement, reste la source de la conscience. Le gros problème de ces théories matérialistes de la conscience est qu'elles sont incapables d'expliquer les phénomènes particuliers que nous avons présentés jusqu'à maintenant (NDE, OBE, médiumnité, réminiscence, etc.).

C'est pourquoi le siège de la conscience se trouve peut-être « ailleurs », en dehors de la matière et des neurones. Des recherches indiquent en effet que la conscience ne serait pas réductible au cerveau. Le neuroscientifique Benjamin Libet [1916-2007], réputé comme l'un des meilleurs expérimentateurs dans le domaine des neurosciences (qu'il a étudié pendant près de trente ans), affirme que « les phénomènes mentaux de la conscience ne sont ni explicables ni réductibles aux connaissances que nous pouvons avoir en matière d'activités de cellules nerveuses » (Libet, 2012). Il soutient même que la conscience est un champ « qui ne correspond à aucun des champs physiques connus, comme l'électromagnétisme, la gravitation, etc. Il n'est pas descriptible en termes d'aucun événement physique observable ou d'aucune théorie de physique constituée » (Libet, in Staune, 2007). Voilà qui est dit ! La conscience serait donc, aux dires d'un grand spécialiste, un champ non-physique situé, par définition, en dehors de la matière. Une position partagée par Carl Gustav Jung qui pensait avant Libet :

> « La dépendance du psychisme au cerveau, c'est-à-dire sa limitation spatio-temporelle, n'est plus si évidente et incontestable que nous avons été jusqu'à présent portés à le croire… Il n'est pas seulement acceptable de douter de la validité absolue de la perception de l'espace-temps ; au regard des faits connus, il est même impératif de le faire (Jung, in Radin, 2006) ».

D'ailleurs, faut-il le dire, la science ne parvient pas à expliquer l'émergence de la conscience propre, c'est-à-dire l'émergence d'un « moi » à partir de cet amas de neurones qui constitue le cerveau. Eh oui, au XXIe siècle, alors que la plupart des zones du cerveau ont été décortiquées et localisées, le siège de la conscience demeure inconnu car il n'existerait pas de « zone de la conscience » dans le cerveau, comme le confirme Libet (2012) lorsqu'il dit que « le fait que la perception subjective consciente émerge des activités des cellules nerveuses reste un mystère ». Autrement dit, la nature de la conscience, au cœur même de la science qui l'étudie, est une profonde énigme non encore élucidée à ce jour.

Dès lors, selon quels arguments les matérialistes peuvent-ils donc affirmer, avec tant de certitudes, que le cerveau est le siège de la conscience ? Il nous semble que c'est une assertion prématurée, voire même simpliste. Une théorie complète de la conscience se doit d'expliquer, en plus des états de conscience « normaux », « classiques », tous les états modifiés de la conscience, les expériences de mort provisoire, les expériences hors du corps, les phénomènes authentiques de réminiscences et toutes les perceptions extrasensorielles aujourd'hui prouvées par d'innombrables études. Force est de reconnaître que le modèle actuel du psychisme humain, matérialiste et réductionniste, ne parvient pas à les expliquer… Il faut donc se tourner vers un autre modèle, un autre point de vue qui intègre ces faits. Reprenons la question pertinente posée par le médecin Jean-Jacques Charbonnier (2012) : « Tout ne devient-il pas plus simple si on admet que la conscience se trouve à l'extérieur du corps lorsque le cerveau s'arrête de fonctionner ? » C'est la théorie « extra-cérébrale » de la conscience.

## Force psychique et champ de conscience

Tous les faits que nous avons évoqués autorisent à concevoir la conscience comme une forme d'énergie qui puisse exister indépendamment du cerveau, telle une force fondamentale de l'univers, au même titre que la gravitation, la force électromagnétique ou la force nucléaire, mais d'une nature plus insaisissable encore. Nous rejoignons ici les vues du philosophe David Chalmers, qui constate que :

> « La conscience est bien réellement présente dans l'univers et qu'elle est irréductible à aucun des éléments physiques dont l'existence est actuellement démontrée, ce qui amène à en faire un des constituants de l'univers comme la gravité, les champs électromagnétiques, pour lesquels on ne cherche pas d'explication à leur existence mais qu'on prend comme des données de faits (Chalmers, in Staune, 2007) ».

À la fois force invisible et substance sensible, la conscience s'apparente à une énergie détentrice d'informations qui anime, voire caractérise, les formes de vie et à laquelle les êtres vivants peuvent se connecter pour communiquer entre eux. Elle présente aussi la particularité d'interagir avec la matière. Nous optons pour une théorie pour ainsi dire vibratoire de la conscience. Pour visualiser ce modèle, envisageons un instant la conscience comme une onde radio omniprésente dans le cosmos, et notre organisme physique comme un poste radio qui, pour fonctionner, doit capter cette onde. Si le poste radio est en état, il captera les ondes et émettra du son (ce qui correspond à un être vivant animé par une conscience). Si par contre il est défectueux ou cassé, il n'émettra plus rien (ce qui correspond à un être vivant mort)... mais cela ne signifie pas pour autant que l'onde n'existe plus. Une telle conception présente l'avantage de pouvoir s'affranchir de la matière et du cerveau. Du reste, elle est compatible avec les expériences mystiques, les communications spirites et les états associés à la mort.

Nous pensons qu'il existe, parallèlement au monde physique, un monde psychique où les pensées, les idées et la conscience subsistent sous une forme et une étendue qui échappent encore à la plupart de nos appareils de mesures. Nous ignorons s'il s'agit d'un champ de conscience unique (dont les différentes vibrations généreraient diverses modalités de conscience) ou de plusieurs champs de conscience « individuels ». Nous nous accordons assez bien avec la pensée orientale qui évoque, selon les termes de Matthieu Ricard (2000), une « onde de conscience » comparable aux vagues de l'océan :

> « La succession d'états par lesquels la conscience passe – et il faut souligner que les mots "réincarnation" ou "renaissance" ne sont que des approximations de ce vécu – ressemble, jusqu'à un certain point, à celle d'une onde dans laquelle il y a propagation d'une fonction et d'informations, sans transport de matière ou d'entités concrètes. (...) Cette onde de conscience est ca-

ractérisée par la somme de toutes nos expériences de cette vie et des vies passées ».

Pour sa part, il n'envisage pas une conscience globale commune à tous les êtres ou qui imprégnerait tout l'univers, mais associe la continuité des vagues à des « continuums individuels de conscience qui passent d'un état d'existence à un autre ». Il explique l'hypothèse de la réincarnation par le fait que :

> « Un instant de conscience ne peut être causé que par un instant de conscience immédiatement précédent. Si une chose pouvait naître à partir d'une chose de nature totalement différente, alors tout pourrait naître de n'importe quoi. L'aspect fondamental de la conscience ne peut donc naître de la matière inanimée et ne dépend pas nécessairement, toujours et en toutes circonstances, de la présence d'un support physique ».

Au même titre que les vagues sont toutes distinctes les unes des autres, on peut concevoir des flux de conscience individuelle que l'on peut associer, dit-il, à ce qu'on appelle une personne. D'autres savants pensent qu'il y a peut-être un substratum unique à l'origine de la conscience (et de la matière), comme le souligne Jean Staune (2007) lorsqu'il écrit :

> « La conception la plus en harmonie avec nos connaissances est celle selon laquelle conscience et matière proviendraient d'une substance unique qui serait "antérieure à la scission sujet-objet", selon l'expression de Bernard d'Espagnat, et qui serait située au-delà de l'espace, du temps et de l'énergie ».

D'autre part, nous pensons que la conscience est pour ainsi dire « bipolaire », c'est-à-dire que son champ d'action est à la fois local et non-local, pour reprendre le constat de la physique quantique. Expliquons-nous : le champ d'action de la conscience est local lorsqu'elle est considérée comme une activité matérialisée dans notre cerveau (ce qui correspond à notre expérience quotidienne), et, d'autre part, non-local lorsque nous la considérons comme un « champ énergétique » ou un « champ de force » (à défaut de pouvoir la nommer autrement) détenteur d'informations et capable de s'affranchir des bornes spatio-temporelles du monde physique. Nous avons vu la réalité de cet aspect « non-local » de la conscience dans notre étude des phénomènes parapsychiques comme la médiumnité, la voyance et les perceptions à distance lors des décorporations. Sous cet angle, nous nous insérons dans la philosophie du processus telle qu'énoncée par le philosophe et mathématicien britannique Alfred North Whitehead [1861-1947], qui, selon Barbour (2005), assure que :

> « Les composantes fondamentales de la réalité ne constituent ni deux types de substances permanentes (esprit et matière), ni un seul type (matière), mais bien un type d'événement qui présente deux aspects ou phases. (...) Cette conception rend compte du caractère bipolaire de tous les événements unifiés ».

Toutefois, il y a certainement un gradient entre ces deux modes d'activité de la conscience. En utilisant la métaphore de la lumière blanche qui se décompose en différentes raies spectrales, William James décrit les différents spectres de la conscience, qui correspondent à ses différents niveaux d'activités. C'est la théorie novatrice du « moi subliminal » du psychologue Frederic William Henry Myers [1843-1901], développée dans son œuvre *La personnalité humaine, sa survivance, ses manifestations supranormales*. Cette théorie est considérée comme une anticipation de l'inconscient freudien. Mais c'est bien plus que cela. En intégrant les faits de la métapsychique et de la médiumnité (comme l'hypnotisme, la télépathie, l'automatisme, l'extase, les communications spirites, les cas de possession, etc.) qu'il a minutieusement collectés et analysés, Myers a redéfini la personnalité humaine, qu'il considère comme une synthèse d'une pluralité de consciences. Il y aurait d'une part notre conscience vigile, ordinaire, puis à côté une multitude d'autres manifestations psychiques qui démontrent une étendue bien plus vaste de la conscience, qu'il exprime en ces termes :

> « Chacun de nous constitue en réalité une entité psychique beaucoup plus étendue qu'on ne se le figure. (...) Le moi se manifeste par l'organisme ; mais il reste toujours quelques portions du moi qui ne se manifestent pas, et toujours semble-t-il, quelques pouvoirs d'expression organique en suspens ou en réserve ».

Développons un peu plus cette métaphore des spectres de la conscience en empruntant les propos de James (1897) :

> « Myers assimile la conscience ordinaire à la partie visible du spectre solaire ; la conscience totale serait, comme ce spectre, prolongée par les rayons infrarouges et ultraviolets. Dans le spectre psychique, les rayons "ultra" peuvent embrasser un champ d'activité, à la fois physiologique et psychologique beaucoup plus étendu que celui qui s'ouvre à notre conscience et à notre mémoire ordinaire. À l'extrémité inférieure, nous rencontrons le prolongement physiologique : cures mentales, "stigmates" des extatiques, etc. ; à l'extrémité supérieure, les connaissances surnormales de la transe médiumnique ».

Dans ce modèle, le mot « subliminal » signifie « ce qui est en dessous du seuil », et désigne les sensations trop faibles que pour être perçues. Myers étend le sens de ce terme à tout ce qui se trouve en dessous du seuil ou de la limite ordinaire de la conscience. Quant à la région « supraliminale », elle désigne la conscience normale, classico-académique, ainsi que les sensations qui se trouvent « au-dessus du seuil » et qui sont donc perçues normalement. Selon la théorie de Myers, la région supraliminale n'occupe qu'un petit fragment du spectre psychique. Les manifestions subliminales (ou « émergences subliminales », pour reprendre ses mots) diffèrent totalement de notre vie supraliminale ordinaire. Elles comprennent par exemple la télépathie (définie par le psychologue comme la communication entre les esprits incarnés et, parfois même, admet-il, entre esprits incarnés d'une part et esprits désincarnés d'autre part) et la télesthésie (la connaissance de choses dépassant les limites de notre connaissance ordinaire), la perception de pensée et de scènes éloignées sans l'intermédiaire des organes des sens connus. Méheust (1998) développe : « la région subliminale est l'ensemble des flux de pensée plus ou moins personnalisés et connectés à notre organisme, susceptibles de prendre l'ascendant, partiellement ou totalement, avec le moi supraliminal, ou bien de dialoguer avec lui, de se révéler à lui (comme nous l'avons vu avec les "contrôles" de Leonora Piper) ». Il poursuit :

> « Certains faits de somnambulisme et de médiumnité suggèrent que le flux subliminal qui supplante la conscience vigile ou dialogue avec elle ne peut que provenir d'une autre personne, présente ou absente, et même parfois, dans certains cas-limites, de désincarnés. La grande loi qui gouverne le monde mental (...) assure en effet la connexion virtuelle des consciences » (Méheust, 1998).

La théorie du moi subliminal va donc jusqu'à admettre la possibilité de la survivance de l'Âme, puisque Myers envisage la conscience comme une modalité de l'énergie qui subsiste dans un plan spirituel ou méta-éthéré où les communications avec des esprits désincarnés demeurent une hypothèse de travail à envisager sérieusement, en particulier lorsque la télépathie entre vivants est exclue. C'est ce que le psychologue cherche à démontrer. Dans l'introduction de son livre, il dit explicitement :

> « Je tâcherai de montrer au cours de cet ouvrage, sur des exemples nombreux, combien sont importantes les conséquences qui découlent de la doctrine des communications interspirituelles directes et suprasensorielles. Parmi ces conséquences, la plus importante est le jour que jette cette découverte sur la nature intime de l'homme et sur la possibilité de sa survivance après la mort (Myers, 1905) ».

Champs de conscience, spectres d'activité de la conscience (subliminal, supraliminal, etc.), panpsychisme et conscience collective, interconnexion des consciences… voilà où nous conduit notre exploration de l'univers mental. En partant de ce constat qui intègre à la fois les résultats des recherches en parapsychologie et les spéculations des philosophies (occidentales ou orientales) sur la nature de l'esprit, Dean Radin (2006) propose un modèle de la conscience ayant les propriétés suivantes :

1. Elle s'étend au-delà de l'individu et influence, de façon analogue à un champ quantique, la probabilité des événements ;
2. Elle injecte de l'ordre dans les systèmes, proportionnellement à la « force » de la conscience du moment présent.
3. La force de la conscience chez un individu donné fluctue d'un instant à l'autre, selon son degré d'attention. Nous considérons qu'elle est normalement assez basse, par rapport aux sommets qui sont atteints

dans les états mystiques et autres moments non ordinaires [ce qui correspond aux niveaux subliminaux de Myers].

4. On peut dire qu'un groupe d'individus possède une « conscience de groupe » qui se renforce lorsque l'attention des membres est concentrée sur un objet ou un événement commun, parce que cela crée une cohérence entre eux. L'attention et la cohérence varient en proportion l'une de l'autre.

5. Des systèmes physiques de toutes sortes réagissent au champ de conscience en devenant plus ordonnés. Plus le champ est fort et cohérent, plus le gain d'ordre est cohérent. Les objets inanimés, une pierre par exemple, répondent aussi bien à l'action de la conscience que les objets animés, qu'ils s'agissent de personnes ou de jets de dés. (….) Lorsqu'un groupe se concentre activement sur un objet commun, l'esprit du groupe acquiert momentanément un « pouvoir d'organisation », comme l'a écrit Carl Gustav Jung.

Nous pourrions ajouter à cette liste les propriétés mises en évidence par le docteur Eugène Osty à propos de la force médiumnique (voir encart précédent) et celles du médecin Jean-Jacques Charbonnier qui, à travers les expériences de mort imminente, montre que « la conscience peut devenir hyperperformante quand le cerveau cesse de fonctionner », ainsi que celles de Pim Van Lommel sur l'intrication non locale de la conscience. Ces propriétés, toutes remarquables et démontrées par des études ou des observations, méritent de revoir complètement le modèle dominant de la conscience humaine selon lequel l'esprit se résume à une entité subjective produite par le cerveau, totalement interne au sujet et n'ayant aucune existence extérieure. Au contraire, les propriétés citées plus haut nous conduisent à envisager la conscience comme une « substance-énergie » (selon les termes d'Osty) non locale qui baigne partout dans l'univers (donc indépendante du cerveau) et qui se manifeste dès que la matière est suffisamment organisée pour permettre son expression.

Selon ces propriétés, la théorie de la réincarnation et de la transmigration de l'Âme, telle que prônée par les anciennes traditions, nous paraît crédible et mérite d'être intégrée dans un modèle qui admet l'hypothèse de sa transformation et de sa conservation après la mort. Quant aux lois qui déterminent le devenir post-mortem de l'Âme après la mort, nous n'en savons pas grand-chose, mis à part ce que nous enseignent les diverses spiritualités qui s'accordent avec la transmigration. De multiples interrogations subsistent à propos de cet état : sous quelle forme la conscience se perpétue-t-elle ? Gardons-nous notre individualité telle que nous la percevons durant notre existence physique ? À quel moment et selon quels principes se produit l'incarnation dans un nouveau corps ? Nous arrivons ici à un domaine, un plan d'existence que la science officielle n'a pas encore pénétré, et ne pénétrera peut-être jamais, car il nous est difficile d'imaginer, au moment où nous écrivons ces lignes, par quel instrument de mesure elle pourrait explorer ces questions…

# Conclusion

« La science peut fonctionner sans la spiritualité.
La spiritualité peut exister sans la science.
Mais l'homme, pour être complet, a besoin des deux ».

Trinh Xuan Thuan
Extrait de *L'infini dans la paume de la main*

Cet essai a commencé par une introduction à la culture celtique et aux croyances bardo-druidiques, à la découverte des racines oubliées d'une spiritualité occidentale. Nous avons compilé quelques éléments qui subsistent de l'enseignement philosophique des druides, ces premiers grands sages que notre histoire a connus et dont la pensée s'est développée au cœur d'une tradition indigène qui a caractérisé une grande partie de l'Europe préchrétienne pendant de nombreux siècles. Un lien de parenté nous lie à cette culture car « chaque Européen peut revendiquer une filiation avec un peuple celte », comme l'a dit justement Venceslas Kruta[215], puisque ces peuples se sont installés partout en Europe centrale et occidentale, avec comme points extrêmes le Portugal, le nord des îles Britanniques et la Turquie. Entre autres choses remarquables, les Celtes, et plus particulièrement les druides, avaient développé un savoir que nous pourrions qualifier de « scientifique », dans la mesure où il était basé sur une approche reposant sur l'observation, l'étude et l'interprétation. Rappelons-nous les noms des trois druides primordiaux de l'Irlande ancienne que sont *Fiss, Fochmarc* et *Eolas*, c'est-à-dire « Savoir, Recherche, Connaissance ». Les caractéristiques de cette culture réfutent le « préjugé classique » selon lequel ce seraient les cultures grecque et romaine qui ont apporté la « civilisation » dans l'Ancien Monde. Nous avons vu que la contribution de la culture celtique dans l'histoire de nos peuples est bien plus significative que ce qui est communément admis ou enseigné. C'est donc un véritable patrimoine culturel à découvrir, ou à redécouvrir puisque nous en savons plus maintenant sur cette culture que par le siècle passé. C'est ce que nous avons tenté de faire dans la première partie de cet ouvrage que l'on peut considérer comme une sorte de retour aux sources, un regard en arrière vers une ancienne tradition qui fait partie de notre histoire.

Nous avons surtout approfondi certains éléments de la spiritualité des Celtes ; spiritualité dont les principes étaient transmis oralement à travers un parcours initiatique au sein d'une classe sacerdotale hiérarchisée en plusieurs fonctions que sont les druides, les vates et les bardes, comportant eux-mêmes

---

215 Citation tirée d'une interview de Kruta (2014) dans *Les Cahiers de Science & Vie,* « Les Celtes : origines, histoire, héritage », Numéro 146, Mondadori Magazines France, Montrouge, 98 p.

plusieurs degrés d'initiation dont nous avons décrit la complexité. Si nous n'avons pas de trace directe de cet enseignement oral (qui par définition n'a légué aucun écrit à la postérité), nous avons établi les grandes lignes de certaines croyances, comme la doctrine celtique de l'Autre Monde et de la tripartition, celle de l'immortalité de l'Âme et la conception, à fois moniste et polythéiste, d'un panthéon dont les divinités sont perçues comme des esprits, des principes ou des fonctions organisant la vie, la nature et l'univers. Nous savons également que cette classe sacerdotale était composée d'hommes de science et d'instruction. Le savoir était au cœur de la tradition druidique, comme le rappelle l'étymologie même du mot « druide », signifiant « très savant ». Ils avaient développé une spiritualité basée sur l'éthique, la raison et la connaissance en de nombreuses sciences incluant les mathématiques, l'astronomie, la botanique, la médecine et bien d'autres disciplines que les anciens Grecs appelaient « *physiologia* » et que nous appelons aujourd'hui sciences exactes. Ils étaient également de profonds mystiques versés dans la théologie et la philosophie, intégrées dans un ésotérisme méconnu que nous avons tenté de reconstituer à partir d'éléments épars qui ont survécu ou qui ont été remaniés au fil des siècles, en particulier à travers la tradition néo-druidique qui s'est développée depuis la renaissance druidique jusqu'à nos jours.

Grâce au comparatisme, nous avons vu que le druidisme présente à la fois des similitudes avec la sagesse orientale (en particulier l'hindouisme) et la philosophie grecque de Pythagore, qui s'est elle-même prolongée dans celle de Platon. C'est pourquoi nous nous sommes penchés sur certains aspects de ces deux écoles de pensée. C'est d'ailleurs un trait remarquable que les druides aient été tour à tour qualifiés par des historiens de « brahmanes de l'occident » et de pythagoriciens, ce qui laisse penser que leur philosophie soit une sorte de syncrétisme ou de trait d'union entre le mysticisme oriental et la logique occidentale. Notre approche comparative a permis d'éclairer certains points comme la doctrine de la transmigration des âmes en réincarnations successives, dont le druidisme serait une extension occidentale. Cependant cette approche a également ouvert la porte à d'autres questions pour lesquelles nous n'avons pas trouvé de réponse. Nous avons ensuite tenté d'interpréter les doctrines druidiques au regard de théories scientifiques plus récentes formulées par des savants spécialisés dans divers domaines tels que la physique, l'astronomie, la philosophie, la psychologie et la parapsychologie, dont les hypothèses actuelles s'accordent étonnamment avec certaines croyances de diverses cultures, qu'elles soient celtiques ou non. Tel était l'objet de notre deuxième partie.

Quelles leçons pouvons-nous tirer de ce voyage particulier dans l'histoire et les idées, à la frontière entre la philosophie, la spiritualité et la science? Notre but était d'appréhender les conceptions d'une ancienne tradition selon des critères qui satisfont mieux notre rationalité pour, en finalité, ériger un pont entre science et religion. Nous avons constaté à quel point l'homme d'aujourd'hui se pose toujours les mêmes questions métaphysiques que dans le passé. Si la terminologie a changé, les concepts de fond sont les mêmes. L'Autre Monde des Celtes est le monde des esprits, ce plan psychique que les neurosciences qualifient aujourd'hui de « champ de conscience », à son tour perçu comme une forme d'énergie partout présente dans le cosmos. Les dieux et les déesses des temps passés sont aujourd'hui considérés comme des phénomènes naturels, des forces fondamentales de la nature ou des principes métaphysiques qui sont autant de manifestations de ce « Grand Tout », à la fois un et multiple, dont les êtres et les choses font partie intégrante dans un réseau interconnecté sur lequel se fonde la théorie (ou la philosophie) du « bootstrap » énoncée par des physiciens des années 1970, et dont certains aspects se vérifient à travers les expériences récentes sur la « non-localité » entre particules élémentaires.

Le commencement du monde est appelé « Big Bang », cette singularité au-delà de laquelle notre intelligence bute à définir la réalité, au pied du « mur de Planck » marquant les limites ultimes de la physique actuelle alors que le temps, l'espace, la matière et l'énergie n'existaient pas encore. Nous avons également vu à quel point l'émergence de la matière et des lois inattendues de la physique, selon les critères de la cosmologie actuelle, est digne de n'importe quel récit mythologique. Quant à l'interdépendance et l'interconnexion des choses dans l'univers, elle porte le nom étrange d'« intrication quantique »; phénomène qui est à la base d'expériences ayant clairement démontré que tout interagit avec tout, de la particule subatomique aux super amas de galaxies, en passant par les êtres vivants.

Notre univers mental est également mieux défini : les voyants et les devins des traditions initiatiques sont devenus, au regard de la métapsychique, des « sujets métagnomes » capables de puiser des informations de manière supranormale. C'est ainsi que les pouvoirs occultes des anciens mages et des chamanes sont devenus les « facultés *psi* » des médiums d'aujourd'hui. Certaines manifestations supranormales de la conscience, jadis attribuées aux anges, aux démons ou à d'hypothétiques esprits de la nature, ont été classées dans des cadres théoriques plus cohérents, comme celui de la théorie du « moi subliminal », qui a clairement mis en évidence les différents gradients de notre conscience, eux-mêmes associés à des aptitudes de plus en plus profondes allant du « supraliminal » au « subliminal », pour reprendre la classification de Frederic Myers.

La vision celtique du monde, à la fois dualiste et tripartite, se retrouve d'une certaine façon dans les théories de la physique actuelle. Une vision dualiste peut également interpréter l'Autre Monde des Celtes comme « l'ordre impliqué » de la mécanique quantique, cette réalité ultime qui se cache derrière le monde physique, matériel et transitoire. C'est cette dimension parallèle, hors du temps et de l'espace, qui serait composée d'archétypes non physiques à la base des manifestations matérielles. Cet ordre impliqué est lui-même associé à la théorie du champ quantique, décrit par les physiciens comme un vide « vivant » et vibrant contenant les potentialités de toutes choses. Nous retrouvons ici des termes propres à d'autres traditions dans leur description de la réalité ultime du monde dans lequel nous vivons. C'est également grâce aux découvertes de la physique quantique que nous avons démontré le caractère dualiste de la nature, composée de forces opposées mais complémentaires. Nous avons examiné comment notre monde matériel est constitué d'atomes qui se manifestent à la fois de manière corpusculaire et ondulatoire, visible et invisible, et qui, par un mystérieux phénomène de « réduction du paquet d'ondes », passent d'une existence potentielle non physique à une existence physique. Matière et particules qui, à l'échelle de l'infiniment petit, s'avèrent finalement être dénuées de toute matérialité, s'exprimant en termes d'équation d'onde et de densité de probabilité.

Nous y perdons nos repères car il devient difficile, à partir de tels concepts, de savoir exactement ce qu'est la réalité. Le monde et ses composantes ont-ils une existence objective, extérieure et indépendante de nous, ou bien sommes-nous trompés par notre conscience qui perçoit les choses sous le filtre de nos facultés sensorielles et intellectuelles, élaborant des modèles et des concepts (comme le temps, l'espace, la matière) qui demeurent en fait de pures abstractions de l'esprit ? Les physiciens actuels restent divisés sur ce sujet, puisque plusieurs interprétations sont possibles. Une interprétation plausible est énoncée dans la philosophie du processus qui admet une seule et même réalité qui se manifeste en deux états (ou deux phases), physique et non physique, ou encore, pourrions-nous dire, matériel et spirituel. On retrouve ici le concept du ternaire propre à de nombreuses traditions. Cette symbolique se retrouve partout dans la culture celtique – qui a servi de fil rouge tout au long de ces pages – où les dieux triples reflètent probablement une telle vision du monde. La philosophie du processus s'accorde donc avec les spiritualités orientales ou occidentales qui admettent elles aussi l'unité de la nature derrière une dualité, voire une multiplicité de manifestations en interaction. Autrement dit, ce que les druides enseignaient a toujours du sens de nos jours.

Nous avons également abordé la grande loi d'interconnexion sur laquelle reposent la plupart des spiritualités. La science actuelle a validé le bien-fondé de ce fameux principe selon lequel « tout interagit avec tout » dans l'univers. C'est aujourd'hui démontré par la physique *via* la désormais célèbre expérience d'Alain Aspect sur la non-localité entre les particules élémentaires. Cette expérience marque un véritable tournant dans l'histoire des sciences en prouvant, comme l'a exprimé Trinh Xuan Thuan, « qu'en dehors des forces connues, il existe dans l'univers de mystérieuses interactions immanentes et omniprésentes qui ne font intervenir ni force ni échange d'énergie ». Einstein lui-même ne voulait pas le croire lorsqu'il disait que la non-localité, si elle était un jour démontrée, serait comme de la « télépathie entre électrons ». Il avait tort de ne pas y croire car nous savons maintenant que cette interaction existe, reliant toutes les choses entre elles dans le cosmos ! Ce postulat est soutenu depuis fort longtemps par les sages et les mystiques des anciennes traditions.

Nous avons voulu franchir un pas de plus en analysant la magie druidique et quelques pratiques comme la divination, la voyance ainsi que des manifestations associées au spiritualisme dont l'examen a débouché sur les états de la mort et la doctrine de la transmigration des âmes. La compréhension de ces phénomènes magico-religieux nous a progressivement conduits vers les sciences occultes, puis les sciences psychiques et enfin la parapsychologie moderne dont les études et les méta-analyses attestent la réalité de certains phénomènes paranormaux admis dans les traditions ésotériques. En vérité, ces phénomènes ont toujours existé chez l'homme. Ils étaient présents chez les druides, tout comme chez les sages issus d'autres cultures, et ont resurgi en occident, dans la classe savante, à travers le magnétisme animal et la lucidité magnétique qui ont généré tant de polémiques. Les études sur le somnambulisme et la médiumnité ont prouvé expérimentalement les capacités extrasensorielles de certains individus capables de télépathie, de voyage mental, de clairvoyance et de psychokinèse dont nous avons vérifié l'authenticité à travers des expérimentations plus récentes que les récits mythologiques ou les vieux écrits des grimoires de magie. Le *curriculum vitæ* des savants impliqués dans ces recherches, regroupant tant d'éminents psychologues, de philosophes érudits, de physiciens ou de biologistes décorés du prix Nobel, n'autorise pas de rejeter aveuglément ces faits en soutenant que toutes ces personnes se sont trompées. Ces phénomènes existent bel et bien. C'est en tout cas notre conviction profonde après les avoir examinés sous la lumière d'études objectives, même si nous comprenons, pour un lecteur externe comme vous et moi, qu'un doute puisse subsister tant que l'on n'a pas expérimenté ou observé par soi-même ces manifestations étonnantes de la nature humaine.

Certains préféreront probablement adopter une position qui consiste à ne croire que ce qu'on voit, tel un Saint Thomas. Mais cette position, si elle demeure rassurante (puisqu'elle nous épargne une remise en question), est difficilement tenable sur le plan logique car nous savons très bien que beaucoup de faits scientifiques établis n'ont jamais été observés par les gens ordinaires ou dans des situations quotidiennes. Qui a vu le Big Bang, alors que toutes les données scientifiques convergent vers cette théorie ? Qui a pu observer la non-localité entre particules, alors que cette connexion a été clairement démontrée expérimentalement ? Qui peut contester un témoignage authentique d'une expérience de mort provisoire, de décorporation ou de réminiscence d'une vie antérieure sans l'avoir vécu lui-même ou avoir été impliqué dans de tels faits ? De plus, lever un tel doute par l'observation ou l'expérience personnelle n'est pas donné à tout le monde, puisqu'il faut soit avoir les compétences pour participer à ces études (ce qui n'est pas notre cas) ou bien avoir des prédispositions particulières pour développer ces facultés rares (ce qui n'est pas notre cas non plus). Par contre, nous pouvons tous examiner les preuves que nous en avons dans une démarche rationnelle qui consiste à collecter les données issues des recherches sérieuses et à se faire une opinion personnelle sur les études de cas disponibles. C'est dans cet état d'esprit que nous avons entrepris cet essai.

À l'époque celtique, les individus qui possédaient de telles facultés devenaient certainement druides, bardes ou vates. La tradition celtique en a fait des personnages mythiques comme les grands druides mythologiques, les prophétesses et les magiciennes qui avaient la connaissance du passé, du présent et de l'avenir. Ils avaient « une jambe, une main et un œil dans l'Autre Monde », comme disent les textes anciens. Dans d'autres traditions, ce sont les chamanes, les « sorciers » ou les brahmanes qui, entraînés dans une vie mystique leur permettant de développer leurs facultés, ont la connaissance de choses inaccessibles à l'entendement des hommes ordinaires. Cependant, en occident, nous avons tendance à rejeter toutes ces expériences traditionnelles en les reléguant au rang de superstitions. L'histoire du magnétisme animal a d'ailleurs montré l'origine de notre rejet pour l'occulte en Europe.

C'est pourquoi nous avons recoupé ces expériences traditionnelles par d'autres sujets d'étude, plus récents et mieux documentés. L'examen des performances d'individus comme Alexis Didier ou Pascal Forthuny montre bien, chez l'homme, l'aptitude à la « voyance vraie », cette « faculté d'hyperconnaître », selon les termes du docteur Osty, qui serait latente en chacun d'entre nous. Pour mieux nous en rendre compte, nous avons décrit, avec force de détails, les états de transe de médiums contemporains comme Stefan Ossowiecki, Ludwig Khan ou les frères Schneider dont la phénoménologie a été attestée dans des conditions de contrôle expérimentales. Ces personnages sont bien réels et permettent de nous extraire du mythe qui enveloppe généralement de telles manifestations. Les études plus récentes en parapsychologie (comme celles de Warcollier, Rhine ou Targ et Puthoff) sur la clairvoyance et le *remote viewing* (la vision à distance) n'autorisent plus de doute. Les résultats sont largement significatifs à travers des milliers d'études, dont certaines ont été publiées dans des revues scientifiques de renommées internationales. Ils confirment ce que les pionniers des recherches psychiques avaient observé. Cependant il n'existe encore aucune théorie satisfaisante pour l'expliquer, comme en témoigne le grand nombre d'hypothèses avancées pour expliquer la nature de la perception extrasensorielle. Elles nous incitent en tout cas à généraliser la loi d'interaction, démontrée en physique, en l'étendant à la sphère psychique des êtres vivants qui interagissent entre eux mentalement par des forces inconnues. La physique quantique constitue à ce titre un champ de la science qui détient probablement une clé du mystère, puisque nous avons vu que plusieurs hypothèses basées sur la théorie quantique sont avancées pour comprendre la perception extrasensorielle. Après avoir parcouru ces diverses manifestations du psychisme, nous tirons la même conclusion que Myers (1905) :

> « De même que tout organisme est en réalité un système de forces, agissant sur d'autres systèmes de forces et influencés par eux par des voies connues et inconnues, de même nous devons considérer les esprits humains comme des systèmes de forces agissant les uns sur les autres et beaucoup plus complexes et dépassant notre compréhension ».

Quant à la doctrine celtique de l'immortalité de l'Âme (ou plutôt faudrait-il dire de la continuité de la conscience après la mort), elle n'a pas été démentie par l'état de nos connaissances actuelles, puisque certaines théories en neurobiologie admettent ouvertement que la conscience soit un champ non physique qui puisse subsister indépendamment du corps et du cerveau. Nous avons même posé le pied au seuil de l'au-delà en explorant les états proches de la mort dont nous avons maintenant des témoignages mieux circonstanciés issus des milieux cliniques. Ces témoignages corroborent les descriptions de certains récits mythiques ou religieux à propos des voyages post-mortem de l'esprit. Ces faits, s'ils posent de nombreuses questions, conduisent des médecins à développer une conception de la persistance de la conscience après la mort physique, dans une autre dimension « non locale » (pour reprendre les termes de la mécanique quantique), comme en témoigne le cardiologue Pim Van Lommel (2015) :

> « La conscience n'est pas enfermée dans le cerveau, parce qu'elle est non locale, et parce que notre cerveau facilite plutôt qu'il ne produit l'expérience de la conscience. Si notre conscience de veille repose sur une base biologique, puisque notre corps fonctionne comme une interface, il n'y a pas de base biologique à notre conscience infinie, non locale, qui prend racine dans l'espace non local. L'expérience de la conscience de veille passe par notre corps, mais la conscience infinie ne réside pas dans le cerveau ».

Au moment de la mort, il est clairement établi que certains d'entre nous « vivent » une expérience subjective très intense de conscience infinie qui est décrite avec des termes similaires à ceux des diverses religions qui admettent la transmigration de l'Âme. Les faits et les événements perçus par ces individus vont logiquement dans le sens d'une théorie de la survivance. La tradition celtique – comme d'autres traditions – va plus loin, puisqu'elle admet la possibilité de communication entre les vivants et les morts, aussi invraisemblable cela puisse-t-il paraître. Pour évaluer le bien-fondé d'une telle croyance, nous avons poussé notre analyse jusqu'aux cas limites de spiritisme tels qu'ils ont été étudiés par la communauté scientifique à travers les expériences médiumniques. Les comptes rendus de la *Society for Psychical Research* et de l'*Amerian Society for Psychical Research* sur des sujets comme Eleonora Piper nous laissent pantois. Sans trancher définitivement sur l'origine des révélations médiumniques, l'hypothèse spirite demeure une explication plausible, selon les dires d'un grand psychologue comme William James ou d'un observateur assidu comme Richard Hodgson.

Quant aux phénomènes de mémoire des vies antérieures, nous avons vu qu'ils sont eux aussi étudiés de manière sérieuse, comme en témoignent les recherches du professeur Ian Stevenson. Nombre de personnes s'accordent sur la conclusion que ces recherches établissent la preuve de la réincarnation. *A contrario*, si nous rejetons cette théorie, qui certes bouscule les esprits cartésiens, il faut au moins donner une autre explication. Or, il n'en existe pas… Cela conduit Matthieu Ricard (2000) à la conclusion suivante : « Si l'on voulait nier avec certitude l'existence des vies successives, il faudrait non seulement réfuter tous les témoignages dont on dispose, mais également démontrer l'impossibilité de la renaissance ». En effet, selon le célèbre principe de Lavoisier (« rien ne se perd, rien ne se crée, tout se transforme »), il est même logique de postuler une forme de continuité de notre énergie psychique. Robert Thurman l'a bien relevé lorsqu'il écrit : « Pourquoi l'énergie matérielle d'un état de conscience, même au repos, ferait-elle exception à la loi physique selon laquelle l'énergie est conservée pour réapparaître sous d'autres formes ? Pourquoi les matérialistes croient-ils si fort dans la non-existence de cette continuité de l'énergie ? »

Nous devons certainement apprendre à mieux accepter tous ces phénomènes psychiques, même s'ils sont étranges. Les changements de paradigmes reposent souvent sur l'étude des « anomalies » qui ne cadrent pas avec la théorie. Ce sont toujours les phénomènes particuliers, rares et ponctuels, qui viennent bousculer nos schémas de pensée pour permettre l'élaboration d'un cadre théorique plus complet intégrant tous les faits, anciens et nouveaux, ordinaires et extraordinaires. Les théories proposant une nouvelle vision du psychisme humain n'échappent pas à cette règle. Albert de Rochas disait : « Ce n'est pas faire preuve de sagesse que de se refuser à examiner des phénomènes parce que nous croyons être sûrs de leur impossibilité. Comme si notre connaissance de l'univers était complète ! » Robert Toquet prolonge cette pensée en soutenant que :

> « Les phénomènes physiques paranormaux, comme d'ailleurs la plupart des phénomènes étudiés par la métapsychique, doivent nous inciter à accepter les choses comme elles sont et non comme nous voudrions qu'elles fussent et à penser qu'il est raisonnable de vouloir adapter notre intelligence à l'univers et ridicule et vain de prétendre adapter l'univers à notre entendement ».

Face à ces mystères, qui sont autant de défis que la science doit relever, nous posons la même question soulevée par Myers : « Pourquoi ne pas supposer qu'il existe autour de nous d'autres milieux, d'autres énergies que nous ne soupçonnons pas, que nous arriverons à découvrir un jour, mais qui néanmoins agissent sur nous et sur les autres êtres vivants (…) ? » C'est en effet une belle perspective d'imaginer que nous éluciderons un jour tous ces phénomènes dont nous n'avons toujours pas la clé. Si la compréhension des manifestations physiques de l'univers, de la cellule aux galaxies, est le but ultime de la science, son interprétation métaphysique, psychique et morale est davantage l'objet de la spiritualité. Or, les deux sont nécessaires pour l'humanité. C'est pourquoi nous pensons que la science et la spiritualité sont amenées à se rejoindre un jour…

# Appendice

## Transmigration et survivance dans la tradition orientale

Cet appendice vient compléter nos propos sur le comparatisme avec l'hindouisme et notre dernier chapitre relatif aux états de la mort. Il nous a semblé intéressant de développer davantage le point de vue de la tradition orientale qui a particulièrement approfondi la question par une exploration des états mentaux. Elle permet d'aller plus loin dans la compréhension du phénomène de la mort en cherchant à fournir une explication psychologique du mécanisme des renaissances. Par ailleurs, elle fournit des informations complémentaires sur la doctrine de la réincarnation qui était vraisemblablement partagée par les druides, tout comme d'autres éléments de leur spiritualité puisque « les données archéologiques confirment l'origine orientale de la religion gauloise [et plus largement de la spiritualité des Celtes] évoquée dans les textes anciens »[216]. Or, la théorie de la réincarnation puise son origine en Inde. La doctrine hindoue forme un système complexe lié à la loi dite de causalité qui propose une intrication de la conscience de l'homme dans celle de l'univers à travers un dynamisme cyclique lié à chacune de nos actions. Cette conception apparaît dans les *Upanishad*[217].

### *La conscience humaine : un complexe polypsychique*

Touchons d'abord un mot sur la conception orientale du psychisme et des relations entre le corps et l'esprit. En Inde, tout comme dans d'autres traditions ésotériques, l'Âme de l'homme est constituée de plusieurs éléments psychiques, de plusieurs « couches » ou « enveloppes » dont les subtilités sont parfois difficiles à saisir. Nous n'en ferons pas la liste exhaustive. Il y a par exemple le corps physique ou grossier (c'est notre corps matériel constitué d'atomes). Il y a ensuite un corps subtil qui contient plusieurs enveloppes énergétiques, mentales ou intellectuelles. Une de ces enveloppes correspond au corps astral (ou double éthérique) des mystiques occidentaux. Il y a enfin le corps causal ou l'esprit pur, dont un élément essentiel est le Soi, appelé *atman*

---

216 Voir l'article de Brunaux (2008) dans *Dossier Pour la Science*, « Gaulois, qui étais-tu ? », Numéro 61, Pour la Science, Paris.

217 Les plus anciennes *Upanishad* auraient été rédigées entre 700 et 500 ACN. Ces textes sacrés contiennent des spéculations sur la transmigration et la possibilité de la délivrance du cycle des renaissances. Ces textes remettent en cause les hymnes védiques, plus anciennes, où les notions de transmigration et de délivrance de l'Âme sont absentes (Astier 2014).

(également écrit parfois *âtmâ* ou *atma*) : c'est l'Âme à proprement parler dans son sens le plus transcendantal et supérieur, c'est-à-dire la portion de l'Âme universelle présente en chacun de nous. C'est cet élément qui est immortel et qui se transforme de vie en vie.

Le bouddhisme propose une conception assez similaire puisqu'il distingue trois niveaux de conscience : grossier, subtil et extrêmement subtil. Le premier correspond au fonctionnement biochimique du cerveau. Le deuxième à ce que nous appelons ordinairement la conscience et le troisième niveau, plus transcendantal, correspond à la « conscience pure » ou « luminosité fondamentale de l'esprit » ou encore « goutte indestructible » (selon les termes de Robert Thurman) qui constitue l'Âme bouddhique à proprement dit, celle qui se réincarne dans un continuum d'existence. Il faut surtout retenir que chacune de ces composantes est influencée par nos pensées et nos actes, qui sont autant d'éléments psychiques qui vont charger les enveloppes de l'Âme, interagir avec elle et dès lors influencer son évolution future. Les pensées et, de manière plus globale, le psychisme, sont considérés comme une véritable force qui agit sur le devenir des individus. Dans son étude sur la réincarnation des âmes, des Georges (1966) précise que :

> « L'être humain est un agrégat de matière grossière et subtile ; alors qu'à la mort le corps physique se dissout, le corps subtil demeure avec ses organes psychiques. L'être humain est, en effet, selon la pensée hindoue, un complexe ; le corps vivant est un point d'appui, *âshraya*, de l'action de l'esprit dans la manifestation grossière de l'univers. Le principe vital, *prâna*, est immanent aux organismes vivants et il se manifeste aussi bien dans le corps grossier de l'être humain, que dans son corps subtil. Ce dernier est le lieu des fonctions biologiques et psychologiques ; il ne se dissout pas à la mort et se conduit, par rapport au corps grossier, comme une "Âme" au sens occidental du mot. Le corps subtil et ses divers plans forment une des enveloppes, des "fourreaux" qui entourent, peut-on dire, le Soi, l'*âtman*, l'essence, un des concepts les plus riches de l'hindouisme ; le *Vedânta* [un autre texte sacré] conçoit, en effet, un corps causal, en qui se résorbe substantiellement le corps subtil. (...) Ce corps subtil est le lieu des opérations psychiques de l'être humain ; il faut souligner ici l'importance extrême, à côté des sensations, des perceptions, des idées, des imaginations dont l'individu est conscient, de la présence des "constructions psychiques", les *samskâra* [ou samsara], qui jouent un rôle fondamental dans la psychologie hindoue. Il s'agit des mécanismes inconscients du psychisme, découverts en Occident par Freud, et qui sont formés par l'accumulation des traces laissées par l'idéation, *cetanâ*, de tout acte dans la conscience, *buddhi* ».

### *La loi de causalité*

La loi du *karma* (ou *karman*), improprement appelée la loi de causalité[218], est l'un des piliers de la doctrine hindoue de la transmigration. Cette loi est le

[218] En effet, le mot *karma* signifie l'action sous toutes ses formes (et non la cause ou la causalité).

moteur du cycle des existences, qui s'explique par un enchaînement d'actions et de réactions concordantes, de causes et d'effets sur un plan psychique, et qui continue d'agir après la mort dans un processus pour ainsi dire mécanique. Pour résumer, disons que « le karma est à la fois le pouvoir latent contenu dans les actions et le résultat de ces actions » (Rinpoché, 1993). Des Georges (1966) explique :

> « Tout acte laisse donc une trace qui ne disparaît pas, un "parfum", *vâsanâ*, une cicatrice qui demeure dans le subconscient humain et qui va devenir l'agent très actif, parce qu'incontrôlable, des futures réactions de l'individu. Ces *samskâra* demeurent dans le corps subtil, restent en lui après la mort, constituent les tendances latentes et innées qui vont se révéler à l'occasion dans les vies futures. Ils sont les agents dynamiques du futur *karman* et s'actualisent en déterminant les circonstances de la réincarnation qui devient, grâce à eux, la conséquence naturelle des actes accomplis dans une incarnation antérieure. Ces formations dynamiques que sont les *samskâra* sont donc les porteurs du *karman*. Aucune justice extérieure n'entre en action ici, sinon le jeu d'un mécanisme psychophysiologique aussi naturel qu'implacable ».

Il poursuit :

> « Le résultat des actes, l'effet du *karman* demeure virtuel, dans un état latent, jusqu'à ce qu'il se réalise plus tard, soit dans la même existence, soit dans une existence postérieure. La vie de chaque être est donc un cycle, un *samsâra*, où chaque être est ce qu'il mérite d'être par le jeu multiple des diverses actions de ses existences antérieures ; chacune de celle-ci est la synthèse plus ou moins complète des actes d'une autre. La chaîne, la terrible chaîne des existences, est sans fin car chacune produit un *karman* nouveau qui est la base d'une vie future. Le pouvoir des actes est absolu, il est d'essence divine et apparaît comme une loi aussi naturelle et aussi générale que la loi de la gravitation l'est pour la science occidentale ».

La loi du *karma* est une nécessité, comme le souligne Eliade (1976) : « Toute action, par le simple fait qu'elle obtient un résultat, s'intègre dans une série illimitée de causes et effets ». L'historien des religions développe :

> « Il en reste un nombre illimité d'actes accomplis pendant la vie, et ceux-ci constituent autant de causes qui doivent avoir des effets ; autrement dit, qui doivent se réaliser dans une nouvelle existence, ici, sur terre, ou dans un autre monde. La conclusion s'impose d'elle-même : après avoir joui d'une post-existence béatifique ou malheureuse dans un monde extraterrestre, l'Âme est contrainte à se réincarner » (Eliade, 1976).

D'après le *Vedânta*, la loi du *karma* suit un principe selon lequel : « nos actes, une fois accomplis, sont comme matérialisés et existent en dehors de nous en y développant leurs conséquences sans que nous n'y puissions rien ». Nous restons toutefois interrogatifs sur la raison impérieuse de ce proces-

---

Dans la littérature occidentale, une association est faite entre ces deux concepts dans la mesure où l'action et la réaction sont associées à la cause et l'effet.

sus où les actes physiques et/ou psychiques réalisés durant l'existence écoulée conditionnent notre devenir dans une prochaine existence dans laquelle l'Âme est pour ainsi dire contrainte à s'incarner à nouveau. La nature profonde de ce processus « psychophysique » nous reste inconnue.

La morale liée à cette conception est du reste assez simple. Les *Upanishad* disent : « On devient ce que l'on est suivant ses actes, suivant sa conduite. Qui fait le bien devient bon, qui fait le mal, mauvais ; vertueux si on a bien agi, méchant si on a mal agi ». Il s'agit d'un principe de justice immanente et absolue : tout ce qui nous arrive, tôt au tard, a été mérité, nous en sommes entièrement responsables (Astier, 2014). C'est un principe suivant lequel l'homme est la somme de ses actes. Cette pensée conduit à un système de perfectionnement de soi sur le plan spirituel, comme chez les pythagoriciens. La bonne conduite produit des satisfactions diverses et fait renaître dans des conditions agréables ; la mauvaise entraîne des souffrances multiples et fait renaître dans une situation inférieure, impure ou parmi les animaux.

## *Les états de la mort dans le bouddhisme tibétain*

Focalisons-nous maintenant sur le phénomène de la mort dans la pensée bouddhique tibétaine qui vient compléter la doctrine hindoue. La cosmologie bouddhique est en partie inspirée des cultures védiques puisque le bouddhisme est né dans l'Inde hindouiste vers le V^e^ – VI^e^ siècle ACN. Le bouddhisme tibétain constitue la branche du bouddhisme qui s'est développée à partir du VII^e^ siècle PCN dans le Tibet, en Mongolie, au Bhoutan et dans certains pays de l'Himalaya comme le Népal. C'est probablement dans la tradition indo-tibétaine que les ouvrages sur « la science de la mort » sont les plus abondants. Cette pensée, selon Des Georges (1966), s'est penchée sur les problèmes psychologiques de la mort et a toujours recherché des solutions réalistes. La conception tibétaine de la mort est expliquée dans le *Bardo Thödol*, imparfaitement traduit comme « le livre des morts » tibétain. Une traduction plus juste est « le livre de la libération naturelle par l'écoute (ou la compréhension) des états (ou des mondes) intermédiaires » (de *bardo*, « état intermédiaire », *thö*, « entendre » et *dol*, « libérer ») traduit pour la première fois par Evans Wentz[219]. Composé au VIII^e^ siècle PCN, il a été redécouvert

[219] Nous avons cité cet anthropologue à plusieurs reprises dans la première partie de notre essai. Evans Wentz est surtout connu pour ses livres sur la spiritualité tibétaine. Si son premier livre fut consacré aux croyances des Celtes (son travail fut encadré, entre autres, par Sir John Rhys, professeur de langues celtiques à l'Université d'Oxford et traducteur du *Mabinogion*), il se spécialisa plus tard dans la tradition orientale, et plus particulièrement le bouddhisme dit « *Mahayana* » dans lequel il trouva une cosmologie et une métaphysique intellectuellement satisfaisante donnant accès, de son vivant, à la réalité d'un monde invisible. Il publia notamment *Le yoga tibétain et la doctrine secrète*, *Le livre des Morts tibétain* et *Le livre tibétain de la grande libération*. L'approche de Wentz est particulièrement intéressante en ce sens qu'il fut contemporain de l'essor des sciences psychiques. Il connaît les œuvres de Myers, James, Flammarion dont nous avons énoncé les points de vue

au XIXe siècle et commenté par le célèbre psychologue Carl Gustav Jung. D'après Boesdpflug (2014), il a également été rapproché des expériences psychédéliques et des expériences proches de la mort que nous avons examinées dans le dernier chapitre.

Le *Bardo Thödol* contient une description des phénomènes de la mort, tant du point de vue physique que psychique, et traite du cycle intervenant entre la mort et la renaissance, de l'action de la loi du *karma* sur le composé humain (Des Georges, 1966). Ce texte est stupéfiant de précisions et l'on se demande comment les moines ont acquis de telles connaissances. En vérité, les Tibétains ont toujours été fascinés par l'exploration de l'univers mental intérieur. Robert Thurman, spécialiste de cette branche du bouddhisme, qualifie les moines tibétains de véritables « psychonautes », par analogie avec nos astronautes occidentaux qui, eux, privilégient plutôt l'exploration de l'univers extérieur, matériel et physique, alors que les initiés tibétains étaient pour leur part des aventuriers du monde intérieur. Ils ont entrepris des voyages spirituels jusqu'aux frontières les plus éloignées de la conscience, à travers toutes ses transformations, dans la vie et au-delà de la mort (Thurman, 1995). Grâce à la maîtrise des techniques très poussées de méditation et de *yogas* expérimentaux (comme par exemple la technique des *Tantras* du *Yoga* Inégalé[220]) menant à des états de transe et d'extases contemplatives, ils seraient parvenus à « simuler l'expérience de la mort », aussi étonnant soit-il. Ceux qui ont atteint le plus haut degré de maîtrise de ces techniques parviendraient même, dit-on, à visualiser ou à se remémorer leurs existences antérieures ! Si le lecteur doute du crédit à accorder à ce type de rapportage, nous le renvoyons vers les témoignages de réminiscence chez les enfants, tels que nous les avons examinés précédemment, qui confirment la possibilité du souvenir des vies antérieures.

D'après le *Bardo*, la mort est un processus transitoire qui conduit progressivement à la libération de l'Âme hors du corps. Il y aurait en fait plusieurs morts, c'est-à-dire plusieurs étapes de la mort, avec tout d'abord la mort clinique ou biologique (qui se termine par la décomposition du corps physique), puis tout un processus invisible qui se déroule sur le plan psychique. De manière plus générale, le livre des morts tibétain considère la mort comme un état intermédiaire entre le moment de la mort et celui de la renaissance[221]. Le

dans notre deuxième partie. Wentz intègre ces théories innovantes dans son interprétation de la spiritualité.

220 Toujours d'après Thurman, le *Tantra* du *Yoga* Inégalé est une approche très technique des expériences intérieures. Il utilise des états particuliers amenés par le *yoga* pour explorer la nature du moi et de l'esprit, de la mort, de la vie et des états intermédiaires. Il décrit de façon très détaillée la mort dans ses aspects physiologiques et psychologiques.

221 La pensée bouddhique intègre au total six mondes intermédiaires du cycle de l'existence : ceux de la vie, du rêve, de la transe, du moment de la mort, de la réalité et de l'existence. Les trois premiers mondes sont traversés (ou peuvent être appréhendés) durant notre existence physique, tandis que les trois derniers ne se traversent habituellement qu'après la mort. D'après cette conception, tous

*Bardo* explique ce processus de libération de l'Âme au moment de la mort, qui est suivi de plusieurs états de conscience traversés par l'individu.

Cette libération se fait en différentes étapes qui s'étalent, d'après la tradition tibétaine, sur plusieurs semaines (une cinquantaine de jours en tout). Chacune de ces étapes est caractérisée par des visions (en particulier les visions des actions réalisées de son vivant, appelées « visions karmiques ») et des ressentis bien particuliers qui correspondent au processus de désincarnation, de « spiritualisation » de l'Âme qui, quittant progressivement le corps et basculant en dehors du monde physique, subit une série de transformations psychiques. Pour résumer, disons que l'Âme désincarnée « flotte » un moment près du corps physique. Ensuite vient une phase de prise de conscience de ce nouvel état et de libération de toutes les constructions psychiques qui se sont accumulées durant l'existence qui vient d'être vécue. En parallèle, un processus de décomposition du corps astral (le corps subtil) se met en œuvre. Cette étape dure plusieurs jours. Puis, une fois ce corps fluidique décomposé, l'Âme libérée bascule dans une autre dimension, non locale et immatérielle, un monde panpsychique ou « éthérique » que seuls les initiés et les contemplatifs ont pu décrire, puisque la plupart d'entre nous sombre dans l'inconscience au moment de la mort, ne gardant aucun souvenir de ce qui se déroulerait après. Dévoilons donc ce qui se passerait à la mort au niveau psychologique, selon Des Georges (1966) :

> « Le *Bardo* est l'état après la mort ; ce mot signifie "entre deux états", "entre la mort et la renaissance" ; Evans Wentz propose "état incertain", "état crépusculaire". Selon le texte, le principe conscient de l'être humain demeure dans un état de sommeil ou de transe pendant trois jours et demi ou quatre jours après la mort ; il ne sait pas s'il est séparé de son corps. (...) normalement, il y a évanouissement après que les premiers symptômes de la mort ont été expérimentés par le mourant[222] ; les éléments du composé humain se libèrent peu à peu et "sombrent" dans leur propre plan, ce qui se traduit, pour le mourant, par des sensations de pression, de froid puis de chaud et enfin d'explosion des atomes du corps. La force vitale et le principe conscient s'unissent et quittent le corps par l'ouverture du sommet de la tête ; leur libération produit une extase intense chez le mourant qui, s'il est prêt, peut être alors "libéré" immédiatement ; tout dépend de la force du *karman* qui entoure et anime en quelque sorte le principe conscient. Si cette force a été épuisée par l'ascèse, l'illumination a lieu, sinon les stages du *Bardo* commencent.
>
> Ces stages comprennent les visions karmiques de "l'expérience de la Réalité" et durant symboliquement sept jours (...) des déités, des formes apparaissent qui correspondent aux concepts religieux du défunt. (...) Pendant les sept premiers jours après la mort, ce sont les déités paisibles, symboles

les moments de l'existence dans la vie d'un individu ne sont que des transitions entre ces mondes ou ces états. La mort est une de ces transitions...

222 Sauf, selon Des Georges, pour le yogin entraîné par une vie d'ascèse qui, lui, est capable de ne pas tomber dans l'inconscience.

personnifiés des sentiments humains les plus sublimes et procédant du cœur, qui apparaissent et viennent diriger le défunt. Du huitième au quatorzième jour, apparaissent les déités irritées qui procèdent du cerveau et qui prennent naissance des germes mentaux qui forment la conscience du défunt. Elles sont simplement le contenu de la conscience "visualisée" par l'action karmique et provoquent la peur, la crainte et la fascination chez le défunt qui entre dans des plans purgatoriels. Le texte tibétain souligne bien ici que le panorama merveilleux que l'être humain contemple alors est rempli de visions hallucinatoires provenant de sa nature spirituelle et animale ; il ne peut les fuir car elles sont inséparables de lui-même et le suivront comme son ombre [le texte précise que les visions correspondent à chacun : un hindou, un musulman, un chrétien auront des expériences différentes] ; l'homme étant fait de ce qu'il est mentalement, les formes mentales qui se présenteront à lui lors de la mort correspondront aux panthéons hindous, musulmans ou chrétiens. Le matérialiste aura des visions négatives, vides et sans formes qui correspondent à son état mental. Le texte insiste avec la similitude de l'état de rêve avec les états du *Bardo*, les rêves étant enfantés par la mentalité du dormeur ; les visions du *Bardo* sont dues entièrement au propre contenu mental de celui qui les perçoit. (...) ces visions disparaissent quand la force karmique qui les animait est épuisée.

Le troisième stage du *Bardo* s'appelle "l'état transitoire de la recherche de la renaissance" et se termine quand le principe conscient a pris renaissance dans un monde (humain ou paradisiaque). Le texte décrit l'angoisse du défunt. (...) le corps dans lequel s'expérimente le *Bardo* est un corps privé du système nerveux physique et que la lumière du soleil ne peut lui parvenir ; seule la lumière naturelle de la nature [la "lumière astrale" des occultistes] est perceptible par le corps subtil de l'être qui expérimente les états post mortem. Dans le troisième stage du *Bardo*, l'être se rend compte peu à peu qu'il ne possède pas de corps et la force karmique qui l'enveloppe et le soutient, le pousse à en posséder un. (...) Le texte tibétain parle d'un "jugement" des morts où "le Mauvais Génie, né simultanément avec toi, viendra compter tes mauvaises actions" ; il s'agit de la personnification de la nature inférieure charnelle de l'être. Le "Seigneur de la Mort" regarde dans le "Miroir du *karman*" où tout acte bon et mauvais est reflété. Suit une description dantesque des supplices que les "Seigneurs de la Mort" feront subir au défunt ; mais à l'inverse des conceptions occidentales et chrétiennes, le dogme tibétain croit en la nature illusoire de ces fantasmagories et le texte indique ici que le défunt ne peut disparaître car son corps est un corps mental incapable de mourir (...) : "En réalité, ton corps est de la nature du vide. Tu n'as pas besoin de craindre. Les Seigneurs de la Mort sont tes propres hallucinations" ».

Tous ces états intérieurs nous semblent analogues aux visions des sujets ayant vécu une expérience proche de la mort qui, nous l'avons vu, peuvent être positives ou négatives selon les circonstances mentales ou psychologiques propres à chaque individu. Des Georges (1966) continue sa description des états intermédiaires :

« Vient ensuite la fin du *Bardo* qui s'intitule "le procédé de la renaissance" ou "la clôture de la porte de la matrice". Normalement, en effet, le défunt, dans l'état intermédiaire, est amené à renaître ; cela est dû aux tendances karmiques qui s'opposent à la libération bouddhique. C'est alors qu'a lieu la grande vision des géniteurs (...). Des visions de mâles et de femelles en union apparaissent au défunt [selon le sentiment éprouvé lors de ces visions, le défunt renaîtra mâle ou femelle]. (...) Entrant par la voie de l'éther, juste au moment où le sperme et l'ovule se joignent, le "Connaisseur" [le désincarné] expérimente un moment de joie de l'état simultané de naissance, durant lequel il s'évanouit en état d'inconscience. C'est alors qu'intervient la "chute" dans un des six mondes de la Roue de la Transmigration, que la peinture tibétaine a popularisée dans ses *tankas*[223] : la voie des dieux, des *asuras* [ou demi-dieux], des *pretas* [les esprits avides ou "fantômes affamés"[224]], des enfers, des animaux, des hommes, représentés sous la forme d'une zone subdivisée en six secteurs. (...) Ainsi, en résumé, après l'évanouissement du moment de la mort, le défunt sera libéré selon la connaissance qu'il aura des plans subtils qui lui apparaîtront ; s'il ne les "sent" pas, un plan inférieur, plus grossier, se présentera à lui et il sera "incorporé", libéré dans un plan qui sera le sien karmiquement. (...) Quand la mort disperse les éléments qui forment la personne, la tendance qui prédomine dans le mental détermine la prochaine naissance ; toute pensée suffisamment puissante est créatrice et motrice dans les plans subtils de l'être. (...) C'est elle qui porte l'être à sa destinée véritable ; soit vers les plans mentaux des paradis religieux sans renaissance physique bien que toujours avec un "corps", une enveloppe de matière subtile mentale, soit vers les plans de la matière grossière. La tendance mentale au moment de la mort établira la forme de cette renaissance, soit dans les mondes physiques, soit dans les mondes de matière subtile ».

Notons toutefois un aspect paradoxal du bouddhisme tibétain qui, dans sa doctrine de la réincarnation, affirme à la fois ne pas croire en la survie de l'Âme en tant qu'entité indépendante qui subsisterait hors du corps après la mort, tout en soutenant en même temps qu'il y a bien une continuité de l'esprit, de la conscience. Reprenons les propos de Sogyal Rinpoché, un *lama* tibétain qui fait autorité en la matière :

« La plupart des gens considèrent que le terme "réincarnation" implique "quelque chose" qui se réincarne, qui voyage de vie en vie. Mais nous ne croyons pas, dans le bouddhisme, en une entité indépendante et immuable telle que l'Âme ou l'ego, qui survivrait à la mort du corps. Ce qui assure la continuité entre les vies n'est pas d'après nous une entité, mais la conscience à son niveau ultime de subtilité » (Rinpoché, 1993).

---

223 Peintures pieuses du bouddhisme tibétain.

224 Les lamas tibétains (mais aussi ceux de Mongolie et de Chine) pratiquent une forme de spiritisme et communiqueraient avec de telles entités considérées comme des esprits malheureux, des ombres errantes. Des Georges (1966) nous dit que ce sont des coquilles psychiques vides, sans cohérence mentale, qui ont été rejetées et qui, en contact temporaire avec un médium humain, sont galvanisées en une sorte de vie automatique et passagère. Elles sont considérées comme des démons obsédants pouvant faire beaucoup de mal mentalement et psychiquement aux médiums non entraînés, car elles peuvent être cause de folie. C'est pourquoi les lamas tibétains déconseillent les recherches psychiques sans une direction et une connaissance adéquate.

Matthieu Ricard, qui est lui aussi une notoriété du bouddhisme, explique :

> « Il faut bien comprendre que ce qu'on appelle réincarnation dans le bouddhisme n'a rien à voir avec la transmigration d'une entité quelconque, n'a rien à voir avec la métempsychose. Tant que l'on raisonne en termes d'entité plutôt que de fonction, de continuité, le concept bouddhiste de renaissance ne peut pas être compris (...). Il n'y a pas identité d'une personne au travers de renaissances successives, mais conditionnement d'un flot de conscience » (Revel et Ricard, 1999).

Ricard préfère ainsi parler « d'un continuum, d'un flot de conscience qui se perpétue sans qu'il y ait une entité fixe et autonome qui le parcoure ». Nous avouons ne pas bien saisir la subtilité. D'autant plus qu'il affirme en même temps que :

> « Le courant de conscience se poursuit après la mort et fait l'expérience de différents états d'existence, entre chaque naissance et chaque mort. (...) Ce dernier aspect constitue le continuum de la conscience, qui se poursuit de vie en vie. Ce continuum n'a ni début ni fin, car le conscient ne peut naître ni de rien ni de l'inanimé : chaque instant de conscience naît d'un instant de conscience qui le précède et engendre un instant de conscience qui le suivra. De même qu'en physique on parle du principe de la conservation de l'énergie (...), on pourrait parler ici d'un principe de conservation de la conscience. Il y a donc un continuum, un courant de conscience pour chaque être, qui peut se transformer, tout comme l'eau d'un fleuve peut être souillée ou purifiée » (Revel et Ricard, 1999).

Conscience perçue comme une entité qui se perpétue, fonction qui se continue ou flot de conscience sans commencement ni fin ? Difficile à dire... Dans son *Livre tibétain de la vie et de la mort*, Rinpoché (1993) donne pourtant le commentaire suivant à propos des états du *Bardo* au moment de la mort : « Ce qui se produit alors, pour l'exprimer très simplement, c'est que la conscience, à son niveau le plus subtil, continue son voyage sans le corps et traverse une série d'états appelés "bardos" ». Affirmer cela, c'est bien admettre que « quelque chose » quitte le corps et subsiste après la mort... Ricard aussi parle d'une conscience séparée du corps, appelée conscience subtile, immatérielle et sans forme, mais capable d'accomplir une fonction et d'interagir avec le corps. Bref, les initiés jouent avec les termes et nous n'avons pas la clé de cette apparente contradiction terminologique. Pour notre propos, et pour ne pas embrouiller davantage le lecteur, nous tiendrons pour acquis, dans le bouddhisme, qu'il y a bien une énergie indéfinissable liée à notre conscience qui se transforme après la mort, se perpétue et anime les différents états d'existence que traversent les êtres vivants dans leurs cycles des renaissances.

Pour terminer, ajoutons que la renaissance dans un corps animal semble admise aussi bien dans l'hindouisme que dans le bouddhisme. Elle est toutefois associée à une régression et non à une évolution. Cette descente « involutive » est due à de mauvaises actions ayant obscurci notre continuum de conscience. Dans ce cas, nous faisons l'expérience des conditions animales.

C'est pourquoi il est précieux d'accéder à une incarnation humaine car seul l'état humain permet d'accéder à l'Éveil. L'évolution spirituelle est lente et la montée de l'Âme vers des formes plus intelligentes se mesure, aux dires de certains docteurs hindous, en temps géologique.

Quant à la délivrance de la roue des renaissances, elle consiste à se « délivrer des liens du *karma* », c'est-à-dire à se détacher de toutes les constructions psychiques illusoires qui nous entraînent dans de nouvelles existences. Cette délivrance s'obtiendrait par la connaissance (dans son sens le plus transcendantal), en une sorte de révélation intérieure sur la nature de soi-même et du monde. Ce processus est assez difficile à exprimer avec des mots, comme on peut le constater avec les propos utilisés par Eliade (1978) pour décrire cette connaissance supérieure :

> « La véritable "science" équivaut à un "réveil". (...) La vraie "science" présuppose une analyse rigoureuse des structures et dynamismes de la nature, de la vie et de l'activité psycho-mentale, complétée par un effort soutenu pour cerner la modalité *sui generis* de l'esprit. (...) Dès que l'autorévélation est réalisée, l'intelligence, ainsi que tous les autres éléments psycho-mentaux (donc matériels) se retirent, se détachent de l'esprit pour se résorber dans la Substance ».

Tel est le principe de l'Éveil propre au bouddhisme. C'est en s'identifiant avec la conscience universelle (*Brahman*, qui est l'*âtman* suprême) que l'homme n'offre plus de prise au torrent des générations :

> « En effet, à la mort, l'*atman* de "celui qui sait" s'unit au *Brahman* (l'Être universel) ; les âmes des autres, des non-illuminés, suivront la loi de la transmigration. (...) L'union après la mort de l'*atman* avec l'Être universel constitue en quelque sorte une "immortalité impersonnelle" : le "Soi" se confond dans sa source originelle, *Brahman* » (Eliade, 1976).

Dans la doctrine hindoue, la nature de l'Âme individuelle est identique à l'Absolu ou la Réalité suprême, appelée *Brahman* (Astier, 2014), et le processus de délivrance consiste en la réintégration de notre propre substance spirituelle dans cette substance universelle. C'est également ce qu'on appelle, dans le vocabulaire ésotérique, « la réintégration du sous-multiple humain dans l'unité divine ». Il semblerait que la délivrance puisse également s'obtenir, durant son vivant, à travers la quête spirituelle : « Celui qui d'une manière tout à fait désintéressée recherche la spiritualisation, peut non seulement parcourir tous les stades en une seule vie, mail il peut même trouver la délivrance définitive durant son existence charnelle » (Keyserling, in Des Georges, 1966).

Cette compréhension de la nature fondamentale de l'esprit, de son essence la plus profonde, est le but ultime de la philosophie bouddhique, ainsi que d'autres courants philosophico-religieux. En effet, « réaliser la nature de l'esprit, c'est réaliser la nature de toute chose », comme l'a dit Sogyal

Rinpoché. Il précise ensuite que c'est le but de toutes les religions, ce qui en fait une expérience (certains diront une croyance) universelle à travers les peuples :

> « Tout au long de l'histoire, les saints et les mystiques ont paré leurs réalisations de noms divers et leur ont donné des visages et des interprétations variés ; mais fondamentalement, leur expérience est celle de la nature essentielle de l'esprit. Les chrétiens et les juifs l'appellent "Dieu", les hindous "le Soi", "*Shiva*", "*Brahman*", "*Vishnou*" ; les mystiques soufis la nomment "l'Essence Cachée" et les bouddhistes "la Nature du *Bouddha*". Au cœur de toutes les religions se trouve la certitude qu'il existe une vérité fondamentale, et que cette vie offre une opportunité sacrée d'évoluer et de la réaliser » (Rinpoché, 1993).

# Références bibliographiques

Anonyme, *Les bardes : histoire, formation et compositions*, dossier de l'Assemblée universelle des Druides d'Arduina, Bellevaux, Données non publiées, 40 p.

Astier A. (2014), « Espace et temps, L'au-delà dans l'hindouisme », dans *Religions & Histoires*, Enfers, paradis et autres lieux : les représentations de l'au-delà, Numéro 54, Éditions Faton, Dijon, 80 p.

Barbour I. (2005), *Quand la science rencontre la religion*, Rocher, Paris, 228 p.

Bilimoff M., de Rosny É., de Sales A., Dorais L-J., Hamayon R., Lafitte S., Laugrand F., Perrin M., Rostkowski J., Schwarz J., Tager D. K., Vallet O., Vazeilles D. (2013), *20 clés pour comprendre le chamanisme*, Albin Michel, Paris, 154 p.

Blanchet R., Danlot p. (1996), *John Toland (1670-1722) : un des modernes, Quand une pensée oubliée du XVIIIe siècle devient nécessaire au XXIe siècle*, Prieuré, Rouvray, 312 p.

Boesdpflug F. (2014), « Les imaginaires de l'au-delà », dans *Religions & Histoires*, Enfers, paradis et autres lieux : les représentations de l'au-delà, Numéro 54, Éditions Faton, Dijon, 80 p.

Bouchet p. et R. (1997), *Les druides, science et philosophie*, Trédaniel, Paris, 259 p.

Bouchet R. et C. (1999), *Le livre des morts celte et gaulois*, R. et C. Bouchet Éditeurs, Segré, 189 p.

Bouchet R. et C. (2001), *Tout savoir sur les druides*, Éditions transatlantiques, Paris, 186 p.

Brekilien Y. (1998), « De Brigitte la déesse-mère à Merlin l'Enchanteur », dans *Les dossiers Historia*, Les Celtes, Tallandier, Paris, 191 p.

Brillaud R. (2011), « Mondes celtes », dans *Les Cahiers de Sciences et Vie*, Les Gaulois, qui étaient-ils vraiment? Numéro 125, Mondadori Magazines France, Montrouge, 114 p.

Brunaux J-L. (1996), *Les religions gauloises. Nouvelles approches sur les rituels celtiques de la Gaule indépendante*, Éditions Errance, Arles, 207 p.

Brunaux J-L. (2006), *Les druides, des philosophes chez les barbares*, Éditions Seuil, Paris, 381 p.

Brunaux J-L. (2008), *Nos ancêtres les Gaulois*, Seuil, Paris, 299 p.

Brunaux J-L. (2008), *Les Gaulois*, Les Belles Lettres, Clamecy, 314 p.

Brunaux J-L. (2013), « La religion des Gaulois », dans *Le monde de la bible*, Cultes en Gaule, Numéro hors-série, Bayard Presse, Montrouge, 74 p.

Capra F. (1985), *Le tao de la physique*, Sand, Paris, 353 p.

Carpio M-A (2011), « Les promesses de l'au-delà », dans *Les Cahiers de Sciences et Vie*, Les Gaulois, qui étaient-ils vraiment? Numéro 125, Mondadori Magazines France, Montrouge, 114 p.

Charbonnier J-J. (2012), *Les sept bonnes raisons de croire à l'au-delà, Le livre à offrir aux septiques et aux détracteurs*, Trédaniel, Paris, 245 p.

Chauvin R. (2002). *Le retour des magiciens, Le cri d'alarme d'un scientifique*, JMG, Agnières, 220 p.

Crooson L. (2008), « L'alchimie à l'origine de la chimie », dans *Les Cahiers de Sciences et Vie*, La sorcellerie et les sciences occultes, Numéro 105, Mondadori Magazines France, Montrouge, 114 p.

Cunnliffe B. (2006), *Les Celtes*, Errance, Arles, 335 p.

Darcheville p. (1995), *Druides ou moines : le monachisme celtique*, Trédaniel, Paris, 368 p.

Denton M. (1997), *L'évolution a-t-elle un sens ?* Éditions Fayard, Paris, 540 p.

De Guaïta S. (1891), *Essais de sciences maudites, Le Serpent de la genèse (première septaine) : Le temple de Satan*, Trédaniel (réimpression en 1994 de l'édition de 1915), Paris, 573 p.

De Guaïta S. (1897), *Essais de sciences maudites, Le Serpent de la genèse (deuxième septaine) : La clé de la magie noire*, Trédaniel (réimpression en 1995 de l'édition de 1897), Paris, 458 p.

De La Villemarqué T. H. (1867), *Le Barzhaz Breizh : trésor de la littérature orale de Bretagne*, Coop Breizh (édition de 1997), Spézet, 510 p.

Des Georges A. (1966), *La réincarnation des âmes selon les traditions orientales et occidentales*, Albin Michel, Paris, 309 p.

D'Espagnat B. (2002), *Traité de physique et de philosophie*, Éditions Fayard, Paris, 585 p.

Diamond J. (2006), *Effondrement, Comment les sociétés décident de leur disparition ou de leur survie*, Éditions Gallimard, Paris, 648 p.

Duval M. (1998), « Une forêt peuplée d'arbre magique », dans *Les dossiers Historia*, Les Celtes, Tallandier, Paris, 191 p.

Duval p. M. (2001), « L'art des Celtes », dans *Les Celtes*, EDDL, Paris, 711 p.

Eliade M. (1959), *Initiation, rites, sociétés secrètes, Essai sur quelques types d'initiation*, Gallimard, Paris, 282 p.

Eliade M. (1976), *Histoire des croyances et des idées religieuses, Tome 1 : de l'âge de la pierre aux mystères d'Eleusis*, Payot, Paris, 490 p.

Eliade M. (1978), *Histoire des idées et des croyances religieuses, Tome 1 : De Gautama Bouddha au triomphe du christianisme*, Payot, Paris, 512 p.

Favret-Saada J. (1977), *Les mots, la mort, les sorts*, coll. « Folio essais », Gallimard, Paris, 427 p.

Glot C. (2013), « Qui est donc la femme celte ? » dans *Bretagne magazine*, La grande histoire des Celtes, Numéro spécial 100 % Celtes, Bretagne Publications, Brest, 98 p.

Glot C. (2013), « Néodruidisme : une tradition renouvelée », dans *Bretagne magazine*, La grande histoire des Celtes, Numéro spécial 100 % Celtes, Bretagne Publications, Brest, 98 p.

Glot C. (2013), « Une culture originale », dans *Bretagne magazine*, La grande histoire des Celtes, Numéro spécial 100 % celtes, Bretagne Publications, Brest, 98 p.

Goudineau Ch. (2007), *Regard sur la Gaule*, Recueil d'articles, Actes Sud, Arles, 573 p.

Green M. (2000), *Les druides*, Errance, Arles, 192 p.

Guénon R. (1921), *Introduction générale à l'étude des doctrines hindoues*, Vega (édition de 2009), Paris, 326 p.

Guénon R. (1932), *Les états multiples de l'être*, Vega (édition de 2009), Paris, 140 p.

Guyonvarc'h Ch. et Le Roux F. (1986), *Les druides*, Ouest France, Rennes, 447 p.

Guyonvarc'h Ch. et Le Roux F. (1990), *La civilisation celtique*, Ouest-France, Rennes, 219 p.

Guyonvarc'h Ch. et Le Roux F. (1997), *Magie, médecine et divination chez les Celtes*, Payot et Rivages, Paris, 416 p.

Harrington A. (2004). « Dieu randomisé, en double aveugle, contre placebo », dans *La Recherche*, Numéro hors-série 14, Société d'éditions scientifiques, Paris, 98 p.

Hily G. (2010), « Les fonctions du druide », dans *Histoire Antique et Médiévales*, Les druides, Numéro 47, Éditions Faton, Dijon, 79 p.

Hily G. (2010), « Druides et éléments naturels », dans *Histoire Antique et Médiévales*, Les druides, Numéro 47, Éditions Faton, Dijon, 79 p.

Holzer H. (1975), *La sorcellerie renaissante*, Marabout, Verviers, 246 p.

Hyman (1985), « Parapsychological research: a tutorial review and critical appraisal », *Proceedings of the IEEE* 74 : p. 823-849.

James W. (1897), *L'expérience d'un psychiste*, Payot et Rivages, Paris, 238 p.

Kelly F. (2001), « Le droit celtique », dans *Les Celtes*, EDDL, Paris, 711 p.

Kruta V. (2001), « La religion », dans *Les Celtes*, EDDL, Paris, 711 p.

Kruta V. (2000), *Les Celtes, Histoire et dictionnaire : des origines à la romanisation et au christianisme*, Robert Laffont, Paris, 1005 p.

Lallement L. (2008), « Comment naît une science », dans *Les Cahiers de Sciences et Vie*, La sorcellerie et les sciences occultes, Numéro 105, Mondadori Magazines France, Montrouge, 114 p.

Le Roux F. et Guyonvarc'h Ch. (1991), *La société celtique*, Ouest-France, Rennes, 200 p.

Lévi E. (1854), *Dogme et rituel de Haute Magie*, Bussière (édition de 1992), Paris, 400 p.

Libet B. (2012), *L'esprit au-delà des neurones, Une exploration de la conscience et de la liberté*, Dervy, Paris, 284 p.

Mac Cana p. (2001), « Le cycle épique irlandais », dans *Les Celtes*, EDDL, Paris, 711 p.

Markale J. (1971), *L'épopée celtique irlandaise*, Petite Bibliothèque Payot, Paris, 172 p.

Markale J. (1998), « Les Celtes : à la découverte des civilisations celtiques », dans *Les Dossiers Historia*, Les Celtes, Tallandier, Paris, 191 p.

Markale J. (2000), *Contes et légendes des pays celtes*, Éditions Ouest-France, Rennes, 332 p.

Marmin N. (2001), « Métapsychique et psychologie en France (1880-1940) », dans *Revue d'Histoire des Sciences Humaines*, Numéro 4, p. 145-171.

Mayo M. (2012), « Le Néolithique investit dans la culture », dans *Les Cahiers de Science et Vie*, Les origines du sacré, Numéro hors-série, Mondadori Magazines France, Montrouge, 146 p.

Méheust B. (1998), *Somnambulisme et médiumnité, Tome 1 : Le défi du magnétisme*, Institut Synthélabo pour le progrès de la connaissance, Le Plessis-Robinson, 620 p.

Méheust B. (1998), *Somnambulisme et médiumnité, Tome 2 : Le choc des sciences psychiques*, Institut Synthélabo pour le progrès de la connaissance, Le Plessis-Robinson, 598 p.

Méheust B, (2003), *Un voyant prodigieux*, Alexis Didier (1826-1886), Les Empêcheurs de penser en rond, Seuil, Paris, 486 p.

Mesmer F. A. *Le secret d'un magnétiseur*, Navarin, Paris, 83 p.

Moscati S. *et al*, (2001), *Les Celtes*, EDDL, Paris, 711 p.

Myers F. (1905), *La personnalité humaine, sa survivance, ses manifestations supranormales*, Hachette Livre, Vanves, 421 p.

Ortoli S. et Pharabod J.-P. (1984), *Le cantique des quantiques, Le monde existe-t-il ?* Réédition de 2007, La Découverte, Paris, 149 p.

Radin D. (2006), *La conscience invisible*, J'ai lu, Paris, 502 p.

Reeves H. (2013), *Là où croît le péril... croît aussi ce qui sauve*, Seuil, Paris, 163 p.

Revel J-F. Ricard M. (1999), *Le moine et le philosophe, Un père et son fils débattent du sens de la vie*, Pocket, Paris, 410 p.

Reznikov R. (1998) « Les druides : on les appelle les "Très Savants" ou les "Hommes du Chêne" », dans *Les Dossiers Historia*, Les Celtes, Éditions Tallandier, Paris 191 p.

Ricard M. et Thuan T. X. (2000), *L'infini dans la paume de la main*, Nil Éditions/ Fayart, Paris, 399 p.

Richet Ch. (1922), *Traité de métapsychique*, Librairie Félix Algan, Paris, 815 p.

Rinpoché S. (1993), *Le livre tibétain de la vie et de la mort*, Éditions de la Table Ronde, Paris, 574 p.

Sergent B. (2013), « Les druides dans la société celtique », dans *Bretagne magazine*, La grande histoire des Celtes, Numéro spécial 100 % Celtes, Bretagne Publications, Brest, 98 p.

Staune J. (2007), *Notre existence a-t-elle un sens ? Une enquête scientifique et philosophique*, Presse de la Renaissance, Paris, 536 p.

Staune J. (2009), *Au-delà de Darwin, Pour une autre vision de la vie*, Jacqueline Chambon, Arles, 312 p.

Sterckx C. (2005), *Taranis, Sucellos et quelques autres. Le dieu souverain des Celtes, de la Gaule à l'Irlande*, Mémoire de la Société Belge d'Étude Celtique 22, Bruxelles, 78 p.

Sterckx C. (2009), La mythologie du monde celte, Marabout, Paris, 470 p.

Targ et Puthoff (1974), « Information transmissions under conditions of sensory shielding », *Nature* 251 : p. 602-607.

Testard-Vaillant p. (2008), « Les rituels de magie sous toutes les cultures », dans *Les Cahiers de Science et Vie*, La sorcellerie et les sciences occultes, Numéro 125, Excelsior Publications, Issy-les-Moulineaux, 114 p.

Testard-Vaillant p. (2011), « L'art de la guerre », dans *Les Cahiers de Sciences et Vie*, Les Gaulois, qui étaient-ils vraiment ? Numéro 105, Mondadori Magazines France, Montrouge, 114 p.

This B. (2003), « Freud : l'émergence de l'inconscient », dans *Pour la science*, Les génies de la science, Numéro 15, Éditions Pour la Science, Paris, 96 p.

Thorsson E. (1999), *Le livre des ogams, L'oracle celtique des arbres*, Trédaniel, Paris, 226 p.

Thuan T. X. (2003), *Origines, La nostalgie des commencements*, Gallimard, Paris, 544 p.

Thurman R. A. F. (1995), *Le Livre des morts tibétain*, Bartillat, Paris, 412 p.

Toquet R. (1963), *Les pouvoirs secrets de l'homme, Le bilan du paranormal*, Les Productions de Paris, Paris, 531 p.

Wentz E. W. Y. (1911), *The fairy-faith in Celtic countries*, Colin Smythe Humanities Press, Buckingamshire, 524 p.

Zander R. *Les druides : sources et cheminements*, dossier de l'Assemblée Universelle des Druides d'*Arduina*, Bellevaux, données non publiées, 19 p.

Zander R. *Ambiratea*, dossier de l'Assemblée Universelle des Druides d'*Arduina*, Bellevaux, données non publiées, 9 p.

Zander R. *Prophétie et divination chez les druides*, dossier de l'Assemblée Universelle des Druides d'*Arduina*, Bellevaux, données non publiées, 33 p.

Zander R. (2000), *Herbes Sacrées des Druides : science des druides et magie des plantes*, Axiome Éditions, Boulogne, 173 p.

Zander R. (2009), *La cueillette des plantes : rituels et croyances des Anciens en Wallonie et ailleurs*, Grand Chêne, Bellevaux, 176 p.

# Table des matières

## *PARTIE II : ENTRE SCIENCES DRUIDIQUES ET SCIENCES MODERNES*

Achevé d'imprimer par Corlet Numérique - 14110 Condé-sur-Noireau
N° d'Imprimeur : 135852 - Dépôt légal : février 2017 - *Imprimé en France*

www.ingramcontent.com/pod-product-compliance
Lightning Source LLC
LaVergne TN
LVHW050631051026
849532LV00002B/348
* 9 7 8 2 8 0 6 1 0 2 8 5 0 *